激光传感与测量

（第二版）

焦明星 主编

科学出版社
北 京

内 容 简 介

本书系统地介绍了激光传感与测量的基础知识、基本原理、常用方法和技术及其应用。全书内容包括激光的基本原理、常用激光技术与激光器、新型双频激光器与激光传感器、激光干涉测量、激光自混合干涉测量、激光数字全息干涉测量、激光准直与多自由度误差同时测量、激光雷达大气探测。

本书可作为测控技术与仪器、光电信息科学与工程等专业本科生的教材，也可作为仪器科学与技术、光学工程等学科及相关工程领域研究生的教材，还可用作相关教师和科研人员的参考书。

图书在版编目（CIP）数据

激光传感与测量 / 焦明星主编. -- 2版. -- 北京 ：科学出版社, 2025. 6.
ISBN 978-7-03-080458-7

I. TH822；TH761

中国国家版本馆 CIP 数据核字第 2024YJ5052 号

责任编辑：潘斯斯 / 责任校对：王　瑞
责任印制：师艳茹 / 封面设计：马晓敏

科学出版社出版
北京东黄城根北街 16 号
邮政编码：100717
http://www.sciencep.com

北京天宇星印刷厂印刷

科学出版社发行　各地新华书店经销

*

2014 年 6 月第　一　版　开本：787×1092　1/16
2025 年 6 月第　二　版　印张：19 1/4
2025 年 6 月第五次印刷　字数：468 000

定价：88.00 元

（如有印装质量问题，我社负责调换）

本书编委会

主编： 焦明星（西安理工大学 教授）

委员（按姓氏笔画排序）：

王　鸣（南京师范大学 教授）

冯其波（北京交通大学 教授）

刘　芸（西安理工大学 副教授）

刘　君（西安理工大学 教授）

吴冠豪（清华大学 副教授）

前 言

激光器是 20 世纪继原子能、计算机、半导体之后的第四项重大发明，激光被誉为“最亮的光”、“最快的刀”和“最准的尺”，对人类社会的发展和进步产生了深远的影响。作为“最准的尺”，激光为实现高精度信息传感与测量提供了可能。

《激光传感与测量》(第一版)自 2014 年 6 月出版以来，得到全国十几所高校和科研院所相关学科专业师生的厚爱及支持，实现了良好的使用效果，荣获 2018 年陕西普通高等学校优秀教材一等奖。随着我国高等教育教学改革的不断深入，相关专业课程的授课学时都有较大幅度的压缩，并要求对教学内容进行更新，力求反映本学科专业领域发展的新成果，因此亟需对第一版教材进行修订。

本书以优化结构、突出重点、服务教学为出发点，对第一版教材中的相关章节内容进行了删减、更新及补充。删减的章节内容主要包括激光衍射测量(第 6 章)、激光全息干涉测量(第 7 章)、光纤传感与测量(第 10 章)、激光增益饱和及输出功率(1.7、1.8 节)、激光调 Q 技术(2.2 节)、激光陀螺(3.9 节)、激光扫平仪(8.4 节)和传统激光测距(9.1～9.3 节)等。本书新编了激光数字全息干涉测量作为一整章，并在其他章节补充了相关内容，主要包括激光正交解调 PDH 稳频技术、双腔双频 Nd:YAG 激光器正交解调 PDH 稳频系统、双腔双频 Nd:YAG 激光器合成波绝对距离干涉测量、光学频率梳干涉测量、光纤激光器自混合干涉绝对距离测量、激光跟踪测量等，反映了近年来激光传感与测量领域的最新研究成果。

本书编写提纲由西安理工大学焦明星教授制定。全书内容共 8 章，第 1 章介绍激光的基本原理，第 2 章介绍激光传感与测量中常用的激光技术和激光器，第 3 章介绍几类新型双频激光器与激光传感器，第 4～8 章依次介绍激光干涉测量、激光自混合干涉测量、激光数字全息干涉测量、激光准直与多自由度误差同时测量、激光雷达大气探测。

本书第 1～3 章由西安理工大学焦明星教授编写，第 4 章由北京交通大学冯其波教授和清华大学吴冠豪副教授编写，第 5 章由南京师范大学王鸣教授编写，第 6 章由西安理工大学刘芸副教授编写，第 7 章由冯其波教授编写，第 8 章由西安理工大学刘君教授编写。全书由焦明星教授统稿，清华大学张书练教授和西安交通大学王昭教授担任主审。

在本书编写过程中，编者参考了相关文献资料，在此谨向有关作者表示衷心的感谢。西安理工大学教务处、机械与精密仪器工程学院为本书出版提供了资金支持，高飞教授、邢俊红副教授、刘健宁副教授、寇科副教授和博士生李广涛、朱浩等给予了许多帮助，在此一并致谢。

由于编者水平有限，书中难免存在疏漏之处，恳请读者批评指正。

编 者
2024 年 7 月 30 日

目　　录

第 1 章　激光的基本原理 ······ 1
1.1　激光的基本特性 ······ 2
1.1.1　激光的方向性 ······ 2
1.1.2　激光的亮度 ······ 3
1.1.3　激光的相干性 ······ 3
1.2　光的受激辐射和光放大 ······ 6
1.2.1　原子能级和能级寿命及宽度 ······ 6
1.2.2　黑体辐射的普朗克公式 ······ 7
1.2.3　光与物质的相互作用 ······ 8
1.2.4　粒子数反转分布与光放大 ······ 11
1.2.5　增益系数与增益曲线 ······ 12
1.3　激光能级系统和激光振荡条件 ······ 13
1.3.1　激光能级系统 ······ 13
1.3.2　光的自激振荡 ······ 14
1.3.3　激光振荡条件 ······ 15
1.4　光谱线加宽 ······ 16
1.4.1　概述 ······ 16
1.4.2　均匀加宽 ······ 17
1.4.3　非均匀加宽 ······ 20
1.5　光学谐振腔和激光模式 ······ 22
1.5.1　光腔的构成及分类 ······ 22
1.5.2　共轴球面腔的稳定性条件 ······ 24
1.5.3　光腔的损耗和时间常数 ······ 26
1.5.4　激光模式 ······ 28
1.6　基模高斯光束及其准直 ······ 31
1.6.1　基模高斯光束及其基本特性 ······ 31
1.6.2　薄透镜对基模高斯光束的变换 ······ 33
1.6.3　基模高斯光束的准直 ······ 34
习题与思考题 ······ 36
第 2 章　常用激光技术与激光器 ······ 38
2.1　激光调制技术 ······ 38
2.1.1　激光调制的基本概念 ······ 38

2.1.2 电光调制技术 …… 39
2.1.3 声光调制技术 …… 45
2.1.4 直接调制技术 …… 48
2.2 激光模式选择技术 …… 49
2.2.1 激光横模选择技术 …… 49
2.2.2 激光纵模选择技术 …… 50
2.3 激光频率稳定技术 …… 55
2.3.1 激光频率稳定性及复现性 …… 55
2.3.2 影响频率稳定性的主要因素及被动稳频 …… 57
2.3.3 主动稳频方法与技术 …… 57
2.4 He-Ne 激光器 …… 69
2.4.1 He-Ne 激光器的结构及分类 …… 69
2.4.2 He-Ne 激光器的工作原理 …… 70
2.4.3 He-Ne 激光器的最佳工作条件 …… 73
2.4.4 双纵模 He-Ne 激光器 …… 74
2.5 全固态激光器 …… 74
2.5.1 概述 …… 74
2.5.2 端面泵浦全固态激光器系统组成 …… 75
2.5.3 常用端面泵浦全固态激光器 …… 76
2.5.4 单频全固态激光器 …… 80
2.6 光纤激光器 …… 83
2.6.1 概述 …… 83
2.6.2 谐振腔结构及特点 …… 85
2.6.3 掺铒光纤和掺镱光纤的基本特性 …… 86
2.6.4 光纤光栅 DBR 和 DFB 型光纤激光器 …… 88
2.6.5 基于饱和吸收体选模原理的单纵模掺铒光纤激光器 …… 91
2.7 半导体激光器 …… 94
2.7.1 半导体与 PN 结的能带结构 …… 94
2.7.2 半导体激光器的工作原理及阈值条件 …… 97
2.7.3 半导体激光器常用结构 …… 99
2.7.4 半导体激光器的主要工作特性 …… 102
习题与思考题 …… 104

第 3 章 新型双频激光器与激光传感器 …… 106

3.1 双频激光器概述 …… 106
3.1.1 双频激光器含义及分类 …… 106
3.1.2 双频激光振荡原理及方法 …… 107
3.2 激光纵模分裂原理及方法 …… 107
3.2.1 激光纵模分裂现象及其产生原理 …… 107

3.2.2 Nd:YAG 激光纵模分裂方法 109
3.3 双折射双频固体激光器 112
3.3.1 自然双折射双频 Nd:YAG 激光器 112
3.3.2 电光双折射双频 Nd:YAG 激光器 115
3.3.3 热光双折射双频铒镱玻璃激光器 117
3.3.4 应力双折射双频 Nd:YAG 激光器 119
3.4 双轴与双腔双频固体激光器 121
3.4.1 双轴双频 Yb:KGW 激光器 121
3.4.2 双腔双频激光器基本模型 123
3.4.3 双折射滤光片选模双腔双频 Nd:YAG 激光器 124
3.4.4 F-P 标准具选模双腔双频 Nd:YAG 激光器 128
3.4.5 双腔双频 Nd:YAG 激光器正交解调 PDH 稳频系统 132
3.5 双波长单纵模光纤激光器 136
3.5.1 保偏光纤布拉格光栅的主要特性 136
3.5.2 饱和吸收体选模双波长单纵模光纤激光器 138
3.5.3 DBR 型双波长单纵模掺镱光纤激光器 141
3.5.4 双腔双波长单纵模光纤激光器 143
3.6 激光传感器 146
3.6.1 激光传感器概述 146
3.6.2 He-Ne 激光传感器 147
3.6.3 Nd:YAG 激光力传感器 149
3.6.4 光纤激光传感器 151
习题与思考题 153
第 4 章 激光干涉测量 155
4.1 光的干涉现象 155
4.1.1 两列光波的叠加及干涉现象 155
4.1.2 光拍现象及合成波长 158
4.2 激光干涉测量原理及干涉仪 160
4.2.1 激光干涉测量原理 160
4.2.2 迈克耳孙干涉仪 160
4.2.3 马赫-曾德尔干涉仪 162
4.2.4 泰曼-格林干涉仪 164
4.2.5 法布里-珀罗干涉仪 166
4.3 激光外差干涉测量 168
4.3.1 塞曼双频激光外差干涉测量 169
4.3.2 声光调制激光外差干涉测量 171
4.4 激光合成波干涉测量 172
4.4.1 合成波绝对距离干涉测量原理 172

4.4.2 多级合成波长逐级精化测量方法 ······ 174
4.4.3 双频激光合成波绝对距离干涉测量系统 ······ 175
4.4.4 双频激光合成波纳米测量干涉仪 ······ 180
4.5 激光调频波干涉测量 ······ 181
4.5.1 调频连续波干涉 ······ 182
4.5.2 半导体激光器线性调频连续波绝对距离干涉测量 ······ 183
4.5.3 半导体激光器正弦调频连续波纳米测量干涉仪 ······ 185
4.6 激光干涉光学探针测量 ······ 186
4.6.1 相移干涉光学探针测量 ······ 186
4.6.2 扫描差分干涉光学探针测量 ······ 187
4.6.3 共光路外差干涉光学探针测量 ······ 188
4.6.4 组合干涉光学探针测量 ······ 189
4.7 光学频率梳干涉测量 ······ 190
4.7.1 光学频率梳的数学描述 ······ 190
4.7.2 光学频率梳的产生 ······ 191
4.7.3 光频梳脉冲干涉绝对距离测量 ······ 196
4.7.4 光频梳模间拍频绝对距离测量 ······ 198
4.7.5 光频梳光谱干涉绝对距离测量 ······ 199
4.7.6 光频梳绝对距离测量应用 ······ 199
习题与思考题 ······ 201

第 5 章 激光自混合干涉测量 ······ 202

5.1 激光自混合干涉现象及测量系统组成 ······ 202
5.1.1 激光自混合干涉现象 ······ 202
5.1.2 三镜腔模型及理论分析 ······ 202
5.1.3 影响自混合干涉条纹特性的几个参数 ······ 204
5.1.4 激光自混合干涉测量系统组成 ······ 207
5.2 常用激光器的自混合干涉特性 ······ 209
5.2.1 He-Ne 激光器自混合干涉特性 ······ 209
5.2.2 Nd:YAG 激光器自混合干涉特性 ······ 209
5.2.3 半导体激光器自混合干涉特性 ······ 210
5.3 激光自混合干涉绝对距离测量 ······ 212
5.3.1 半导体激光器自混合干涉绝对距离测量 ······ 212
5.3.2 固体激光器自混合干涉绝对距离测量 ······ 213
5.3.3 光纤激光器自混合干涉绝对距离测量 ······ 214
5.4 激光自混合干涉位移测量 ······ 216
5.4.1 双折射双频 He-Ne 激光器自混合干涉位移测量 ······ 217
5.4.2 Nd:YAG 激光器自混合干涉位移测量 ······ 218
5.4.3 半导体激光器自混合干涉位移测量 ······ 220

5.5　激光自混合干涉速度测量 224
5.5.1　双频 Nd:YAG 激光器自混合干涉速度测量 224
5.5.2　半导体激光器自混合散斑干涉速度测量 226
习题与思考题 227

第 6 章　激光数字全息干涉测量 228

6.1　全息术概述 228
6.1.1　全息术发展简介 228
6.1.2　全息过程 229
6.2　激光数字全息记录与再现 229
6.2.1　全息图记录 229
6.2.2　离轴全息图记录条件 231
6.2.3　激光数字全息再现方法 232
6.3　激光数字全息再现像质量优化方法 234
6.3.1　频域滤波法 234
6.3.2　数字参考波法 235
6.3.3　双曝光法 236
6.3.4　相移法 237
6.4　激光数字全息干涉测量应用 237
6.4.1　三维面形测量 238
6.4.2　温度场测量 240
6.4.3　粒子场测量 241
6.4.4　生物组织动态监测 242
习题与思考题 243

第 7 章　激光准直与多自由度误差同时测量 244

7.1　概述 244
7.1.1　激光准直测量基本原理 244
7.1.2　激光准直测量系统组成 251
7.2　激光直线度测量 257
7.2.1　直线度测量概述 257
7.2.2　激光直线度测量方法 258
7.2.3　直线度测量误差分析 261
7.3　激光多自由度误差同时测量 263
7.3.1　滚转角测量 265
7.3.2　四自由度误差同时测量 266
7.3.3　五自由度误差同时测量 269
7.3.4　六自由度误差同时测量 269
7.4　激光跟踪测量 270

7.4.1 概述……270
7.4.2 激光跟踪干涉测量系统……271
习题与思考题……272

第 8 章 激光雷达大气探测……273

8.1 概述……273
8.1.1 激光雷达大气探测的物理基础……273
8.1.2 大气探测激光雷达的分类……274
8.2 激光雷达大气探测原理及方法……275
8.2.1 激光雷达的基本原理……275
8.2.2 激光雷达方程……276
8.2.3 激光雷达方程的解……276
8.3 米散射激光雷达大气气溶胶探测……280
8.3.1 大气气溶胶……280
8.3.2 米散射激光雷达系统组成及气溶胶探测……280
8.4 激光多普勒雷达大气风场探测……282
8.4.1 激光多普勒测风雷达原理及分类……283
8.4.2 相干多普勒测风激光雷达……283
8.4.3 非相干多普勒测风激光雷达……284
8.5 激光雷达大气温度探测……287
8.5.1 大气温度探测方法概述……287
8.5.2 瑞利散射激光雷达大气温度探测……288
8.5.3 转动拉曼散射激光雷达大气温度探测……289
习题与思考题……291

参考文献……292

第1章

激光的基本原理

本章简要介绍激光振荡输出的基本原理，主要包括激光的基本特性、光的受激辐射和光放大、激光能级系统和激光振荡条件、光谱线加宽、光学谐振腔和激光模式、基模高斯光束及其准直等内容。

世界上第一台激光器——红宝石激光器于 1960 年 7 月演示成功。激光的成功发明使传统光学技术焕发了新的生命力，极大地丰富了光学技术的内涵，标志着现代光学的开端，并在许多领域得到广泛的应用。

激光(light amplification by stimulated emission of radiation, LASER)是辐射的受激发射引起的光放大。与普通光源的发光机理(主要是光的自发辐射)不同，激光主要是光的受激辐射，因此激光与普通光源相比有三个主要特性，即方向性好、亮度高和相干性好。

关于激光的定义，一种通俗的、现象性的描述是：激光是一种方向性好、亮度高、相干性好的光频辐射。但这并不是激光的科学定义，激光的科学定义是用光子简并度来描述的，即激光是一种具有高光子简并度的光频辐射。为了正确理解激光的这一科学定义，下面简要介绍光子的基本性质和光子简并度的概念。

光在本质上是由一些具有确定能量和动量的物质微粒——光量子或光子所组成的，而光子的能量和动量的数值与一定的光的频率或波长相对应，即光子既是粒子，同时又是波。光在与物质相互作用时粒子性明显，光在传播中则波动性突出。光的这种粒子性和波动性相互对立又并存的性质，称为光的“波粒二象性”。光的粒子属性(能量、动量、质量等)和波动属性(频率、波矢、偏振等)密切联系，可归纳如下。

(1) 光子的能量 ε 与光波频率 ν 对应：

$$\varepsilon = h\nu \tag{1.0.1}$$

式中，$h = 6.626\times10^{-34}\text{J·s}$，称为普朗克常数。

(2) 光子具有运动质量 m，并可表示为

$$m = \frac{\varepsilon}{c^2} = \frac{h\nu}{c^2} \tag{1.0.2}$$

光子的静止质量为零。

(3) 光子的动量 $\boldsymbol{P}$ 与单色平面光波的波矢量 $\boldsymbol{k}$ 对应：

$$\boldsymbol{P} = mc\boldsymbol{n}_0 = \frac{h\nu}{c}\boldsymbol{n}_0 = \frac{h}{2\pi}\cdot\frac{2\pi}{\lambda}\boldsymbol{n}_0 = \hbar\boldsymbol{k} \tag{1.0.3}$$

式中，$\hbar = \dfrac{h}{2\pi}$；$\boldsymbol{n}_0$ 为光子运动方向(平面光波传播方向)上的单位矢量。

(4)光子具有两种可能的独立偏振状态，对应于光波场的两个独立偏振方向。

(5)光子具有自旋特性，并且自旋量子数为整数(+1 对应于右旋圆偏振，−1 对应于左旋圆偏振)，故光子是“玻色”子，即处于相同状态的光子数目是无限制的。

处于同一光子状态的光子数称为光子简并度。显然，光子简并度具有几种相同的含义，即同一光子状态的光子数、同一模式内的光子数、处于相干体积内的光子数。

1.1 激光的基本特性

1.1.1 激光的方向性

激光的方向性常用光束发散角或光束立体角来衡量。光束发散角是平面角，如图 1.1.1 所示；光束立体角是空间角，如图 1.1.2 所示。

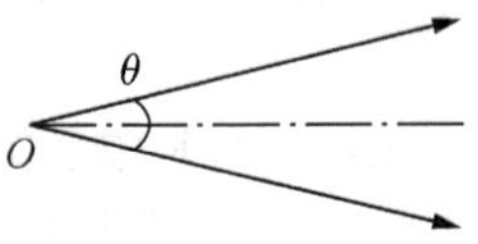

图 1.1.1 光束发散角

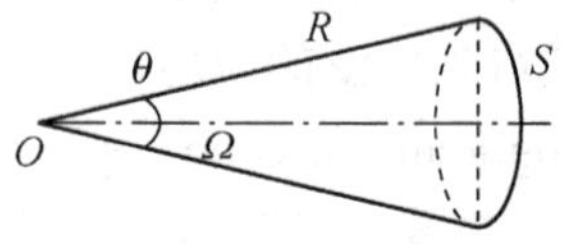

图 1.1.2 光束立体角

球冠曲面 S 对球心 O 的空间角即为立体角 Ω，可如下表示：

$$\Omega = \frac{S}{R^2} \tag{1.1.1}$$

式中，R 为球半径；立体角 Ω 的单位为球面度(sr)。可见，整个球面对球心的立体角 $\Omega = 4\pi\,\text{sr}$。

光束发散角和光束立体角都描述光束在传播过程中的发散程度，光束发散角或立体角越小，光束方向性越好。例如，灯泡向四面八方辐射光能，其立体角 $\Omega = 4\pi\,\text{sr}$。

激光的发散角 θ 很小，一般为 mrad 量级，这时式(1.1.1)可以近似表达成如下形式：

$$\Omega \approx \frac{\pi}{4}\theta^2 \tag{1.1.2}$$

若取 $\theta = 2\text{mrad}$，则由式(1.1.2)可以求得 $\Omega = \pi\times10^{-6}\,\text{sr}$，即激光器仅仅向着 $\pi\times10^{-6}\,\text{sr}$ 的空间发射光能量或光功率。激光的方向性极好，这是其他任何光源发射的光所无法比拟的，它所能达到的最小光束发散角受到激光通过输出孔径时的衍射极限角的限制，即最小光束发散角为

$$\theta_{\min} = \frac{1.22\lambda}{2a} \approx \frac{\lambda}{2a} \tag{1.1.3}$$

式中，$2a$ 为激光谐振腔的输出孔径。

不同类型激光器的光束方向性差别很大，这主要与激光介质的类型及其均匀性、光腔类型及其激光腔长、激励方式，以及激光器的工作状态等因素有关。气体激光器由于介质具有良好的均匀性，并且激光腔长一般较长，因此具有最好的方向性，通常可达到几毫弧度数量级，其中氦氖(He-Ne)激光器的发散角甚至可达到 3×10^{-4}rad，这已经十分接近其衍射极限角度；固体激光器的方向性较差，一般为 10^{-2}rad 数量级，其主要原因在于激光介质的光学

非均匀性、较短的激光腔长和激励的非均匀性等；半导体激光器的方向性最差，一般为 $(5\sim10)\times10^{-2}$rad。

1.1.2 激光的亮度

光源的亮度 B 定义为单位面积光源表面向该面法向单位立体角内发射的光功率，即

$$B=\frac{P}{S\Omega} \tag{1.1.4}$$

式中，S 为发光面积；Ω 为立体角；P 为光功率；亮度 B 的单位为 $\mathrm{W/(m^2\cdot sr)}$。由于光功率是单位时间内发射的能量，因此光源的亮度也可以理解为单位时间内单位面积光源表面向其法向单位立体角发射的光能量，即

$$B=\frac{E}{S\Omega t} \tag{1.1.5}$$

式中，E 为光能量。由式(1.1.4)和式(1.1.5)可以看出，减小光源的光束立体角 Ω 可以提高光源的亮度；同样，缩短光辐射的时间 t 也可以提高光源的亮度。激光的立体角 $\Omega\approx\pi\times10^{-6}\,\mathrm{sr}$，比普通光源的光束立体角(约 $4\pi\,\mathrm{sr}$)小百万倍，因此即使两者在单位面积上的辐射功率相当，激光的亮度也比普通光源的亮度高上百万倍。采用超短光脉冲技术，可将激光脉宽压缩到飞秒(10^{-15}s)甚至阿秒(10^{-18}s)量级，激光亮度得到进一步提高。

总之，激光能量在空间和时间上高度集中，使得激光具有普通光源所达不到的高亮度。

1.1.3 激光的相干性

1. 激光的时间相干性

光源的时间相干性是指光源上同一发光点在不同时刻所发出的光波在空间同一位置处的相互关联性。观察光源时间相干性的典型实验装置是迈克耳孙(Michelson)干涉仪，其光路如图 1.1.3 所示，光源 LS 发出的光波经分光镜 BS 分成两路，分别经参考镜 M_1 和测量镜 M_2 反射，然后又经分光镜 BS 透射和反射，先后到达观察屏上的 P 点相遇。当参考臂和测量臂的光程差为波长的整数倍时，两光波产生相长干涉，P 点处最亮；当两臂光程差为半波长的奇数倍时，产生相消干涉，P 点处最暗。如果光源发出的光波是绝对的单色光，那么无论两臂光程差多大，干涉效应都将始终存在。然而，绝对的单色光源是不存在的，因此上述干涉效应只是在有限的光程差范围内才能明显出现，当光程差大于某一量值时，干涉现象将会消失。通常把能够产生干涉现象的这一极限光程差称为光源的相干长度。相干长度取决于光源的单色性，可以表示为

$$L_{\mathrm{c}}=\frac{\lambda^2}{\Delta\lambda}=\frac{c}{\Delta\nu} \tag{1.1.6}$$

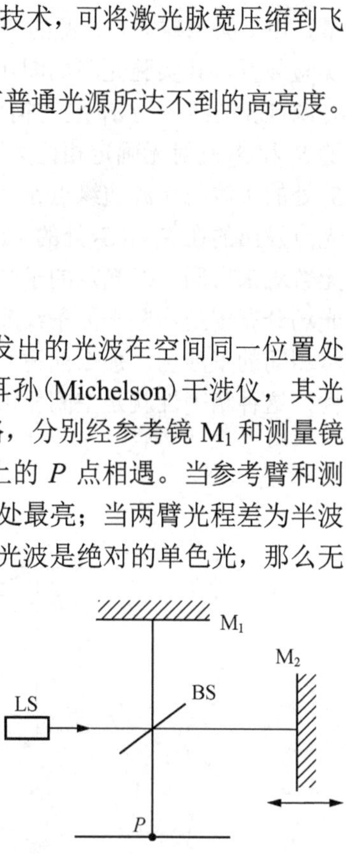

图 1.1.3 迈克耳孙干涉仪光路

式中，c 为真空中的光速；λ 为光源的波长；$\Delta\lambda$ 和 $\Delta\nu$ 分别

为光谱线的波长宽度和频率宽度。光在真空中行进的长度等于相干长度时所用的时间即为相干时间，可以表示为

$$t_c = \frac{L_c}{c} = \frac{1}{\Delta\nu} \tag{1.1.7}$$

由式(1.1.6)和式(1.1.7)可以看出，若光谱线的线宽 $\Delta\nu$ 越窄，即光源的单色性越好，则光源的相干长度就越长，相干时间也就越长，即光源的时间相干性越好。

在激光发明之前，曾经用作长度参考基准的氪灯(Kr^{86})光谱线具有很好的单色性，它在605.7nm 波长处的线宽 $\Delta\lambda \approx 4.7\times10^{-7}\mu m$，根据式(1.1.6)可以计算出相应的相干长度 $L_c \approx 780.580mm$。在激光传感与测量领域中，对于常用的基横模单纵模 632.8nm 稳频 He-Ne 激光器，其光谱线宽度 $\Delta\lambda \leqslant 10^{-11}\mu m$，相干长度达几十千米以上，由此可见，与普通光源相比，激光具有极其优良的时间相干性。

理论分析证明，一个稳频的基横模单纵模激光器发出的激光接近于理想的单色平面光波，即完全相干光。

2. 激光的空间相干性

空间相干性是指光源上不同发光点在同一时刻所发光波的相关性，通常用相干面积来度量，相干面积越大，光源的空间相干性就越好。观察光源空间相干性的典型系统是杨氏双缝实验装置，其实验光路如图 1.1.4 所示，衍射板上的双缝 S_1 和 S_2 的间距为 a，扩展光源(线光源)LS 的线度为 d，它与衍射板的距离为 L。如果 LS 是普通光源，其中不同发光点都向狭缝 S_1 和 S_2 发射无确定相位关系的光波，即它们是非相干的，例如，光源中心点 S_0 发出的在 S_1 处的子波与光源边缘点 S' 发出的在 S_2 处的子波之间是非相干的。但是，光源 LS 上同一发光点发出的在 S_1 和 S_2 处的子波是相干的，它们在观察屏 B 上可以形成干涉条纹；S_1 和 S_2 处无数对来自同一发光点的子波都能在观察屏 B 上形成各自的干涉条纹，而观察屏 B 上的总光场分布则是这些干涉条纹非相干叠加的结果。如果这些干涉条纹叠加后仍能形成明显的明暗相间的干涉场，那么就说明 S_1 和 S_2 处的来自各不同发光点的子波场之间具有明显的相干性，这种相干性就是空间相干性。

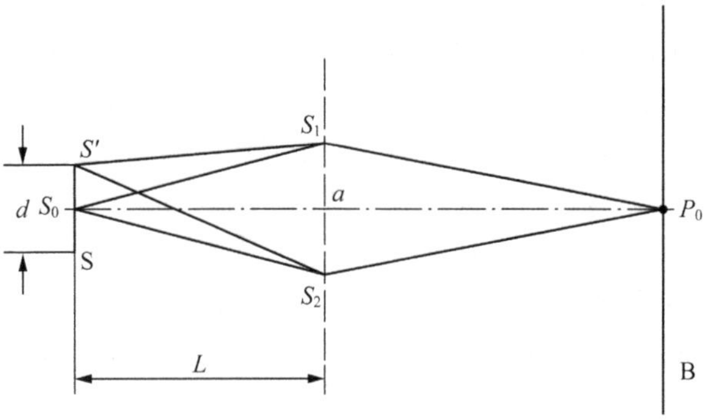

图 1.1.4　杨氏双缝实验光路

为简单起见，现考察观察屏 B 上中心点 P_0 处的干涉情况。从线光源 LS 的边缘点 S' 发出的在 S_1 和 S_2 处的子波，在 P_0 点处产生干涉的条件可以表示为

$$\overline{S'S_2}-\overline{S'S_1}\ll\lambda \tag{1.1.8}$$

即从发光点 S' 到两狭缝 S_1、S_2 的光程差远远小于光波波长。该干涉条件可以近似表示为

$$\overline{S'S_2}-\overline{S'S_1}\leqslant\frac{\lambda}{2} \tag{1.1.9}$$

根据图 1.1.4 所示的几何关系，可得

$$\overline{S'S_2}^2=L^2+\left(\frac{a+d}{2}\right)^2 \tag{1.1.10a}$$

$$\overline{S'S_1}^2=L^2+\left(\frac{a-d}{2}\right)^2 \tag{1.1.10b}$$

两式相减，可得

$$\overline{S'S_2}^2-\overline{S'S_1}^2=\left(\overline{S'S_2}+\overline{S'S_1}\right)\left(\overline{S'S_2}-\overline{S'S_1}\right)=ad \tag{1.1.11}$$

由于 $a\ll L$，所以 $\overline{S'S_1}\approx\overline{S'S_2}\approx L$，$\overline{S'S_1}+\overline{S'S_2}\approx 2L$，代入式(1.1.11)可得

$$\overline{S'S_2}-\overline{S'S_1}=\frac{ad}{2L} \tag{1.1.12}$$

将式(1.1.12)代入式(1.1.9)，可得相干条件为

$$\frac{ad}{L}\leqslant\lambda \tag{1.1.13}$$

在光源线度 d 和距离 L 确定的情况下，只有双缝间距 a 满足式(1.1.13)才能产生干涉，相应的最大双缝间距称为空间相干长度，即

$$a_{\mathrm{c}}=\frac{\lambda L}{d} \tag{1.1.14}$$

如果普通光源不是线光源，而是线度分别为 d_x 和 d_y 的长方形光源，相应的空间相干长度可以表示为

$$a_{\mathrm{c}x}=\frac{\lambda L}{d_x},\quad a_{\mathrm{c}y}=\frac{\lambda L}{d_y} \tag{1.1.15}$$

通常用相干面积来衡量空间相干性的好坏，空间相干面积越大，空间相干性就越好。由式(1.1.15)可以得到相干面积的表达式，即

$$A_{\mathrm{c}}=a_{\mathrm{c}x}a_{\mathrm{c}y}=\frac{\lambda^2L^2}{d_xd_y}=\frac{\lambda^2L^2}{A_{\mathrm{s}}} \tag{1.1.16}$$

式中，$A_{\mathrm{s}}=d_xd_y$ 为光源面积。由式(1.1.16)可以看出，在距离光源 L 处的横截面内存在一个相干面积，光源在该面积内的子波是可以相干的，即通过相干面积内的两点的光是相干的，而光源在该面积之外的子波是不相干的，相干面积越大，普通光源的空间相干性就越好。但是，减小光源的发光面积往往会降低发光强度，结果导致相干光强减弱，从而限制了普通光源在光学相干技术中的应用。

激光光源上不同发光点所发出的光波之间存在一定的相位关系，因此激光束在整个横截面内都是空间相干的，容易达到平方米的相干面积。

综合考虑光源的时间相干性和空间相干性，可以引出相干体积的概念，它是相干面积与相干长度的乘积，即

$$V_c = A_c L_c = \frac{\lambda^2 L^2}{A_s} \cdot \frac{c}{\Delta \nu} \tag{1.1.17}$$

由式(1.1.17)可以看出，光源面积越小，频率越单一，相干体积越大。在相干体积内，由一点的振动状态可以预计其他点的振动状态。不在同一相干体积内的两点的光是不相干的。

1.2 光的受激辐射和光放大

激光产生的物理基础是光与物质的共振相互作用，即光波电磁场与物质粒子(原子、分子、离子等)之间的共振相互作用，主要包括自发辐射、受激吸收和受激辐射这三个过程。普朗克(Max Planck)于 1900 年采用辐射量子化假设成功地解释了黑体辐射规律，玻尔(Niels Bohr)于 1913 年提出了原子中电子运动状态的量子化假设，在普朗克和玻尔相关工作的基础上，爱因斯坦于 1917 年从光量子概念出发重新推导了黑体辐射的普朗克公式，并在推导过程中提出了受激辐射和自发辐射这两个极为重要的概念。1958 年，美国的汤斯(Charles H. Townes)和肖洛(Arthur L. Schawlow)论证了激光运转的物理条件，1960 年 7 月，美国休斯公司实验室的梅曼(Theodore H. Maiman)成功演示了世界上第一台红宝石固体激光器，受激辐射概念在激光技术中得到了应用。

1.2.1 原子能级和能级寿命及宽度

1. 原子能级

物质由原子、分子或离子组成，原子是由带正电的原子核及绕核运动的电子组成，核外电子的负电量与原子核所带正电量相等。电子一方面绕原子核做轨道运动，另一方面其本身做自旋运动。当核外电子的运动状态发生变化时，原子的能量状态也将发生变化。根据量子理论，原子的这种能量变化并不是连续的，而是量子化的。原子这些量子化的能量级别称为原子的能级。在构成物质的一个原子系统中，能量最低的能级称为基能级或基态，能量值高于基态的能级统称为激发能级或激发态。在玻尔理论中，这些能级与电子轨道相对应；但在量子力学中，轨道实际上是不存在的，因此原子的能级应该是原子中核外电子分布概率最大时，原子所具有的那些量子化能量值。由原子物理学可知，原子中电子的运动状态可以用主量子数、角量子数、磁量子数和自旋量子数这四个量子数来描述，电子取不同的量子数，表示电子具有不同的运动状态，相应的原子也处于不同的量子化能量状态(简称量子态)。当原子的两个或更多个量子态具有相同的能量时，这些量子态所对应的能级称为简并能级，具有相同能量的量子态的数目称为该能级的简并度。

当原子在两个能级之间跃迁时，可以产生光的辐射或吸收(分子和离子也可产生这种现象)。但是，并不是任意两个能级之间都可以产生辐射跃迁，只有当两个能级满足辐射跃迁选择定则时，才有可能产生辐射跃迁。这时，原子系统吸收或辐射的光子频率由玻尔频率条件确定，即

$$\nu_0 = \frac{E_2 - E_1}{h} \tag{1.2.1}$$

式中，E_2 和 E_1 分别为上能级和下能级的能量值；h 为普朗克常数。当原子从一个能级以无辐射跃迁的形式跃迁到另一个能级时，能量将转换为热能而传递给其他原子。

2. 能级寿命及宽度

原子在某个能级上停留的平均时间称为该能级的寿命。激发态的寿命一般都很短，通常为 10^{-8}～10^{-7}s。但也存在着寿命达毫秒量级以上的激发态，这些激发态能级正好是辐射跃迁选择定则中规定的不允许向低能级进行辐射跃迁的那些能级，实际上受禁跃迁也有发生，只是少于允许的跃迁而已，通常把这种寿命较长的激发态称为亚稳态。亚稳态能级对激光的产生起着很重要的作用。

同一激发态上大量原子具有的能量并不完全相等，这些原子按照能量不同呈统计分布规律，如图 1.2.1 所示。分布在激发态中心能量值处的粒子数最多，随着相对中心能量值偏离量的增加，分布的粒子数也随之减少。通常将粒子数减少到中心能量值粒子数(即最多粒子数 N_m) 的一半时所对应的能量间隔 ΔE 定义为该能级的自然宽度。

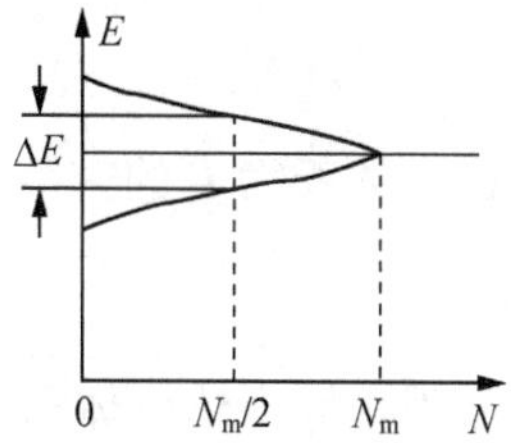

图 1.2.1　能级宽度

能级的宽度 ΔE 和能级的平均寿命 τ 遵从量子力学测不准原理，即

$$\Delta E \cdot \tau \geqslant \frac{h}{2\pi} \tag{1.2.2}$$

式中，h 为普朗克常数。可以看出，能级的宽度 ΔE 与能级的平均寿命 τ 成反比。能级的自然宽度取决于粒子在该能级上的平均寿命，能级平均寿命越长，能级的自然宽度越窄。激发态寿命很短，所以激发态能级宽度很宽；亚稳态寿命较长，因此亚稳态的能级宽度较窄；基态的平均寿命为无穷大，所以基态能级的宽度为零。

1.2.2　黑体辐射的普朗克公式

任何物体只要其温度大于零开，就能够发出和吸收电磁辐射，其辐射特性与温度有关。如果某一物体能够完全吸收任何波长的电磁辐射，则称此物体为绝对黑体(简称黑体)。在自然界中，绝对黑体是不存在的，没有一种物体在任何温度下能把投射来的各种波长的辐射完全吸收掉。

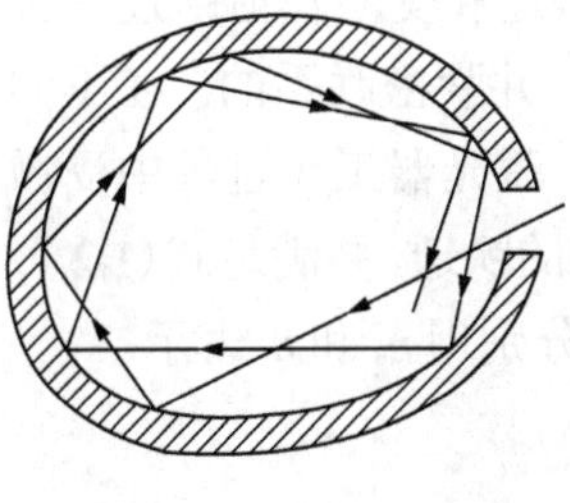

图 1.2.2　绝对黑体模型

如图 1.2.2 所示的空腔辐射体是一个比较理想的绝对黑体，因为从外界射入小孔的任何波长的电磁辐射都将在腔内来回反射而不再逸出腔外。物体除吸收电磁辐射外，还会发出电磁辐射，这种电磁辐射称为热辐射或温度辐射。在黑体处于某一温度 T 的热平衡情况下，它所吸收的辐射能量应等于发出的辐射能量，即黑体与辐射场之间应处于能量(热)平衡状态。显然，这种平衡必然导致空腔内存在完全确定的辐射场，这种辐射场称为黑体辐射或平衡辐射。

黑体辐射是黑体温度 T 和辐射场频率 ν 的函数，可用单色能量密度 ρ_ν 来描述。ρ_ν 定义为单位体积内频率处于 ν 附近的单位频率间隔中的电磁辐射能量，即

$$\rho_\nu = \frac{\mathrm{d}\varepsilon}{V\mathrm{d}\nu} \tag{1.2.3}$$

式中，ρ_ν 的单位为 $\mathrm{J \cdot s / m^3}$。

为了从理论上解释实验所得的黑体辐射的单色能量密度随温度和频率的分布规律，普朗克提出了与经典概念完全不相同的辐射能量量子化假设，他认为物体在吸收或辐射跃迁时，能量的变化是不连续的，存在着能量最小单元 ε，称为光量子。物体吸收或辐射的能量只能是最小单元 ε 的整数倍。ε 和辐射频率之间的关系是 $\varepsilon = h\nu$，并在此基础上成功地得到了与实验相符的黑体辐射普朗克公式。这一公式可表述为：在温度 T 的热平衡情况下，黑体辐射分配到腔内每个模式上的平均能量为

$$E_\mathrm{a} = \frac{h\nu}{\mathrm{e}^{h\nu/(k_\mathrm{b}T)} - 1} \tag{1.2.4}$$

已知体积为 V 的空腔内频率处于 ν 附近频带 $\mathrm{d}\nu$ 内的光波模式数为

$$M = \frac{8\pi\nu^2}{c^3} V\mathrm{d}\nu \tag{1.2.5}$$

显然，腔内单位体积中单位频率间隔内的光波模式数 n_ν 可以表示为

$$n_\nu = \frac{M}{V\mathrm{d}\nu} = \frac{8\pi\nu^2}{c^3} \tag{1.2.6}$$

根据单色能量密度的定义式(1.2.3)，可得

$$\rho_\nu = \frac{ME_\mathrm{a}}{V\mathrm{d}\nu} = n_\nu E_\mathrm{a} \tag{1.2.7}$$

于是，黑体辐射的普朗克公式为

$$\rho_\nu = \frac{8\pi h\nu^3}{c^3} \cdot \frac{1}{\mathrm{e}^{h\nu/(k_\mathrm{b}T)} - 1} \tag{1.2.8}$$

式中，k_b 为玻尔兹曼常数，其数值为 $1.38062\times10^{-23}\ \mathrm{J/K}$。

1.2.3 光与物质的相互作用

上述黑体辐射实质上是单色能量密度为 ρ_ν 的辐射场与构成黑体的物质原子(或分子、离子)相互作用的结果。爱因斯坦从辐射与原子相互作用的量子观点出发并提出：辐射场与物质(原子、分子等)的相互作用包含原子的自发辐射跃迁、受激吸收跃迁和受激辐射跃迁三种过程。对于一个包含大量原子的系统，这三种跃迁过程总是同时存在并紧密联系的。在不同情况下，各个过程所占比例不同，普通光源中自发辐射起主要作用，激光器工作过程中受激辐射起主要作用。为了简化起见，只考虑原子的两个能级 E_2 和 E_1 之间的跃迁，并满足式(1.2.1)的玻尔频率条件。单位体积内处于两能级的原子数(即原子数密度)分别用 n_2 和 n_1 表示。

1. 自发辐射

在通常情况下，处于高能级 E_2 的原子是不稳定的。在没有外界影响时，它们会自发地

从高能级 E_2 向低能级 E_1 跃迁，同时放出能量为 $\mathrm{d}\nu$ 的光子，该过程称为自发跃迁。由原子自发跃迁发出的光波称为自发辐射，如图 1.2.3(a) 所示。

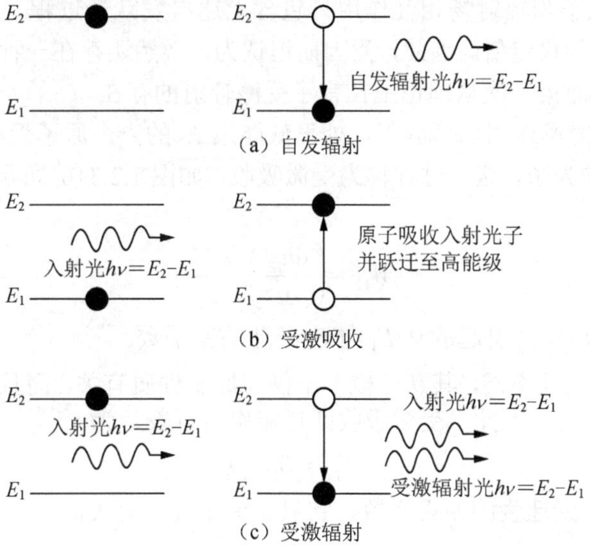

图 1.2.3　原子的自发跃迁和受激跃迁过程示意图

自发跃迁过程用自发跃迁概率 A_{21} 描述。A_{21} 定义为单位时间内 n_2 个高能态原子中发生自发跃迁的原子数与 n_2 的比值，即

$$A_{21}=\left(\frac{\mathrm{d}n_{21}}{\mathrm{d}t}\right)_{\mathrm{sp}}\cdot\frac{1}{n_2} \tag{1.2.9}$$

式中，$\mathrm{d}n_{21}$ 表示由自发跃迁引起的从 E_2 向 E_1 跃迁的原子数。

应该指出，自发辐射是一种只与原子本身性质有关，而与外部辐射场无关的自发过程，A_{21} 只取决于原子本身的性质。由式(1.2.9)容易证明，A_{21} 就是原子在能级 E_2 的平均寿命 τ_{s} 的倒数。在单位时间内，E_2 能级所减少的粒子数密度为

$$\frac{\mathrm{d}n_2}{\mathrm{d}t}=-\left(\frac{\mathrm{d}n_{21}}{\mathrm{d}t}\right)_{\mathrm{sp}} \tag{1.2.10}$$

将式(1.2.9)代入式(1.2.10)，可得

$$n_2(t)=n_{20}\mathrm{e}^{-A_{21}t}=n_{20}\mathrm{e}^{-t/\tau_{\mathrm{s}}} \tag{1.2.11}$$

式中，n_{20} 为 $t=0$ 时 E_2 能级的粒子数密度。可以看出，跃迁概率 A_{21} 越大，E_2 能级的平均寿命就越短，即

$$A_{21}=\frac{1}{\tau_{\mathrm{s}}} \tag{1.2.12}$$

A_{21} 也称为自发跃迁爱因斯坦系数。

自发辐射是原子在不受外界辐射场控制情况下的自发过程。因此，大量原子的自发辐射场的相位是无规则分布的，因而是不相干的。此外，自发辐射场的传播方向和偏振方向也是无规则分布的，或者如式(1.2.4)和式(1.2.8)所表述的那样，自发辐射平均地分配到腔内所有模式上。

2. 受激吸收

如果黑体物质原子和辐射场相互作用只包含上述自发跃迁过程，则不能维持式(1.2.8)所表示的腔内辐射场的稳定值。因此，爱因斯坦认为，必然还存在一种原子在辐射场作用下的受激跃迁过程，进而第一次从理论上预言了受激辐射的存在。

在频率为ν的辐射场作用(激励)下，处于低能级E_1的一个原子受激地向E_2能级跃迁并吸收一个能量为$h\nu$的光子，这一过程称为受激吸收，如图1.2.3(b)所示，用受激吸收跃迁概率W_{12}描述，即

$$W_{12}=\left(\frac{\mathrm{d}n_{12}}{\mathrm{d}t}\right)_{\mathrm{st}}\cdot\frac{1}{n_1} \tag{1.2.13}$$

式中，$\mathrm{d}n_{12}$表示由受激跃迁引起的从E_1向E_2跃迁的原子数。

受激跃迁与自发跃迁不同，其跃迁概率不仅与原子性质有关，而且还与外部电磁辐射场的单色能量密度ρ_ν有关。因此，受激吸收跃迁概率可以表示为

$$W_{12}=B_{12}\cdot\rho_\nu \tag{1.2.14}$$

式中，B_{12}为受激吸收跃迁爱因斯坦系数，它只与原子性质有关。

3. 受激辐射

受激辐射跃迁是受激吸收跃迁的反过程，即处于上能级E_2的原子在频率为ν的辐射场作用下，跃迁至低能级E_1并辐射一个能量为$h\nu$的光子。受激辐射跃迁发出的光波称为受激辐射，如图1.2.3(c)所示，受激辐射跃迁概率W_{21}为

$$W_{21}=\left(\frac{\mathrm{d}n_{21}}{\mathrm{d}t}\right)_{\mathrm{st}}\cdot\frac{1}{n_2}=B_{21}\cdot\rho_\nu \tag{1.2.15}$$

式中，$\mathrm{d}n_{21}$表示由受激跃迁引起的从E_2向E_1跃迁的原子数；B_{21}为受激辐射跃迁爱因斯坦系数，它只与原子性质有关。

受激辐射是在外界辐射场作用下的发光过程，因而容易设想各原子的受激辐射的相位不再是无规则分布，而应具有和外界辐射场相同的相位。可以证明：受激辐射光子与入射(激励)光子属于同一光子态；或者说，受激辐射场与入射辐射场具有相同的频率、相位、波矢(传播方向)和偏振，因而受激辐射场与入射辐射场属于同一模式。特别地，大量原子在同一辐射场激发下所产生的受激辐射光是高度相干光。光的受激辐射过程是产生激光的基本过程。

值得指出的是，由于原子能级有一定的宽度，必然引起光谱线的加宽，因此与物质原子相互作用的光的频率并不一定要严格等于中心频率ν_0才能产生受激跃迁，只要频率处于ν_0附近的一个频率范围内，仍然可以产生受激跃迁，只是跃迁概率不同而已，在中心频率ν_0处跃迁概率最大，当偏离中心频率ν_0时跃迁概率会降低。

4. 爱因斯坦关系式

当光与物质原子共振相互作用达到热平衡时，n_2或n_1应保持不变，即满足如下条件：

$$\left(\frac{\mathrm{d}n_{21}}{\mathrm{d}t}\right)_{\mathrm{sp}}+\left(\frac{\mathrm{d}n_{21}}{\mathrm{d}t}\right)_{\mathrm{st}}=\left(\frac{\mathrm{d}n_{12}}{\mathrm{d}t}\right)_{\mathrm{st}} \tag{1.2.16}$$

或者

$$n_2A_{21}+n_2B_{21}\rho_\nu=n_1B_{12}\rho_\nu \tag{1.2.17}$$

已知在热平衡状态下，能级上的原子数按能级分布服从玻尔兹曼分布律，即

$$\frac{n_2}{n_1}=\frac{f_{d_2}}{f_{d_1}}\exp\left(-\frac{E_2-E_1}{k_\mathrm{b}T}\right) \tag{1.2.18}$$

式中，f_{d_2} 和 f_{d_1} 分别为 E_2 和 E_1 能级的简并度。由式(1.2.17)和式(1.2.18)可以得到

$$A_{21}+B_{21}\rho_\nu=\frac{f_{d_1}}{f_{d_2}}B_{12}\rho_\nu \mathrm{e}^{h\nu/(k_\mathrm{b}T)} \tag{1.2.19}$$

或

$$n_2A_{21}+n_2B_{21}\rho_\nu=n_1B_{12}\rho_\nu=\frac{A_{21}}{B_{21}}\cdot\frac{1}{\dfrac{f_{d_1}B_{12}}{f_{d_2}B_{21}}\cdot\mathrm{e}^{h\nu/(k_\mathrm{b}T)}-1} \tag{1.2.20}$$

与式(1.2.8)比较，可得

$$f_{d_1}B_{12}=f_{d_2}B_{21} \tag{1.2.21}$$

$$\frac{A_{21}}{B_{21}}=\frac{8\pi h\nu^3}{c^3} \tag{1.2.22}$$

当上能级与下能级简并度相等(即 $f_{d_2}=f_{d_1}$)时，有

$$B_{12}=B_{21} \tag{1.2.23}$$

或者

$$W_{12}=W_{21} \tag{1.2.24}$$

当介质的折射率为 n 时，式(1.2.22)可写为

$$\frac{A_{21}}{B_{21}}=\frac{8\pi h\nu^3n^3}{c^3} \tag{1.2.25}$$

1.2.4 粒子数反转分布与光放大

为简单起见，假设两能级 E_1 和 E_2 的简并度 $f_{d_1}=f_{d_2}$，这时式(1.2.18)可以简化为如下形式：

$$\frac{n_2}{n_1}=\exp\left(-\frac{E_2-E_1}{k_\mathrm{b}T}\right) \tag{1.2.26}$$

由于 $E_2-E_1=h\nu>0$，$k_\mathrm{b}T>0$，因此在热平衡状态下总有 $n_2<n_1$ 成立，即高能级 E_2 上的粒子数密度小于低能级 E_1 上的粒子数密度，如图 1.2.4 所示。当频率 $\nu=(E_2-E_1)/h$ 的光通过物质时，受激吸收的光子数恒大于受激辐射的光子数，即有

$$n_1W_{12}>n_2W_{21} \tag{1.2.27}$$

因此，处于热平衡状态下的物质只能吸收光子，即物质呈现出光吸收的特性。

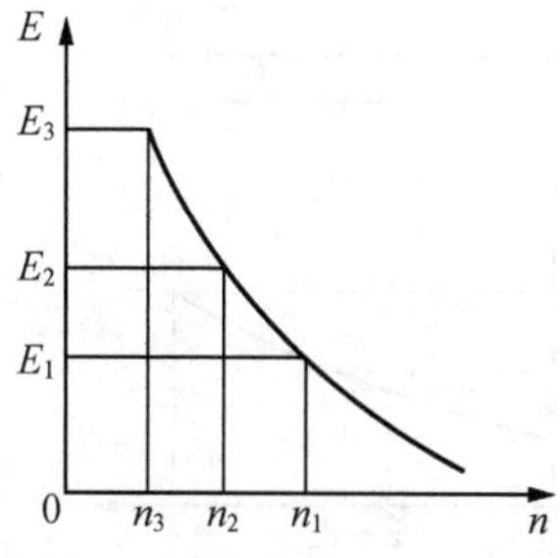

图 1.2.4 粒子数密度按能级的玻尔兹曼分布

当物质中高能级 E_2 上的粒子数密度大于低能级 E_1 上的粒子数密度，即满足：

$$n_2 > n_1 \tag{1.2.28}$$

时，称为粒子数反转分布，这是产生激光的前提条件。当 E_1 和 E_2 能级的简并度 $f_{d_1} \neq f_{d_2}$ 时，可以推导出粒子数反转分布条件为

$$n_2 > \frac{f_{d_2}}{f_{d_1}} n_1 \tag{1.2.29}$$

处于粒子数反转分布的介质称为激活物质或增益物质。当频率 $\nu=(E_2-E_1)/h$ 的光通过激活物质时，受激辐射的光子数恒大于受激吸收的光子数，即

$$n_2 W_{21} > n_1 W_{12} \tag{1.2.30}$$

可见，当粒子数处于反转分布状态时，激活物质呈现出光放大的特性。

一般来说，当物质处于热平衡状态(即与外界处于能量平衡状态)时，粒子数反转是不可能的。为了实现粒子数反转分布，必须从外界向物质供给能量(称为激励或泵浦过程)，从而使物质处于非热平衡状态，进而使大量低能级上的粒子跃迁到高能级上以实现粒子数反转。激励(或泵浦、抽运)过程是光放大的必要条件。常用的激励方式有光激励、电激励、热激励和化学激励等。

应当指出，处于粒子数反转分布状态的物质系统是不稳定的，它将通过自发辐射和受激辐射等方式减少高能级上的粒子数，力图使整个系统恢复稳定状态。但是，在这种物质系统中，如果能使粒子数反转分布状态持续存在，那么在入射的激励光子作用下，受激辐射将持续进行，入射光将得到雪崩式的放大，从而有可能形成激光振荡。

1.2.5 增益系数与增益曲线

1. 增益系数

由于受激辐射，激光介质对光具有雪崩式的放大作用。激光介质对光的放大特性通常用增益系数来表征，增益系数定义为光通过单位长度激光介质后光强增长的百分数。如图 1.2.5 所示，设在光传播方向上 z 处的光强为 $I(z)$ (光强正比于光的单色能量密度 ρ_ν)，则增益系数定义为

$$G = \frac{\mathrm{d}I(z)}{I(z)\mathrm{d}z} \tag{1.2.31}$$

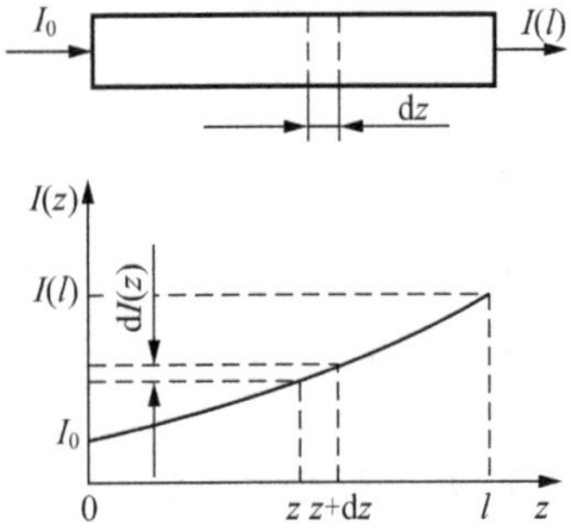

图 1.2.5　增益物质中的光放大

如果粒子数反转不随传播距离 z 变化，那么增益系数是一个常数，并称其为小信号增益系数(记作 G^0)。这时，式(1.2.31)是一个线性微分方程，可以解得

$$I(z) = I_0 \mathrm{e}^{G^0 z} \tag{1.2.32}$$

式中，I_0 为 $z=0$ 时的光强(即入射到增益物质的初始光强)。可以看出，增益介质中的光强随传播距离按指数规律增长。

应当指出，式(1.2.32)描述的仅仅是在小信号(即增益物质中光强较小)情况下光强随传播距离的变化规律。当光强增

长到足够大时，增益系数 G 不再是常数 G^0，而是随传播距离 z 的增加而减小，如图 1.2.6(b)所示，从而导致增益介质中光强 $I(z)$ 的增长逐渐变缓，直到增益系数与损耗系数 α（参见 1.3.3 节）相等，于是光强达到一个稳定的极限值 I_m，如图 1.2.6(a)所示，这种现象称为增益饱和，它限制了激光增益介质中光强的无限增长。

2. 增益曲线

增益系数不仅与光强有关，而且也与光的频率有关，即增益系数是光强和频率的函数，表示为 $G(\nu,I)$。这是因为能级 E_2 和 E_1 由于各种因素总有一定的宽度，所以在中心频率 $\nu_0=(E_2-E_1)/h$ 附近一个小范围 $\nu_0\pm(\Delta\nu/2)$ 内，都有受激跃迁发生。$G(\nu,I)$ 随频率 ν 的变化曲线称为增益曲线，$\Delta\nu$ 称为增益曲线宽度，如图 1.2.7 所示。

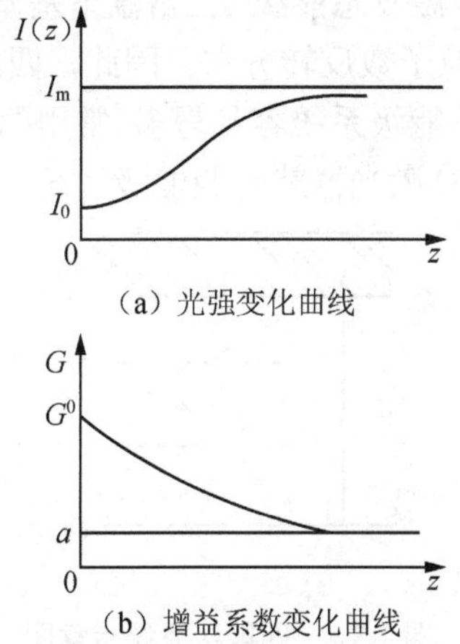

图 1.2.6 增益饱和与自激振荡

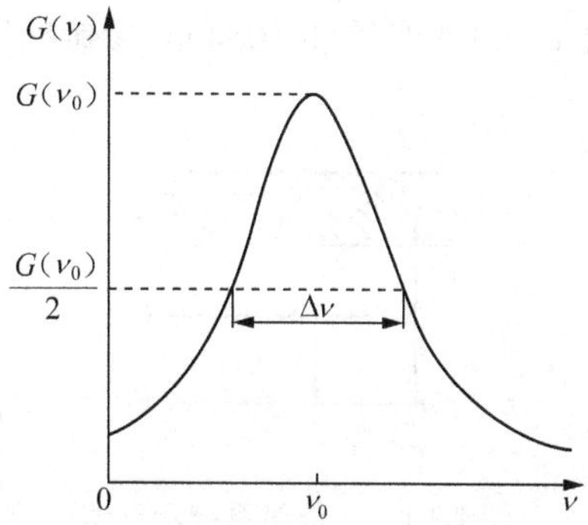

图 1.2.7 增益曲线

1.3 激光能级系统和激光振荡条件

1.3.1 激光能级系统

在外界激励作用下，激光介质中的激活粒子在包括激光上能级和激光下能级在内的多个不同能级之间跃迁，从而形成粒子数反转分布以实现光放大并产生激光振荡输出，这些与激光产生密切相关的多个能级常称为激光能级系统。常用的激光能级系统有两种，即三能级系统和四能级系统。

1. 三能级系统

三能级系统中参与激光产生过程的有三个能级，如 1960 年发明的第一台红宝石激光器就是用的三能级系统，如图 1.3.1 所示。产生激光的下能级 E_1 是基态能级，激光的上能级

E_2是亚稳态能级，E_3为抽运高能级。E_3实际上常常不是单一的能级，而是代表比E_2高的一些激发态能级。在激励源作用下，下能级的粒子被抽运到E_3能级。E_3能级上粒子寿命很短，会通过无辐射跃迁转移到亚稳态的激光上能级E_2上。处于E_2能级上的粒子比较稳定，寿命较长。当下能级E_1的粒子多于一半被抽运到上能级E_2时，在E_2、E_1之间就会产生粒子数反转分布。三能级系统的主要特征是激光的下能级为基态，通常情况下，基态是充满粒子的。而且在激光的发光过程中，下能级的粒子数一直保持着相当的数量。

2. 四能级系统

四能级系统如图 1.3.2 所示，产生激光的下能级E_1不是基态能级，粒子抽运是从比下能级E_1更低的基态能级E_0上开始进行的。粒子抽运到吸收带E_3上以后，同样由于无辐射跃迁转移到亚稳态的激光上能级E_2上。激光的下能级E_1是个激发态能级，在常温下基本是空的，粒子在能级E_1的寿命极短，很容易在E_2、E_1之间产生粒子数反转分布。因此，四能级系统所需要的激励能量要比三能级系统小得多，产生激光比三能级系统容易得多。常用的632.8nm氦氖(He-Ne)激光器和 1064nm 掺钕钇铝石榴石(Nd:YAG)激光器就是四能级系统。

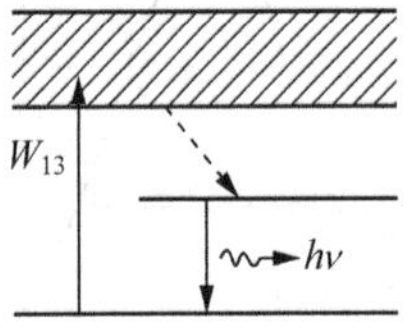

图 1.3.1　三能级系统示意图

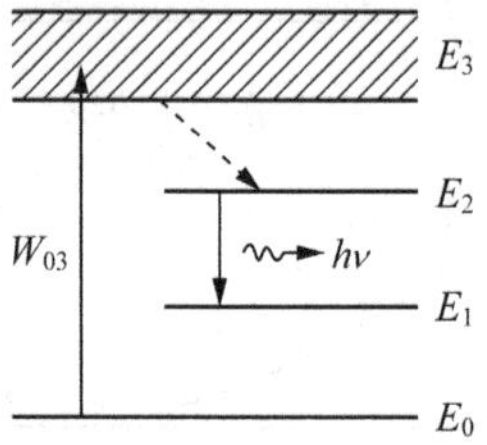

图 1.3.2　四能级系统示意图

1.3.2　光的自激振荡

如前所述，激光介质具有光放大的作用，因此它可以单独用作光放大器对激光进行放大。但是，能否单独使用激光介质来产生激光呢？理论上，如果激光介质的增益很高，且有足够的增益长度，那么在激励光的作用下，激光介质是可以产生激光的；实际上，激光介质的增益总是有限的，因此产生激光所需要的增益长度就必须很长，但无限增加激光介质的长度显然是不可取的。为了有效解决增益长度有限这一问题，人们由振荡器得到了启发，即将有限增益长度的激光介质置于光学谐振腔(由两面相互平行放置的反射镜组成)当中，从而使沿腔轴方向传播的光可以在两个反射镜之间来回反射并被激活物质雪崩式地放大，从而形成稳定的激光振荡，这一过程就是光的自激振荡。因此，通常所说的激光器并不是激光放大器，而是激光振荡器。

腔内无增益介质的光学谐振腔称为无源谐振腔，而腔内含有增益介质的光学谐振腔称为有源谐振腔。因此，激光谐振腔是一种有源谐振腔。为简单起见，下面讨论平行平面镜有源谐振腔内激光的自激振荡过程。

在外界能量的激励下，有源腔内增益介质激光能级上的粒子数处于反转分布状态，在起始时增益介质很微弱的自发辐射光诱发下，产生了状态(指传播方向、偏振状态、频率和相位）各不相同的受激辐射相干光，这些相干光通过增益介质时得到雪崩式放大，如图 1.3.3（a）所示。但是，那些传播方向与腔轴不平行的受激辐射相干光很快就逸出腔外而不能形成稳定的光场分布，而那些沿谐振腔光轴方向传播的受激辐射相干光则会在腔内长时间来回反射，并反复受到激光介质雪崩式放大，如图 1.3.3（b）和图 1.3.3（c）所示，直到增益饱和。当大信号增益系数与有源谐振腔的损耗系数相等时，腔内就会形成稳定的激光场分布。这种在腔内形成的稳定的激光场分布称为激光模式。因此，激光谐振腔除了能够延长激光介质的增益长度之外，还起到了自动选择激光模式的作用。

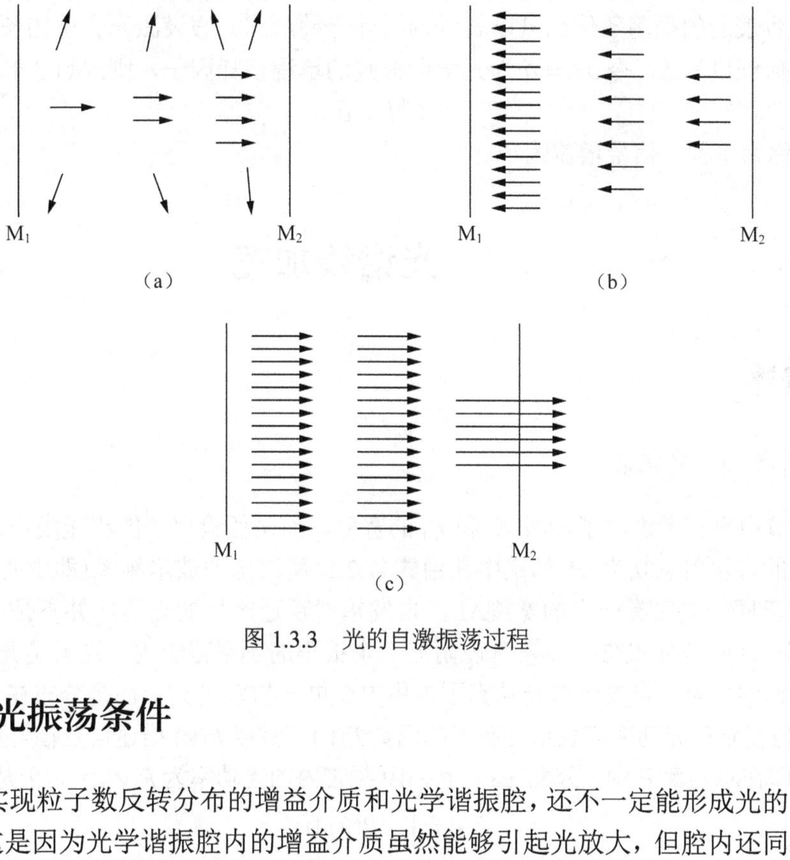

图 1.3.3　光的自激振荡过程

1.3.3　激光振荡条件

有了能实现粒子数反转分布的增益介质和光学谐振腔，还不一定能形成光的自激振荡而产生激光，这是因为光学谐振腔内的增益介质虽然能够引起光放大，但腔内还同时存在着各种阻碍光放大的负面影响因素，称其为损耗。有源谐振腔的损耗分为增益介质的损耗和无源谐振腔的损耗两部分，前者主要包括增益介质对光的吸收以及增益介质不均匀性所造成的光折射或光散射等损耗，后者主要包括谐振腔反射镜对光的吸收、散射、透射以及由腔镜有限孔径所造成的衍射等损耗。有源谐振腔的损耗可以用损耗系数来表征，它定义为光传播单位长度后光强衰减的百分数，即

$$\alpha = -\frac{\mathrm{d}I(z)}{I(z)\mathrm{d}z} \tag{1.3.1}$$

若同时考虑有源谐振腔的增益和损耗，则有

$$\mathrm{d}I(z) = [G(I) - \alpha]I(z)\mathrm{d}z \tag{1.3.2}$$

由式（1.2.32）可知，在小信号情况下，腔内光强按指数规律增长。因此，式（1.3.2）中的增益系数 $G(I)$ 可用小信号增益系数 G^0 代替，当初始光强为 I_0 时，可以得到

$$I(z)=I_0\mathrm{e}^{(G^0-\alpha)z} \tag{1.3.3}$$

要产生光放大，需满足

$$I_0\mathrm{e}^{(G^0-\alpha)z} \geqslant I_0$$

即

$$G^0 \geqslant \alpha \tag{1.3.4}$$

这就是激光器的振荡条件。当 $G^0=\alpha$ 时，称为阈值振荡情况，这时腔内光强维持在初始光强 I_0 极其微弱的水平上；当 $G^0>\alpha$ 时，腔内光强增加。

式(1.3.4)表示的振荡条件也可以表示为另外一种形式。假设激光介质的长度为 l，光学谐振腔的几何长度为 L，令 $\alpha L=\delta$ 为光学谐振腔的单程损耗因子，则式(1.3.4)可以写为

$$G^0 l \geqslant \delta \tag{1.3.5}$$

式中，$G^0 l$ 称为单程小信号增益因子。

1.4 光谱线加宽

1.4.1 概述

1. 光谱线加宽的根源

在 1.2 节中没有考虑原子能级 E_2 和 E_1 的宽度，而是假设原子能级无限窄，于是自发辐射光是单色的，辐射总功率 P 都集中在由式(1.2.1)所决定的玻尔频率(即中心频率) ν_0 处。实际上，由于原子能级有一定的宽度ΔE，自发辐射跃迁产生的光谱线并不是严格的单色光(即单一频率)，而是分布在中心频率 ν_0 附近一个很小的频率范围内，这就是光谱线的加宽。

由于光谱线加宽，自发辐射光功率不再集中在单一频率 ν_0 处，而是分布在一定频率宽度范围内，即自发辐射光功率应表示为频率的函数 $P(\nu)$，并以 $P(\nu)$ 描述自发辐射总功率 P 按频率的分布，即在总功率 P 中，分配在 $\nu\sim\nu+\mathrm{d}\nu$ 频带内的光功率为 $P(\nu)\mathrm{d}\nu$，于是有如下关系：

$$P=\int_{-\infty}^{+\infty} P(\nu)\mathrm{d}\nu \tag{1.4.1}$$

2. 线型函数及其归一化条件

光谱线的线型函数 $g(\nu,\nu_0)$ 定义为自发辐射光功率的归一化分布函数，即

$$g(\nu,\nu_0)=\frac{P(\nu)}{P} \tag{1.4.2}$$

其物理含义是自发辐射光功率按频率的相对分布。由线型函数所描述的曲线即为线型函数曲线，它是以频率 ν_0 为中心的一条钟形对称曲线，表示包含所有可能的自发辐射频率的光谱线的轮廓形状。由式(1.4.1)和式(1.4.2)可以看出，线型函数满足归一化条件，即

$$\int_{-\infty}^{+\infty} g(\nu,\nu_0)\mathrm{d}\nu=1 \tag{1.4.3}$$

由归一化条件可知，线型函数曲线与频率轴所围的面积等于 1。

3. 谱线宽度

自发辐射光谱线的宽度简称线宽，也称为荧光线宽，它定义为线型函数值等于最大值(即中心频率 ν_0 处的线型函数值)一半所对应的两个频率之差。假设线型函数在频率 ν_1 和 ν_2 处的函数值等于最大值的一半，即

$$g(\nu_1,\nu_0)=g(\nu_2,\nu_0)=\frac{1}{2}g(\nu_0,\nu_0) \tag{1.4.4}$$

若 $\nu_2>\nu_1$，则线宽为

$$\Delta\nu=\nu_2-\nu_1 \tag{1.4.5}$$

不难看出

$$\nu_1=\nu_0-\frac{\Delta\nu}{2} \tag{1.4.6}$$

$$\nu_2=\nu_0+\frac{\Delta\nu}{2} \tag{1.4.7}$$

由线宽的定义可知，自发辐射光谱线的宽度为线型函数最大值的一半所对应的频率宽度，因此也称为半高全宽度(full width at half maximum, FWHM)。632.8nm He-Ne 激光器的谱线宽度约为 1500MHz，而 1064nm Nd:YAG 激光器的谱线宽度约为 150GHz。

1.4.2 均匀加宽

如果引起加宽的物理因素对每个原子都是等同的，那么这种加宽称为均匀加宽。对于均匀加宽，每个发光原子都以整个线型发射，不能把线型函数上的某一特定频率和某些特定原子联系起来，或者说每一发光原子对光谱线内任一频率都有贡献。均匀加宽主要包括自然加宽和碰撞加宽。

1. 自然加宽

在不受外界影响时，受激原子并非永远处于激发态，它们会自发地向低能级跃迁，因而受激原子在激发态上具有有限的寿命，这一因素造成了原子跃迁谱线的自然加宽。由式(1.2.2)所表示的测不准关系(在微观领域中的时间和能量不能同时精确测定)可知，能级的宽度 ΔE 与能级的平均寿命 τ 成反比，即

$$\Delta E\approx\frac{h}{2\pi\tau} \tag{1.4.8}$$

如果自发辐射跃迁发生在两个激发态能级 E_1 和 E_2 之间，其能级宽度分别为 ΔE_1 和 ΔE_2，相应的平均寿命分别为 τ_1 和 τ_2，那么将会产生一条中心频率为 ν_0 的自发辐射跃迁光谱线，根据式(1.4.8)可以确定这种自然加宽谱线的宽度(简称自然线宽)为

$$\Delta\nu_{\mathrm{N}}=\frac{\Delta E_1+\Delta E_2}{h}=\frac{1}{2\pi}\left(\frac{1}{\tau_1}+\frac{1}{\tau_2}\right) \tag{1.4.9}$$

若下能级为基态，则 $\tau_1=\infty$，于是式(1.4.9)可简化为

$$\Delta\nu_{\mathrm{N}}=\frac{1}{2\pi\tau_2} \tag{1.4.10}$$

由式(1.4.9)或式(1.4.10)可以看出，自然线宽$\Delta\nu_N$完全取决于原子在激发态能级上的平均寿命。自然加宽的光谱线具有洛伦兹线型，其线型函数可以写成如下形式：

$$g_N(\nu,\nu_0)=\frac{\frac{\Delta\nu_N}{2\pi}}{(\nu-\nu_0)^2+\left(\frac{\Delta\nu_N}{2}\right)^2} \tag{1.4.11}$$

相应的洛伦兹线型函数曲线如图 1.4.1 所示。

对于常用的 632.8nm He-Ne 激光器，632.8nm 光谱线由氖原子在$3S_2\to 2P_4$能级之间跃迁产生，自然加宽的光谱线宽度$\Delta\nu_N\approx 10^7\,\text{Hz}$。对于 10.6μm 二氧化碳激光器，其自然加宽的光谱线宽度$\Delta\nu_N\approx 10^3\sim 10^4\,\text{Hz}$。

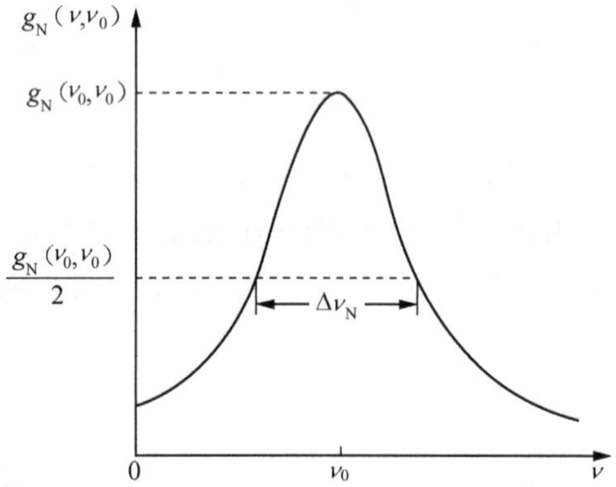

图 1.4.1　自然加宽谱线线型函数曲线

2. 碰撞加宽

引起光谱线加宽的另一重要原因是大量原子(分子)之间以及原子(分子)与器壁之间的无规则碰撞。在气体激光器中，大量气体原子(分子)处于无规则热运动状态，两个原子(分子)之间、原子(分子)与气体放电管壁之间会发生频繁的碰撞。除了直接接触碰撞外，当两个原子(分子)相遇而处于足够接近的位置时，或者原子(分子)与气体放电管壁之间处于足够接近的位置时，它们之间的相互作用足以改变原来的运动状态。这时即可认为两原子(分子)发生了碰撞。在晶体激光器中，虽然原子基本上是不动的，但每个原子也受到相邻原子的偶极相互作用(即原子-原子耦合相互作用)，因而一个原子也可能在无规则的时刻由于这种相互作用而改变自己的运动状态，这时可认为发生了“碰撞”，虽然实际上并没有碰撞过程发生。

接下来分析碰撞过程对光谱线加宽的影响。碰撞过程可能是各种各样的，例如，激发态原子和同类基态原子发生碰撞而将自己的内能转移给基态原子并使其跃迁至激发态，而激发态原子本身回到基态。激发态原子还可能和其他原子发生弹性碰撞。通常将以上过程称为横向弛豫过程。这种过程虽不会使激发态原子减少，却会使原子发出的自发辐射波列发生无规则的相位突变，如图 1.4.2 所示。相位突变会引起波列时间的缩短，相当于缩短了原子寿命。激发态原子也可以和其他原子或器壁发生碰撞，将自己的内能变为其他原子的动能或给予器壁，而自己回到基态。这一过程属于非弹性碰撞，它与自发辐射过程一样，也会引起激发态寿命的缩短。为了与产生辐射的跃迁相区别，称其为无辐射跃迁。在晶体中，无辐射跃迁起因于原子和晶格振动相互作用，原子释放的内能转化为声子能量。

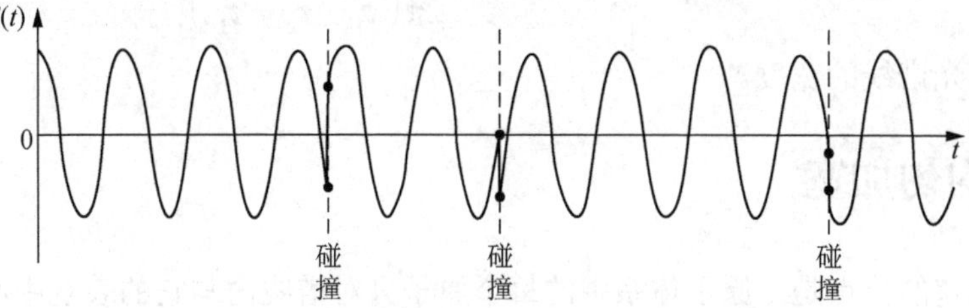

图 1.4.2 碰撞引起波列发生无规则相位突变

由碰撞引起的光谱线加宽称为碰撞加宽。尽管碰撞加宽和自然加宽产生的机理不同，但是都可以归结为能级寿命问题。因此，碰撞加宽可以采用与自然加宽相同的洛伦兹线型函数来描述，即

$$g_L(\nu,\nu_0)=\frac{\dfrac{\Delta\nu_L}{2\pi}}{(\nu-\nu_0)^2+\left(\dfrac{\Delta\nu_L}{2}\right)^2} \tag{1.4.12}$$

式中，$\Delta\nu_L$ 为碰撞加宽谱线的宽度(简称碰撞线宽)，并可表示为

$$\Delta\nu_L=\frac{1}{\pi\tau_L} \tag{1.4.13}$$

式中，τ_L 为平均碰撞时间，即任一原子(分子)与其他原子(分子)发生碰撞的平均时间间隔。由于碰撞是随机发生的，我们只能了解其统计平均性质。τ_L 反映了碰撞的频繁程度，即由碰撞而导致粒子处于激光上能级的寿命。

无论是气体激光介质还是固体激光介质，它们的碰撞线宽 $\Delta\nu_L$ 都可以通过实验测量得到。气体放电管内的气体压强越高，原子(分子)之间的碰撞就越频繁，碰撞线宽也就越宽。实验证明，当气体放电管内的气压不太高时，碰撞线宽 $\Delta\nu_L$ 与气体压强成正比，即

$$\Delta\nu_L=\alpha_p\cdot p \tag{1.4.14}$$

式中，p 为气体压强，单位为 Pa；α_p 为比例系数，单位为 kHz/Pa，与气体种类和发射谱线有关，可由实验测得。由于碰撞线宽与气体压强成正比，因此碰撞加宽也称为压力加宽。

对于 632.8nm He-Ne 激光器，其碰撞加宽的比例系数 $\alpha_p\approx 750\text{kHz/Pa}$，一般 He-Ne 激光器的充气气压比较低，$p\approx 133\sim 400\text{Pa}$，由式(1.4.14)可以估计出相应的碰撞线宽 $\Delta\nu_L\approx 100\sim 300\text{MHz}$。对于 10.6μm 二氧化碳激光器，其碰撞线宽与气压 p 有关，并满足关系式(1.4.14)，比例系数 $\alpha_p\approx 49\text{kHz/Pa}$。

将自然加宽和碰撞加宽的线型函数式合并起来，仍可得到一个洛伦兹线型函数，称为均匀加宽光谱线的线型函数，则有

$$g_H(\nu,\nu_0)=\frac{\dfrac{\Delta\nu_H}{2\pi}}{(\nu-\nu_0)^2+\left(\dfrac{\Delta\nu_H}{2}\right)^2} \tag{1.4.15}$$

其中

$$\Delta\nu_{\mathrm{H}}=\Delta\nu_{\mathrm{N}}+\Delta\nu_{\mathrm{L}}=\frac{1}{2\pi}\left(\frac{1}{\tau_1}+\frac{1}{\tau_2}+\frac{2}{\tau_{\mathrm{L}}}\right)$$

称为均匀加宽光谱线的宽度。

1.4.3 非均匀加宽

非均匀加宽的特点是：原子体系中的每个原子只对谱线内与它的表观中心频率相应的部分有贡献，因而可以区分谱线上的某一频率范围是由哪一部分原子发射的。气体介质中的多普勒加宽和固体介质中的晶格缺陷加宽均属于非均匀加宽类型，下面仅简要介绍多普勒加宽。

光谱线的多普勒加宽是由粒子的热运动引起发光频率的改变(即多普勒频移)产生的。当光源与光接收器之间有相对运动时，光接收器接收到的光波频率也会随二者之间相对运动速度的不同而改变，这一现象称为光学多普勒效应。

1. 光学多普勒效应

如图 1.4.3 所示，假设一发光原子(光源)的中心频率为ν_0，当该原子相对于接收器静止时，接收器测得的光波频率也为ν_0；但当原子相对于接收器沿着 z 方向以速度υ_z运动时，接收器测得的光波频率不再是ν_0，而是随速度υ_z变成ν_0'，即

$$\nu_0'=\nu_0\sqrt{\frac{1+\frac{\upsilon_z}{c}}{1-\frac{\upsilon_z}{c}}}$$

图 1.4.3 光学多普勒效应示意图

这就是光学多普勒效应。当原子运动速度远远小于光速(即$\upsilon_z \ll c$)时，可取一级近似，即

$$\nu_0'=\nu_0\left(1+\frac{\upsilon_z}{c}\right) \tag{1.4.16}$$

式(1.4.16)中规定：当原子向着接收器运动(或沿光传播方向运动)时，$\upsilon_z>0$；反之，当原子远离接收器运动(或沿着与光传播方向相反的方向运动)时，$\upsilon_z<0$。

2. 运动原子的表观中心频率

将上述多普勒效应的概念进行必要的引申，就可以用来讨论激光器中关于原子和光波场的相互作用问题，即中心频率为ν_0的运动原子和沿 z 轴传播的频率为ν的单色光之间的相互作用问题。

如图 1.4.4 所示，可以把单色光波看作由某一假想光源发出，而把原子看作感受这一光波的接收器。当原子静止时($\upsilon_z=0$)，它感受到的光波频率为ν，并在ν_0处有最大的共振相互作用(即最大的受激跃迁概率)，这就意味着，原子的中心频率为ν_0。当原子沿着 z 方向以

υ_z 运动时，就相当于它离开假想光源运动，原子感受到的光波频率变为ν'，且有

$$\nu' = \nu\left(1 - \frac{\upsilon_z}{c}\right)$$

这时，只有当$\nu' = \nu_0$时，原子才有最大的受激辐射跃迁概率，即满足：

$$\nu' = \nu\left(1 - \frac{\upsilon_z}{c}\right) = \nu_0$$

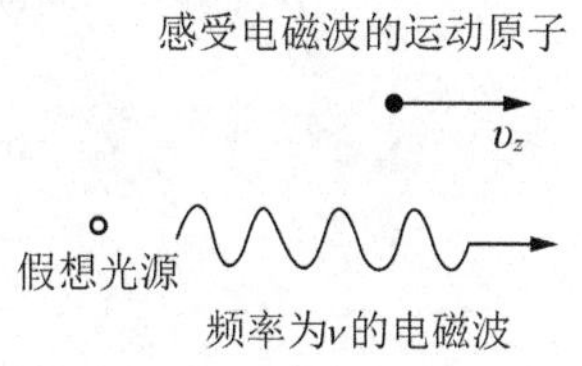

图 1.4.4 运动原子与光波相互作用时的多普勒频移

或者

$$\nu = \frac{\nu_0}{1 - \frac{\upsilon_z}{c}} = \frac{\nu_0\left(1 + \frac{\upsilon_z}{c}\right)}{1 - \left(\frac{\upsilon_z}{c}\right)^2} \approx \nu_0\left(1 + \frac{\upsilon_z}{c}\right)$$

也就是说，沿 z 方向传播的光波与中心频率为ν_0且具有速度为υ_z的运动原子相互作用时，原子表现出来的中心频率为

$$\nu_0' = \nu_0\left(1 + \frac{\upsilon_z}{c}\right), \quad \upsilon_z \ll c \tag{1.4.17}$$

式中，ν_0'称为运动原子的表观中心频率。当υ_z沿光波传播方向时，$\upsilon_z > 0$；当反向时，$\upsilon_z < 0$。

3. 多普勒加宽

在气体激光器中，气体原子(分子)的热运动是无规则的，其运动速度各不相同，因而它们的表观中心频率也不相同，即具有最大受激辐射跃迁概率的频率各不相同，从而引起光谱线的加宽，这种由光学多普勒(Doppler)效应所引起的光谱线加宽称为多普勒加宽。从分子运动论中的麦克斯韦速度分布律出发，可以推导出多普勒加宽光谱线的线型函数为一高斯函数，即

$$g_D(\nu, \nu_0) = \frac{c}{\nu_0}\left(\frac{m}{2\pi k_b T}\right)^{1/2} \exp\left[-\frac{mc^2}{2k_b T \nu_0^2}(\nu - \nu_0)^2\right] \tag{1.4.18}$$

式中，k_b为玻尔兹曼常数；T为热力学温度；m为原子的质量。多普勒加宽光谱线的线型函数曲线如图 1.4.5 所示。由式(1.4.18)可以看出，当$\nu = \nu_0$时，线型函数取得最大值，即

$$g_D(\nu_0, \nu_0) = \frac{c}{\nu_0}\left(\frac{m}{2\pi k_b T}\right)^{1/2} \tag{1.4.19}$$

令$g_D(\nu, \nu_0) = \frac{1}{2} g_D(\nu_0, \nu_0)$，可以求出多普勒光谱线的宽度(简称多普勒线宽)为

$$\Delta\nu_D = \frac{2\nu_0}{c}\left(\frac{2\pi k_b T \ln 2}{m}\right)^{1/2} = 7.16 \times 10^{-7} \nu_0 \left(\frac{T}{M}\right)^{1/2} \tag{1.4.20}$$

式中，M为原子量(或分子量)；$m = 1.66 \times 10^{-27} M$ kg。式(1.4.18)也可以改写为如下形式：

$$g_D(\nu, \nu_0) = \frac{2}{\Delta\nu_D}\left(\frac{\ln 2}{\pi}\right)^{1/2} \exp\left[-\frac{4\ln 2(\nu - \nu_0)^2}{\Delta\nu_D^2}\right] \tag{1.4.21}$$

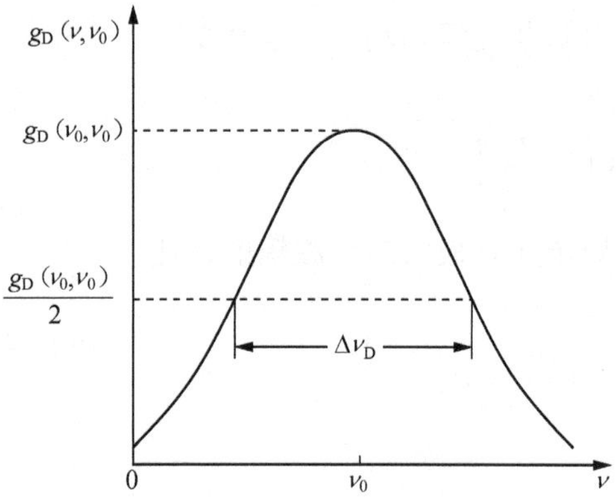

图 1.4.5　多普勒加宽线型函数曲线

对于 632.8nm He-Ne 激光器，氖原子的原子量 $M=20$，取温度 $T=400\text{K}$，由式(1.4.20)可以求得 632.8nm 谱线的多普勒线宽 $\Delta\nu_D \approx 1500\text{MHz}$。对于 10.6μm 二氧化碳激光器，$CO_2$ 的分子量 $M=44$，取 $T=400\text{K}$，由式(1.4.20)可以求得多普勒线宽 $\Delta\nu_D \approx 60\text{MHz}$。

1.5　光学谐振腔和激光模式

光学谐振腔(简称光腔)是激光器的重要组成部分，它的主要作用有两个：第一，使光在腔内来回多次反射以延长激活介质的有效工作长度，提供光学正反馈；第二，对激光振荡模式进行控制。激光模式在激光技术及应用中占有极其重要的地位，它与光腔的结构等因素密切相关，直接影响到激光的方向性、相干性、单色性等特性。下面简要介绍光腔和激光模式的基本知识。

1.5.1　光腔的构成及分类

1. 光腔的构成

在激光介质两端恰当地放置两个反射镜，就可构成一个最简单的光学谐振腔。世界上第一台激光器——红宝石激光器就是采用两个平行放置的平面反射镜构成法布里-珀罗(Fabry-Perot)干涉仪型光学谐振腔(简称 F-P 腔)。随着激光技术的发展，后来又广泛采用由两个具有公共轴线的球面反射镜构成的光学谐振腔(简称共轴球面腔)，显然，F-P 腔是共轴球面腔的一种特例。

除了上述由两个反射镜构成的直线形光腔(简称线形腔)之外，还常常采用多个反射镜构成折叠腔或环形腔，如由三个反射镜构成“V”形腔或三角环形腔、由四个反射镜构成矩形腔或“8”字形环形腔。另外，在腔内插入透镜、棱镜等光学元件可以构成多个光腔(即复合腔)。

2. 光腔的分类

光腔可以从不同角度出发进行分类。按照是否忽略激光介质侧面边界，光腔大致可以分为三类：开放式光腔(简称开腔)、封闭式光腔(简称闭腔)和波导式光腔(简称波导腔)。开腔是最常用的一类光腔，其两个相对的反射面由反射镜组成，其余四个侧面是敞开的，理论上将其侧面看作没有光学边界；开腔的轴向尺寸(即腔长)远大于激光振荡波长，一般也远大于光腔的横向尺寸(即反射镜的线度)。按照腔内旁轴光线几何逸出损耗的高低，通常又将开腔分为稳定腔、非稳腔和临界腔三类：稳定腔是指旁轴光线在腔内往返无限多次而不逸出腔外的光腔；非稳腔是指旁轴光线在腔内经有限几次往返就逸出腔外的光腔；临界腔是指介于稳定腔与非稳腔之间的一种光腔。大多数光腔都是开腔，开腔在激光技术中得到了广泛应用。

由于固体激光介质的折射率一般都比较大(例如，红宝石的折射率为 1.76，Nd:YAG 晶体的折射率为 1.82)，在其侧壁磨光的情况下，那些与轴线交角不太大的光线将在侧壁上发生全内反射。因此，如果腔的反射镜紧贴着固体激光棒的两端，就会形成类似于微波技术中所采用的闭腔。但在通常情况下，固体激光器的激光棒与光腔反射镜往往是分离的，这时如果激光棒的直径远比激射波长大，而激光棒的长度又远比光腔两反射镜之间的距离短，这种光腔的特性基本上与开腔类似。

随着半导体激光器和气体波导激光器的迅速发展，波导腔越来越受到人们的重视。一种波导腔是气体波导激光谐振腔，其典型结构是在一段空心介质波导管两端适当位置处放置两块适当曲率的反射镜片，这样在空心介质波导管内，光场服从波导管中的传输规律，而在波导管与腔镜之间的空间中，光场按与开腔中类似的规律传播，因此称为半闭腔；另一种波导腔就是半导体介质腔。

波导腔与开腔的差别在于：波导管的孔径或者半导体介质腔的横向尺寸往往比较小(虽然通常仍远比波长大)，以致不能忽略侧面边界的影响。几种不同类型光腔的典型结构如图 1.5.1 所示。

(a) 开腔

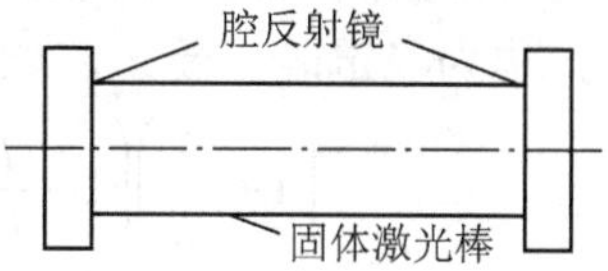

(b) 闭腔

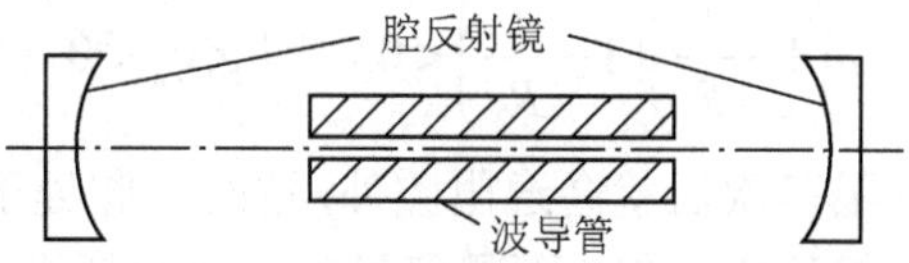

(c) 波导腔

图 1.5.1　不同类型光腔的典型结构

按照腔镜的形状和结构，光腔可分为球面腔和非球面腔；按照腔内是否插入光学元件或是否考虑腔镜以外的反射面，光腔可分为简单腔和复合腔；按照腔内光场的特性，光腔可分为驻波腔和行波腔；按照光反馈的机理，光腔可分为端面反馈腔和分布反馈腔；根据腔镜的数量多少，光腔可分为两镜腔和多镜腔，等等。

在各种各样的光腔结构中，由两共轴球面反射镜构成的光腔(包括由两平行平面反射镜构成的 F-P 腔)是最简单和最常用的，其他比较复杂的光腔基本上都可以等效为两镜腔来处理。

1.5.2 共轴球面腔的稳定性条件

1. 稳定性条件

如果旁轴光线在腔内往返无限多次而不逸出腔外，这样的光腔即为稳定腔。研究光腔的稳定性条件，其实就是研究当光腔几何参数满足什么样的条件时才能成为稳定腔或非稳腔或临界腔。

假设共轴球面腔的几何长度为 L，两球面反射镜的曲率半径分别为 R_1 和 R_2。根据稳定腔的含义，即旁轴光线在腔内往返传播无限多次而不逸出腔外，运用矩阵光学分析方法，可以推导出共轴球面腔所满足的稳定条件，即

$$0<\left(1-\frac{L}{R_1}\right)\left(1-\frac{L}{R_2}\right)<1 \tag{1.5.1}$$

式中，当凹面镜向着腔内时，曲率半径 R 取正值；当凸面镜向着腔内时，曲率半径 R 取负值。为了得到形式更简单的稳定条件，引入光腔的几何参数——g 参数，并且令

$$g_1=1-\frac{L}{R_1} \tag{1.5.2a}$$

$$g_2=1-\frac{L}{R_2} \tag{1.5.2b}$$

则式(1.5.1)可以表示为

$$0<g_1g_2<1 \tag{1.5.3}$$

可以看出，当腔的几何参数满足式(1.5.1)或式(1.5.3)时，腔内旁轴光线不会逸出腔外，光腔处于稳定工作状态，称为稳定腔。反之，如果满足条件：

$$\left(1-\frac{L}{R_1}\right)\left(1-\frac{L}{R_2}\right)>1\text{，即 } g_1g_2>1 \tag{1.5.4a}$$

或者

$$\left(1-\frac{L}{R_1}\right)\left(1-\frac{L}{R_2}\right)<0\text{，即 } g_1g_2<0 \tag{1.5.4b}$$

那么腔内旁轴光线在往返有限多次后就会逸出腔外，这时光腔处于非稳定状态，称为非稳腔。非稳腔并不表示这类光腔不能稳定工作，而是仅指其几何损耗大。非稳腔同样能够稳定地工作，并且常常用于高增益激光器中。

如果光腔的几何参数满足条件：

$$\left(1-\frac{L}{R_1}\right)\left(1-\frac{L}{R_2}\right)=1\text{，即 } g_1g_2=1 \tag{1.5.5a}$$

或者

$$\left(1-\frac{L}{R_1}\right)\left(1-\frac{L}{R_2}\right)=0\text{，即 }g_1g_2=0 \tag{1.5.5b}$$

那么这种光腔称为临界腔。临界腔属于一种极限情况，在光腔的理论研究和实际应用中均具有重要的意义。下面介绍几种典型的临界腔及其特点。

1) 对称共焦腔

两个反射镜的曲率半径相等并且等于光腔的几何长度(即 $R_1 = R_2 = L$)的共轴球面腔称为对称共焦腔，这时光腔的中心即为两个球面反射镜的公共焦点。对于对称共焦腔，有

$$g_1 = 0,\quad g_2 = 0,\quad g_1g_2 = 0$$

即满足条件式(1.5.5b)，因此对称共焦腔是一种临界腔。

在对称共焦腔内，任意旁轴光线可往返传播无限多次都不会横向逸出腔外，并且经两次往返传播后即可形成闭合光路，这与稳定腔的情况相同，因此对称共焦腔应归于稳定腔之列，是一种最重要和最具代表性的稳定腔。

2) 平行平面腔

由两个平面反射镜构成的共轴光学谐振腔称为平行平面腔。对于平行平面腔，有

$$R_1 = R_2 = \infty,\quad g_1 = g_2 = 1$$

即满足条件式(1.5.5a)，因此平行平面腔是一种临界腔。

平行平面腔内与轴线平行的光线能往返无限多次而不逸出腔外，并且一次往返就形成闭合光路，这与稳定腔的情况相类似；但与腔轴方向不平行的所有光线经有限几次往返传播之后就会横向逸出腔外，这又与非稳腔的情况相类似。因此，平行平面腔这一临界腔是介于稳定腔和非稳腔之间的一种介稳腔。

3) 共心腔

两个反射镜面的曲率中心相重合的共轴球面腔称为共心腔。显然，共心腔的几何参数满足如下关系：

$$R_1 + R_2 = L \tag{1.5.6}$$

对于共心腔，容易得到 $g_1g_2 = 1$，即满足条件式(1.5.5a)，所以共心腔是一种临界腔。

在共心腔内，通过公共中心的光线能在腔内往返传播无限多次而不会逸出腔外，并且一次往返传播即可形成闭合光路，这与稳定腔的情况相类似；但是，所有不通过公共中心的光线在腔内往返传播有限次后就会逸出腔外，这又与非稳腔的情况相类似。因此，共心腔这一临界腔也是介于稳定腔和非稳腔之间的一种介稳腔。

2. 稳定性图

共轴球面腔的稳定性条件 $0 < g_1g_2 < 1$ 可以用图 1.5.2 所示的稳定性图表示。该稳定性图以 g_1 和 g_2 为坐标轴，以 $g_1g_2 = 1$ 表示的两条双曲线为共轴球面腔的稳定性分界线。由两坐标轴直线 $g_1 = 0$、$g_2 = 0$ 和两条双曲线 $g_1g_2 = 1$ 所围成的区域为稳定区；其他区域为非稳区；稳定区和非稳区的边界为临界线。

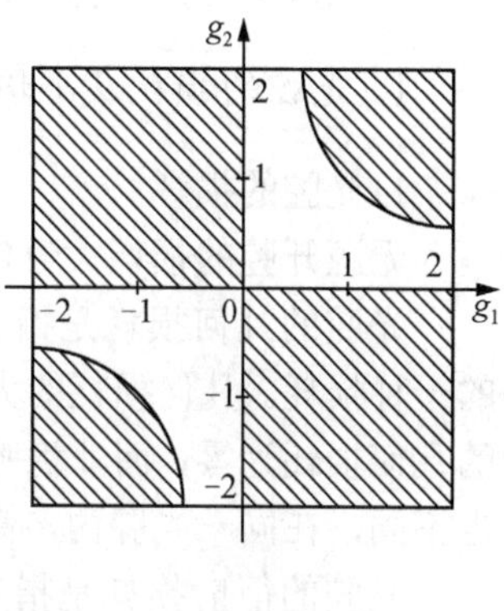

图 1.5.2　共轴球面腔稳定性图

任意一个共轴球面腔可以由光腔参数 R_1、R_2 和 L 所决定，只要给定了这三个参数，就可唯一地确定参数相应的光腔参数 g_1 和 g_2 的数值，进而可以在稳定性图中唯一地确定一个点 $P(g_1,g_2)$。若点 $P(g_1,g_2)$ 的位置处于稳定区内，则该光腔为稳定腔；若点 $P(g_1,g_2)$ 的位置处于非稳区内，则该光腔为非稳腔；若点 $P(g_1,g_2)$ 位于临界线上，则该光腔为临界腔。因此，根据稳定性图可以非常方便地判定光腔的稳定性。下面讨论几种典型光腔在稳定性图上的对应位置。

1）平行平面腔

由 $R_1=R_2=\infty$ 可得，$g_1=g_2=1$，相应的坐标点 (g_1,g_2) 位于稳定性图中第一象限的双曲线上，即位于临界线上，因此平行平面腔是一种临界腔。

2）对称共焦腔

由 $R_1=R_2=L$ 可知，$g_1=g_2=0$，相应的坐标点 (g_1,g_2) 对应于稳定性图中的坐标原点，即位于临界线上，因此对称共焦腔为临界腔。

3）半共焦腔

由 $R_1=\infty,R_2=2L$ 可得，$g_1=1,g_2=0.5$，相应的坐标点 (g_1,g_2) 位于稳定性图中第一象限的稳定区内，因此半共焦腔是稳定腔。

4）对称共心腔

由 $R_1=R_2=L/2$ 可得，$g_1=g_2=-1$，相应的坐标点 (g_1,g_2) 位于稳定性图中第三象限的双曲线上，即位于临界线上，因此对称共心腔是一种临界腔。

值得指出的是，虽然任意一个共轴球面腔的参数 R_1、R_2 和 L 唯一地对应于稳定性图中的一个点，但稳定性图中的任意一点并不能单值地确定光腔参数 R_1、R_2 和 L 的数值。另外，利用稳定性图除了可以方便地判定光腔的稳定性之外，还可以方便地选取光腔的长度或反射镜的曲率半径。

1.5.3 光腔的损耗和时间常数

光腔除了提供光学正反馈和选择振荡模式的主要作用之外，同时还存在着阻碍光放大的各种损耗。损耗的大小是衡量光腔的重要指标，它决定了激光器的振荡阈值、输出功率或能量、转换效率等工作特性。下面简要分析无源开腔的损耗和时间常数。

1. 光腔的损耗及平均单程损耗因子

1）光腔的损耗

无源开腔的损耗大致包括几何损耗、衍射损耗、透射损耗和其他损耗等。

光腔的几何损耗是指光线在腔内往返传播过程中可能在光腔侧面发生偏折而射出腔外的一种损耗。几何损耗的大小首先取决于光腔的类型和几何尺寸，例如，稳定腔内旁轴光线的几何损耗为零，而非稳腔则有较高的几何损耗；其次，不同阶次的横模所遭受的几何损耗也不同，在同一光腔内，高阶横模的几何损耗一般比低阶横模的几何损耗大。

光腔的衍射损耗是指光线在腔内往返传播过程中因光腔反射镜的有限孔径而在腔镜边缘发生衍射效应所产生的一种损耗。衍射损耗的大小与光腔的几何参数、菲涅耳数和横模阶次有关。

光腔的透射损耗是指光线在腔内往返传播过程中因腔镜具有一定大小的透射率而逸出腔外所产生的一种损耗。通常，光腔至少有一个腔镜是部分反射、部分透射的，即用作输出耦合镜以获得必要的激光输出；其他腔镜的反射率也不可能做到 100%。

光腔的其他损耗主要包括材料的非激活吸收损耗、散射损耗、腔内光学元件(如透镜、棱镜、晶体等)插入损耗等。

上述光腔的前两种损耗(即几何损耗和衍射损耗)通常又称为选择性损耗，其大小与激光横模有关；而后两种损耗(即透射损耗和其他损耗)又称为非选择性损耗，通常情况下它们对各个激光模式来说基本相同。

2) 平均单程损耗因子

无论光腔的损耗是由什么原因引起的，都可以用“平均单程损耗因子” δ 来定量描述损耗的大小。该因子的定义如下：若初始光强为 I_0 的光线在无源腔内往返传播一周后光强衰减为 I_1，则有

$$I_1 = I_0 \mathrm{e}^{-2\delta} \tag{1.5.7}$$

由此可得

$$\delta = \frac{1}{2}\ln\frac{I_0}{I_1} \tag{1.5.8}$$

如果损耗是由多种原因引起的，每一种原因引起的损耗以相应的损耗因子 δ_i 描述，则有

$$I_1 = I_0 \mathrm{e}^{-2\delta_1} \cdot \mathrm{e}^{-2\delta_2} \cdot \mathrm{e}^{-2\delta_3} \cdots = I_0 \mathrm{e}^{-2\delta} \tag{1.5.9}$$

其中

$$\delta = \sum_i \delta_i = \delta_1 + \delta_2 + \delta_3 + \cdots \tag{1.5.10}$$

即总损耗因子等于各种原因引起的损耗因子之和。

2. 光腔的时间常数

由式(1.5.7)不难求得，初始光强为 I_0 的光束在腔内往返 m 次后光强变为

$$I_m = I_0 (\mathrm{e}^{-2\delta})^m = I_0 \mathrm{e}^{-2\delta m} \tag{1.5.11}$$

若取 $t = 0$ 时刻的光强为 I_0，则到 t 时刻为止，光在腔内往返的次数为

$$m = \frac{t}{\dfrac{2L'}{c}} \tag{1.5.12}$$

将式(1.5.12)代入式(1.5.11)，可以得到 t 时刻的光强为

$$I(t) = I_0 \mathrm{e}^{-t/\tau_\mathrm{c}} \tag{1.5.13}$$

其中

$$\tau_\mathrm{c} = \frac{L'}{\delta c} \tag{1.5.14}$$

称为光腔的时间常数，是描述光腔性质的一个重要参数。由式(1.5.13)可以看出，当 $t = \tau_\mathrm{c}$ 时，有

$$I(t) = \frac{I_0}{\mathrm{e}} \tag{1.5.15}$$

式(1.5.15)表明了时间常数τ_c的物理意义，即腔内光强衰减为初始光强的1/e所用的时间。从式(1.5.14)可以看出，δ越大，τ_c越小，即光腔的损耗越大，腔内光强衰减得越快。

1.5.4 激光模式

对于一个给定的光学谐振腔，无论是开腔还是闭腔，都对腔内的电磁场分布产生一定的约束作用。电磁场理论表明，在具有一定边界约束条件的谐振腔中，电磁场只能以一系列分立的本征状态存在于腔内，场的每一种本征状态具有一定的振荡频率和一定的空间分布。在激光技术中，通常将腔内可能存在的稳定电磁场分布称为激光模式，其中沿光腔轴线方向的稳定电磁场分布称为纵向模式(简称纵模)；沿垂直于光腔轴线方向的横截面内的稳定电磁场分布称为横向模式(简称横模)。一个光腔中可同时有若干个纵模和横模存在。

腔内电磁场的本征态应由麦克斯韦方程组及腔的边界条件决定。由于不同类型和结构的谐振腔具有各不相同的边界条件，因此在谐振腔内振荡的激光模式也各不相同。一旦给定了光腔的具体结构，就可以唯一地确定在腔内振荡的激光模式的电磁场分布(特别是在腔的横截面内的电磁场分布)、谐振频率、功率损耗和光束发散角等基本特征，这就是激光模式与光腔结构之间的依赖关系。

1. 纵模

1)驻波条件与谐振条件

考察均匀平面波在F-P腔中沿轴线方向往返传播的情形。根据光的干涉原理，当光波在腔镜上反射时，入射光波和反射光波将会发生干涉，多次往复反射时就会发生多光束干涉。为了能在腔内形成稳定的振荡，要求光波能因干涉而得到加强，即发生相长干涉。相长干涉的条件是：光波从腔内某一点出发，经往返一周再回到起始位置时所产生的相位延迟角φ应为2π的整数倍，即相长干涉条件可以表示为

$$\varphi=\frac{2\pi}{\lambda}\cdot 2L'=q\cdot 2\pi \tag{1.5.16}$$

式中，λ为光在真空中的波长；L'为谐振腔的光学长度；q为整数。当光的波长和腔的光学长度满足关系式(1.5.16)时，在腔内将形成驻波，因此式(1.5.16)通常称为光腔的驻波条件。在驻波条件关系式(1.5.16)中，将整数q所对应的波长用λ_q表示，可得

$$L'=q\frac{\lambda_q}{2} \tag{1.5.17}$$

式(1.5.17)表明，当达到谐振时，腔的光学长度为半波长的整数倍，这正是腔内驻波的特征，如图1.5.3所示。式(1.5.17)也可用频率$\nu_q=c/\lambda_q$表示为如下形式：

$$\nu_q=q\frac{c}{2L'} \tag{1.5.18}$$

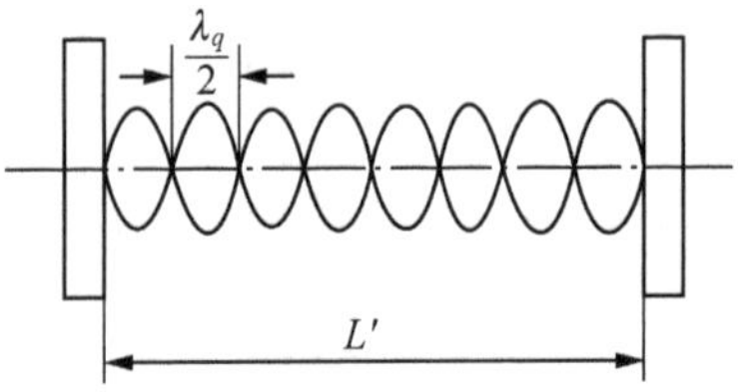

图1.5.3 光腔内的驻波

由以上讨论可知，对于光学腔长为L'的光腔，只有波长λ_q满足式(1.5.17)或频率ν_q满足式(1.5.18)的光波才能在腔内形成稳定的振荡，因此式(1.5.17)和式(1.5.18)

称为 F-P 腔中沿轴向方向传播的平面波的谐振条件，波长 λ_q 称为腔的谐振波长，频率 ν_q 称为谐振频率。显然，谐振条件和驻波条件是等效的，因为谐振条件式(1.5.17)和式(1.5.18)是从驻波条件式(1.5.16)推导而来的。

当整个腔内充满折射率为 n 的均匀物质时，有

$$L' = nL \tag{1.5.19a}$$

式中，L 为谐振腔的几何长度(简称腔长)；对于腔内介质分段均匀的情况，例如，腔内除了激光介质以外其余部分均为空气，则有

$$L' = \sum_i n_i L_i \tag{1.5.19b}$$

式中，n_i 和 L_i 分别为腔内每一段均匀介质的折射率和几何长度。

2) 纵模与纵模间隔

驻波条件和谐振条件关系式(1.5.16)～式(1.5.18)中不同的整数 q 对应于不同的驻波，这些驻波电磁场沿腔轴方向(即纵向)上的分布是不一样的，通常将由整数 q 所表征的且满足驻波条件或谐振条件的腔内纵向稳定光场分布称为腔的纵向模式或轴向模式，简称为纵模或轴模。整数 q 称为纵模序数，即腔内驻波的波节数，不同的 q 值对应于不同的纵模。由于腔长远远大于光波波长，所以整数 q 可以很大，一般达 10^4～10^6 数量级。

腔的两个相邻纵模的谐振频率之差称为纵模间隔。由式(1.5.18)可以得出

$$\Delta\nu_q = \nu_{q+1} - \nu_q = \frac{c}{2L'} \tag{1.5.20}$$

可以看出，纵模间隔 $\Delta\nu_q$ 与纵模序数 q 无关，而与腔长 L' 成反比，L' 越小，$\Delta\nu_q$ 越大；反之，L' 越大，$\Delta\nu_q$ 就越小。当腔长 L' 一定时，纵模间隔 $\Delta\nu_q$ 为一常数，因而腔的纵模在频率尺度上是等距排列的，如图 1.5.4 所示，其形状像一把梳子，通常称为“纵模频率梳”，其梳齿的疏密程度取决于腔长 L'。在理想情况下，一个纵模对应于单一谐振频率，但实际上由于种种原因，腔的每一个纵模都具有一定的频率宽度 $\Delta\nu_c$，因此图 1.5.4 中每一个纵模均以一定频率宽度 $\Delta\nu_c$ 的谱线表示。

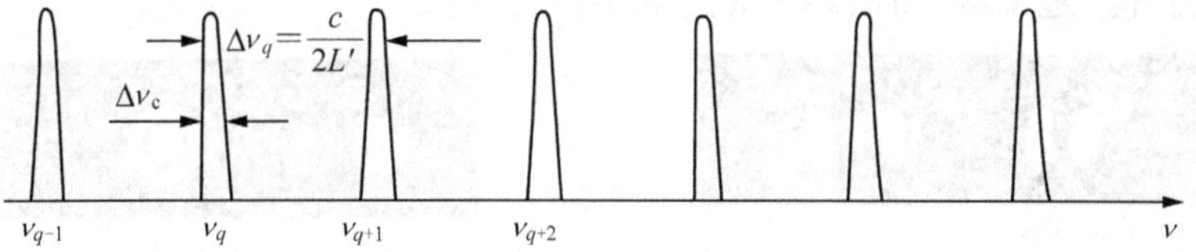

图 1.5.4　光腔的模谱

为了建立纵模间隔的数量概念，下面分别以气体激光器和固体激光器为例，计算在不同腔长下的纵模间隔大小。对于波长为 632.8nm 的 He-Ne 激光器，其腔内折射率 $n \approx 1$，当几何腔长 $L = 100\text{mm}$ 时，由式(1.5.20)可得

$$\Delta\nu_q = \frac{c}{2L'} = \frac{c}{2nL} = \frac{3\times10^8}{2\times1\times100\times10^{-3}} = 1.5\times10^9(\text{Hz})$$

即纵模间隔为 1.5GHz；当几何腔长 $L = 300\text{mm}$ 时，可以求得纵模间隔为 0.5GHz(即 500MHz)。对于波长为 1064nm 的 Nd:YAG 固体激光器，已知 Nd:YAG 晶体的折射率 $n = 1.82$，Nd:YAG

晶体棒的几何长度 $l=10\text{mm}$，当谐振腔的几何长度 $L=100\text{mm}$ 时，由式(1.5.19b)和式(1.5.20)可得

$$\Delta\nu_q=\frac{c}{2L'}=\frac{c}{2(n_1L_1+n_2L_2)}=\frac{3\times10^8}{2\times(1.82\times10+1\times90)\times10^{-3}}=1.386\times10^9(\text{Hz})$$

即纵模间隔为 1.386GHz；当几何腔长 $L=50\text{mm}$ 时，可以求得相应的纵模间隔为 2.577GHz。

值得注意的是，并非每一个纵模都能在腔内形成激光振荡，只有满足振荡条件关系式(1.3.4)或式(1.3.5)的那些纵模才能在腔内形成激光振荡，即同时满足谐振条件和振荡条件的纵模才能产生激光振荡输出。

2. 横模

横模是横向电磁模的简称，是指腔内光波电磁场在垂直于传播方向的横截面上的稳定场分布。一种横模对应于一种稳定的横向场分布。横模用 TEM_{mnq} 表示，其中 TEM 表示横向电磁场，m 和 n 为横模序数，q 为纵模序数；由于 q 值很大，并且 q 值不同的纵模之间除了谐振频率有差别之外，几乎没有其他差别，因此 q 值通常省略不写，即通常用 TEM_{mn} 表示横模。TEM_{00} 称为基横模，它只有一个能量中心；横模序数 m 和 n 不同时为零的横模称为高阶横模，m 和 n 取值越大，横模阶次越高，横模光斑图样就越复杂。

横模主要是由腔镜的衍射效应产生的，常用的腔镜截面有方形和圆形两种，显然二者对光的衍射效果是一样的。对于由方形镜构成的光腔，其横模分布为轴对称图样，横模序数 m 和 n 分别表示在直角坐标系中沿 x 方向和 y 方向光强出现极小值(即暗条纹)的数目；方形镜共焦腔最初几个横模的光强分布如图 1.5.5 所示。

对于由圆形镜构成的光腔，横模分布为旋转对称图样，这时横模序数 m 表示在极坐标系中沿极角(圆周)出现的暗条数，横模序数 n 表示沿半径方向上出现的暗环数；圆形镜共焦腔最初几个横模的光强分布如图 1.5.6 所示。

通常激光增益介质的横截面是圆形的，横模光强图样应该是旋转对称的。但实际上，激光器常出现轴对称横模，这是由于激活介质的不均匀性，或是由于在谐振腔内插入光学元件(如布儒斯特窗片、透镜等)而破坏了光腔的旋转对称性。

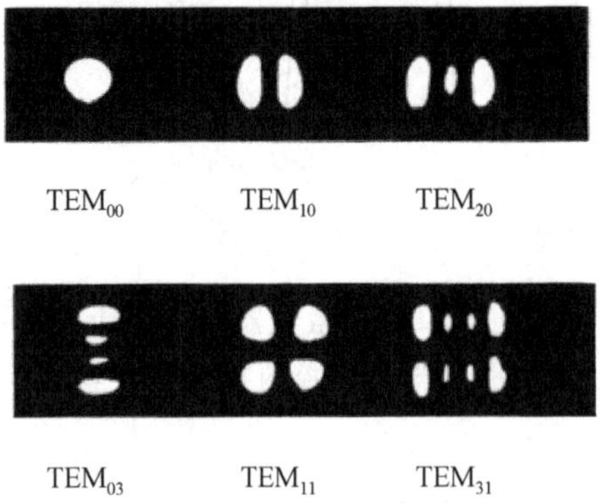

图 1.5.5　方形镜共焦腔的横模光强分布

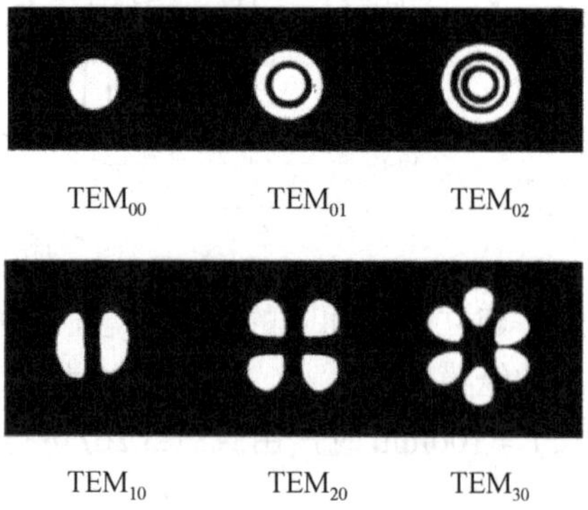

图 1.5.6　圆形镜共焦腔的横模光强分布

1.6　基模高斯光束及其准直

采用稳定腔的激光器所发出的激光，将以高斯光束的形式在空间传输。本节仅介绍最简单和最基本的基模高斯光束及其基本特性、薄透镜对基模高斯光束的变换规律以及基模高斯光束的准直。

1.6.1　基模高斯光束及其基本特性

1. 基模高斯光束

选取基模高斯光束的传播方向为 z 轴，并建立直角坐标系 $Oxyz$，坐标原点 O 选为基模高斯光束光腰平面与 z 轴的交点。对于沿 z 轴方向传播的基模高斯光束，无论它是由哪种结构形式(方形镜或圆形镜)的稳定腔所产生的，其电场均可表示为下面的一般形式：

$$E_{00}(x,y,z)=\frac{c_0}{\omega(z)}\exp\left[-\frac{r^2}{\omega^2(z)}\right]\cdot\exp\left\{-\mathrm{j}\left[k\left(z+\frac{r^2}{2R}\right)-\arctan\frac{z}{f_c}\right]\right\} \tag{1.6.1}$$

式中，c_0 为常数因子；其余各符号的意义如下：

$$\begin{aligned}&r^2=x^2+y^2,\quad k=\frac{2\pi}{\lambda}\\&\omega(z)=\omega_0\sqrt{1+\left(\frac{z}{f_c}\right)^2}\\&R=R(z)=z\left[1+\left(\frac{f_c}{z}\right)^2\right]=z+\frac{f_c^2}{z}\\&f_c=\frac{\pi\omega_0^2}{\lambda},\quad \omega_0=\sqrt{\frac{\lambda f_c}{\pi}}\end{aligned} \tag{1.6.2}$$

式中，ω_0 为基模高斯光束的光腰半径；f_c 为基模高斯光束的共焦参数；$R(z)$ 为与传播轴线相交于 z 点的基模高斯光束等相位面的曲率半径；$\omega(z)$ 为与传播轴线相交于 z 点的基模高斯光束等相位面上的光斑半径。从式(1.6.2)可以看出，当 $z=f_c$ 时，$\omega(z)=\sqrt{2}\omega_0$，即 f_c 表示光斑半径增加到光腰半径的 $\sqrt{2}$ 倍处的位置。

研究结果表明，对于由一般稳定球面腔(R_1、R_2、L)所产生的基模高斯光束，其参数 ω_0 及 f_c 与 R_1、R_2、L 的关系为

$$\begin{aligned}&\omega_0^4=\left(\frac{\lambda}{\pi}\right)^2\frac{L(R_1-L)(R_2-L)(R_1+R_2-L)}{(R_1+R_2-2L)^2}\\&f_c^2=\frac{L(R_1-L)(R_2-L)(R_1+R_2-L)}{(R_1+R_2-2L)^2}\end{aligned} \tag{1.6.3a}$$

对于由平面镜和凹面镜组成的腔长为 L 的稳定腔，假设 $R_1=\infty$，$R_2=R$，那么式(1.6.3a)可以表示为

$$\omega_0^4 = \left(\frac{\lambda}{\pi}\right)^2 L(R-L) \qquad (1.6.3b)$$

$$f_c^2 = L(R-L)$$

2. 基模高斯光束的基本特性

1）振幅特性

基模高斯光束在自由空间中的传输规律由式(1.6.1)和式(1.6.2)表示，容易得到基模高斯光束电场振幅的表达式为

$$A_{00}(x,y,z) = \left|E_{00}(x,y,z)\right| = \frac{c_0}{\omega(z)}\exp\left[-\frac{r^2}{\omega^2(z)}\right] \qquad (1.6.4)$$

由式(1.6.4)可以看出，基模高斯光束在任一坐标 z 所决定的横截面内的场振幅分布均按高斯函数所描述的规律从中心(即传输轴线)向外平滑地降落，如图 1.6.1 所示。由振幅降落到中心值的 1/e 的点所定义的光斑半径为

$$\omega(z) = \omega_0\sqrt{1+\left(\frac{\lambda z}{\pi\omega_0^2}\right)^2} \qquad (1.6.5)$$

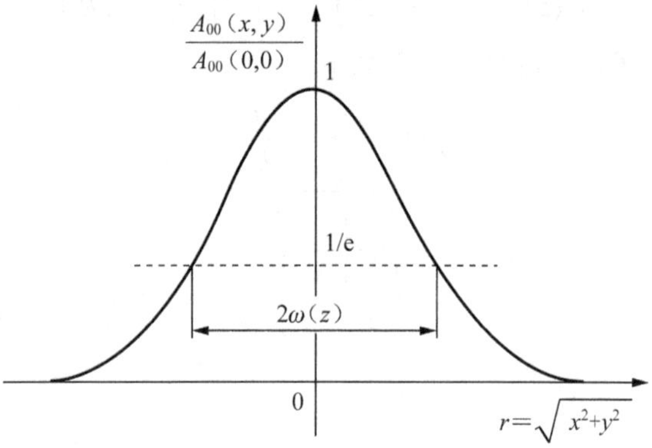

图 1.6.1　基模高斯光束在横截面内的振幅变化规律

式(1.6.5)也可以表示为如下形式：

$$\left[\frac{\omega(z)}{\omega_0}\right]^2 - \left(\frac{\lambda z}{\pi\omega_0^2}\right)^2 = 1 \qquad (1.6.6)$$

可见，光斑半径随坐标 z 按双曲线规律而扩展，在 $z=0$ 处，以 $\omega(z)=\omega(0)=\omega_0$ 达到极小值。双曲线的两条渐近线之间的夹角即为基模高斯光束的远场发散角，并由式(1.6.7)给出：

$$\theta_0 = \lim_{z\to\infty}\frac{2\omega(z)}{z} = \frac{2\lambda}{\pi\omega_0} = 2\sqrt{\frac{\lambda}{\pi f_c}} \qquad (1.6.7)$$

将式(1.6.3b)代入式(1.6.7)，可得平凹稳定腔产生的基模高斯光束的远场发散角表达式为

$$\theta_0^2 = \frac{4\lambda}{\pi\sqrt{L(R-L)}} \qquad (1.6.8)$$

2) 相移特性

基模高斯光束的相移特性由式(1.6.1)的相位因子

$$\varphi_{00}(x,y,z)=k\left(z+\frac{r^2}{2R}\right)-\arctan\frac{z}{f_c}=kz+\frac{kr^2}{2R}-\arctan\frac{z}{f_c} \tag{1.6.9}$$

所决定，表示基模高斯光束在任一点(x,y,z)处相对于坐标原点$O(0,0,0)$处的相位滞后。它由三部分组成，其中kz表示几何相移；$\arctan(z/f_c)$表示与z对应的附加相移超前；$kr^2/(2R)$表示与横向坐标(x,y)有关的相移，表明高斯光束的等相位面是以R为半径的球面。球面曲率半径R可以表示为

$$R(z)=z\left[1+\left(\frac{f_c}{z}\right)^2\right]=z\left[1+\left(\frac{\pi\omega_0^2}{\lambda z}\right)^2\right] \tag{1.6.10}$$

由式(1.6.10)可以看出：当$z=0$时，$R(z)\to\infty$，这表明光腰所在位置处的等相位面为平面；当$z=\pm\infty$时，$|R(z)|\approx|z|\to\infty$，表明离光腰无限远处的等相位面也为平面，且曲率中心就在光腰处；当$z=\pm f_c$时，$|R(z)|=2f_c$，且$R(z)$达到极小值；当$0<z<f_c$时，$R(z)>2f_c$，表明等相位面的曲率中心在$(-\infty,-f_c)$区间上；当$z>f_c$时，$z<R(z)<z+f_c$，表明等相位面的曲率中心在$(-f_c,0)$区间上。基模高斯光束的传输规律及有关特征参数如图 1.6.2 所示。

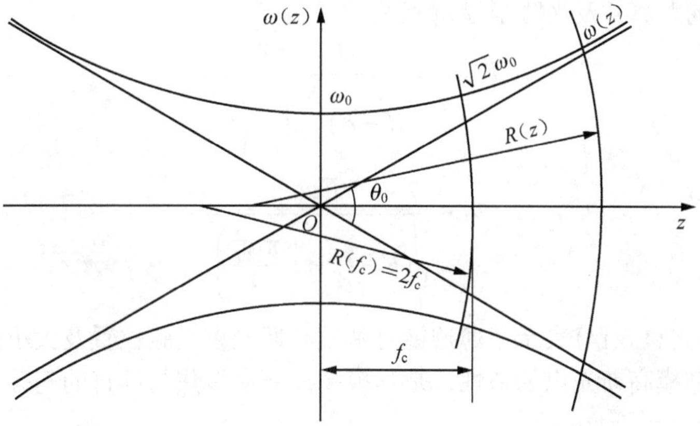

图 1.6.2　基模高斯光束的传输规律及有关特征参数

总之，基模高斯光束在其传输轴线附近可近似看作一种非均匀球面波，其曲率中心随着传输过程而沿腔轴移动，但其振幅和强度在横截面内始终保持高斯分布特性，且其等相位面始终保持为球面。

1.6.2　薄透镜对基模高斯光束的变换

研究结果业已证明，基模高斯光束经过薄透镜变换后仍为基模高斯光束。如图 1.6.3 所示，若以M_1表示基模高斯光束入射在薄透镜表面上的波面，由于基模高斯光束的等相位面为球面，经焦距为F的薄透镜后被转换成另一球面波面M_2而出射，M_1与M_2的曲率半径R_1及R_2之间存在如下关系：

$$\frac{1}{R_2}=\frac{1}{R_1}-\frac{1}{F} \tag{1.6.11}$$

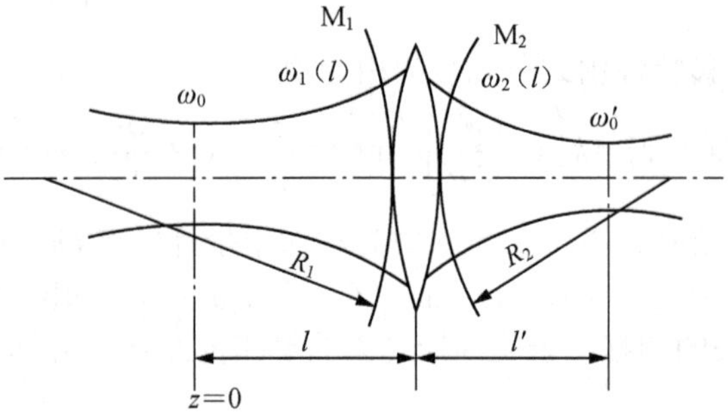

图 1.6.3 薄透镜对基模高斯光束的变换

同时，由于透镜很“薄”，所以在紧邻透镜两侧的波面 M_1 及 M_2 上的光斑大小及光强分布都应该完全一样，若以 ω_1 表示入射在透镜表面上的基模高斯光束的光斑半径，ω_2 表示出射基模高斯光束的光斑半径，则薄透镜的这一性质可表示为

$$\omega_2 = \omega_1 \tag{1.6.12}$$

假设入射到薄透镜的基模高斯光束(即物方基模高斯光束)的光腰半径为 ω_0，光腰位置与薄透镜之间的距离为 l，这一基模高斯光束经薄透镜变换后的像方基模高斯光束的光腰位置与薄透镜之间的距离 l' 及光腰半径 ω_0' 分别表示为

$$l' = F + \frac{(l-F)F^2}{(l-F)^2 + \left(\dfrac{\pi\omega_0^2}{\lambda}\right)^2} \tag{1.6.13}$$

$$\omega_0' = \frac{F\omega_0}{\sqrt{(F-l)^2 + \left(\dfrac{\pi\omega_0^2}{\lambda}\right)^2}} \tag{1.6.14}$$

式(1.6.13)和式(1.6.14)表示了薄透镜对基模高斯光束光腰位置及大小的变换关系，它们完全确定了像方基模高斯光束的特性，是基模高斯光束聚焦与准直的基础。

1.6.3 基模高斯光束的准直

1. 单透镜对基模高斯光束远场发散角的影响

由式(1.6.7)可知，基模高斯光束的远场发散角与其光腰半径成反比，光腰半径越大，基模高斯光束的远场发散角越小，相应的光束方向性就越好。当物方基模高斯光束的光腰半径为 ω_0 时，其远场发散角为

$$\theta_0 = \frac{2\lambda}{\pi\omega_0} \tag{1.6.15}$$

经焦距为 F 的透镜变换之后，像方基模高斯光束的光腰半径为 ω_0'，其相应的远场发散角为

$$\theta_0' = \frac{2\lambda}{\pi\omega_0'} \tag{1.6.16}$$

将式(1.6.14)代入式(1.6.16)，可得

$$\theta_0' = \frac{2\lambda}{\pi\omega_0'} = \frac{2\lambda}{\pi}\sqrt{\frac{1}{\omega_0^2}\left(1-\frac{l}{F}\right)^2 + \frac{1}{F^2}\left(\frac{\pi\omega_0}{\lambda}\right)^2} \tag{1.6.17}$$

可以看出，对光腰半径 ω_0 为有限大小的物方基模高斯光束，无论 F、l 取值如何，都不可能使像方基模高斯光束的光腰半径 $\omega_0' \to \infty$，从而也就不可能使 $\theta_0' \to 0$。这表明，采用单个透镜将基模高斯光束转换成平面波是不可能实现的。尽管如此，只要满足 $\omega_0' > \omega_0$，就有 $\theta_0' > \theta_0$，基模高斯光束的方向性就会得以改善。

由式(1.6.14)可知，当 $l = F$ 时，ω_0' 取得最大值，即

$$\omega_0' = \frac{\lambda F}{\pi\omega_0} \tag{1.6.18}$$

将式(1.6.18)代入式(1.6.16)，可得像方基模高斯光束的最小发散角为

$$\theta_0' = \frac{2\omega_0}{F} \tag{1.6.19}$$

与相应的物方基模高斯光束的发散角相比，可得

$$\frac{\theta_0'}{\theta_0} = \frac{\dfrac{2\omega_0}{F}}{\dfrac{2\lambda}{\pi\omega_0}} = \frac{\pi\omega_0^2}{\lambda F} = \frac{f_c}{F} \tag{1.6.20}$$

可见，当透镜焦距 F 一定时，若物方基模高斯光束的光腰位置处于透镜的后焦面上(即满足条件 $l = F$)，则像方基模高斯光束的发散角达到最小，这时 F 越大，即透镜焦距越长，θ_0' 就越小。当满足如下条件：

$$\frac{\pi\omega_0^2}{\lambda F} = \frac{f_c}{F} \ll 1 \tag{1.6.21}$$

时，可以获得较好的准直效果。

从式(1.6.19)或式(1.6.20)还可看出：在 $l = F$ 的条件下，像方基模高斯光束的方向性不但与焦距 F 的大小有关，而且还与物方基模高斯束的光腰半径 ω_0 的大小有关，ω_0 越小，像方基模高斯光束的方向性就越好。因此，如果先用一个短焦距透镜对入射的基模高斯光束进行聚焦以获得极小的光腰半径，然后再用一个长焦距透镜进行扩束以改善其方向性，就可得到很好的准直效果。

2. 倒置望远镜对基模高斯光束的准直

由上述分析可知，采用图 1.6.4 所示的倒置望远镜可以实现对基模高斯光束的准直变换，其中透镜 OL_1 是焦距为 F_1 的短焦距透镜(称为副镜)，OL_2 是焦距为 F_2 的长焦距透镜(称为主镜)，副镜的前焦点与主镜的后焦点重合。假设入射到副镜 OL_1 的基模高斯光束的光腰半径为 ω_0，光腰到副镜 OL_1 的距离为 l，当满足条件 $l \gg F_1$ 时，基模高斯光束被聚焦在副镜 OL_1 的前焦面上，其聚焦光斑半径可以表示为

$$\omega_0' = \frac{\lambda F_1}{\pi\omega(l)} \tag{1.6.22}$$

式中，$\omega(l)$ 为入射在副镜 OL_1 表面上的基模高斯光束的光斑半径，由式(1.6.5)可得

$$\omega(l)=\omega_0\sqrt{1+\left(\frac{l}{f_c}\right)^2}=\omega_0\sqrt{1+\left(\frac{\lambda l}{\pi\omega_0^2}\right)^2} \tag{1.6.23}$$

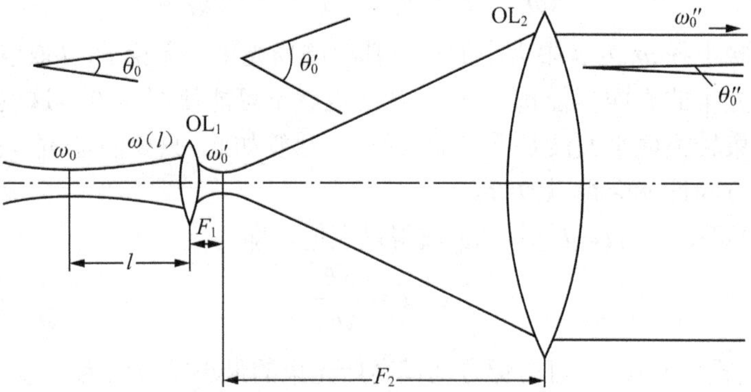

图 1.6.4 倒置望远镜对基模高斯光束的准直原理

由于聚焦光斑恰好位于主镜 OL_2 的后焦面上，所以光腰半径为 ω_0' 的基模高斯光束经主镜 OL_2 变换后的像方基模高斯光束具有最大的光腰半径 ω_0''，即

$$\omega_0''=\frac{\lambda F_2}{\pi\omega_0'} \tag{1.6.24}$$

因此具有最小的远场发散角，从而获得很好的准直效果。将式(1.6.22)代入式(1.6.24)，可得

$$\omega_0''=\frac{F_2}{F_1}\omega(l)=M\omega(l) \tag{1.6.25}$$

式中，$M=F_2/F_1$ 为望远镜主镜与副镜的焦距比，称为望远镜的放大倍率。从主镜 OL_2 出射的基模高斯光束的远场发散角可以表示为

$$\theta_0''=\frac{2\lambda}{\pi\omega_0''}=\frac{1}{M}\cdot\frac{2\lambda}{\pi\omega(l)} \tag{1.6.26}$$

由式(1.6.15)和式(1.6.26)可得，倒置望远镜对基模高斯光束的准直倍率 M' 为

$$M'=\frac{\theta_0}{\theta_0''}=M\frac{\omega(l)}{\omega_0}=M\sqrt{1+\left(\frac{\lambda l}{\pi\omega_0^2}\right)^2}=M\sqrt{1+\left(\frac{l}{f_c}\right)^2} \tag{1.6.27}$$

从式(1.6.27)可以看出，倒置望远镜对基模高斯光束的准直倍率 M' 不仅与望远镜本身的结构参数有关，而且还与基模高斯光束的共焦参数 f_c 以及光腰到副镜 OL_1 的距离 l 有关。由于 $\omega(l)\geqslant\omega_0$，所以 $M'\geqslant M$；M 越大，或者 $\omega(l)/\omega_0$ 越大，M' 就越大，准直效果也就越好。

习题与思考题

1. 与普通光源相比，激光有哪些基本特性？

2. 光与物质之间存在哪三种相互作用过程？激光放大主要利用其中哪种相互作用？在激光产生过程中，最初的激励光信号是怎样产生的？

3. 自发辐射光与受激辐射光有何不同？

4. 什么是粒子数反转？如何实现粒子数反转？

5. 什么是激光介质的增益系数？什么是增益饱和现象？

6. 什么是自激振荡？产生激光振荡的基本条件是什么？

7. 激光器主要由哪几部分组成？各部分的作用是什么？

8. 共轴球面腔的稳定性条件是什么？试求平凹和双凹共轴球面腔的稳定性条件。

9. 激光器的谐振腔由一面曲率半径为 1m 的凸面镜和曲率半径为 2m 的凹面镜组成，工作物质长 0.5m，其折射率为 1.52，为了获得稳定腔，试求腔长 L 的取值范围。

10. 激光纵模与横模的含义是什么？什么是谐振腔的谐振条件？

11. 设某固体激光器谐振腔长 50cm，固体激光介质棒长 30cm，其折射率为 1.6，其本征纵模的频率间隔为多少？

12. 氩离子激光器的中心波长是 0.5145μm，谱线宽度为 6×10^8Hz，假设谐振腔的几何长度为 0.5m，试计算确定可能形成激光振荡输出的纵模个数。

13. 激光谐振腔的损耗主要有哪些？

14. 基模高斯光束光斑半径是如何定义的？简要分析基模高斯光束光斑半径及等相位面曲率半径随传播距离的变化规律。

15. 某二氧化碳激光器采用平凹腔，凹面镜的曲率半径 R=2m，腔长 L=1m。试确定基模高斯光束的光腰位置与光腰半径及远场发散角。

16. 激光准直的含义是什么？如何实现激光准直？

第2章

常用激光技术与激光器

自1960年世界上第一台红宝石固体激光器问世以来，基于不同增益物质、谐振腔结构、辐射波段及工作方式的各类激光器相继研制成功，并得到广泛应用。为了进一步改善激光器的工作特性，已发展了多种激光单元技术，如模式选择、频率稳定、注入锁定、模式锁定和光学频率梳等技术。

本章主要介绍在激光传感与测量系统中常用的几种激光技术和激光器。在常用激光技术中，依次介绍调制技术、选模技术和稳频技术，其中稳频技术是实现高精度激光传感与测量的关键技术，详细介绍了兰姆凹陷稳频、塞曼稳频、饱和吸收稳频和相位调制光外差稳频等典型的主动稳频技术；在常用激光器中，主要介绍He-Ne激光器、全固态激光器、光纤激光器和半导体激光器的工作原理、系统组成和主要特性等内容，其中包括双纵模He-Ne激光器、单频全固态激光器和单纵模光纤激光器。

2.1 激光调制技术

光传递信息的利用已有很长的历史，激光的发明赋予了光信息技术、光通信技术新的发展活力。激光具有方向性好、相干性好、亮度高、频率高(高于微波频率)的特性，因而应用激光可以进行各种信息的提取、存储、传递和处理，包括保密性良好的长距离、大容量信息传输。以激光作为承载信息的工具，首先要解决如何将信息加载到激光光波上的技术问题，这一过程称为激光调制。

2.1.1 激光调制的基本概念

激光调制就是把激光作为载波携带低频信号，本质上是无线电波调制向光频段的拓展。尽管激光调制和频率较低的无线电波调制常用的原理与设备不同，但就调制方法来讲，激光调制也有振幅调制、强度调制、频率调制、相位调制等形式。

激光调制可分为内调制和外调制两类。内调制是指在激光产生的振荡过程中加载调制信号，改变激光的输出特性而实现的调制。外调制则是在激光形成以后，再用调制信号对激光进行调制，它并不改变激光器本身的特性参数，而只改变已经输出的激光束的特性参数。下面以外调制为例，给出振幅调制、强度调制、频率调制和相位调制的光场表达式。

假设激光器产生的瞬时光场分布可以表示为如下形式：

$$E(t) = A_c \cos(\omega_c t + \varphi_c) \tag{2.1.1}$$

式中，A_c 为激光载波电矢量的模；ω_c 为激光载波的角频率；φ_c 为激光载波的相位角。已知激光的强度与其光场振幅的平方成正比，即

$$I(t) \propto E^2(t) = A_c^2 \cos^2(\omega_c t + \varphi_c) \tag{2.1.2}$$

如果调制信号为一余弦信号，并可表示为

$$a(t) = A_m \cos \omega_m t \tag{2.1.3}$$

式中，A_m 和 ω_m 分别为调制信号的振幅和角频率。采用该调制信号对激光的振幅进行调制，可得调幅光波的表达式为

$$E_A(t) = A_c(1 + M_A \cos \omega_m t)\cos(\omega_c t + \varphi_c) \tag{2.1.4}$$

式中，M_A 为振幅调制系数(要求 $M_A \leqslant 1$，否则调幅波会发生畸变)。同样地，分别对激光强度、频率和相位进行调制，可得相应的调制光波表达式，即

$$I(t) = \frac{A_c^2}{2}(1 + M_I \cos \omega_m t)\cos^2(\omega_c t + \varphi_c) \tag{2.1.5}$$

$$E_F(t) = A_c \cos(\omega_c t + M_F \sin \omega_m t + \varphi_c) \tag{2.1.6}$$

$$E_P(t) = A_c \cos(\omega_c t + M_P \sin \omega_m t + \varphi_c) \tag{2.1.7}$$

式中，M_I、M_F 和 M_P 依次为强度调制系数($M_I \leqslant 1$)、频率调制系数($M_F \leqslant 1$)和相位调制系数($M_P \leqslant 1$)。频率调制和相位调制都是改变激光载波的相位角，只是频率调制的频率更高一些，实际上是很难区分的。

2.1.2　电光调制技术

1. 电光效应

如果将光学各向同性介质置于强电场的环境中，在强电场作用下，光学各向同性介质变成光学各向异性介质，从而产生双折射现象，或者原本具有光学各向异性的双折射晶体在强电场的作用下，其双折射的性质发生了变化，这就是电光效应。电光效应使介质的折射率椭球发生变化，新的折射率椭球称为感生折射率椭球。当感生的主折射率之差与外加电场强度成正比时，称为普克尔效应或一次电光效应；当感生的主折射率之差与外加电场强度的平方成正比时，称为克尔效应或二次电光效应。下面简要介绍普克尔效应。

普克尔效应常用的电光晶体有 KDP(磷酸二氢钾)、KD*P(磷酸二氘钾)和 $LiNbO_3$(铌酸锂)晶体等，它们的二次电光效应很弱，主要应用的是一次电光效应(即普克尔效应)。根据外加电场的方向与晶体的光轴方向及光的传播方向不同，电光效应分为纵向电光效应和横向电光效应。通常，KDP 晶体和 KD*P 晶体用于纵向电光效应，即光沿晶体的光轴方向传播，外加电场方向平行于晶体的光轴方向；$LiNbO_3$ 晶体常用于横向电光效应，即光沿晶体的光轴方向传播，外加电场方向垂直于晶体的光轴方向。

1) 纵向电光效应

纵向电光效应的实验装置如图 2.1.1 所示，P_1 为起偏器，P_2 为检偏器，两者所透光的偏振方向互相垂直，在 P_1、P_2 之间放一块 KDP 晶体。KDP 晶体在未加电场时是单轴晶体。将

KDP 晶体切成长方体，两个端面与晶体光轴 z 垂直，x 轴和 y 轴分别与晶体端面的两边平行，两个偏振器的透光轴分别与 x 轴和 y 轴平行。从起偏器 P_1 透射的线偏振光沿 x 轴方向振动，传播方向为 z 轴(光轴)方向，通过晶体出射后仍是沿 X 轴方向振动的线偏振光，与检偏器 P_2 的透光轴 y 轴(光轴)方向垂直。因此，当通过检偏器 P_2 观察时，视场是暗的。

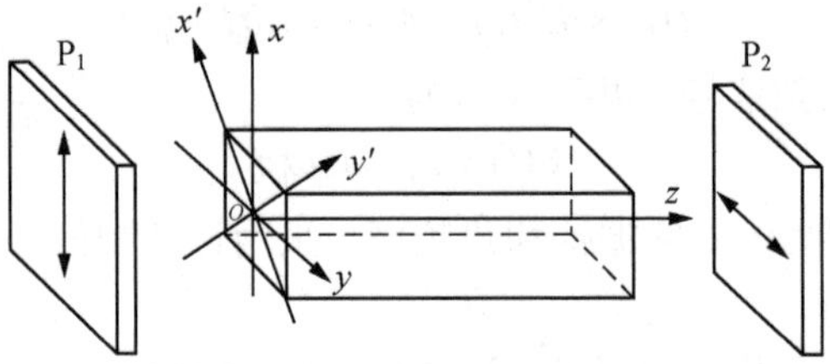

图 2.1.1　纵向电光效应实验装置

现在晶体两通光端面各镀一层透明的电极，当在两电极之间加一强电场(电压为 4000V 左右)时，检偏器 P_2 的视场会立即变亮，并且透过 P_2 的光强随着外加电场强度的变化而变化。产生这种现象的原因是在强电场的作用下，晶体的光学性质发生了改变，由单轴晶体转化为双轴晶体，z 轴不再是光轴。可以证明，这时在 xOy 平面上存在互成 90° 的两个主振动方向，其方位相当于将 x 轴和 y 轴在平面内逆时针旋转 45°，即图 2.1.1 中的 x' 轴和 y' 轴。设光波沿 x' 轴方向的振动折射率为 n_1，沿 y' 轴方向的振动折射率为 n_2，理论推导可得如下关系：

$$n_1 - n_2 = \gamma n_o^3 E \tag{2.1.8}$$

式中，E 为电场强度；n_o 为 KDP 晶体寻常光的折射率；γ 为晶体的电光系数。

晶体中沿 z 轴方向传输的光只可能是 x' 轴或 y' 轴方向偏振。因此，通过起偏器 P_1 进入晶体的光分解成沿 x' 轴、y' 轴方向振动的两束光进行传播。因两束光的折射率不同，通过长度为 l 的晶体后产生的相位差为

$$\varphi = \frac{2\pi}{\lambda}(n_1 - n_2)l = \frac{2\pi}{\lambda}\gamma n_o^3 E l \tag{2.1.9}$$

式中，λ 为真空中的波长。考虑到

$$V = El \tag{2.1.10}$$

有

$$\varphi = \frac{2\pi}{\lambda}\gamma n_o^3 V \tag{2.1.11}$$

通过检偏器 P_2 的光波，其场强等于两路光场强在 y 轴方向的投影之和，即

$$E_y = E_1 \cos\frac{3\pi}{4} + E_2 \cos\frac{\pi}{4} \tag{2.1.12}$$

考虑到

$$E_1 = E_{x0} \cos\frac{\pi}{4} \cos\left(\omega t - \frac{2\pi}{\lambda} n_1 l\right) \tag{2.1.13}$$

$$E_2 = E_{x0} \cos\frac{\pi}{4} \cos\left(\omega t - \frac{2\pi}{\lambda} n_2 l\right) \tag{2.1.14}$$

将式(2.1.13)和式(2.1.14)代入式(2.1.12)，可得

$$\begin{aligned}E_y &= \frac{1}{2}E_{x0}\cos\left(\omega t - \frac{2\pi}{\lambda}n_2 l\right) - \frac{1}{2}E_{x0}\cos\left(\omega t - \frac{2\pi}{\lambda}n_1 l\right)\\ &= E_{x0}\sin\left[\omega t - \frac{\pi}{\lambda}(n_1+n_2)l\right]\sin\left[\frac{\pi}{\lambda}(n_1-n_2)l\right]\\ &= E_{x0}\cos\left[\omega t - \frac{\pi}{\lambda}(n_1+n_2)l - \frac{\pi}{2}\right]\sin\frac{\varphi}{2}\end{aligned} \tag{2.1.15}$$

即与 x 轴方向入射场强相比，从晶体出射的光沿 y 轴方向的场强除相位变化外，振幅变为 $\sin\frac{\varphi}{2}$ 倍。因此，透过 P_2 的光强为

$$I = I_0\sin^2\frac{\varphi}{2} = I_0\sin^2\left(\frac{\pi}{\lambda}\gamma n_o^3 V\right) \tag{2.1.16}$$

式中，I_0 为透过 P_1 的光强。定义透过率为

$$T = \frac{I}{I_0} = \sin^2\left(\frac{\pi}{\lambda}\gamma n_o^3 V\right) \tag{2.1.17}$$

显然，当两束光的光程相差半个波长(即相位差 $\varphi=\pi$)时，理论上将获得最大的透过率。这时的电压称为半波电压，记作 V_π，有

$$V_\pi = \frac{\lambda}{2\gamma n_o^3} \tag{2.1.18}$$

可以看出，半波电压 V_π 和电光系数 γ 成反比。在实际应用中，通常半波电压越小越好，这就要求尽可能采用电光系数比较大的晶体。表 2.1.1 给出了一些材料的电光系数和半波电压。

表 2.1.1　一些晶体材料的电光系数和半波电压(室温下测量，波长 $\lambda = 546.1$nm)

晶体	$\gamma/(\times10^{-12}$m/V)	n_o	V_π/kV
ADP($NH_4H_2PO_4$)	8.5	1.52	9.147
KDP(KH_2PO_4)	10.6	1.51	7.482
KDA(KH_2AsO_4)	13	1.57	5.428
KD^*P(KD_2PO_4)	23.3	1.52	3.337

2)横向电光效应

与纵向光电效应不同，改变上述实验装置，使得光的传播方向和电场方向相互垂直，也可以获得类似的实验效果，称为横向光电效应，具体实验装置如图 2.1.2 所示。

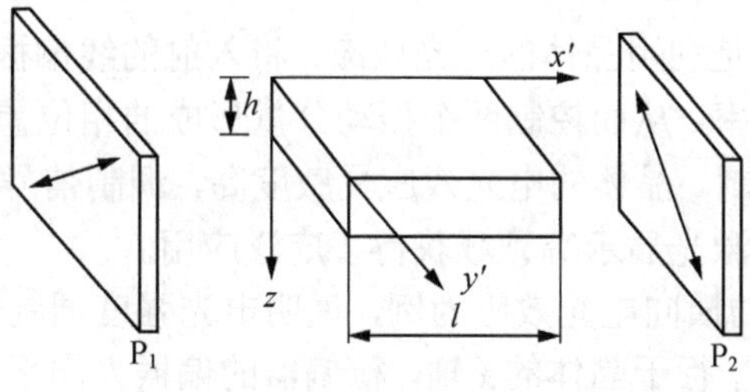

图 2.1.2　横向电光效应实验装置

KDP 晶体的加工形状依旧是长方体，其中一个边的方向和光轴平行，设为 z 坐标轴，外加电场也在这个方向。其他两个边沿图 2.1.2 中的 x' 轴和 y' 轴方向切割而成。起偏器 P_1 和检偏器 P_2 偏振方向互相垂直，且和 $y'z$ 平面平行，与 z 轴夹角分别为 135° 和 45°。

沿 z 轴方向加上外电场以后，晶体成为双轴晶体，三个主振动方向分别为 x'、y' 和 z 轴。沿 x' 轴方向传播的光，振动方向只能是 z 轴或 y' 轴方向。

沿 z 轴方向或 y' 轴方向振动的光波，其折射率表示为 n_3、n_2，其折射率差包括两部分：一部分与电场强度成正比，称为感应折射率差；另一部分是由自然双折射引起的，即

$$n_2 - n_3 = \gamma' n_o^3 E + (n_o - n_e) \tag{2.1.19}$$

式中，γ' 称为 KDP 的横向电光系数，这与纵向电光效应时的情况不同。自然双折射引起的折射率差可以通过晶体补偿等手段将其影响消除。于是，在只考虑感应折射率差的条件下，两个振动方向的光通过长度为 l 的晶体之后所产生的相位差为

$$\varphi = \frac{2\pi}{\lambda} \gamma' n_o^3 E l \tag{2.1.20}$$

设晶体沿 z 轴方向的厚度为 h，所加电压为 V，则有

$$E = \frac{V}{h} \tag{2.1.21}$$

因此，式(2.1.20)可以表示为

$$\varphi = \frac{2\pi}{\lambda} \gamma' n_o^3 \frac{l}{h} V \tag{2.1.22}$$

与纵向电光效应的推导方法类似，可得图 2.1.2 所示实验中的透过率为

$$T = \sin^2 \frac{\varphi}{2} = \sin^2\left(\frac{\pi}{\lambda} \gamma' n_o^3 \frac{l}{h} V\right) \tag{2.1.23}$$

对应的半波电压为

$$V_\pi = \frac{\lambda}{2\gamma' n_o^3} \cdot \frac{h}{l} \tag{2.1.24}$$

可以看出，h/l 越小，所需要的半波电压越小，这正是横向电光效应的优点，因此将晶体做成扁长状能够有效降低半波电压。

2. 电光调制

电光调制是利用晶体的电光效应对光的强度、相位等参数进行调制，从而将调制信号加载到光波上。下面分别介绍电光强度调制和电光相位调制。

1) 电光强度调制

电光强度调制实际上是利用晶体的电光效应，将入射的线偏振光分解成 o 光和 e 光，通过电信号改变晶体的折射率，从而控制两个振动分量形成的相位差，再使两束光叠加产生干涉，从而实现光强度的调制。晶体的电光效应灵敏度高，调制信号频率最高可达 10^{10}Hz，因此电光调制在激光通信、激光显示等领域获得了广泛应用。

下面以 $LiNbO_3$ 晶体的横向电光效应为例，说明电光强度调制器的工作原理。如图 2.1.3 所示，起偏器的偏振方向平行于晶体的 x 轴，检偏器的偏振方向平行于 y 轴。$LiNbO_3$ 晶体是单轴晶体，晶体结构中有一个三次旋转对称轴 z，是光轴方向。当沿 x 轴方向加电场、光沿

z 轴方向传播时，晶体由单轴晶体变为双轴晶体，主轴 z 方向不变，而主轴 x 、y 绕 z 轴转动 45° 变为感应后的新主轴 x' 、y' 。入射光经起偏器后变为振动方向平行于 x 轴的线偏振光，设它的振幅为 A，它在晶体的感应主轴 x' 和 y' 上投影的振幅和相位均相等。光通过厚度为 h、长度为 l 的电光晶体后，x' 和 y' 两分量之间产生的相位差为

$$\varphi=\frac{2\pi}{\lambda}(n_{x'}-n_{y'})l=\frac{2\pi}{\lambda}n_o^3\gamma V\frac{l}{h} \tag{2.1.25}$$

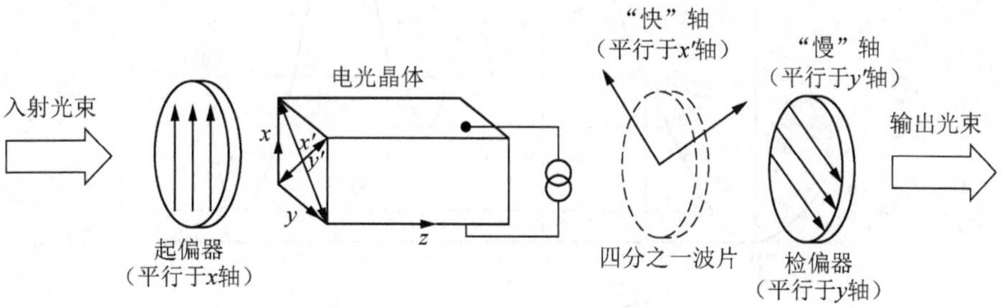

图 2.1.3　$LiNbO_3$ 晶体横向电光效应调制器原理图

此时，对应的电场强度可以表示为

$$\begin{aligned}E_{x'}&=\frac{A}{\sqrt{2}}\cos(\omega t+\varphi)\\E_{y'}&=\frac{A}{\sqrt{2}}\cos\omega t\end{aligned} \tag{2.1.26}$$

从检偏器出射的光是这两个分量在 y 轴上的投影之和，即

$$\begin{aligned}E_y&=E_{y'}\cos\frac{\pi}{4}+E_{x'}\cos\frac{3\pi}{4}\\&=\frac{A}{2}[\cos\omega t-\cos(\omega t+\varphi)]\\&=A\cos\left(\omega t+\frac{\varphi}{2}-\frac{\pi}{2}\right)\sin\frac{\varphi}{2}\end{aligned} \tag{2.1.27}$$

可以看出，通过检偏器的光振幅为起偏器输出光振幅的 $\sin\frac{\varphi}{2}$ 倍，因此光强透过率为

$$T=\frac{I}{I_0}=\sin^2\frac{\varphi}{2} \tag{2.1.28}$$

式中，I_0 和 I 分别为透过起偏器和检偏器的光强。对应的半波电压为

$$V_\pi=\frac{\lambda}{2n_o^3\gamma}\cdot\frac{h}{l} \tag{2.1.29}$$

于是，由式(2.1.25)可得

$$\varphi=\pi\frac{V}{V_\pi} \tag{2.1.30}$$

因此，可以将式(2.1.28)改写为

$$T=\sin^2\frac{\pi V}{2V_\pi}=\sin^2\left[\frac{\pi}{2V_\pi}(V_0+V_s\sin\omega_s t)\right] \tag{2.1.31}$$

式中，V_0 是直流偏压；$V_s\sin\omega_s t$ 是交流调制信号，V_s、ω_s 分别是振幅和调制频率。从式(2.1.31)可以看出，改变 V_0 或 V_s 输出特性，透过率将发生相应的变化。图 2.1.4 给出了透过率 T 和电压 V 之间的关系曲线。

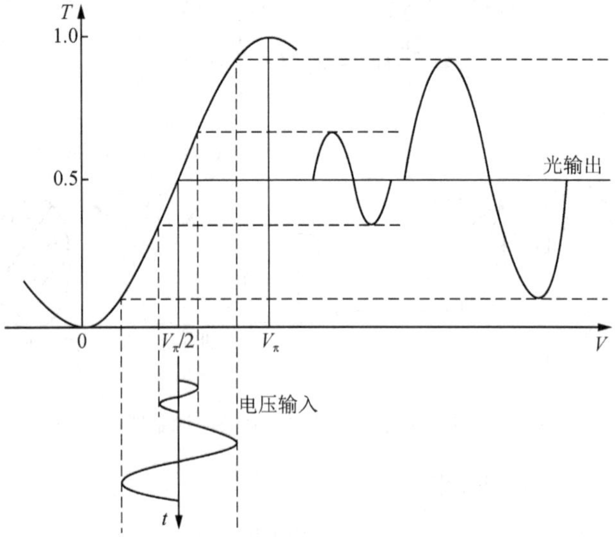

图 2.1.4　透过率与电压之间的关系曲线

由于 T 与 V 的关系是非线性的，若工作点选择不合适，会使输出信号发生畸变。透过率函数在 $V_\pi/2$ 附近有一近似直线部分，称为线性工作区，可以看出，当 $V=V_\pi/2$ 时，$\varphi=\pi/2$，$T=50\%$。

2) 电光相位调制

如图 2.1.5 所示，电光相位调制系统由一起偏器和电光晶体组成。起偏器的偏振方向平行于晶体的感应主轴 x' (或 y')，此时入射晶体的线偏振光不再分解为沿 x'、y' 轴两个分量，而是沿着 x' (或 y') 轴一个方向偏振，因此外加电场不改变出射光的偏振状态，仅仅改变其相位，相位的变化量可以表示为

$$\varphi_{x'}=-\frac{\omega_c}{c}n_{x'}l \tag{2.1.32}$$

因为光波只沿 x' 轴方向偏振，相应的折射率为

$$n_{x'}=n_o-\frac{1}{2}n_o^3\gamma E_z \tag{2.1.33}$$

若外加电场强度为

$$E_z=E_m\sin\omega_m t \tag{2.1.34}$$

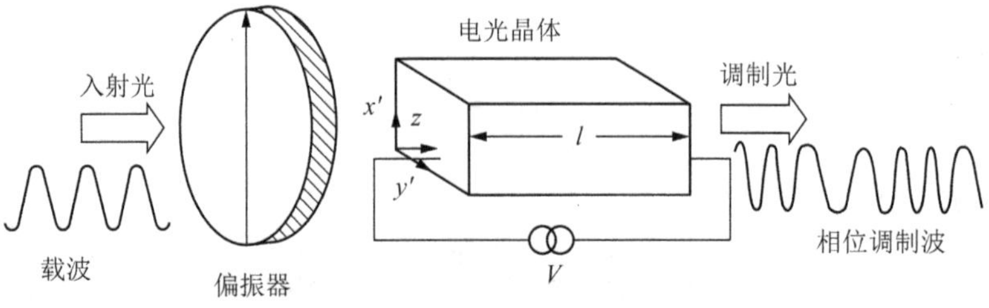

图 2.1.5　电光相位调制原理

并且在晶体入射面位置处(即 $z=0$)的光场为

$$E_{\text{in}} = A_{\text{c}} \cos \omega_{\text{c}} t \tag{2.1.35}$$

则在 $z=l$ 处的输出光场可以表示为

$$E_{\text{out}} = A_{\text{c}} \cos\left[\omega_{\text{c}} t - \frac{\omega_{\text{c}}}{c}\left(n_{\text{o}} - \frac{1}{2} n_{\text{o}}^3 \gamma E_{\text{m}} \sin \omega_{\text{m}} t\right) l\right] \tag{2.1.36}$$

略去式(2.1.36)中相位角的常数项(因它对调制效果无影响)，可得

$$E_{\text{out}} = A_{\text{c}} \cos(\omega_{\text{c}} t + M_{\text{P}} \sin \omega_{\text{m}} t) \tag{2.1.37}$$

其中

$$M_{\text{P}} = \frac{\omega_{\text{c}} n_{\text{o}}^3 \gamma E_{\text{m}} l}{2c} = \frac{\pi n_{\text{o}}^3 \gamma E_{\text{m}} l}{\lambda} \tag{2.1.38}$$

称为相位调制系数。经过相位调制的光波，除了原有频率分量之外，还新增了许多由外加电场调制频率及其谐波决定的边频分量，所以相位调制也就是频率调制，外加电场就是需要加载的信号，调制度由电光晶体和外加电场决定。

2.1.3　声光调制技术

1. 布拉格衍射

声波会对光波的传播产生影响。若忽略切向应变效应，可以将介质中的声波看作疏密波。当声波在介质中传播时，激起介质中各个质点沿着声波传播的方向振动，导致介质密度交替变化，引起介质的折射率发生相应的周期性变化。当有光通过此介质时，会发生散射、衍射和折射现象，这就是声光效应。在激光传感与测量领域应用最广泛的声光效应主要是声光衍射现象，其中包括拉曼-奈斯衍射(Raman-Nath diffraction)和布拉格衍射(Bragg diffraction)，下面简要介绍布拉格衍射。

当声光作用长度较大、声波频率较高、光束与声波波阵面的夹角不等于零时，介质对光的作用类似于体光栅。当入射光和声波波阵面的夹角满足一定条件时，介质内各级衍射光会互相干涉，最终只出现 0 级和+1 或−1 级衍射光，这就是布拉格衍射，如图 2.1.6 所示。如果能合理地选择参数，并且超声波功率足够大，就可以使入射光的能量几乎全部转移到+1 级或−1 级衍射光上。

可以把声波场通过的介质近似看成许多距离为声波波长 λ_{s}' 的部分反射、部分透射的镜面。考虑行波超声场，这些镜面将以声波速度 υ_{s} 向前移动；由于光速远远大于声速，所以这些镜面可看成是静止的，如图 2.1.7 所示。

当平面光以角度 θ_{i} 入射至声波波阵面时，各级衍射光相干增强的条件是它们之间的光程差应为波长的整数倍，即

$$\lambda_{\text{s}}'(\sin\theta_{\text{i}} + \sin\theta_{\text{d}}) = m\lambda_{\text{i}}, \quad m = 0, \pm 1 \tag{2.1.39}$$

式中，λ_{i} 是入射光的波长。同时，还应使声波波阵面上各点的衍射光满足相长干涉，即满足如下关系：

$$\theta_{\text{i}} = \theta_{\text{d}} \tag{2.1.40}$$

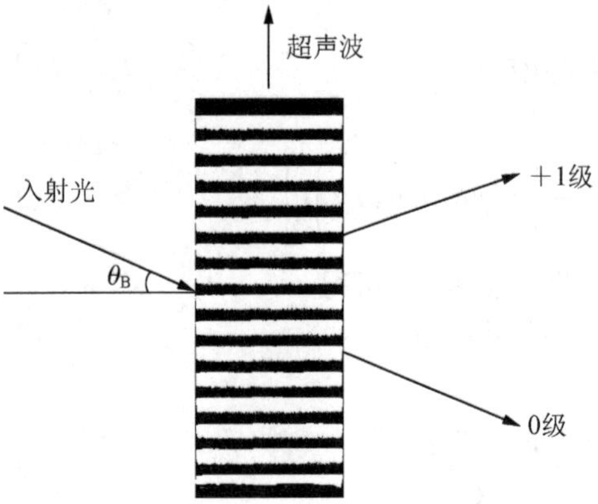

图 2.1.6 布拉格衍射

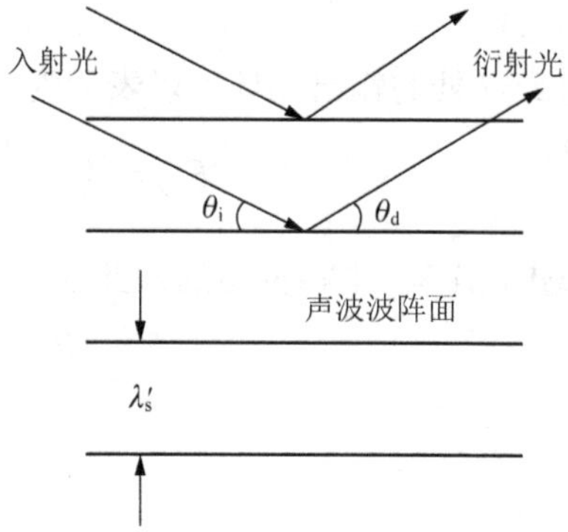

图 2.1.7 布拉格衍射模型

将式(2.1.40)代入式(2.1.39)，且当 $m=1$ 时，可得

$$\sin\theta_B = \frac{\lambda_1}{2\lambda_s'} = \frac{\lambda_1}{2v_s} f_s \tag{2.1.41}$$

式中，$\theta_i=\theta_d=\theta_B$，$\theta_B$ 称为布拉格角。可见，只有当光波以布拉格角入射时，才能得到衍射极大值。式(2.1.41)称为布拉格方程。

衍射效率是指经过声光晶体衍射后偏离入射光方向的光强与入射光强的比值。可以证明，当入射光强为 I_i 时，声光布拉格衍射的一级衍射光强可以表示为

$$I_1 = I_i \sin^2\frac{\varphi}{2} = I_i \sin^2\left(\frac{\pi}{\lambda_1}\Delta n\cdot l\right) \tag{2.1.42}$$

式中，$\varphi=(2\pi/\lambda_1)\cdot\Delta n\cdot l$ 表示光波通过长度为 l 的超声场所产生的附加相位延迟；Δn 是介质折射率变化量。布拉格衍射效率可以表示为一级衍射光强与入射光强的比值，即

$$\eta_B = \frac{I_1}{I_i} = \sin^2\frac{\varphi}{2} = \sin^2\left(\frac{\pi}{\lambda_1}\Delta n\cdot l\right) \tag{2.1.43}$$

对于各向同性介质，其折射率变化量可以表示为

$$\Delta n = -\frac{1}{2}n_0^3 P_e S \tag{2.1.44}$$

式中，n_0 是介质的折射率；P_e 是介质的弹光系数；S 是声波在介质中引起的弹性应变，即

$$S = S_0\sin(\omega_s t - k_s' x) \tag{2.1.45}$$

式中，S_0 是弹性应变的幅度；k_s' 和 ω_s 分别是声波波矢量的模和声波角频率。

特别值得指出的是，布拉格衍射光的频率相对于入射光的频率产生了频移，其频移量即为声波频率，并满足如下关系：

$$\omega_1 = \omega_i + \omega_s \tag{2.1.46}$$

布拉格衍射通常采用图 2.1.8 所示的装置，声波为超声波，通过换能器将电能转化为声能。超声波总功率 P_s 和换能器参数之间的关系为

$$P_s = \frac{1}{2}\rho v_s^3 S^2 H l \tag{2.1.47}$$

式中，ρ 为介质密度；v_s 为声速；H 为换能器宽度；l 为换能器长度。由式(2.1.47)可得

$$S=\sqrt{\frac{2P_s}{Hl\rho v_s^3}} \tag{2.1.48}$$

将式(2.1.48)代入式(2.1.44)，得

$$\Delta n=-\frac{1}{2}n_0^3P_e\sqrt{\frac{2P_s}{Hl\rho v_s^3}}=-\frac{1}{2}n_0^3P_e\sqrt{\frac{2I_s''}{\rho v_s^3}} \tag{2.1.49}$$

式中，I_s'' 为超声强度。将式(2.1.49)代入式(2.1.43)，可得衍射效率为

$$\eta_B=\sin^2\left(\frac{\pi l}{\sqrt{2}\lambda_i}\sqrt{M_2I_s''}\right) \tag{2.1.50}$$

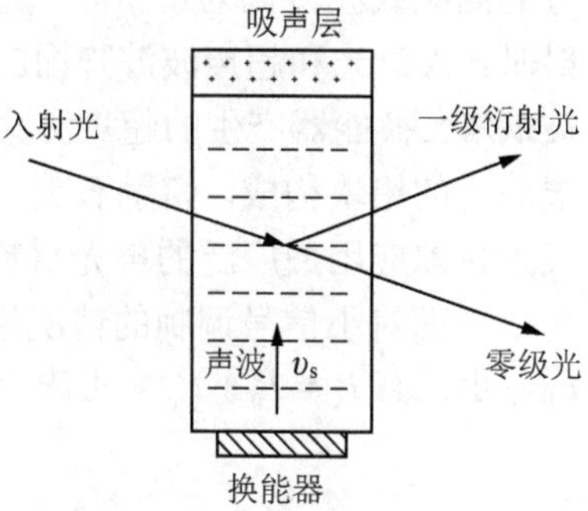

图 2.1.8　声光衍射装置

其中

$$M_2=\frac{n_0^6P_e^2}{\rho v_s^3} \tag{2.1.51}$$

称为声光优值，由介质本身的性质所决定，它是选择声光介质的主要指标之一。

由式(2.1.50)可以看出，采用以下两种途径可以提高衍射效率：第一，当超声波功率足够大，使得 $\frac{\pi l}{\sqrt{2}\lambda_i}\sqrt{M_2I_s''}=\frac{\pi}{2}$ 时，衍射效率达到 100%；第二，在超声波功率一定的情况下，选择 M_2 较大的材料，并且把换能器做成窄而长的形状。

2. *声光调制*

声光调制就是利用声光衍射原理，将调制信号加载到超声波上，通过超声波和光的相互作用，实现对衍射光的振幅或频率的调制。通常采用振幅调制的方法将电信号加载到一级衍射光上，调制信号可以是数字信号或模拟信号。

声光调制器一般由一块对激光波长透明的声光介质和换能器组成，其典型结构如图 2.1.9 所示，声光介质表面粘有由铌酸锂、石英等压电材料薄片制成的换能器，其作用是将调制信

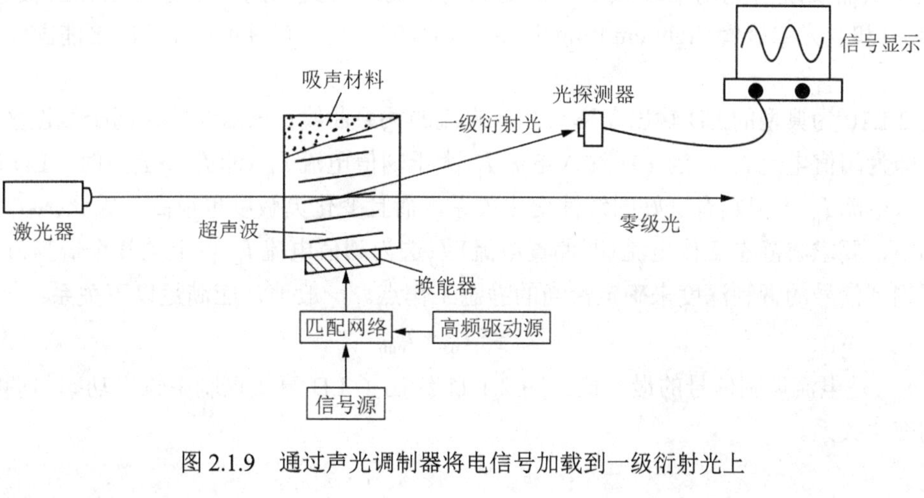

图 2.1.9　通过声光调制器将电信号加载到一级衍射光上

号的高频载波转化为超声波。超声波的传播方向经过精心设计，当入射光垂直于介质表面入射时，入射光和超声波波阵面的夹角正好是布拉格角。常用的声光介质有熔融石英、重火石玻璃等。换能器产生的超声波穿过声光晶体后就被吸收介质所吸收，吸收介质多由附在石英端面上的铅块构成。熔融石英由于光学质量好、光学吸收少，而且抗损伤阈值比较高，从而成为目前应用最广泛的声光材料。

下面对小信号调制的情况进行分析。假定调制信号的功率为 $P_{\rm m}$，超声波的驱动功率为 P_0，于是有 $P_{\rm s}=P_0+P_{\rm m}$。考虑 $P_{\rm m}\ll P_0$，由式(2.1.42)可得

$$\begin{aligned} I_1 &= I_{\rm i}\sin^2\left(\frac{\pi l}{\sqrt{2}\lambda_{\rm i}}\sqrt{M_2\frac{P_0+P_{\rm m}}{Hl}}\right) \\ &= I_{\rm i}\sin^2\left(\frac{\pi l}{\sqrt{2}\lambda_{\rm i}}\sqrt{M_2\frac{P_0}{Hl}}\sqrt{1+\frac{P_{\rm m}}{P_0}}\right) \\ &\approx I_{\rm i}\sin^2\left[\frac{\pi l}{\sqrt{2}\lambda_{\rm i}}\sqrt{M_2\frac{P_0}{Hl}}\left(1+\frac{P_{\rm m}}{2P_0}\right)\right] \end{aligned} \tag{2.1.52}$$

令

$$\varLambda=\frac{\pi l}{\sqrt{2}\lambda_{\rm i}}\sqrt{M_2\frac{P_0}{Hl}} \tag{2.1.53}$$

将式(2.1.52)展开为泰勒级数，并取一级近似，可得

$$I_1=I_{\rm i}\sin^2\varLambda+\frac{I_{\rm i}\varLambda P_{\rm m}}{2P_0}\sin(2\varLambda) \tag{2.1.54}$$

式(2.1.54)等号右侧的第一项是常量，第二项随调制信号 $P_{\rm m}$ 而变化。因此，采用光探测器接收一级衍射光，滤去直流成分后即可获得调制信号的波形。

2.1.4 直接调制技术

直接调制是将调制信号直接加载到光源的驱动信号上，引起激光功率或频率发生相应的变化，从而实现对光功率或频率的调制。这种调制方式多用于半导体激光二极管(laser diode, LD)和发光二极管(light emitting diode, LED)的调制，有时也用于 LD 泵浦固体激光器的调制。

图 2.1.10 为典型的 LD 输出功率与注入电流的关系曲线，该曲线存在两个线性区域，其分界点即为阈值电流 $I_{\rm th}$。当 LD 注入电流 $I_{\rm in}$ 大于阈值电流 $I_{\rm th}$ (即 $I_{\rm in}>I_{\rm th}$)时，LD 输出功率与注入电流 $I_{\rm in}$ 不但具有良好的线性变化关系，而且变化灵敏度也很高。因此，在 LD 直接调制中，要求将静态工作电流(即偏置电流) I_0 选为阈值电流 $I_{\rm th}$ 以上的某个恰当值，并且要根据调制信号的调制深度来确定恰当的静态工作点。一般地，应满足以下关系：

$$I_0\geqslant I_{\rm th}+i_{\rm min} \tag{2.1.55}$$

式中，$i_{\rm min}$ 是电流调制信号的最小值。图 2.1.11 给出了 LD 直接调制中输出功率与调制信号之间的变化关系。

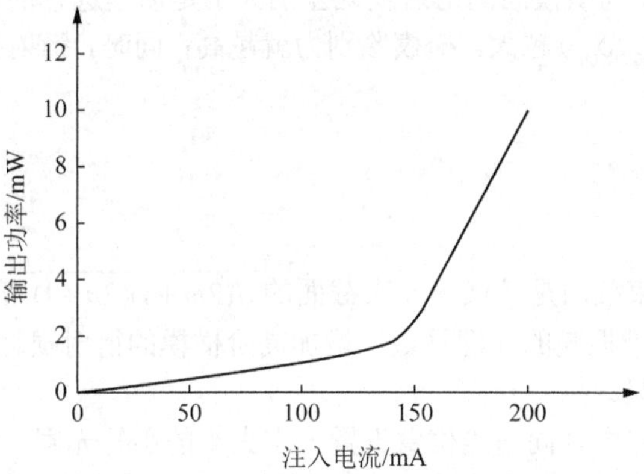

图 2.1.10 LD 输出功率与注入电流之间的关系

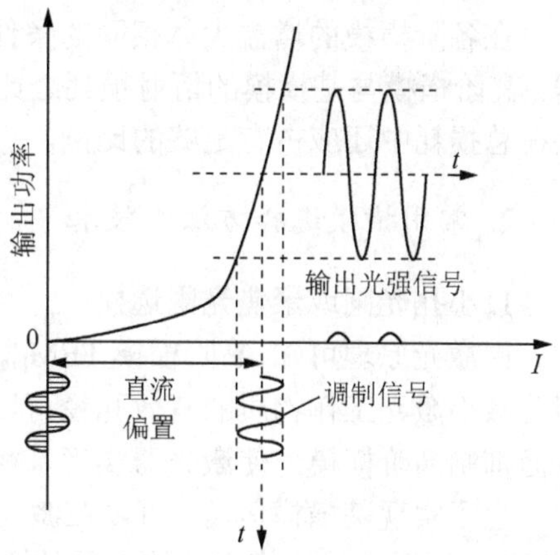

图 2.1.11 LD 输出功率与调制信号的关系

2.2 激光模式选择技术

激光具有很好的单色性和相干性，但是如果激光器同时输出几种不同的激光模式，由于这些模式的振荡频率各不相同，激光的单色性和相干性就会受到很大影响。特别是在激光干涉测量等应用中，不仅要求激光具有很好的单色性和相干性，还要求激光光强的横向分布比较均匀，即希望产生基横模(TEM_{00})输出。因此，采取适当的技术措施保证激光器以基横模单纵模或基横模双纵模振荡输出，是激光技术中的一个重要研究课题。

由于激光模式分为横模和纵模，因此激光模式选择也就包括横模选择和纵模选择。

2.2.1 激光横模选择技术

1. 横模选择原理

从第 1 章已经知道，不同的横模具有不同的损耗，而且随着横模阶次的增高，损耗相应地增大。在稳定腔中，基横模的衍射损耗最小，随着横模阶次的增高，衍射损耗迅速增大。TEM_{00} 模振荡的充分条件是：TEM_{00} 模的单程增益至少能够补偿它在腔内遭受的单程损耗；同时，其相邻横模(如 TEM_{10} 模)的单程增益小于它在腔内遭受的单程损耗，即满足如下关系：

$$e^{G_{00}^0 l}\sqrt{r_1 r_2}(1-\delta_{00})\geqslant 1 \tag{2.2.1}$$

$$e^{G_{10}^0 l}\sqrt{r_1 r_2}(1-\delta_{10})<1 \tag{2.2.2}$$

式中，G_{00}^0 和 G_{10}^0 分别为 TEM_{00} 模和 TEM_{10} 模的小信号增益系数；δ_{00} 和 δ_{10} 分别为 TEM_{00} 模和 TEM_{10} 模的单程衍射损耗；r_1 和 r_2 分别为激光谐振腔两个腔镜的反射率；l 为激光工作物质的长度。

以上选模原理的核心思想是减小 TEM_{00} 模的单程衍射损耗，并满足阈值条件以获得较大的输出功率；同时增大高阶横模的单程衍射损耗，使其在激光腔内不能起振或在模式竞争中不能领先。

在各阶横模的增益大体相同的条件下，不同横模间的衍射损耗差别大小是横模选择的依据。高阶横模与基横模的衍射损耗之比（如 δ_{10}/δ_{00}）越大，横模鉴别力就越高；同时，衍射损耗在总损耗中还应占有足够的比例。

2. 常用横模选择方法与技术

1）小孔光阑或聚焦光阑选模

由激光原理可知，高阶横模 TEM_{mn} 的光束截面是基横模光束截面的 $\sqrt{(2m+1)(2n+1)}$ 倍，因此减小激光工作物质的有效孔径可以减小谐振腔的菲涅耳数，增加高阶横模的衍射损耗，从而抑制高阶横模，使激光器实现基横模运转。

为了实现基横模运转，可以在激光谐振腔内轴向适当位置设置一定大小的小孔光阑，如图 2.2.1 所示。该选模方法的实质是让光斑尺寸较小的基模无阻挡地通过小孔光阑，而让光斑尺寸较大的高阶横模受到阻挡，使其遭受较大的损耗而不能起振。在谐振腔内不同纵向位置处的光斑尺寸大小不同，因此小孔光阑的大小应依其位置而决定。在小孔光阑位置确定的情况下，按照基模高斯光束的传播规律，可以计算出小孔光阑位置处的基模光斑尺寸，从而确定小孔光阑的通光尺寸大小。为了获得较大的基横模输出功率，可以在激光谐振腔内设置聚焦光阑，如图 2.2.2 所示，这样可以有效扩大基横模体积，充分利用激光工作物质。

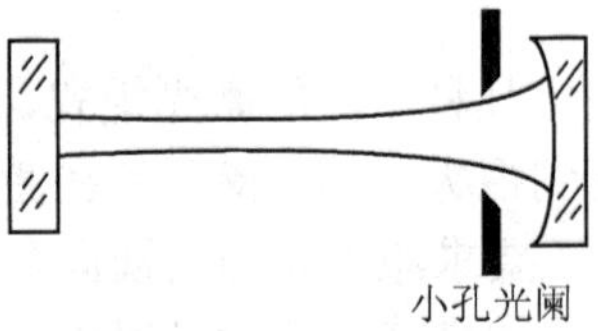

图 2.2.1　小孔光阑选模

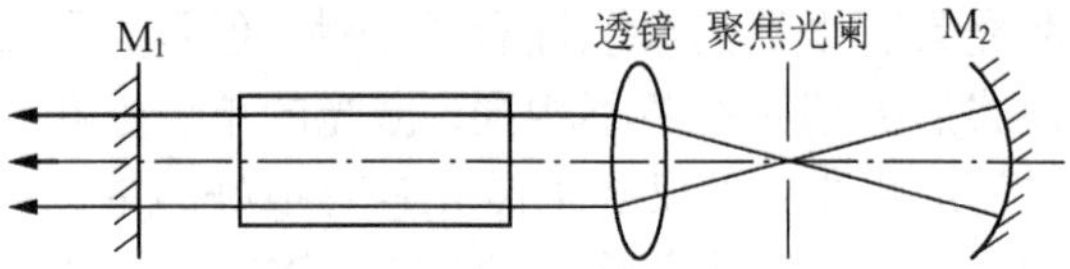

图 2.2.2　聚焦光阑选模

2）微调腔镜选模

对于平面镜腔，当腔镜倾斜时，基模损耗显著增大，腔的微失调将有利于高阶横模优先起振；对于稳定腔，当腔镜倾斜时，高阶横模损耗显著增大而被抑制，基横模因受到的影响较小，可以维持振荡。

2.2.2　激光纵模选择技术

1. 单纵模选择的基本原理

由激光原理可知，激光谐振腔内特定波长跃迁的不同激光振荡纵模具有不同的损耗，但由于各个纵模的谐振频率不同，这些纵模具有不同的小信号增益系数。因此，增大并充分利用相邻纵模间的增益差别，或人为引入相邻纵模间的损耗差别，便成为激光单纵模选择的基本原理。

2. 单纵模选择方法与技术

常用的单纵模选择方法有缩短腔长选模法、腔内 F-P 标准具选模法、双折射滤光片选模法、复合腔选模法、扭转模腔选模法和环形行波腔选模法等，与这些选模方法相对应的选模技术也得到了深入的研究和广泛应用。

1) 缩短腔长选模法

激光纵模间隔与谐振腔长度成反比，腔长越短，纵模间隔越大。通过缩短激光谐振腔长度以增大相邻纵模间隔，使在荧光谱线有效宽度(振荡带宽或出光带宽)范围内只有一个激光纵模，从而实现单纵模振荡，即满足如下条件：

$$\Delta \nu_q = \frac{c}{2L'} > \Delta \nu_{\text{osc}} \tag{2.2.3}$$

式中，$\Delta \nu_{\text{osc}}$ 是由振荡条件 $G^0(\nu)l > \delta$ 决定的激光振荡带宽。这种选模方法一般只适用于荧光线宽较窄的激光器(如气体激光器等)，而对于荧光线宽较宽的固体激光器(如 Nd:YAG 激光器等)，由于其谐振腔长度很短，从实现技术上来讲会很困难。

例如，波长为 632.8nm 的 He-Ne 激光器，其 Ne 原子的荧光线宽约为 1500MHz，出光带宽约为 1200MHz，按照式(2.2.3)的单纵模振荡条件，可以估计出激光谐振腔的光学长度一般不超过 125mm。又如，波长为 1064nm 的 Nd:YAG 激光器，其荧光线宽约为 150GHz，出光带宽接近 150GHz，按照式(2.2.3)可以估计出激光谐振腔的光学长度一般不超过 1mm，Nd:YAG 晶体在 1064nm 波长处的折射率为 1.82，谐振腔的几何长度一般不超过 0.55mm，这时 Nd:YAG 激光器一般设计成微片激光器，即在 Nd:YAG 晶片两通光表面蒸镀介质膜反射镜以形成封闭的平行平面谐振腔。

2) 腔内 F-P 标准具选模法

这是一种基于多光束干涉原理的选择性损耗选模方法，使不同纵模遭受不同大小的损耗，损耗最小的纵模优先起振，其他遭受较大损耗的纵模均被抑制而不能起振。腔内插入 F-P 标准具的激光器如图 2.2.3 所示。由于多光束干涉，只有某些特定频率的光才能透过 F-P 标准具而在激光腔内往返传播，因其遭受较小的损耗而形成激光振荡；其他频率的光不能透过 F-P 标准具而遭受很大的损耗，因无法满足振荡条件而被抑制。

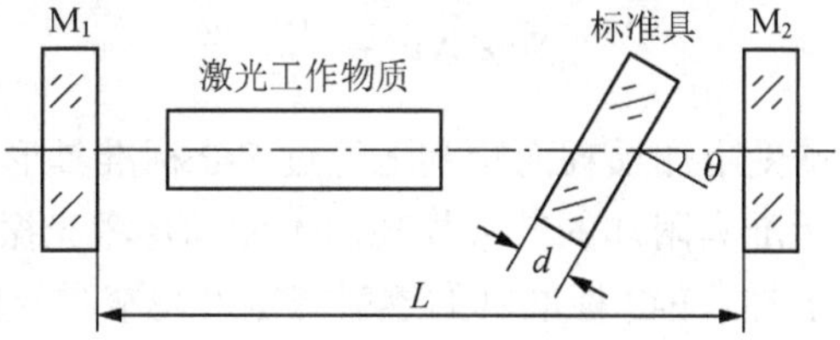

图 2.2.3　腔内插入 F-P 标准具的激光器简图

腔内 F-P 标准具选模原理如图 2.2.4 所示。由物理光学可知，F-P 标准具透射峰对应的中心频率可表示为

$$\nu_j = j\frac{c}{2\mu d\cos\theta} \tag{2.2.4}$$

式中，j 为正整数；μ 为 F-P 标准具两通光面之间的介质折射率；d 为 F-P 标准具的几何长度；θ 为标准具内光线与通光面法线间的夹角。F-P 标准具两相邻透射峰的中心频率间隔，即自由光谱范围(free spectral range, FSR)可以表示为

$$\text{FSR} = \Delta\nu_j = \frac{c}{2\mu d\cos\theta} \approx \frac{c}{2\mu d} \tag{2.2.5}$$

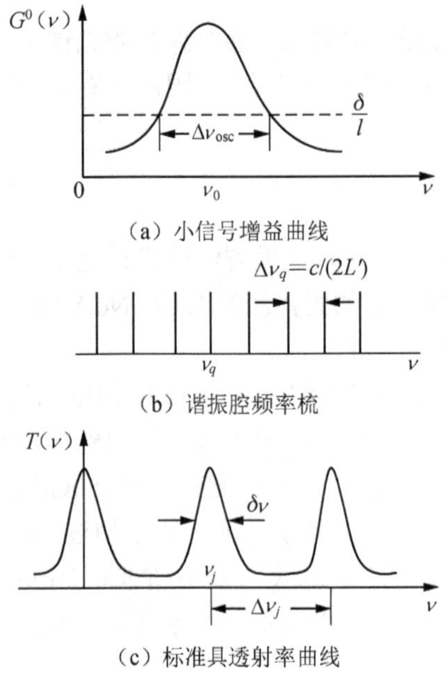

图 2.2.4　腔内 F-P 标准具选模原理图

F-P 标准具透射峰的谱线宽度为

$$\delta\nu = \frac{c}{2\pi\mu d} \cdot \frac{1-r}{\sqrt{r}} \tag{2.2.6}$$

式中，r 为 F-P 标准具两镜面的反射率。自由光谱范围与透射峰谱线宽度之比定义为 F-P 标准具的精细度(finesse)，用 F_e 表示，即

$$F_e = \frac{\text{FSR}}{\delta\nu} = \frac{\pi\sqrt{r}}{1-r} \tag{2.2.7}$$

可以看出，反射率越高，精细度也就越高，标准具的光谱特性就越好。当然，精细度的高低还与标准具两镜面质量(主要是平面度和光洁度)和两镜面之间的平行度等因素有关，F-P 标准具的精细度一般为 100 左右，质量较高的可达 200 以上甚至更高。

通过设计 F-P 标准具的自由光谱范围，使得在激光器出光带宽范围内只出现一个极大透射峰，即满足如下条件：

$$\text{FSR} > \Delta\nu_{osc} \tag{2.2.8}$$

在此基础上，通过微调 F-P 标准具在腔内的倾斜角度，使激光器出光带宽范围内唯一极大透射峰的中心频率与一个激光纵模的谐振频率相等，并适当选择激光谐振腔长度，使激光纵模间隔大于 F-P 标准具透射峰的宽度，即满足如下条件：

$$\nu_j = \nu_q \tag{2.2.9}$$

$$\delta\nu < \Delta\nu_q = \frac{c}{2L'} \tag{2.2.10}$$

于是，第 q 个纵模几乎不遭受附加损耗而顺利地透过 F-P 标准具形成激光振荡，但其他不同频率的纵模都会遭受 F-P 标准具附加的较大损耗而不能满足激光振荡条件，这样就保证了激光器以单纵模振荡输出。显然，F-P 标准具的透射峰宽度越窄(精细度越高)，其选模能力就越强；激光腔长越短(纵模间隔越大)，两相邻纵模遭受的透射损耗差别越大，更有利于单纵模振荡。当 F-P 标准具的透射峰处于激光增益曲线中心频率附近(即 $\nu_j \approx \nu_0$)时，条件式(2.2.8)可以适当放宽，即

$$\text{FSR} > \frac{1}{2}\Delta\nu_{osc} \tag{2.2.11}$$

这时 F-P 标准具的厚度将增加一倍，有利于 F-P 标准具的设计与光学加工。

3) 双折射滤光片选模法

双折射滤光片(birefringent filter, BF)一般由一只起偏器和一块双折射晶体(birefringent crystal, BC)共同组成，常用的起偏器有布儒斯特片(Brewster plate, BP)和偏振分光棱镜(polarizing beam splitter, PBS)等，而常用的双折射晶体则有石英晶体(正单轴晶体)和方解石晶体(负单轴晶体)等。

腔内设置双折射滤光片选模元件的单频 Nd:YAG 激光器如图 2.2.5 所示，腔内振荡激光经布儒斯特片后的 p 偏振光波被分解为 o 光和 e 光，由于二者在双折射晶体中的传播速度不同，在单次通过厚度为 d 的双折射晶体之后，o 光和 e 光的相位延迟角之差(即相位差)为

$$\Delta\varphi = \frac{2\pi\Delta nd}{\lambda} \tag{2.2.12}$$

式中，λ 为自由空间中的激光振荡波长；d 为双折射晶体的几何厚度；Δn 为晶体的双折射率。当相位差满足如下条件：

$$2\Delta\varphi = m \cdot 2\pi，\ m \text{ 为正整数} \tag{2.2.13}$$

时，相应波长(频率)的 p 偏振光波往返通过双折射晶体之后仍然为 p 偏振光波，该光波可以几乎无损耗地透过布儒斯特片，从而在腔内形成激光振荡，而其他波长(频率)的 p 偏振光波往返通过双折射晶体之后不再是 p 偏振光(一般为椭圆偏振光)，因此都将在布儒斯特片通光面遭受不同程度的损耗而不能起振，从而保证激光器以单纵模振荡输出。由式(2.2.12)和式(2.2.13)可以得到双折射滤光片透射率极大峰的谐振频率，即

$$\nu_m = m\frac{c}{2\Delta n \cdot d} \tag{2.2.14}$$

于是，双折射滤光片的自由光谱范围可以表达如下：

$$\text{FSR} = \Delta\nu_m = \frac{c}{2\Delta n \cdot d} \tag{2.2.15}$$

当自由光谱范围大于激光器的出光带宽，并且透射率极大峰的宽度小于激光器的纵模间隔时，即同时满足以下条件：

$$\text{FSR} = \frac{c}{2\Delta n \cdot d} > \Delta\nu_{\text{osc}} \tag{2.2.16}$$

$$\delta\nu < \Delta\nu_q = \frac{c}{2L'} \tag{2.2.17}$$

激光器将以单纵模振荡。研究结果业已表明：对于中小功率的固体激光器，当其腔长小于 100mm 时，采用双折射滤光片均可实现单纵模振荡输出。

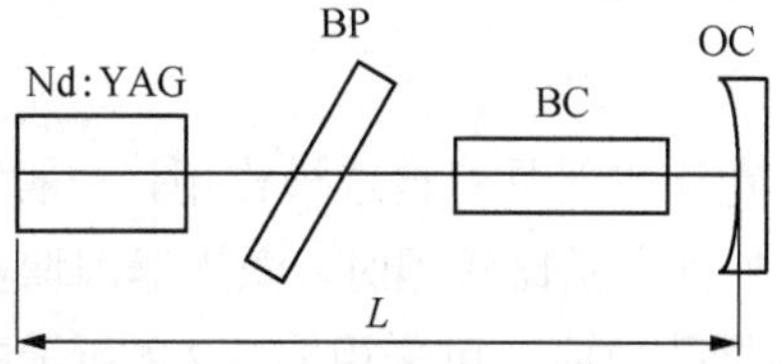

图 2.2.5　基于双折射滤光片选模原理的单频 Nd:YAG 激光器

BP：布儒斯特片；BC：双折射晶体；OC：输出耦合镜

4) 复合腔选模法

复合腔是指两个或两个以上的多个干涉腔，通常将包含激光工作物质的干涉腔称为有源

腔，而将不包含激光工作物质的干涉腔称为无源腔。复合腔选模要求有源腔和无源腔同时满足干涉极大的条件，从而保证激光器以单纵模振荡输出。复合腔的形式多种多样，如前面介绍的腔内 F-P 标准具选模也属于复合腔选模的一种，下面再介绍几种不同的复合腔选模方法与技术。

干涉仪型复合腔选模系统组成如图 2.2.6 所示，反射镜 M_1 和 M_2 组成直线型有源腔，腔内设置一分光镜 BS，反射镜 M_2 和 M_3 组成直角型无源腔，振荡激光通过分光镜 BS 输出腔外。有源腔激光纵模的谐振频率可以表示为

$$\nu_q = q\frac{c}{2L_c'} = q\frac{c}{2(L+l_2)} \tag{2.2.18}$$

式中，q 为纵模序数(正整数)；$L_c' = L + l_2$ 为有源腔的光学长度，其中 L 为 M_1 和 BS 之间的光学长度，l_2 为 M_2 和 BS 之间的光学长度。同样地，无源腔纵模的谐振频率可以表示为

$$\nu_p = p\frac{c}{2L_c''} = p\frac{c}{2(l_1+l_2)} \tag{2.2.19}$$

式中，p 为纵模序数(正整数)；$L_c'' = l_1 + l_2$ 为无源腔的光学长度，其中 l_1 为 M_3 和 BS 之间的光学长度。当无源腔的光学长度远小于有源腔的光学长度(即 $L_c'' \ll L_c'$)，并且满足条件 $\nu_q = \nu_p$ 时，有源腔的第 q 个纵模优先起振，其他纵模因遭受较大的损耗而被抑制。

外腔半导体激光器(ECLD)选模系统如图 2.2.7 所示。LD 的两个解理面 M_1、M_2 和外反射镜 M_3 组成复合腔，其中 M_1 和 M_2 以及 M_1 和 M_3 组成两个有源腔，而 M_2 和 M_3 组成一个无源腔。通过适当选取 M_3 的反射率并调节 M_3 的位置，可以使 M_1 和 M_3 组成的长有源腔以单纵模振荡。另外，LD 的外反射镜 M_3 也可以采用闪耀光栅或光纤布拉格光栅(FBG)来代替，从而实现单纵模激光频率调谐。

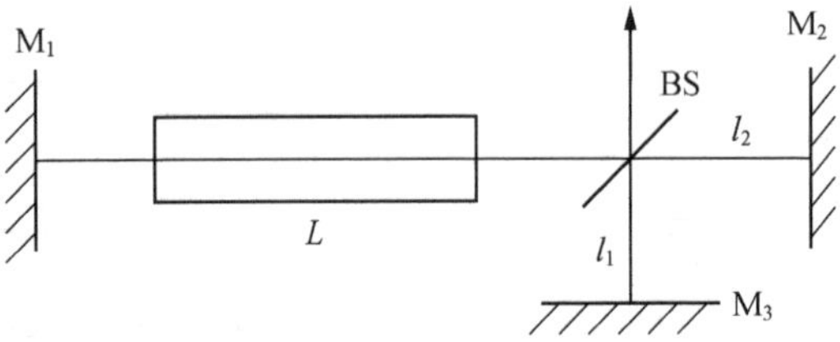

图 2.2.6 干涉仪型复合腔选模系统

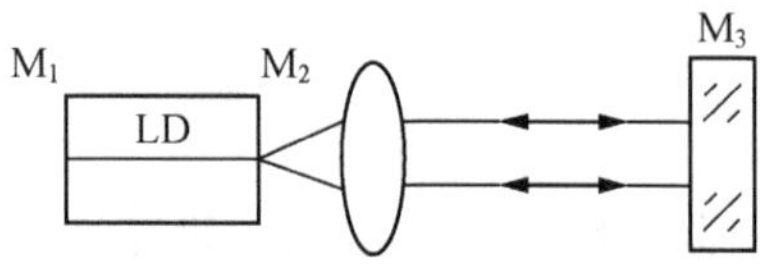

图 2.2.7 ECLD 选模系统示意图

5) 扭转模腔选模法

由激光原理可知，均匀加宽激光器具有自选模作用，一般以单纵模振荡，振荡纵模靠近增益曲线中心频率。但是，当外部激励比较强时，激光器因增益空间烧孔效应而产生多纵模振荡输出。为了削弱增益空间烧孔效应，可采用图 2.2.8 所示的扭转模腔结构，即在激光增益介质(如 Nd:YAG 晶体等)两侧沿垂直腔轴方向各放置一只四分之一波片 QWP_1 和 QWP_2，并使两波片的快轴(或慢轴)互相垂直；布儒斯特片 BP 的作用是保证激光以线偏振(即 p 偏振)振荡输出。当线偏振激光在两只波片 QWP_1 和 QWP_2 之间传播时，光振动方向发生扭转而通过激光增益介质，因此可以大大减弱 Nd:YAG 增益介质的空间烧孔效应，从而采用均匀加宽激光器的自选模作用，保证 Nd:YAG 激光器以单纵模振荡输出。

6) 环形行波腔选模法

驻波腔会引起增益的轴向空间烧孔效应，进而产生多纵模振荡。为了减弱甚至消除增益的轴向空间烧孔效应，可以采用图 2.2.9 所示的环形行波腔选模方案，即在环形腔内插入一只光隔离器，只允许光单方向传播，形成无空间烧孔效应的行波腔，从而保证均匀加宽激光器以单纵模振荡输出。该选模方法既可用于气体激光器，也可用于固体激光器，尤其适用于较大功率的单频固体激光器。

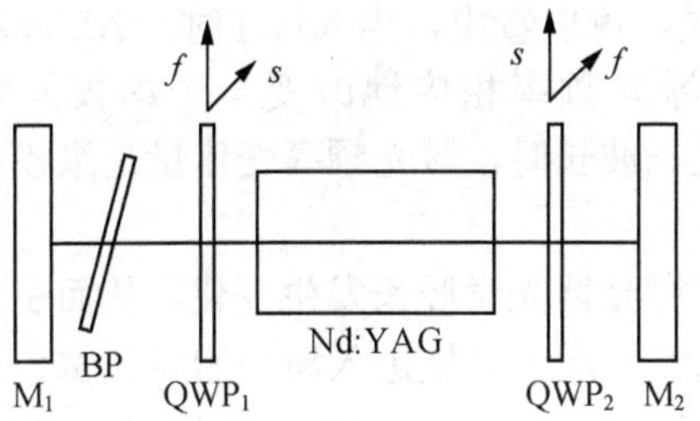

图 2.2.8　扭转模腔单频 Nd:YAG 激光器示意图

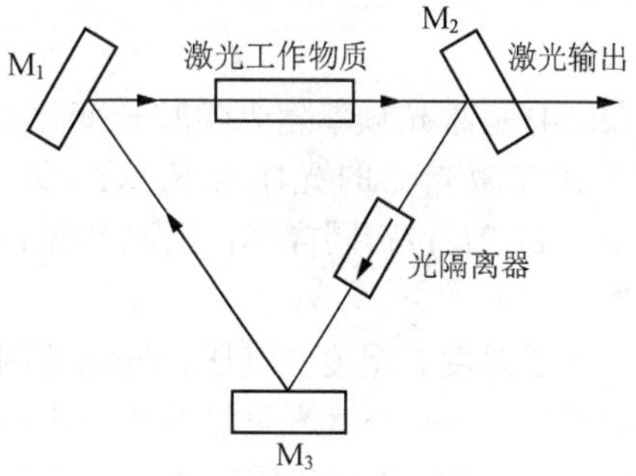

图 2.2.9　环形行波腔选模系统示意图

2.3　激光频率稳定技术

激光的一个显著特点是它具有很好的相干性，因此激光在信息传感与测量等技术领域得到了广泛应用，特别是激光波长作为复现“米”定义的长度基准，要求激光频率非常稳定，但由于种种不稳定因素的影响，激光频率会出现漂移，从而影响了激光器的应用。因此，采取一定的方法和技术以稳定激光器振荡频率是非常必要的。

2.3.1　激光频率稳定性及复现性

1. 激光频率漂移及跳模现象

由激光基本原理可知，基横模单纵模激光器的谐振频率可以表示为

$$\nu_q = q\frac{c}{2nL} = q\frac{c}{2L'} \tag{2.3.1}$$

式中，L 和 L' 分别为激光谐振腔的几何长度和光学长度；n 为腔内介质的折射率。对式(2.3.1)两边全微分，可以得到激光频率变化的基本关系式：

$$\Delta\nu = \frac{\partial \nu_q}{\partial n}\cdot\Delta n + \frac{\partial \nu_q}{\partial L}\cdot\Delta L = -\nu_q\left(\frac{\Delta n}{n} + \frac{\Delta L}{L}\right) \tag{2.3.2}$$

可以看出，激光腔内介质折射率和几何腔长的变化不仅以线性变化规律影响激光频率稳定性，而且激光频率的变化方向与折射率及几何腔长的变化方向相反，即当介质折射率或几何腔长增大(或减小)时，激光频率减小(或增大)。无论是介质折射率还是几何腔长发生变化，

都会引起激光谐振腔光学长度的变化，从而导致激光频率发生变化，通常将激光频率在增益线宽范围内变化的现象称为激光频率漂移(laser frequency drift)。可见，谐振腔光学长度变化是产生激光频率漂移现象的根本原因。对驻波条件：

$$L' = q \cdot \frac{\lambda_q}{2} \tag{2.3.3}$$

进行全微分，可得

$$\Delta L' = \Delta q \cdot \frac{\lambda_q}{2} \tag{2.3.4}$$

式(2.3.4)是激光频率随光学腔长变化的基本关系式。可以看出，当 $\Delta q = 1$ 时，$\Delta L' = \lambda_q/2$，即当驻波激光器的光学腔长每改变半波长时，激光频率相应地改变一个纵模间隔大小（$\Delta\nu_q = c/(2L')$）；同样地，当光学腔长改变四分之一波长时，激光频率变化量是纵模间隔的一半。

由于温度、湿度、气压、振动等因素的影响，激光器光学腔长发生变化，从而引起激光频率漂移。当一个激光纵模发生频率漂移时，引起相邻激光纵模进入激光增益线宽范围内而起振，这种现象称为跳模现象。当激光器发生跳模现象时，激光器输出功率将产生较大波动，甚至会出现短时间激光器不出光的情况。

2. 频率稳定性

激光频率稳定性是指在某一观测时间内激光谐振频率相对于标准频率(或参考频率)的漂移量，即

$$S_\nu = \frac{\Delta\nu}{\nu_s} \approx \frac{\Delta\nu}{\bar{\nu}} \tag{2.3.5}$$

式中，ν_s 为标准频率；$\bar{\nu}$ 为观测时间内的平均频率；$\Delta\nu$ 为观测时间内的激光频率漂移量。根据观测时间长短，激光频率稳定性分为长期稳定性和短期稳定性。

对于一只用硬质玻璃制作的全内腔 He-Ne 激光器，当温度变化±1℃时，腔长变化引起的频率漂移量超过激光器的增益线宽(约 1500MHz)。因此，自由运转的 632.8nm 单纵模 He-Ne 激光器的频率稳定性为

$$S_\nu = \frac{\Delta\nu}{\bar{\nu}} \approx \frac{\Delta\nu}{\nu_0} = \frac{1500\times10^6}{4.7\times10^{14}} \approx 3\times10^{-6}$$

3. 频率复现性

频率复现性或再现性是指同一台激光器在不同时间、地点等使用条件下工作，或者数台激光器在相同使用条件下工作，激光频率相对于参考频率的漂移量。该指标实质上反映了参考频率的稳定性，即

$$a_\nu = \frac{\nu_s' - \nu_s}{\nu_s} \tag{2.3.6}$$

激光频率稳定性高并不能说明其频率复现性好。一般情况下，频率复现性比频率稳定性低 1 或 2 个数量级。例如，碘分子饱和吸收稳频的 632.8nm He-Ne 激光器的频率稳定性可达 10^{-11} 或 10^{-12} 数量级，但其频率复现性只有 10^{-10} 数量级。

2.3.2　影响频率稳定性的主要因素及被动稳频

由式(2.3.2)可知，激光谐振腔的几何长度与腔内介质折射率的变化都会影响激光频率稳定性，因此凡是能引起激光器几何腔长和腔内介质折射率变化的因素都是影响激光频率稳定性的因素，其中主要包括温度变化、机械振动、空气参数变化和被动稳频等。

1. 温度变化

温度变化会引起激光谐振腔的几何长度 L 发生变化，其变化量 ΔL 可由式(2.3.7)确定：

$$\frac{\Delta L}{L} = \alpha_t \cdot \Delta T \tag{2.3.7}$$

式中，α_t 为激光腔镜间隔器材料的热膨胀系数；ΔT 为温度变化量。为了提高激光器的频率稳定性，气体激光器常采用石英玻璃（$\alpha_t \approx 6\times10^{-5}$ / ℃）制作增益管，以殷钢（$\alpha_t \approx 9\times10^{-7}$ / ℃）作支架。另外，温度变化还会引起介质折射率变化，进而影响激光频率的稳定性。

2. 机械振动

外界的机械振动，如建筑物的振动、车辆的通行、声响等都会引起谐振腔的支架振动，造成激光管变形，引起谐振腔几何长度发生变化，进而影响激光频率稳定性。

3. 空气参数变化

对于外腔和半外腔激光器，由于有部分激光腔处于空气环境中，空气的气压、温度、湿度和二氧化碳浓度等参数的变化都会引起空气折射率的变化，同时空气温度变化也会导致激光谐振腔的几何长度发生变化，从而引起激光频率发生漂移，影响激光频率稳定性。

4. 被动稳频

在分析影响激光频率稳定性的主要因素的基础上，可以采取相应的简单措施改善激光频率的稳定性。例如，采取恒温措施以减小温度变化对激光频率稳定性的影响，即控制激光器的工作温度以减小激光谐振腔几何长度的变化和腔内介质折射率的变化；采取防振措施以减小因振动引起激光谐振腔几何长度的变化，通常将稳频激光器置于防振光学平台上；采取密封、抽真空措施，从而减小空气参数变化引起的空气折射率变化。因此，最简单的稳频措施是恒温、防振、密封和抽真空，通常称为被动稳频。

2.3.3　主动稳频方法与技术

激光频率对环境条件变化非常敏感，即使采取严格的被动稳频技术，自由运转激光器的频率稳定性和复现性也难以达到 10^{-8} 数量级，从而限制了激光的应用范围。为进一步改善激光频率稳定性及复现性，必须采取主动稳频方法与技术。

主动稳频的基本原理就是选取高稳定性的频率基准作为参考频率，通过检测激光谐振频率与参考频率之间的偏移量以获得误差信号，并采用电子伺服闭环反馈系统控制激光器的特性参数(如谐振腔长度、工作温度等)，将激光谐振频率稳定在所选参考频率处。常用的参考频率主要包括激光增益曲线中心频率(内部频率基准)，原子、分子的吸收谱线中心频率以及F-P腔谐振频率(外部频率基准)等。

按照所选参考频率的不同，主动稳频可以分为两类：一类是以内部频率基准作为参考频率进行稳频，其中最常用的有峰值稳频法(最大功率稳频法)、兰姆凹陷稳频法和塞曼稳频法，其频率稳定性可达 10^{-9} 数量级，但由于参考频率容易漂移，因此激光频率复现性较差，一般为 10^{-7} 数量级；另一类是采用外部频率基准作为参考频率进行稳频，通过检测激光频率相对于参考频率的漂移量获得误差信号，进而反馈调节激光器的工作参数以稳定激光频率，这类主动稳频可以有效控制激光频率漂移，频率稳定性可达到 10^{-12} 数量级甚至更高，且频率复现性可达到 10^{-11} 数量级。下面介绍几种典型的主动稳频方法与技术。

1. 兰姆凹陷稳频(小抖动稳频)

1) 兰姆凹陷

对于非均匀加宽单模驻波腔气体激光器，其输出功率随频率的变化关系曲线如图 2.3.1 所示，该曲线在 $\nu=\nu_0$ 处出现凹陷(即输出功率下降)，这一凹陷称为兰姆凹陷(Lamb dip)。由兰姆凹陷的形成机理可知，当激光管内的气压增加时，碰撞线宽相应增加，兰姆凹陷将变宽、变浅；当管内气压增加到一定程度，谱线加宽以均匀加宽为主时，兰姆凹陷随即消失。不同气压下输出功率随频率的变化曲线如图 2.3.2 所示，其中气压 $p_1<p_2<p_3$。

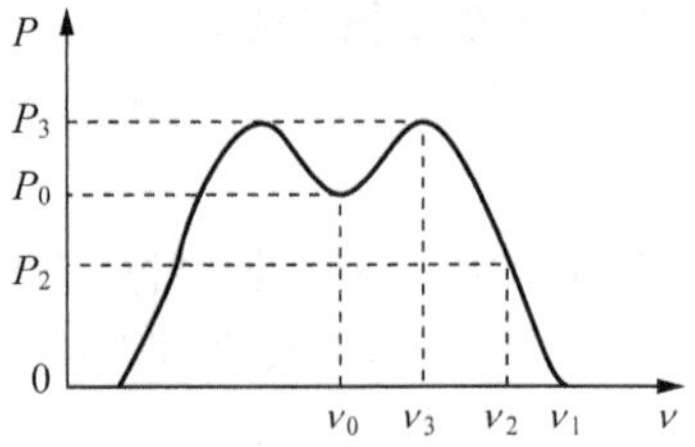

图 2.3.1　兰姆凹陷曲线

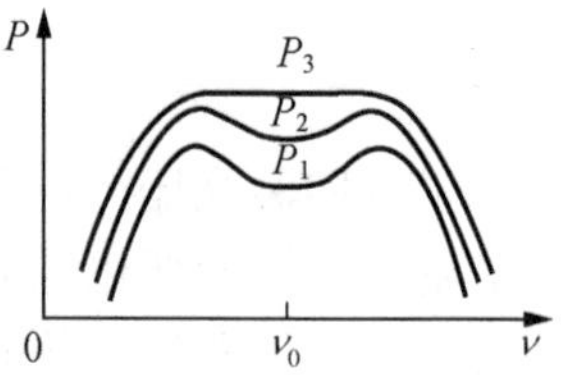

图 2.3.2　不同气压下输出功率随频率的变化曲线

2) 兰姆凹陷稳频

兰姆凹陷的中心频率即为增益曲线的中心频率 ν_0，以此作为参考频率，通过电子伺服系统控制激光谐振腔的长度，将激光频率稳定在增益曲线的中心频率处。稳频激光器结构及兰姆凹陷稳频系统如图 2.3.3 所示，单频激光器安装在殷钢或石英制成的谐振腔间隔器上，其中一个腔镜粘接在压电陶瓷管(PZT)的端面上，在 PZT 的内外表面制作电极，当 PZT 外表面加正电压、内表面加负电压时，PZT 长度伸长，反之则缩短，依此可以调节激光谐振腔的长度。

兰姆凹陷稳频原理如图 2.3.4 所示，将一个频率 $f=1\sim10\text{kHz}$、振幅 $A=0.5\sim1\text{V}$ 的音频正弦电压信号与一个振幅可调(0～300V)的直流电压信号相叠加，并将该叠加信号加载到 PZT 上，通过调节直流电压可使激光谐振频率处于增益曲线中心频率附近(即 $\nu\approx\nu_0$)，而音频正弦电压信号使激光腔镜产生周期性小抖动，进而使激光谐振频率产生低频调制。当激光谐振频率 $\nu=\nu_0$ 时，激光输出功率以 $2f$ 的频率发生周期性变化，光探测器接收的信号经选频放大器(工作频率为 f)输出的信号振幅为零，因此没有附加的电压信号反馈给 PZT，激光器谐振频率维持在 ν_0 处；当激光谐振频率 $\nu>\nu_0$ 时，激光输出功率的调制频率为 f，并且输出功率与调制电压信号同相位变化，于是光探测器输出一个频率为 f 的电信号，经选频放大器放大后送入相敏检波器，得到一个负的直流电压信号，再经直流放大、调制升压和整流后加到 PZT 的外表面电极上，使 PZT 长度缩短，激光腔长伸长，激光谐振频率减小并回到 ν_0 处；当激光谐振频率 $\nu < \nu_0$ 时，激光输出功率的调制频率仍为 f，但其相位与调制电压信号的相位相差 π（即二者反相位变化），从相敏检波器输出一个正的直流电压信号，经后续单元电路处理后加到 PZT 的外表面电极上，使 PZT 长度伸长，激光腔长缩短，激光谐振频率增大并回到 ν_0 处。

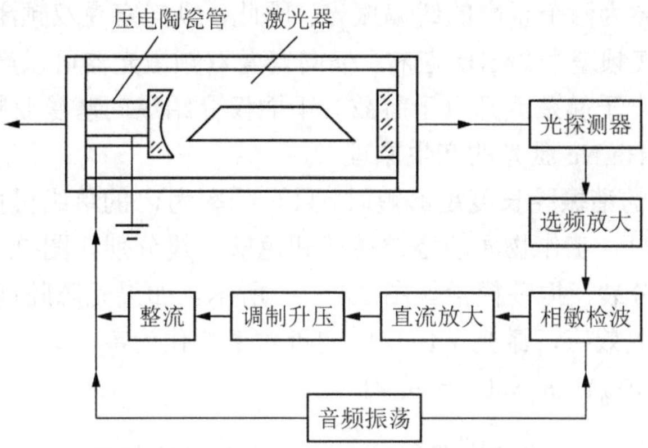

图 2.3.3　稳频激光器结构及兰姆凹陷稳频系统示意图

为了提高鉴频灵敏度，要求兰姆凹陷尽可能深而窄（即 ν_0 左右两边曲线的斜率很大），这样即可保证很小的频率漂移就能产生较大的误差信号以及时调节激光腔长，从而将激光谐振频率拉回到 ν_0 处，为此，一般通过适当降低激光管内气压的办法来获得深而窄的兰姆凹陷，并使相对凹陷深度 $\Delta P/P_0 > 1/8$（图 2.3.4）。另外，为了在 ν_0 两侧获得相同的鉴频灵敏度，要求兰姆凹陷尽可能对称（即 ν_0 左右两边曲线的斜率绝对值尽可能相等），为此，一般在激光管内充有单一同位素氖（Ne^{20} 或 Ne^{22}），因为自然氖包含 Ne^{20} 和 Ne^{22} 两种同位素，其增益曲线中心频率不相等（频差 $\nu_{22} - \nu_{20} = 890\text{MHz}$），结果会导致兰姆凹陷在 ν_0 两侧不对称。

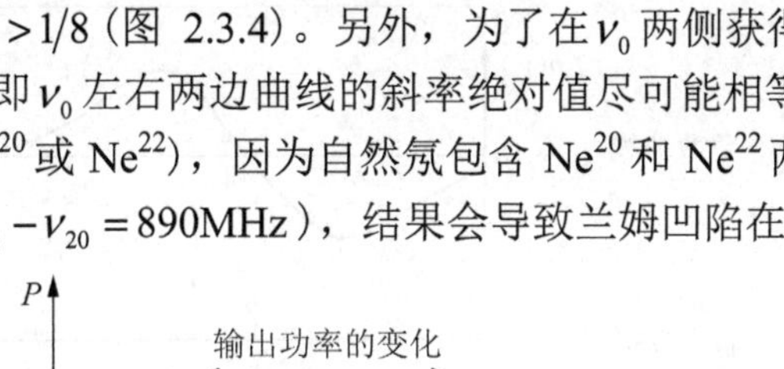

图 2.3.4　兰姆凹陷稳频原理示意图

采用兰姆凹陷稳频可以获得优于 10^{-9} 数量级的频率稳定性，但由于增益曲线中心频率 ν_0 随激光管放电条件而改变，其频率复现性可以达到 10^{-7} 甚至 10^{-8} 数量级。值得一提的是，兰姆凹陷稳频 He-Ne 激光器的输出功率和谐振频率均有微小的音频调制。

2. 塞曼稳频

塞曼稳频是指基于塞曼效应(Zeeman effect)的双频激光器稳频，这种双频激光器通常是在 632.8nm 单纵模 He-Ne 激光器上施加磁场而得到的。塞曼效应是指光谱线在磁场作用下产生分裂的一种物理现象，当磁场方向与光线传播方向一致时称为纵向塞曼效应，光谱线分裂为两个正交的左旋圆偏振光和右旋圆偏振光；当磁场方向与光线传播方向垂直时称为横向塞曼效应，光谱线分裂为两个正交的线偏振光。因此，纵向塞曼双频激光器可以产生正交圆偏振双频激光输出，其频差为 2MHz 左右；横向塞曼双频激光器可以产生正交线偏振双频激光输出，其频差为几十千赫兹或几百千赫兹。下面仅介绍纵向塞曼双频 He-Ne 激光器稳频。

1) 纵向塞曼双频 He-Ne 激光的产生原理

当 He-Ne 激光器的谐振腔长度足够短时，只有频率为 ν_q 的单纵模振荡。当单纵模 He-Ne 激光器未加纵向磁场时，工作物质的增益曲线和色散曲线分别如图 2.3.5(a)和图 2.3.5(b)所示，二者都不会产生分裂，振荡模谱如图 2.3.5(c)所示。如果无源腔谐振频率 $\nu_q^0=\nu_0$，因在该中心频率处没有色散效应，激光工作物质的折射率变化为零，即 $\Delta n(\nu_0)=0$，故频率牵引为零。此时，折射率 $n(\nu_0)=n^0=1$，于是有

$$\nu_q=\nu_q^0=q\frac{c}{2Ln(\nu_0)}=q\frac{c}{2Ln^0}=q\frac{c}{2L} \tag{2.3.8}$$

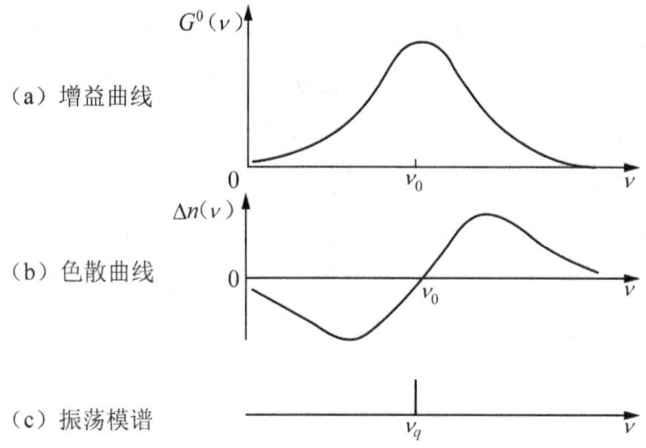

图 2.3.5　未加纵向磁场时的增益曲线和色散曲线及振荡模谱

当给单纵模 He-Ne 激光器加上 0.03T 左右的纵向磁场时，单纵模激光谱线产生塞曼分裂，当沿着磁场方向观察时，光谱线分裂为中心频率为 ν_{0R} 的右旋圆偏振光和中心频率为 ν_{0L} 的左旋圆偏振光，其频率差为

$$\Delta\nu_z=\nu_{0L}-\nu_{0R}=2b\frac{\mu_0 H}{h} \tag{2.3.9}$$

式中，$h=6.626\times10^{-34}$J·s 为普朗克常数；$\mu_0=9.27\times10^{-24}$J/T 为玻耳磁子；b 为兰德因子(对于 632.8nm 激光谱线，$b\approx1.3$)。设磁场强度 $H=0.03$T，则 $\Delta\nu_z\approx1100$MHz。

随着光谱线的分裂，增益曲线和色散曲线也随之发生分裂，分别如图 2.3.6(a)和图 2.3.6(b)所示。由于 ν_q^0 偏离了中心频率 ν_{0L} 及 ν_{0R}，所以第 q 个激光纵模发生频率牵引，产生左旋圆偏振光和右旋圆偏振光，其振荡模谱如图 2.3.6(c)所示。左旋圆偏振光的频率为

$$\nu_{q\mathrm{L}} = q\frac{c}{2Ln(\nu_{q\mathrm{L}})} > \nu_q^0 \tag{2.3.10}$$

右旋圆偏振光的频率为

$$\nu_{q\mathrm{R}} = q\frac{c}{2Ln(\nu_{q\mathrm{R}})} < \nu_q^0 \tag{2.3.11}$$

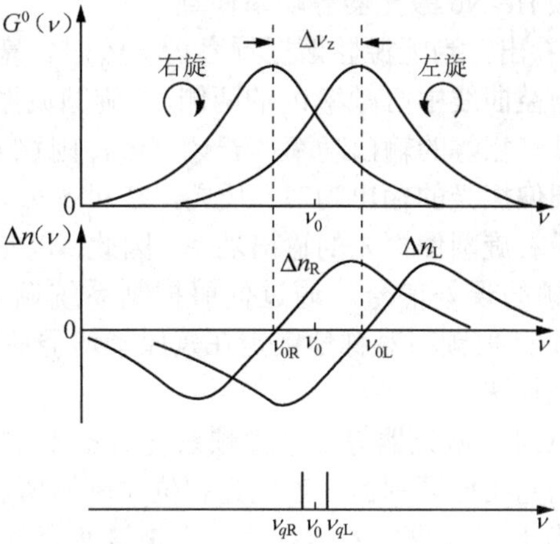

图 2.3.6　加纵向磁场时的增益曲线和色散曲线及振荡模谱

由频率牵引效应可以得到

$$\nu_{q\mathrm{L}} - \nu_q^0 = -2\sqrt{\frac{\ln 2}{\pi}}\frac{\Delta\nu_\mathrm{c}}{\Delta\nu_\mathrm{D}}\sqrt{1+\frac{I}{I_\mathrm{s}}}\left(\nu_{q\mathrm{L}} - \nu_{0\mathrm{L}}\right) \tag{2.3.12a}$$

$$\nu_{q\mathrm{R}} - \nu_q^0 = -2\sqrt{\frac{\ln 2}{\pi}}\frac{\Delta\nu_\mathrm{c}}{\Delta\nu_\mathrm{D}}\sqrt{1+\frac{I}{I_\mathrm{s}}}\left(\nu_{q\mathrm{R}} - \nu_{0\mathrm{R}}\right) \tag{2.3.12b}$$

其中

$$\Delta\nu_\mathrm{c} = \frac{c\delta}{2\pi L'} = \frac{c(T+\alpha)}{\pi\eta L} \tag{2.3.13}$$

为无源腔线宽；δ 为单程损耗因子；α 和 T 分别为单程净损耗因子和输出耦合镜的透射率；I 为光强；I_s 为饱和光强；$\Delta\nu_\mathrm{D}$ 为氖原子谱线的多普勒线宽。由式(2.3.12a)、式(2.3.12b)可得左旋和右旋圆偏振光的频率差为

$$\begin{aligned}\Delta\nu = \nu_{q\mathrm{L}} - \nu_{q\mathrm{R}} &= 2\sqrt{\frac{\ln 2}{\pi}}\frac{\Delta\nu_\mathrm{c}}{\Delta\nu_\mathrm{D}}\sqrt{1+\frac{I}{I_\mathrm{s}}}\left[\left(\nu_{0\mathrm{L}} - \nu_{0\mathrm{R}}\right) - \left(\nu_{q\mathrm{L}} - \nu_{q\mathrm{R}}\right)\right] \\ &= 2\sqrt{\frac{\ln 2}{\pi}}\frac{\Delta\nu_\mathrm{c}}{\Delta\nu_\mathrm{D}}\sqrt{1+\frac{I}{I_\mathrm{s}}}\left(\Delta\nu_\mathrm{z} - \Delta\nu\right)\end{aligned}$$

由于 $\Delta\nu \ll \Delta\nu_\mathrm{z}$，所以上式可以近似表示为

$$\Delta\nu \approx 2\sqrt{\frac{\ln 2}{\pi}}\frac{\Delta\nu_\mathrm{c}}{\Delta\nu_\mathrm{D}}\sqrt{1+\frac{I}{I_\mathrm{s}}}\Delta\nu_\mathrm{z} \tag{2.3.14}$$

设双频 He-Ne 激光器的腔长 $L = 150\mathrm{mm}$，往返损耗率 $2\delta = T + \alpha = 0.02$，由式(2.3.13)可以得到无源腔线宽 $\Delta\nu_\mathrm{c} \approx 3.2\mathrm{MHz}$。在激光器的阈值附近，腔内光强 $I \ll I_\mathrm{s} = 0.3\mathrm{W/mm^2}$，若

取 $H=0.03\text{T}$，632.8nm 激光谱线的多普勒线宽 $\Delta\nu_{\text{D}}\approx 1500\text{MHz}$，则由式(2.3.9)和式(2.3.14)可以得到 $\Delta\nu\approx 2\times10^{-3}\Delta\nu_{\text{z}}=2.2\text{MHz}$。

由以上分析可以看出，当给单纵模 He-Ne 激光器加上纵向磁场时，将产生左旋圆偏振和右旋圆偏振的双频激光同时振荡输出，双频激光的频差 $\Delta\nu$ 约为塞曼分裂量 $\Delta\nu_{\text{z}}$ 的千分之几。$\Delta\nu$ 的大小与谐振腔的损耗及腔内光强有关，当损耗及放电条件变化时，$\Delta\nu$ 也随之改变。

2) 纵向塞曼双频 He-Ne 激光器等功率稳频

由图 2.3.6 可以看出，当无源腔谐振频率 $\nu_q^0=\nu_0$ 时，塞曼分裂后的有源腔谐振频率将对称地分布在氖原子增益曲线中心频率 ν_0 的两侧，左旋圆偏振光与右旋圆偏振光具有相同的小信号增益系数，并具有相等的输出功率；若 $\nu_q^0<\nu_0$，则 $G_{\text{L}}^0(\nu_{q\text{L}})<G_{\text{R}}^0(\nu_{q\text{R}})$，左旋圆偏振光的输出功率小于右旋圆偏振光的输出功率；反之，若 $\nu_q^0>\nu_0$，则 $G_{\text{L}}^0(\nu_{q\text{L}})>G_{\text{R}}^0(\nu_{q\text{R}})$，左旋圆偏振光的输出功率大于右旋圆偏振光的输出功率。因此，以左旋圆偏振光和右旋圆偏振光的输出功率之差作为鉴频的误差信号，通过伺服控制系统调节激光器腔长，将纵向塞曼双频 He-Ne 激光器的两个谐振频率对称地锁定在氖原子增益曲线中心频率(即参考频率) ν_0 的两侧，这就是等功率稳频法。

纵向塞曼双频 He-Ne 激光器等功率稳频系统如图 2.3.7 所示，双频激光器输出的左旋和右旋圆偏振光进入电光相位调制器，当电光相位调制器所加电压为四分之一波电压 $V_{\lambda/4}$ 时，电光相位调制器相当于一只四分之一波片，于是这两个圆偏振光就变成两个正交的线偏振光。适当调整偏振片的偏振方向，使左旋圆偏振光经电光相位调制器后正好能通过偏振片，而右旋圆偏振光经电光相位调制器后则正好不能通过偏振片(即处于完全消光状态)。当电光相位调制器所加电压为 $V_{-\lambda/4}$ 时，左旋圆偏振光和右旋圆偏振光通过电光相位调制器后仍变成两正交的线偏振光，但偏振方向与所加电压为 $V_{\lambda/4}$ 时的偏振方向相互垂直，此时右旋圆偏振光经电光相位调制器后正好能通过偏振片，而左旋圆偏振光经电光相位调制器后则正好不能通过偏振片(即处于完全消光状态)。

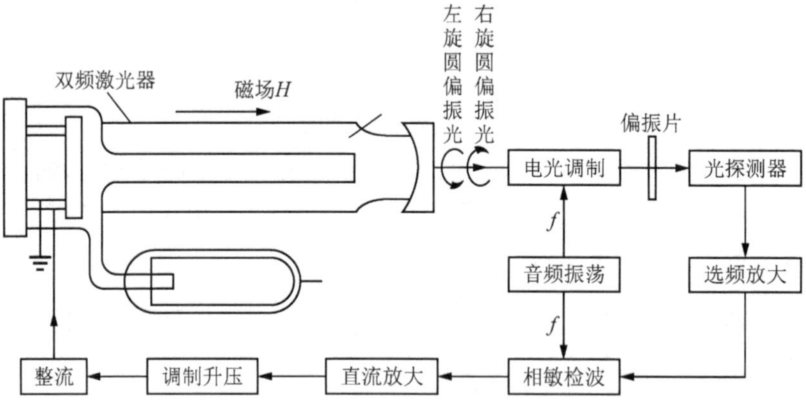

图 2.3.7 纵向塞曼双频 He-Ne 激光器等功率稳频系统组成示意图

若在电光相位调制器上加一个频率为 f 的音频振荡信号，则光探测器接收到的双频激光光强均为周期变化的，其变化频率为 f，并且左旋圆偏振光的光强与调制电压同相位，右旋圆偏振光的光强与调制电压反相位。如果因频率漂移使 $\nu_q^0>\nu_0$，由于左旋圆偏振光的增益大于右旋圆偏振光的增益，所以左旋圆偏振光的光强大于右旋圆偏振光的光强，这时光探测器输出频率为 f 的信号 u，如图 2.3.8(a)所示，其相位与调制电压的相位相同，该信号经选频放大和相敏检波后输出一个负直流电压信号，再依次经过直流放大、调制升压和整流之后，加在压电陶瓷管(PZT)的外表面，使 PZT 长度缩短，激光腔长变长，无源腔谐振频率ν_q^0减小，直到$\nu_q^0=\nu_0$时，左旋圆偏振光光强与右旋圆偏振光光强相等，光探测器输出一直流信号，如图 2.3.8(c)所示，这时选频放大器输出为零，激光谐振频率将维持不变。当$\nu_q^0<\nu_0$时，相应信号波形如图 2.3.8(b)所示，这与$\nu_q^0>\nu_0$时的情况恰好相反，不再赘述。

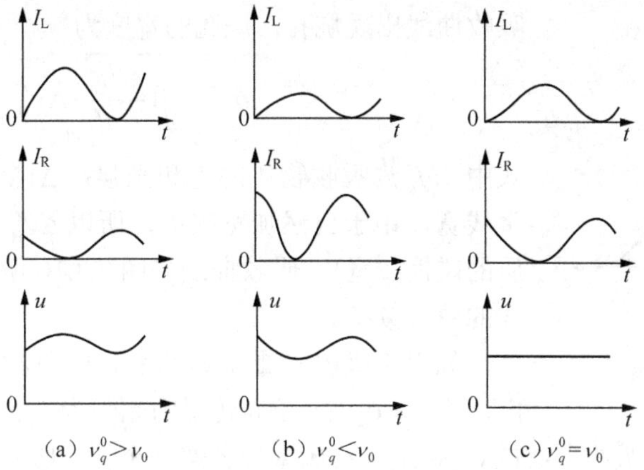

图 2.3.8　等功率稳频系统输出信号

采用等功率稳频技术，可使纵向塞曼双频 He-Ne 激光器的频率稳定性达到 10^{-11}～10^{-10}数量级，频率复现性可达 10^{-8}～10^{-7}数量级，并与兰姆凹陷稳频方法相比，激光输出功率和频率均无低频调制。

3. 饱和吸收稳频(反兰姆凹陷稳频)

某些气体原子或分子在很低气压下的饱和吸收谱线中心频率非常稳定，以其作为参考频率，将激光谐振频率稳定在特定吸收谱线中心频率处，可以获得很高的频率稳定性和频率复现性。

饱和吸收稳频激光器系统如图 2.3.9 所示。在谐振腔内，除了激光管外，还设置了一个吸收管，管内吸收物质在激光谐振频率处存在很强的吸收峰，并且吸收峰的中心频率很稳定，以保证激光频率具有很好的复现性。

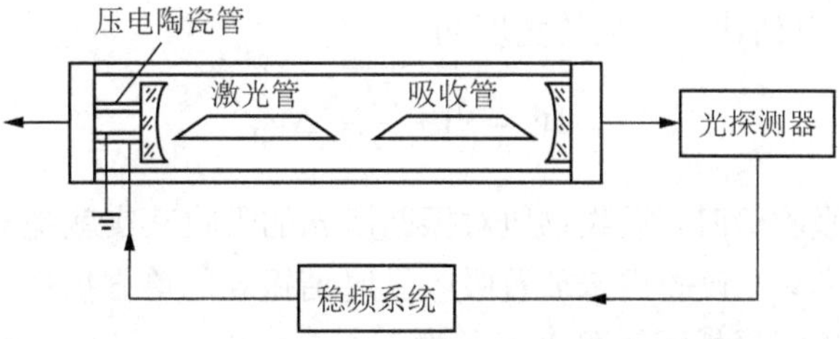

图 2.3.9　饱和吸收稳频激光器系统示意图

物质的吸收系数定义为光通过单位长度吸收物质时光强减少的百分数。设频率为ν的入射光在 z 处的光强为$I(z)$，在$z+\mathrm{d}z$处的光强为$I(z)-\mathrm{d}I(z)$，则吸收系数定义式可表达为

$$\beta(\nu)=-\frac{\mathrm{d}I(z)}{I(z)\mathrm{d}z} \tag{2.3.15}$$

即吸收系数可以看作负增益系数。光强较弱时的吸收系数称为小信号吸收系数，它不随光强变化而变化，记为$\beta^0(\nu)$。当入射光足够强时，由于吸收物质下能级粒子数的减少和上能级粒子数的增加，吸收系数$\beta(\nu)$将随入射光强的增加而减小，这就是吸收饱和现象。由于吸收管内的气压很低，吸收谱线主要是由多普勒加宽引起的。

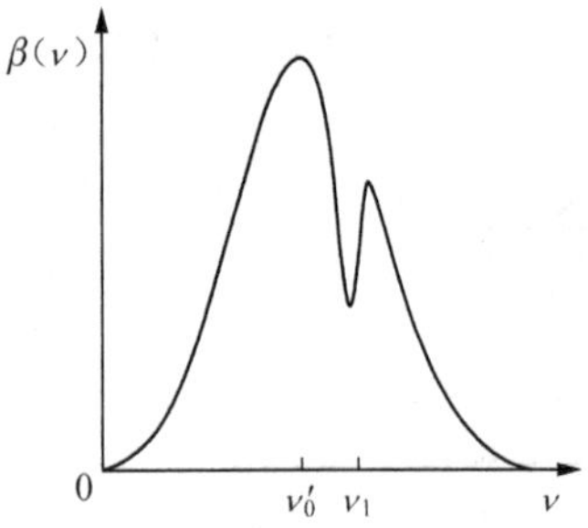

图 2.3.10　吸收曲线

当一束强光(ν_1, I_{ν_1})入射吸收物质时，由于吸收饱和现象，吸收曲线出现烧孔，烧孔的宽度为

$$\delta\nu' = \sqrt{1+\frac{I_{\nu_1}}{I_s'}}\cdot\Delta\nu_H' \tag{2.3.16}$$

式中，I_s'为吸收物质的饱和光强；$\Delta\nu_H'$为吸收物质的均匀加宽线宽，由于自然加宽很小，所以$\Delta\nu_H' \approx \Delta\nu_L'$（$\Delta\nu_L'$为吸收物质的碰撞线宽）。吸收曲线如图 2.3.10 所示，其中ν_0'为吸收曲线的中心频率。

如果将吸收管置于频率为ν_1的单频驻波激光器的谐振腔内，当$\nu_1 \neq \nu_0'$时，正向传播的光强为I_+的行波和反向传播的光强为I_-的行波分别在吸收曲线的ν_1和$2\nu_0' - \nu_1$频率处各烧一个孔。吸收物质对单频激光纵模的吸收系数可以表示为

$$\beta(\nu_1) = \frac{\beta^0(\nu_1)}{\sqrt{1+\frac{I_+}{I_s'}}} \tag{2.3.17}$$

式中，$\beta^0(\nu_1)$是吸收物质对频率为ν_1的振荡激光纵模的小信号吸收系数。当$\nu_1 = \nu_0'$时，正反向传播的两列行波共同在吸收曲线中心频率ν_0'处烧一个孔，即两个烧孔在ν_0'处重合，吸收物质对频率为ν_1的振荡激光纵模的吸收系数为

$$\beta(\nu_1) = \frac{\beta^0(\nu_1)}{\sqrt{1+\frac{I_+ + I_-}{I_s'}}} \approx \frac{\beta^0(\nu_1)}{\sqrt{1+\frac{2I_+}{I_s'}}} \tag{2.3.18}$$

这时吸收系数随激光振荡频率ν_1的关系如图 2.3.11 所示，可以看出吸收系数在ν_0'处出现凹陷，根据式(2.3.16)可以估计出凹陷的宽度为

$$\delta\nu' = \sqrt{1+\frac{2I_+}{I_s'}}\cdot\Delta\nu_H' \tag{2.3.19}$$

当激光腔内设置吸收管时，吸收物质对振荡激光的吸收其实就是一种损耗，并且损耗大小依赖于激光振荡频率ν_1。设腔内未放置吸收管时谐振腔的单程损耗因子为δ，腔内放置吸收管时谐振腔的有效单程损耗因子可以表示为

$$\delta'(\nu_1) = \delta + \beta(\nu_1)l' \tag{2.3.20}$$

式中，l'为吸收管的长度。由于大信号吸收曲线在ν_0'处出现深而窄的凹陷，即有效单程损耗因子在$\nu_0' \pm \delta\nu'/2$范围内达到最小值$\delta'(\nu_0') = \delta + \beta(\nu_0')l'$，于是激光输出功率在$\nu_0'$处达到最大值，输出功率曲线在$\nu_0'$处出现一个很锐利的尖峰，因其与兰姆凹陷相反，故称为反兰姆凹陷，如图 2.3.12 所示。

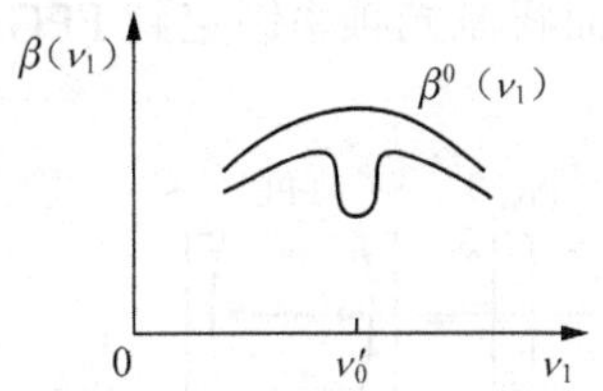

图 2.3.11　小信号和大信号吸收曲线

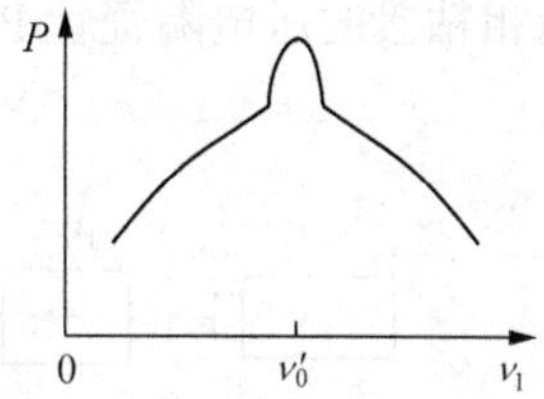

图 2.3.12　反兰姆凹陷曲线

反兰姆凹陷用作频率鉴别器，并采用与兰姆凹陷稳频(小抖动稳频)类似的稳频技术与系统，可将单频激光器的谐振频率锁定在参考频率ν_0'处。由于反兰姆凹陷的带宽比兰姆凹陷的带宽窄很多，相应的鉴频灵敏度也很高，微小的频率漂移量就会产生很大的误差信号，用以反馈调节激光器的谐振腔长度，实现频率稳定；同时要求激光频率的最大漂移量一般不超过反兰姆凹陷的带宽，因此在实施反兰姆凹陷稳频技术之前，必须采取严格的被动稳频措施。

吸收管内气压很低(一般只有 1～10Pa)，碰撞线宽很小，加之由于分子的振转跃迁寿命较长，自然线宽也很小，因此反兰姆凹陷的宽度很窄。例如，对于甲烷(CH_4)分子饱和吸收稳频的 3.39μm He-Ne 激光器，其吸收管内气压为几帕，碰撞线宽$\Delta\nu_L' \approx 37$kHz，反兰姆凹陷的宽度$\delta\nu' \approx 100$～300kHz，这种激光器的频率稳定性可以达到 10^{-13}～10^{-12} 数量级，其频率复现性可以达到 10^{-12}～10^{-11} 数量级；碘同位素(I_2^{127})蒸气分子饱和吸收稳频 632.8nm He-Ne 激光器的频率稳定性可以达到 10^{-12}～10^{-11} 数量级，其频率复现性可以达到 10^{-11} 数量级。由于饱和吸收稳频可以获得很好的频率稳定性和频率复现性，因此国际计量组织推荐饱和吸收稳频 3.39μm He-Ne/CH_4 激光器和 632.8nm He-Ne/ I_2^{127} 激光器的振荡波长作为长度副基准，并用于复现“米”定义(光在真空中于 1/299792458s 时间内行进的光程长度)。

4. 相位调制光外差稳频

相位调制光外差稳频也称为 Pound-Drever-Hall(PDH)稳频，是一种基于 F-P 腔反射特性的主动稳频方法，该方法以 F-P 腔作为参考频率基准，采用激光相位调制与光外差探测技术获得激光频率漂移的误差信号，通过伺服控制系统将激光频率稳定在 F-P 腔的某一反射峰中心频率处。作为稳频的外部参考频率基准，需要合理设计 F-P 腔的结构，并采取严格的控温及隔振等措施，以保证参考频率的高度稳定性。

1)传统 PDH 稳频系统

传统 PDH 稳频系统组成如图 2.3.13 所示，单频激光经法拉第光隔离器 ISO 后，由电光相位调制器 EOM 进行相位调制，所产生的正、负一阶调制边带和激光载波一起透过偏振分光棱镜 PBS 和四分之一波片 QWP，并入射到 F-P 参考腔 FPC，由于 EOM 的调制频率大于 FPC 的带宽，所以正、负一阶调制边带直接被 FPC 腔镜反射而不能进入 FPC，只有激光载波能够透过腔镜进入 FPC 形成多光束干涉，从 FPC 腔内反射回来的激光载波与直接被 FPC 反射的正、负一级调制边带再次通过 QWP，其偏振方向旋转 90° 而被 PBS 反射，并由光探测器 PD 探测光外差干涉信号，该信号与经可调移相器 APS 移相后的本地振荡器 LO 信号在混频器 FM 中进行混频，FM 可以看作一个乘法器，其输出包含直流(或超低频)分量和调制频率的二倍频分量，由低通滤波器 LPF 滤除高频分量，再经伺服放大器 SA 放大后，加到与激光器腔镜相粘接的压电陶瓷管 PZT 上以调节腔长，从而将激光频率锁定到 FPC 的某个谐振频率处。

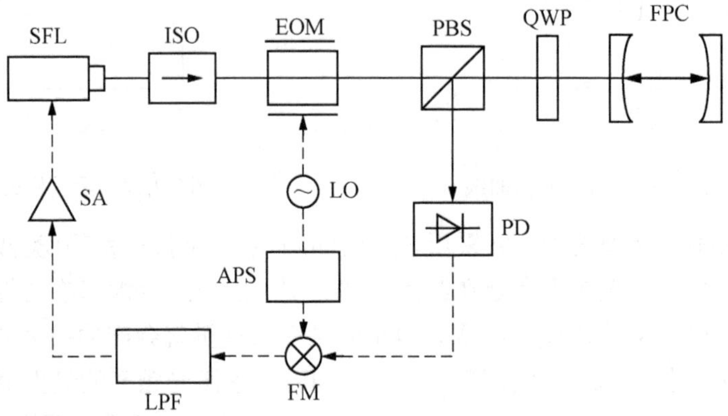

图 2.3.13　传统 PDH 稳频系统组成示意图

SFL：单频激光器；ISO：光隔离器；EOM：电光相位调制器；PBS：偏振分光棱镜；QWP：四分之一波片；FPC：F-P 参考腔；PD：光探测器；LO：本地振荡器；APS：可调移相器；FM：混频器；LPF：低通滤波器；SA：伺服放大器

F-P 腔的反射系数可以表示为

$$F(\Delta\omega)=\frac{r\left[\exp\left(\mathrm{j}\dfrac{\Delta\omega}{\nu_{\mathrm{FSR}}}\right)-1\right]}{1-r^{2}\exp\left(\mathrm{j}\dfrac{\Delta\omega}{\nu_{\mathrm{FSR}}}\right)} \tag{2.3.21}$$

式中，$\Delta\omega=\omega_{\mathrm{c}}-\omega_{\mathrm{FP}}$ 是激光载波频率 ω_{c} 相对于 F-P 腔参考频率 ω_{FP} 的偏移量；ν_{FSR} 是 F-P 腔的自由光谱范围。图 2.3.14 给出了 F-P 腔反射系数的幅频特性和相频特性曲线，可以看出，仅以反射光强的变化无法判定激光频率相对于 F-P 腔参考频率的偏离方向，但相位变化可以反映激光频率偏离 F-P 腔参考频率的方向，PDH 稳频方法恰好就是通过 F-P 腔反射系数的相位变化对激光频率进行稳定控制的。

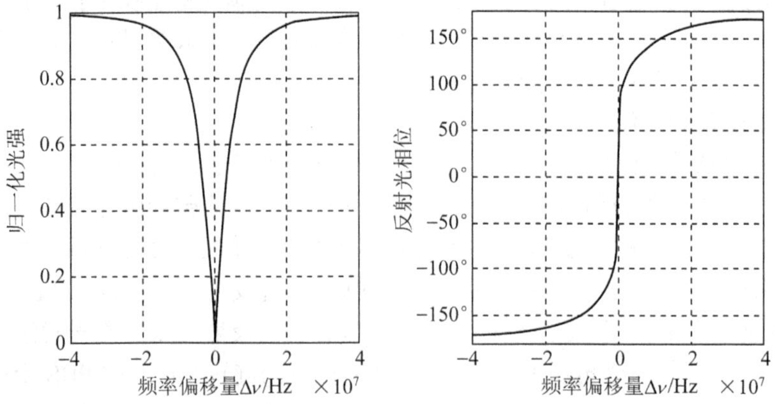

（a）幅频特性　　（b）相频特性

图 2.3.14　F-P 腔反射系数的幅频和相频特性曲线

对 F-P 参考腔的腔长进行线性扫描，可以得到 PDH 稳频系统的鉴频曲线。当相位调制频率为 20MHz、F-P 参考腔的自由光谱范围为 375MHz 时，用 Matlab 仿真得到的归一化鉴频曲线如图 2.3.15 所示，可以看出，在锁频范围内，PDH 误差信号的幅值与激光载波频率偏移量成线性关系。

PDH 稳频方法的显著特点是：第一，F-P 参考腔可以具有超高精细度，能够满足超窄线宽激光稳频的要求；第二，F-P 参考腔谐振模式呈梳状结构，其谐振频率在理论上可以无限延伸，可以用作几乎各种不同波长激光器稳频的参考频率；第三，对激光进行射频调制，能够避免激光幅度噪声的影响；第四，采用光外差探测技术，可以获得信噪比很高的鉴频信号。因此，PDH 稳频系统具有频率噪声低、鉴频灵敏度高、伺服响应快、不易失锁等优点，激光频率稳定性可以达到 10^{-13}～10^{-11} 数量级。

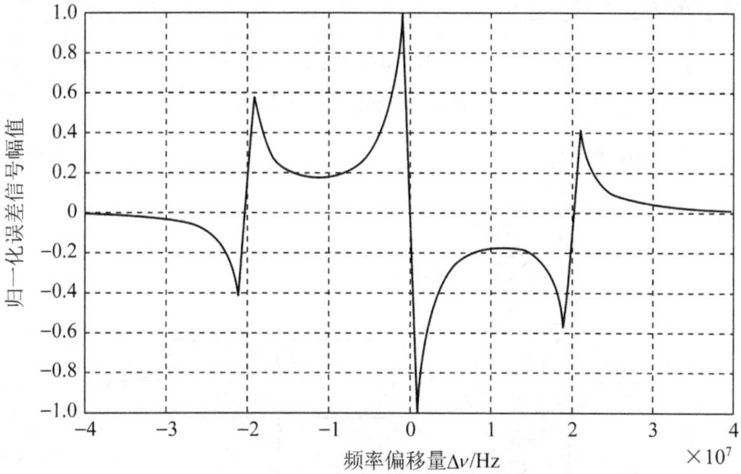

图 2.3.15　PDH 稳频系统鉴频曲线

2) 正交解调 PDH 稳频

在图 2.3.13 所示的传统 PDH 稳频系统中，采用可调移相器对本振信号进行移相，以补偿本振信号与光探测器 PD 输出信号的相位差，进而获得理想的鉴频特性漂移误差信号，但因 PD 输出信号的相位会随时间而发生变化，可调移相器无法实时精确补偿这两路信号的相位差，经混频和低通滤波后得到的误差信号将产生较大的误差，当采用该误差信号反馈调节激光器腔长时，将使激光频率锁定出现偏差。为了克服可调移相器对 PDH 稳频系统的影响，设计了正交解调 PDH (quadrature demodulation Pound-Drever-Hall, QD-PDH) 稳频方法及系统。

(1) 正交解调算法。对于任意一个实信号，其频谱都具有共轭对称性，能够由其正频率分量或负频率分量完整描述。对于实信号 $x(t)$，其正频率分量所对应的解析信号 $z(t)$ 是一个复信号，其实部是原信号，是 $x(t)$ 的同相分量；其虚部是原信号的希尔伯特变换，是 $x(t)$ 的正交分量。通过解析信号 $z(t)$ 可以获得原信号 $x(t)$ 的瞬时幅度、瞬时相位和瞬时频率。

设某一待测信号可以表示为

$$x(t) = s(t) + n(t) = A\sin(\omega t + \varphi) + n(t) \tag{2.3.22}$$

式中，$n(t)$ 为零均值高斯噪声，与参考信号不相关，检波后为零。对于实窄带信号

$s(t)=A\sin(\omega t+\varphi)$，其希尔伯特变换为$H[s(t)]=-A\cos(\omega t+\varphi)$，因此$s(t)$的解析信号可以表示为

$$z(t)=A\sin(\omega t+\varphi)-\mathrm{j}A\cos(\omega t+\varphi) \tag{2.3.23}$$

由欧拉公式可得

$$z(t)=A\exp\left[\mathrm{j}(\omega t+\varphi-90^\circ)\right]=A\exp\left[\mathrm{j}(\varphi-90^\circ)\right]\exp(\mathrm{j}\omega t) \tag{2.3.24}$$

式(2.3.24)两边同乘以$\exp(-\mathrm{j}\omega t)$，可得

$$\begin{aligned} z_{\mathrm{b}}(t) &= z(t)\exp(-\mathrm{j}\omega t)=A\exp\left[\mathrm{j}(\varphi-90^\circ)\right] \\ &= A[\sin\varphi-\mathrm{j}\cos\varphi)]=I_{\mathrm{p}}+\mathrm{j}Q_{\mathrm{p}} \end{aligned} \tag{2.3.25}$$

式中，$I_{\mathrm{p}}=A\sin\varphi$为同相分量；$Q_{\mathrm{p}}=-A\cos\varphi$为正交分量。于是，窄带信号的振幅和相位可以分别表示为如下形式：

$$A=\sqrt{I_{\mathrm{p}}^2+Q_{\mathrm{p}}^2} \tag{2.3.26}$$

$$\varphi=\arctan(I_{\mathrm{p}}/Q_{\mathrm{p}}) \tag{2.3.27}$$

正交解调算法如图2.3.16所示。

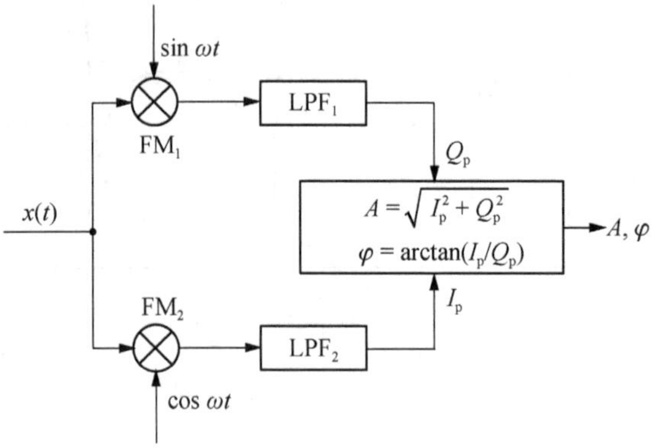

图2.3.16　正交解调算法简图

FM：混频器；LPF：低通滤波器；Q_{p}：正交分量；I_{p}：同相分量

(2) 正交解调PDH稳频系统。系统组成如图2.3.17所示，该系统采用直接数字频率合成器DDS同步输出频率相同的两路正弦信号和一路余弦信号，其中一路正弦信号用作电光相位调制器EOM的驱动信号，另外一路正弦和一路余弦信号同时用作相位解调的参考信号。从单频激光器SFL输出的激光束依次通过光隔离器ISO和偏振片P后进入EOM进行相位调制，在激光载波两侧产生幅度一致、相位相反的正负一阶调制边带，该调制光束依次透过偏振分光棱镜PBS和四分之一波片QWP后入射至F-P参考腔，由F-P参考腔反射回来的激光载波和调制边带光波再次通过QWP，被PBS反射后由光探测器PD探测光外差干涉信号。外差干涉信号经电流-电压转换器I/V转换后送入选频放大器FSA中进行放大和选频，获得调制频率信号，该信号与两路同频参考信号分别在两个混频器MIX_1和MIX_2内进行混频，其两路输出信号分别通过低通滤波器LPF_1和LPF_2滤波后，即可获得PDH误差信号的同相分量和正交分量。经模拟-数字转换器A/D后采集到上位机HC中进行数字相敏检波运算和比例-积分(PI)运算，得到正交解调PDH稳频系统的频率纠偏信号，再经数字-模拟转换器

D/A 后输入至压电陶瓷驱动器 PZT-DR 实现信号放大与叠加，其输出信号加载到与激光谐振腔输出耦合镜相粘接的 PZT 上以反馈调节激光腔长，从而将激光频率稳定到 F-P 参考腔的谐振频率处。

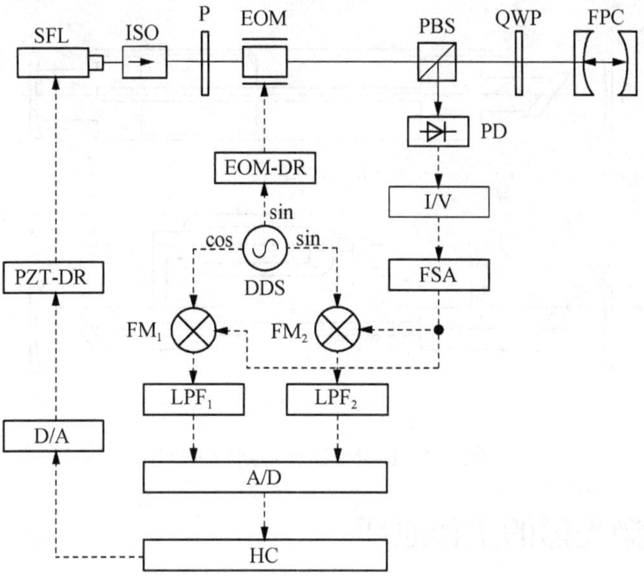

图 2.3.17 正交解调 PDH 稳频系统组成

SFL：单频激光器；ISO：光隔离器；P：偏振片；EOM：电光相位调制器；EOM-DR：电光调制驱动器；DDS：直接数字频率合成器；PBS：偏振分光棱镜；QWP：四分之一波片；FPC：F-P 参考腔；PD：光探测器；I/V：电流-电压转换器；FSA：选频放大器；FM：混频器；LPF：低通滤波器；A/D：模拟-数字转换器；HC：上位机；D/A：数字-模拟转换器；PZT-DR：压电陶瓷驱动器

2.4 He-Ne 激光器

He-Ne 激光器是激光发明后于 1960 年研制成功的第一种气体激光器，该激光器具有结构简单、使用方便、工作可靠和制作工艺简单等优点，特别是它具有优良的方向性、单色性、相干性和稳定性，成为迄今为止应用最广泛的一种气体激光器，在激光传感与测量技术及仪器等领域获得了广泛应用。

2.4.1 He-Ne 激光器的结构及分类

He-Ne 激光器由 He-Ne 气体放电管、电极和光学谐振腔等组成，其中放电管由放电毛细管和储气室构成。根据放电管与谐振腔反射镜设置方式的不同(即二者是否分离)，He-Ne 激光器有内腔式、半外腔式和全外腔式等三种结构形式，如图 2.4.1 所示。对于全外腔式和半外腔式结构，在放电管的一端或两端，通过布儒斯特片实现真空密封以减少损耗，同时保证激光器输出线偏振光。

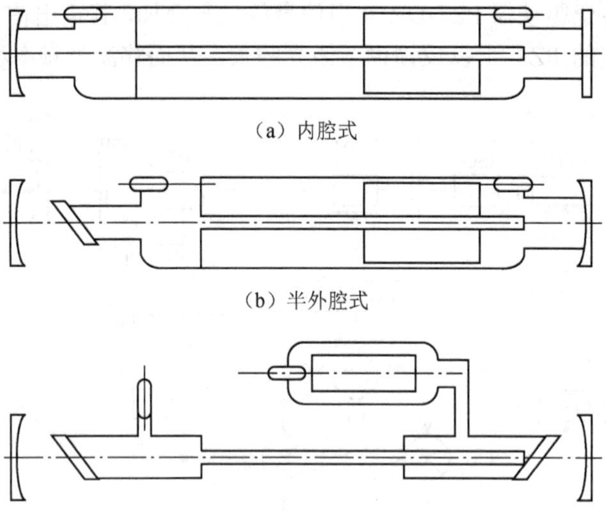

图 2.4.1　He-Ne 激光器结构示意图

2.4.2　He-Ne 激光器的工作原理

He-Ne 激光器的工作粒子是 Ne 原子，即激光辐射发生在 Ne 原子的不同跃迁能级之间。He-Ne 激光器放电管中充有一定比例的氦气，主要起着提高 Ne 原子泵浦速率的辅助作用。

1. He-Ne 激光器的激发机理

1）电子碰撞激发

电子碰撞激发是气体激光器最重要的激发过程之一，各种激发过程均与电子碰撞有关。当在 He-Ne 激光器的阴极和阳极之间施加一定的电压时，He-Ne 混合气体将产生辉光放电，从阴极发射的电子在外加电场作用下向阳极加速运动，获得足够动能的电子与原子发生碰撞而产生电离和激发，电离是维持放电所必需的，而激发则可形成粒子数反转分布，进而实现光放大以产生激光输出。

He-Ne 激光器就是利用电子碰撞激发，将基态 He 原子激发到亚稳态 He^*，再通过亚稳态 He^* 与基态 Ne 原子产生非弹性碰撞，从而使基态 Ne 原子处于激发态，形成 Ne 原子的反转分布。

2）共振能量转移

激发态原子 A^* 和基态原子 B 碰撞时，激发态原子 A^* 失去能量回到基态，同时基态原子 B 获得能量而跃迁到激发态 B^*，这一过程可以简单地表示为

$$A^* + B \to A + B^* + \Delta E$$

这种能量转移过程只有在两个能级的能量非常接近（即 ΔE 很小）时才能发生，故称为共振能量转移。

由原子物理学可知，He 原子有两个外层电子，其基态电子组态 1s1s 只对应一个原子状态（1^1S_0），即两个电子均在第一壳层，且其自旋动量矩互相反平行。电子组态为 1s2s 的激发

态 He 原子包括两个原子状态：一个是三重项 2^3S_1，其两个轨道上电子自旋方向相同；另一个是单重项 2^1S_0，其两个轨道上电子自旋方向相反。Ne 原子共有 10 个外层电子，其基态电子组态 $1s^22s^22p^6$ 也只对应一个能态(1^1S_0)，其激发态 $2p^53s$ 对应 4 个能态(用帕邢符号表示) $1S_{2,3,4,5}$；$2p^53p$ 对应 10 个能态 $2P_{1,2,3,\cdots,10}$；$2p^54s$ 对应 4 个能态 $2S_{2,3,4,5}$；$2p^54p$ 对应 10 个能态 $3P_{1,2,3,\cdots,10}$；$2p^55s$ 对应 4 个能态 $3S_{2,3,4,5}$。

图 2.4.2 是 He 原子和 Ne 原子的能级图。He-Ne 激光器可以产生多条光谱线振荡输出，其主要激光波长包括 632.8nm、1.1523μm 和 3.3912μm 等。尽管不同激光谱线是由 Ne 原子不同能级之间的受激跃迁产生的，但其激发机理是相同的。下面以亚稳态 $He^*(2^1S_0)$ 和 Ne 原子的共振能量转移为例说明 632.8nm 激光的产生机理。

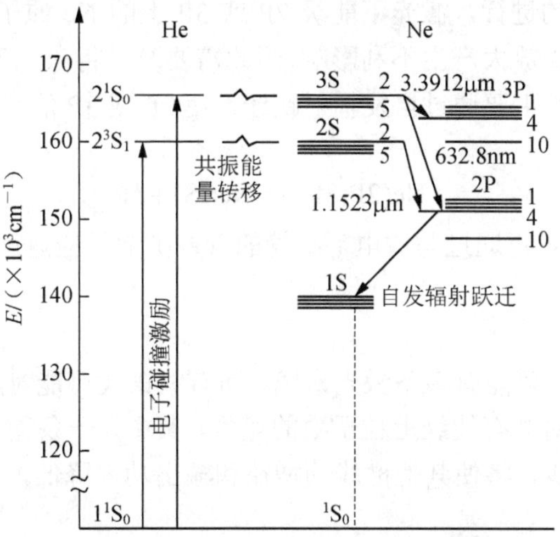

图 2.4.2 He 原子和 Ne 原子的能级图

在一定放电条件下，阴极发射的电子在电场作用下向阳极加速运动，快速运动的电子与基态 He 原子(1^1S_0)发生非弹性碰撞时，将基态 He 原子 1^1S_0 激发到激发态 2^1S_0，同时电子本身因损失了能量而减速，这一过程即为电子碰撞激发。因激发态 2^1S_0 是亚稳态，可以积累大量 He 原子。当亚稳态 He 原子——$He^*(2^1S_0)$ 与基态 Ne 原子——$Ne(1^1S_0)$ 发生非弹性碰撞时，将基态 Ne 原子激发到激发态能级 $3S_2$，而 He 原子因失去能量从激发态 2^1S_0 回到基态 1^1S_0，实现共振能量转移，这一过程可以表示如下：

$$He^*(2^1S_0)+Ne(1^1S_0)\rightarrow He(1^1S_0)+Ne^*(3S_2)+\Delta E(-386cm^{-1})$$

对于亚稳态 He 原子能级 2^1S_0 和激发态 Ne 原子能级 $3S_2$，其能量差异 ΔE 很小，共振能量转移碰撞截面很大，很容易实现共振能量转移；另外，对于激发态 Ne 原子的 $3S_2$ 能级，$\Delta E<0$，系统吸热，所缺能量由电子动能来补充。激发态 Ne 原子的 $3S_2$ 作为 632.8nm 激光上能级，其寿命较长(约 100ns)，容易积累大量的 Ne 原子；$2P_4$ 能级作为激光下能级，其寿命较短(约 10ns)，该能级上的 Ne 原子数很少，因此在 $3S_2\rightarrow2P_4$ 能级之间很容易建立 Ne 原子集居数反转分布状态，实现 632.8nm 受激辐射光放大并形成连续激光运转。

2. 激光输出波长与下能级抽空

从图 2.4.2 可以看出，Ne 原子的激光上能级是 3S 或 2S 能级，激光下能级是 3P 或 2P 能级。在激光上能级和激光下能级之间的受激辐射光放大，可以产生很多条激光谱线。例如，在 $3S \to 2P$ 能级之间的受激辐射跃迁中，最强的跃迁是 $3S_2 \to 2P_4$，其辐射波长为 632.8nm；在 $3S \to 3P$ 能级之间的受激辐射跃迁中，最强的跃迁是 $3S_2 \to 3P_4$，其辐射波长为 3.3912μm；在 $2S \to 2P$ 能级之间的受激辐射跃迁中，最强的跃迁是 $2S_2 \to 2P_4$，其辐射波长为 1.1523μm。随着镀膜技术的提高，1985 年在 $3S_2 \to 2P_{10}$ 能级之间实现了 543.4nm 绿光输出；除此之外，目前市场上还有 0.594μm 黄光、0.612μm 橙光等 He-Ne 激光器商品出售。

随着受激辐射过程的进行，激光下能级 2P 或 3P 上的 Ne 原子数量会增多，这将对 Ne 原子集居数反转分布和光放大产生不利影响，因此需要及时将激光下能级上的 Ne 原子抽空，使其回到基态。这一过程主要通过自发辐射跃迁，使 2P 或 3P 能级上的 Ne 原子回到寿命较长的 1S 能级上，即

$$\mathrm{Ne(2P,3P)} \to \mathrm{Ne(1S)} + h\nu$$

处于 1S 能级上的 Ne 原子再通过与放电毛细管的管壁扩散效应返回到基态 1^1S_0。

3. 谱线竞争及其消除

在同一台激光器中，可能有多条激光谱线，而有些谱线可能对应同一个激光上能级，因此在它们之间就存在着对共有能级上粒子数的竞争。其中，一条谱线产生振荡以后，用于其他谱线的反转粒子数减少，将使其他谱线的增益和输出功率降低，甚至完全被抑制，这就是谱线的竞争效应。

He-Ne 激光器有三条较强的光谱线，其波长依次为 632.8nm、1.1523μm 和 3.3912μm，其中哪一条光谱线在腔内起振，完全取决于谐振腔反射镜的波长选择特性。从图 2.4.2 还可看出，632.8nm 和 3.3912μm 谱线具有相同的激光上能级 $3S_2$，它们之间存在着强烈的竞争效应。因增益系数与波长的三次方成正比，显然 3.3912μm 谱线的增益系数远大于 632.8nm 谱线的增益系数。在腔长较长的 632.8nm He-Ne 激光器中，虽然介质膜反射镜对 632.8nm 波长的光具有较高的反射率，但仍然会产生较强的 3.3912μm 波长的自发辐射光放大或激光，这将使上能级粒子数减少，从而导致 632.8nm 激光功率下降。为了获得较强的 632.8nm 激光振荡输出，常采用在腔内设置色散棱镜或甲烷吸收盒或外加非均匀磁场等方法抑制 3.3912μm 自发辐射光的产生。采用色散棱镜法抑制 3.3912μm 激光振荡的 632.8nm He-Ne 激光器如图 2.4.3 所示。

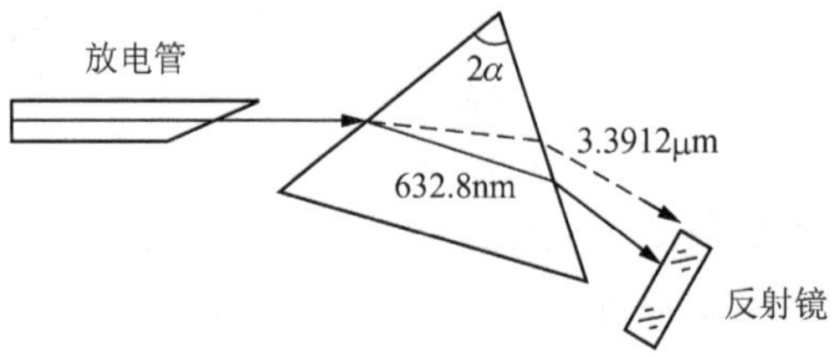

图 2.4.3　用色散棱镜抑制 3.3912μm 激光振荡

2.4.3 He-Ne 激光器的最佳工作条件

He-Ne 激光器的工作特性主要包括模式振荡特性和功率输出特性等，前者主要取决于激光器谐振腔长度和放电毛细管直径等结构参数，而影响 He-Ne 激光器输出功率的主要因素有 He-Ne 混合气体的总压力、He-Ne 气压比和放电电流等。He-Ne 激光器的最佳工作条件是指激光输出功率达到最大时的最佳充气条件(包括总气压和气压比)和最佳放电电流。

1. 最佳充气条件

He-Ne 激光器内 He-Ne 混合气体的总气压和气压比对输出功率有很大的影响。产生激光的 Ne 原子比例过小，将会导致输出功率减小。若 He 原子比例过大，因其电离电位较低，故电子数量会增加，在较低电场下就能维持一定的放电电流，而低电场将引起电子温度下降，从而使激发速率降低，导致激光输出功率减小。

实验研究结果表明，激光输出功率是 He-Ne 混合气体总气压的函数，即存在一个使输出功率最大的最佳总气压 p，它与放电毛细管直径 d 成反比，且有如下近似统计关系：

$$p \cdot d \approx (4.8 \sim 5.3) \times 10^2 \, \text{Pa} \cdot \text{mm} \tag{2.4.1}$$

另外，在总气压确定的情况下，He 和 Ne 的混合比例所决定的气压比 p_{He} ∶ p_{Ne} 对激光输出功率也有一定的影响。一般地，p_{He} ∶ p_{Ne} 为 5∶1～7∶1。

2. 最佳放电电流

在最佳充气条件下，使输出功率达到最大时的放电电流即为最佳放电电流。随着总气压的降低，最佳放电电流会升高，因此对于使用时间较长的 He-Ne 激光器，因激光器制作工艺不完善而产生的漏气现象会导致最佳放电电流升高，当管内总气压降低到一定程度时，即使增大放电电流也不会产生激光输出，这时的 He-Ne 激光器就报废了。另外，在总气压确定的情况下，当放电电流在其最佳放电电流附近变化时，激光输出功率的变化并不明显。因此，在实际使用 He-Ne 激光器时，对最佳放电电流的要求并不十分严格，只需将放电电流调节在最佳放电电流附近即可获得较大的输出功率。

3. 最佳工作条件下的增益系数

在最佳工作条件下，He-Ne 激光器工作物质的增益系数和放电毛细管直径 d 成反比。由 He-Ne 激光器的工作原理可知，激光下能级的抽空主要是通过自发辐射跃迁到亚稳态 1S 能级，再通过管壁扩散效应返回基态。如果增大放电毛细管直径 d，Ne 原子与管壁碰撞的机会就减少了，滞留在 1S 能级上的 Ne 原子可能会因吸收自发辐射光子而重新返回到激光下能级，导致激光上能级与下能级之间的反转粒子数减少，引起增益系数下降。

He-Ne 激光器小信号增益系数常由经验公式给出。对于 632.8nm 激光谱线，在最佳工作条件下，在中心频率处的小信号单程增益可由如下经验公式估计：

$$G^0 l = 3 \times 10^{-4} \frac{l}{d} \tag{2.4.2}$$

式中，l 和 d 分别是放电毛细管的长度和直径。放电毛细管直径 d 的选择应综合考虑对输出功率和模式的要求以及增益、衍射损耗对输出功率的影响。

2.4.4 双纵模 He-Ne 激光器

对于 632.8nm 双纵模 He-Ne 激光器，Ne 原子谱线的多普勒线宽约为 1500MHz，由激光振荡的阈值条件所确定的出光带宽约为 1200MHz。由于激光纵模间隔与激光腔长成反比，腔长越短，纵模间隔越大；当激光腔长 $L'=150\sim250$mm 时，相应的纵模间隔为 600～1000MHz，此时谐振腔内只有两个相邻激光纵模同时振荡，输出的双频激光是正交线偏振光，其频差等于激光纵模间隔。双频激光的最大频差受双纵模 He-Ne 激光器出光带宽的限制，一般不超过 1200MHz；另外，由于激光增益曲线是一条高斯函数曲线，因此随着双频激光频差的增大，双频激光的输出功率将会减小。

双纵模 He-Ne 激光器稳频主要采用等功率（光强）稳频法，即采用 Ne 原子增益曲线中心频率作为参考频率，并以两个激光纵模的输出功率的差值作为鉴频误差信号，通过伺服控制系统反馈调节激光器的腔长，将两个激光纵模的谐振频率对称地锁定在 Ne 原子增益曲线中心频率的两侧。

调节激光腔长的常用方法主要有两种：一种方法是通过改变与激光腔镜相粘接的压电陶瓷管 PZT 内外壁电极之间的电压，使 PZT 的长度伸缩以调节激光腔长；另一种方法是采用热效应调节激光腔长，即在激光管表面缠绕一定规格和长度的电阻丝，通过改变流过电阻丝的电流大小以微调激光腔长，也可以反馈控制激光器的放电电流以改变激光管的工作温度，从而调节激光腔长。在上述两种基于热效应的腔长调节方法中，改变激光器放电电流的方法更简单、更实用，在室内环境下采用这种热稳频方法可以获得的频率和频差稳定性优于 1×10^{-9}，这种稳频方法具有较强的抗干扰能力。

2.5 全固态激光器

2.5.1 概述

固体激光器是以掺杂离子的绝缘晶体或玻璃作为工作物质的激光器。在激光发展史上，固体激光器是最早实现激光工作的，世界上第一台激光器——红宝石激光器就是固体激光器。传统固体激光器采用气体放电灯（连续氪灯或脉冲氙灯）作为外部泵浦源，泵浦效率很低，其主要原因是气体放电灯的光谱线很宽，而激光工作物质的吸收谱线又很窄，大量的泵浦光不能被激光工作物质所吸收，所产生的热能又使激光工作物质的温度升高，必须采取循环水冷却系统控制激光工作物质的温度，冷却系统不仅使固体激光系统变得复杂、庞大，而且会产生显著的强度和频率等噪声，影响激光输出功率（能量）和谐振频率的稳定性。因此，传统固体激光器的主要缺点是效率低（总效率为 1%～3%）、体积大、噪声大、稳定性差。

全固态激光器（all-solid-state laser）是指以半导体激光二极管（LD）或激光二极管阵列（LDA）作为泵浦源的固体激光器（diode-pumped solid-state laser，DPSSL）。由于 LD 或 LDA

的光谱线很窄，可以与固体激光介质的吸收光谱相匹配，因此用LD或LDA替代传统固体激光器中的泵浦源——氪灯或氙灯，可以显著提高泵浦效率和激光器的总效率，并且无需循环水冷却系统。因此，全固态激光器具有效率高(总效率为10%～30%)、体积小、噪声低、稳定性好等许多优点，近年来发展极其迅速，并在激光传感与测量等领域得到广泛应用。

2.5.2 端面泵浦全固态激光器系统组成

根据LD泵浦系统的耦合方式不同，全固态激光器有端面泵浦和侧面泵浦两种基本结构形式。端面泵浦结构的耦合效率高，激光振荡阈值低，并且容易获得基横模激光输出，是中小功率全固态激光器的常用结构，在激光传感与测量等许多领域得到广泛应用。下面主要介绍端面泵浦全固态激光器系统组成。

端面泵浦是指LD泵浦光沿激光谐振腔轴线方向从腔的一端或两端入射到激光工作物质中，因此端面泵浦也称为纵向泵浦。端面泵浦全固态激光器系统典型结构如图2.5.1所示，主要由LD泵浦源、耦合光学系统、激光谐振腔和固体激光介质等部分组成。LD发出的非对称光束，经特殊设计的耦合光学系统整形成对称光束，高效地耦合进固体激光介质中。通过热电制冷器(thermo-electric cooler, TEC)调节LD的温度，使其输出光的波长与固体激光介质的吸收带中心波长重合(即最佳光谱匹配)，使LD泵浦光尽可能多地被固体激光介质吸收，以提高泵浦效率。固体激光介质的泵浦端蒸镀双色介质膜，即对LD泵浦光增透，同时对振荡激光高反射，作为激光谐振腔的后反射镜，而固体激光介质的另一端蒸镀对振荡激光增透介质膜；激光谐振腔的球面输出耦合镜的透过率一般为5%左右。球面输出耦合镜(output coupler, OC)的曲率半径和谐振腔的长度决定了腔内基模高斯光束的光腰半径和发散角等特性，为了实现基横模振荡输出，一般要求LD泵浦光经耦合光学系统后在激光介质中的汇聚光斑大小不超过谐振腔的基模光腰直径，即实现最佳模式匹配。

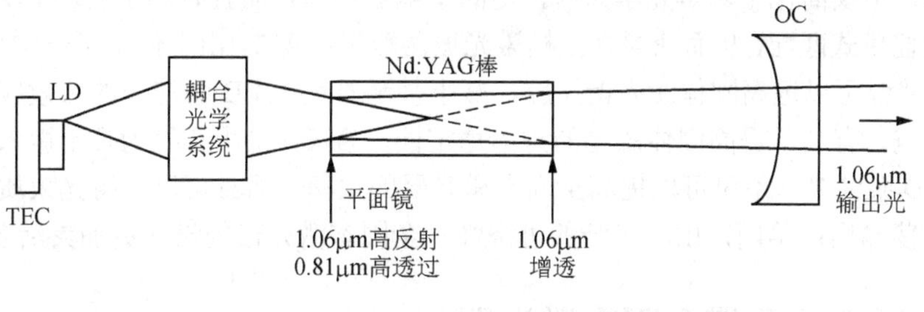

图2.5.1 端面泵浦全固态激光器系统示意图

LD端面泵浦结构中的耦合光学系统主要包括透镜组耦合和光纤耦合两种形式。一种常用的透镜组耦合光学系统如图2.5.2所示，该系统先用一个数值孔径较大的梯度折射率透镜对LD光束进行准直，然后采用非球面透镜(如柱面透镜等)对准直光束进行整形变换，使其在平行和垂直于PN结的方向上对称，最后采用一个焦距较长的透镜将LD光束汇聚到固体激光介质中。

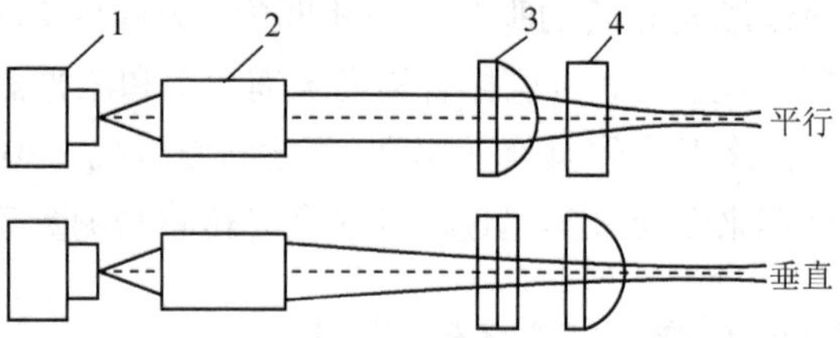

图 2.5.2 端面泵浦耦合光学系统

1：LD；2：梯度折射率透镜；3、4：柱面透镜

透镜组耦合光学系统存在光学元件多、系统复杂、耦合效率不高等缺点。为了克服这些缺点，在实际应用中常采用光纤耦合光学系统，如图 2.5.3 所示。首先用一短焦距透镜将 LD 光束耦合进入芯径为几十或几百微米的多模石英光纤中，LD 的非对称光束在一定长度的光纤中传输后，光束质量得到很大的改善，光斑基本上是圆对称的；再用另一个透镜将从光纤另一端出射的 LD 泵浦光耦合进入固体激光介质中。也可以将多模石英光纤的耦合端面加工成倒锥等形状以增加光纤的数值孔径，甚至还可在倒锥的顶部制作一微型透镜以进一步增加光纤的数值孔径，这样就可以实现 LD 与光纤的直接耦合，从而省略原先的耦合透镜，使光纤耦合光学系统更简单，耦合效率更高。

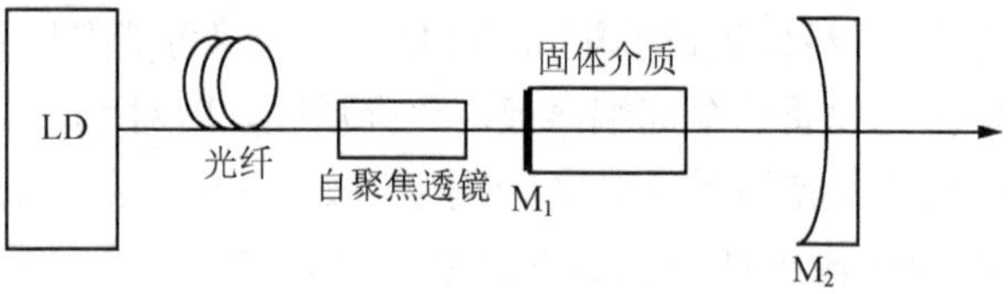

图 2.5.3 光纤耦合端面泵浦全固态激光器示意图

采用光纤耦合光学系统具有以下优点：第一，从光纤端面出射的 LD 光束横截面基本是圆对称的，这不仅简化了聚焦光学系统，提高了耦合效率，而且有利于实现 LD 泵浦光与振荡激光的最佳模式匹配，从而获得基横模激光振荡输出；第二，由于使用了一定长度的光纤，因此 LD 泵浦源可以远离固体激光谐振腔，减小甚至避免了 LD 泵浦源的热效应对固体激光稳定性的影响，有利于提高固体激光的频率稳定性；第三，采用芯径为几十微米的光纤以获得高亮度 LD 泵浦光，不仅可以提高全固态激光器的效率，而且可以获得光束质量更高的基横模激光振荡输出；第四，由于光纤的可绕性，全固态激光器的设计更加灵活多样。

2.5.3 常用端面泵浦全固态激光器

1. LD 端面泵浦 Nd:YAG 激光器

1) Nd:YAG 晶体的物理特性和光学特性

Nd:YAG 晶体是目前最常用、最成熟的一种固体激光工作物质，它是在钇铝石榴石（YAG）晶体中以三价激活离子 Nd^{3+}替代三价钇离子 Y^{3+}而获得的，激活离子 Nd^{3+}的吸收峰与 GaAs 半导体 LD 辐射光谱重合，非常适用于 LD 泵浦。YAG 基质很硬、机械强度高、导热性好，并具有良好的光学质量，是目前最好的高效、高平均功率晶体。

YAG 晶体的化学式为 $Y_3Al_5O_{12}$，属于立方晶系，纯的 YAG 是无色的且在光学上是各向同性的，具有和石榴石一样的立方结构特性。在 YAG 中，当晶体点阵上的部分三价钇离子 Y^{3+}被 Nd^{3+}取代后，便形成了 Nd:YAG 晶体，一般其 Nd^{3+}的含量为 1%原子比(即 100 个 Y^{3+}中有一个被 Nd^{3+}所替代)，颜色呈淡紫色。Nd:YAG 晶体不仅具有非常理想的光谱和激光特性，而且其基质材料也具有良好的物理、化学和光学特性。Nd:YAG 晶体的一些重要物理特性和光学特性见表 2.5.1。

表 2.5.1　Nd:YAG 晶体的物理特性和光学特性

特性参量	数值
Nd 质量百分比	0.725
Nd 原子百分比	1.0
Nd 原子数	$1.38\times10^{20}/cm^3$
熔点	1970℃
克氏硬度	1215
密度	$4.56g/cm^3$
断裂应力	$(1.3\sim2.6)\times10^6 kg/cm^2$
弹性模量	$3\times10^6 kg/cm^2$
热膨胀系数[100]取向	8.2×10^{-6}/℃，0～250℃
热膨胀系数[110]取向	7.7×10^{-6}/℃，0～250℃
热膨胀系数[111]取向	7.8×10^{-6}/℃，0～250℃
线宽	0.45nm
受激发射截面($R_2\rightarrow Y_3$)	$\sigma_{21}=6.5\times10^{-19}cm^2$
受激发射截面($^4F_{3/2}\rightarrow {}^4I_{11/2}$)	$\sigma_{21}=2.8\times10^{-19}cm^2$
自发辐射荧光寿命	230μs
弛豫时间 $^4I_{11/2}\rightarrow {}^4I_{9/2}$	30ns
辐射寿命 $^4F_{3/2}\rightarrow {}^4I_{11/2}$	650μs
1.064μm 光子能量	$h\nu=1.86\times10^{-19}$ J
折射率	1.82(波长$\lambda=1.0$μm，室温)
散射损耗	$\alpha_\infty\approx0.002cm^{-1}$
介质常数	$\varepsilon_0=11.7$，$\varepsilon_\infty=3.65$
吸收系数	$0.2m^{-1}$(1064nm)

2)Nd:YAG 晶体的吸收光谱和荧光光谱

Nd:YAG 晶体在 300K 温度时的吸收光谱如图 2.5.4 所示。在可见光和近红外波段有 5 个吸收带，即 525nm、585nm、750nm、810nm 和 870nm，各吸收带的宽度约为 30nm，其中 750nm 和 810nm 是两个主要的吸收带，在吸收带 810nm 附近的吸收系数约为 $740m^{-1}$。对于以 LD 或 LDA 作为泵浦源的全固态 Nd:YAG 激光器，Nd:YAG 晶体在 808.5nm 波长处的吸收带宽约为 4nm。在 300K 温度下，Nd:YAG 晶体中 Nd^{3+}在 1μm 波段的荧光光谱如图 2.5.5 所示，共有 8 条光谱线，其中 1064nm 光谱线最强，这也是 Nd:YAG 激光器最常用的一条激光谱线。

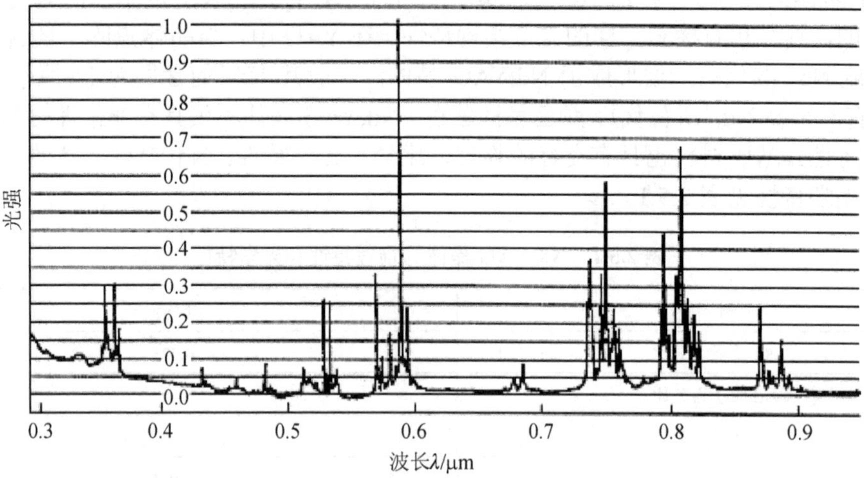

图 2.5.4 Nd:YAG 晶体在 300K 温度时的吸收光谱

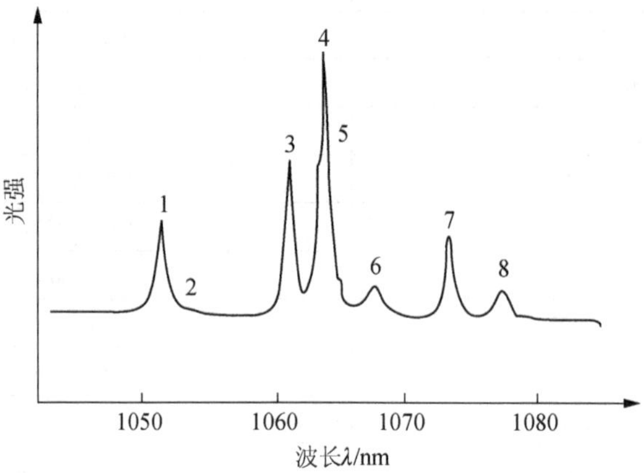

图 2.5.5 Nd:YAG 晶体中 Nd^{3+}在 1μm 波段的荧光光谱

3) Nd:YAG 激光器的能级系统

Nd:YAG 晶体中 Nd^{3+}的简化能级如图 2.5.6 所示。常态下 Nd^{3+}基本上都处于基态能级 $^4I_{9/2}$上；$^4F_{7/2}$、$^4S_{3/2}$和 $^4F_{5/2}$、$^2H_{9/2}$能级可作为抽运能级，吸收带的中心波长分别为 750nm 和 810nm，能级寿命约为 1ns；$^4F_{3/2}$为亚稳态能级，能级寿命长达 230μs，可作为激光上能级；$^4I_{13/2}$、$^4I_{11/2}$和 $^4I_{9/2}$均可作为激光下能级。Nd:YAG 晶体可产生三条跃迁谱线带，第一个谱线带是 1050～1120nm($^4F_{3/2}\rightarrow{}^4I_{11/2}$)，即分别以 $^4F_{3/2}$和 $^4I_{11/2}$作为激光上能级和激光下能级(能级寿命约为 50ns)形成四能级系统所产生的跃迁谱线带，其中最强光谱线的波长为 1064nm；第二个谱线带是 870～950nm($^4F_{3/2}\rightarrow{}^4I_{9/2}$)，即分别以 $^4F_{3/2}$和 $^4I_{9/2}$作为激光上能级和激光下能级形成三能级系统所产生的跃迁谱线带，其中最强光谱线的波长为 946nm；第三个谱线带是 1310～1350nm($^4F_{3/2}\rightarrow{}^4I_{13/2}$)，即分别以 $^4F_{3/2}$和 $^4I_{13/2}$作为激光上能级和激光下能级形成四能级系统所产生的跃迁谱线带，其中最强光谱线的波长为 1319nm。

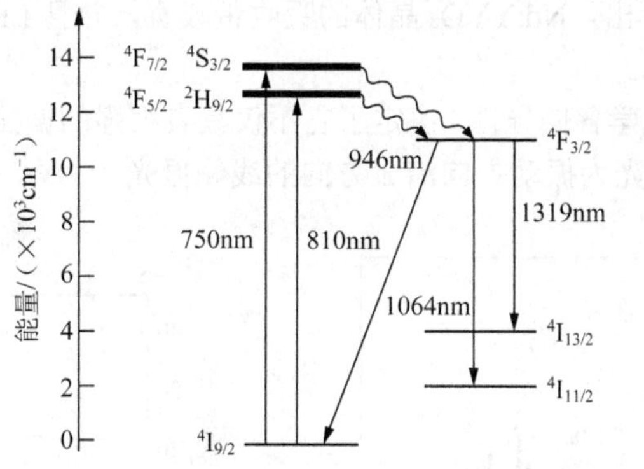

图 2.5.6 Nd:YAG 晶体中 Nd^{3+} 的简化能级图

2. LD 端面泵浦 Nd:YVO_4 激光器

1) Nd:YVO_4 晶体的基本特性

与光学各向同性的 Nd:YAG 晶体相比，Nd:YVO_4 晶体是光学各向异性的，并且是正单轴晶体。Nd:YVO_4 晶体的主要优点是吸收系数大、受激发射截面大(是 Nd:YAG 晶体的 5 倍)、吸收光谱宽(在 808.5nm 处存在很强的宽吸收带且吸收带宽变化不大)，非常适用于 LD 泵浦。Nd:YVO_4 晶体的主要光学特性见表 2.5.2。

表 2.5.2 Nd:YVO_4 晶体的主要光学特性

特性参量	数值
发射截面	$1.1\times10^{-18}cm^2$
激光波长	1064.3nm
谱线宽度(荧光线宽)	0.9nm
荧光寿命	0.1ms
峰值泵浦波长	808.5nm
吸收带宽	20nm
在 808nm 的峰值吸收系数	$37cm^{-1}$ (π 偏振)
	$10cm^{-1}$ (σ 偏振)
掺 Nd 浓度(Nd 原子百分比)	1%

Nd:YVO_4 晶体具有很强的偏振吸收特性，a 轴切割 Nd:YVO_4 晶体对 π 偏振泵浦光的吸收系数远大于对 σ 偏振泵浦光的吸收系数，并且在 π 方向上 Nd:YVO_4 晶体的吸收系数约为 Nd:YAG 晶体的 4 倍，因此通常采用 π 偏振泵浦方式。π 偏振泵浦 Nd:YVO_4 晶体(掺杂浓度为 1%，厚度为 2mm)的偏振吸收光谱如图 2.5.7 所示。

2) Nd:YVO_4 激光器的能级系统

Nd:YVO_4 晶体中 Nd^{3+} 的能级与 Nd:YAG 晶体基本类似。在 Nd:YAG 晶体中 $^4F_{5/2}$ 泵浦带的子能级较多，而在 Nd:YVO_4 晶体中，由于斯塔克分裂较少，多次跃迁较多，因此在 808nm 泵浦波长附近，Nd:YVO_4 的吸收光谱宽度达 20nm(是 Nd:YAG 晶体的 5 倍)，而且吸收光谱不尖锐。图 2.5.8 给出了 Nd:YVO_4 晶体相对于 Nd:YAG 晶体的吸收特性和激光输出功率的比较结果，可以明显看出，$Nd:YVO_4$晶体的吸收带较宽，并且LD温度变化对$Nd:YVO_4$激光输出功率的影响较小。

$Nd:YVO_4$晶体的光学各向异性，决定了它不仅具有很强的偏振吸收特性，还具有很强的偏振辐射特性，输出激光为振动方向沿π方向的线偏振光。

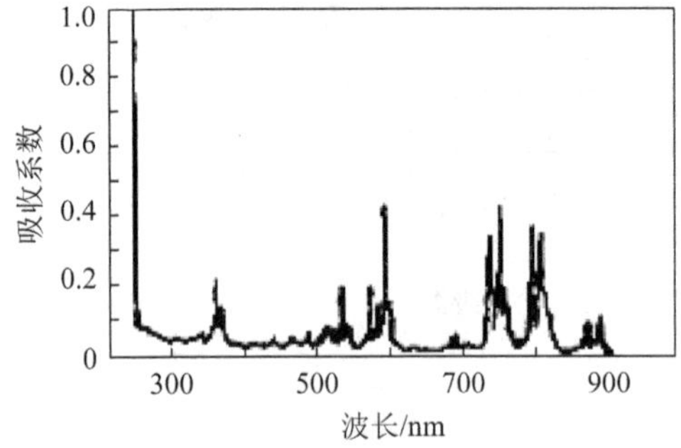

图 2.5.7 π偏振泵浦$Nd:YVO_4$晶体的偏振吸收光谱

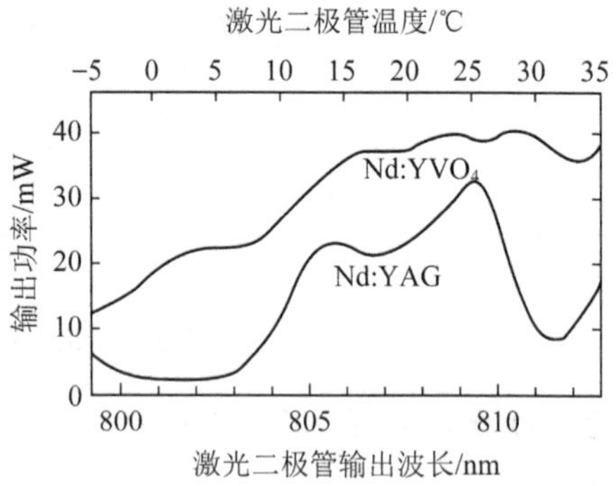

图 2.5.8 $Nd:YVO_4$和Nd:YAG激光器输出功率随激光二极管温度和输出波长的变化规律

2.5.4 单频全固态激光器

单频全固态激光器的突出优点是单色性好，因此在激光传感与测量等领域中占有极其重要的地位。由2.2.2节可知，采用缩短激光腔长、腔内F-P标准具、扭转模腔等选模方法均可实现单纵模单频激光振荡输出，下面简要介绍几种典型的单频全固态激光器。

1. LD端面泵浦单频$Nd:YVO_4$微片激光器

LD端面泵浦单频$Nd:YVO_4$微片激光器系统组成如图2.5.9所示。采用输出功率为500mW的808nm LD作为泵浦源，其输出激光经一焦距为4.5mm的透镜OL汇聚到$Nd:YVO_4$微片中，LD汇聚光斑在100～400μm范围内可变，从而保证基横模激光振荡。$Nd:YVO_4$微片的掺杂浓度为1.1%，其通光厚度为0.5mm，通光表面尺寸为3mm×3mm，并在两通光表面上直接镀制介质膜反射镜以构成平行平面谐振腔，微片泵浦面镀有对808nm泵浦光增透、同时对1064nm振荡激光高反的双色介质膜(透过率和反射率分别为95%和99.9%)，微片另一面作为输出耦合镜，其介质膜对1064nm振荡激光的透射率为1%。$Nd:YVO_4$晶体在1064nm波长处的折射率为2.165，因此微片$Nd:YVO_4$激光谐振腔的光学长度为2.165×0.5mm = 1.0825mm，相应的激光纵模间隔为138.568GHz，而$Nd:YVO_4$激光器的增益带宽约为257GHz，因此该微片激光器在增益曲线中心频率附近将以单纵模振荡输出，这可以通过热电制冷器TEC控制$Nd:YVO_4$微片的工作温度来实现。采用自由光谱范围为10GHz、分辨率为60MHz的共焦F-P扫描干涉仪监测这种$Nd:YVO_4$微片激光器的振荡模谱，可以确定激光器的工作模式，$Nd:YVO_4$微片激光器的振荡模谱如图2.5.10所示，可以看出激光器以单纵模运转。

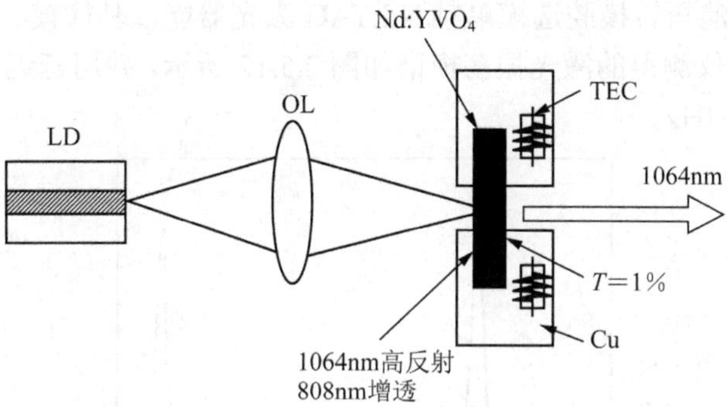

图 2.5.9　LD 端面泵浦单频 $Nd:YVO_4$ 微片激光器系统组成

LD：激光二极管；OL：透镜；TEC：热电制冷器；Cu：铜块

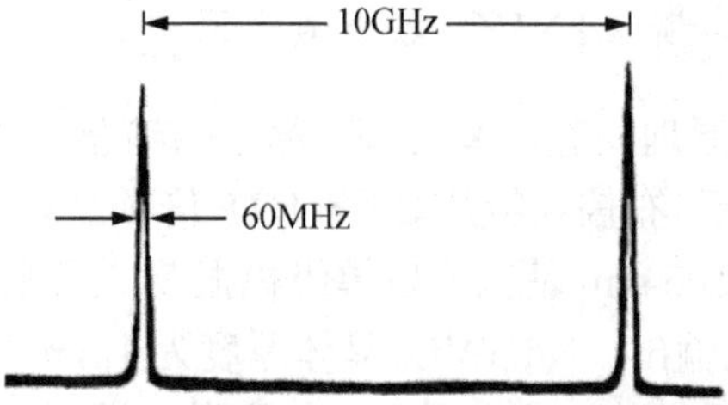

图 2.5.10　实验测得的 1064nm 单纵模激光振荡模谱

2. LD 端面泵浦扭转模腔选模单频 Nd:YAG 激光器

LD 端面泵浦扭转模腔选模单频 Nd:YAG 激光器系统组成如图 2.5.11 所示。将长度为 8mm、直径为 3mm 的 Nd:YAG 晶体棒置于两个 1064nm 四分之一波片 QWP_1 和 QWP_2 之间，QWP_1 和 QWP_2 的快轴相互垂直，并且相对于腔内布儒斯特片 BP 成 45°，其中 QWP_1 的泵浦端面镀有对 1064nm 高反射和 808nm 增透的双色介质膜，兼作为激光谐振腔的全反射镜和 LD 泵浦光的输入耦合镜；谐振腔球面输出耦合镜 OC 的曲率半径为 100mm，其介质膜对 1064nm 振荡激光的透射率为 3%。谐振腔的光学长度为 85mm，相应的纵模间隔约为 1.76GHz。通过 TEC 可以改变 LD 的工作温度，进而调节 LD 的发射波长，使之与 Nd:YAG 晶体的吸收带中心波长 808nm 相匹配(即光谱匹配)；LD 泵浦光通过耦合光学系统 COS 透过 QWP_1 汇聚到 Nd:YAG 晶体棒内以实现端面泵浦，并使 LD 汇聚光斑与谐振腔基模光斑相匹配，从而保证激光器输出基横模。

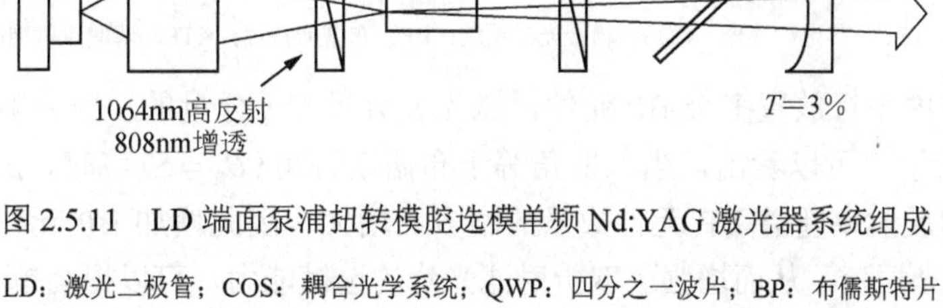

图 2.5.11　LD 端面泵浦扭转模腔选模单频 Nd:YAG 激光器系统组成

TEC：热电制冷器；LD：激光二极管；COS：耦合光学系统；QWP：四分之一波片；BP：布儒斯特片；OC：输出耦合镜

这种 LD 端面泵浦扭转模腔选模单频 Nd:YAG 激光器能以基横模、单纵模稳定运转，采用共焦 F-P 扫描干涉仪测得的激光振荡模谱如图 2.5.12 所示，并用延迟自外差方法测得单纵模激光的线宽小于 1MHz。

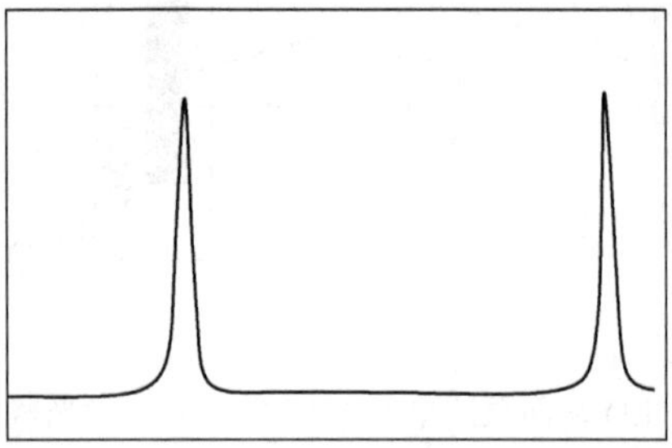

图 2.5.12 LD 端面泵浦扭转模腔选模单频 Nd:YAG 激光器振荡模谱

3. 双折射滤光片选模单频 $Nd:YVO_4$ 绿光激光器

基于双折射滤光片选模原理的腔内 KTP（磷酸钛氧钾）倍频 532nm 单频 $Nd:YVO_4$ 绿光激光器系统组成如图 2.5.13 所示。布儒斯特片 BP 与 KTP 倍频晶体组成双折射滤光片（BP-KTP）作为腔内纵模选择元件，使 1064nm 基频光以单纵模振荡，再通过 KTP 晶体的非线性光学倍频作用实现 532nm 单频绿光输出。$Nd:YVO_4$ 晶体厚度为 1mm，其泵浦端面（左侧面）镀有对 808nm 增透、对 1064nm 高反射的双色介质膜，作为激光谐振腔的一个平面反射镜，输出耦合镜 OC 的曲率半径为 50mm，其上镀有对 1064nm 高反射、532nm 增透的双色介质膜；采用 K9 玻璃制作 BP，其厚度为 0.5mm；KTP 倍频晶体（Ⅱ类临界相位匹配）的通光长度为 9mm，两通光表面均镀有对 1064nm 和 532nm 增透的介质膜。通过热电制冷器 TEC_1 控制 LD 的温度，使 LD 泵浦光的波长与 $Nd:YVO_4$ 晶体的吸收波长相匹配；通过热电制冷器 TEC_2 可以控制 $Nd:YVO_4$ 晶体和 KTP 倍频晶体的温度，从而获得最大的单频绿光输出功率。LD 泵浦光经耦合光学系统 COS 汇聚进入 $Nd:YVO_4$ 晶体中实现端面泵浦，当 LD 泵浦功率为 0.8W 时，532nm 单频绿光输出功率为 46mW；当继续增加 LD 泵浦功率时，激光器会出现跳模现象或多纵模振荡现象，因此这种腔内含有单一 BP 元件的激光器无法获得高功率单频绿光输出，即采用单一 BP 元件与 KTP 晶体组成双折射滤光片的选模能力有限。

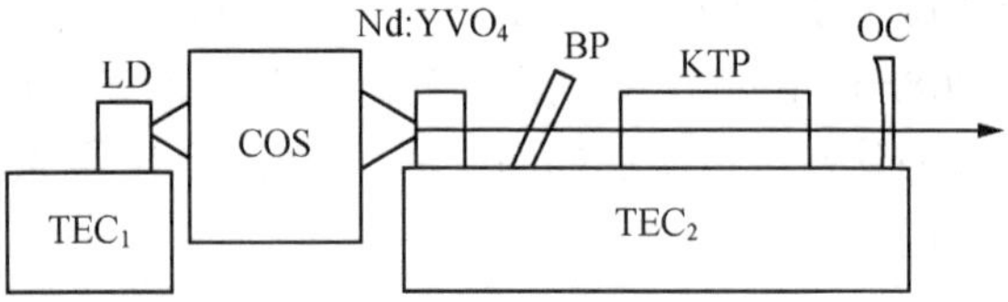

图 2.5.13 单布儒斯特片单频 $Nd:YVO_4$/KTP 绿光激光器系统组成示意图

LD：激光二极管；TEC：热电制冷器；COS：耦合光学系统；BP：布儒斯特片；KTP：磷酸钛氧钾；OC：输出耦合镜

当在激光腔内平行放置多个 BP 元件，激光 p 分量和 s 分量的反射率随入射角的变化规律如图 2.5.14 所示。可以看出，当入射角等于布儒斯特角（$\theta_B = 57°$）时，p 分量的反射率为零，而 s 分量的反射率随着 BP 元件数量的增多而增大，因此增加 BP 元件数量可以有效抑制 s 分量形成激光振荡，从而增强了双折射滤光片的选模能力，可以提高单频激光输出功率。

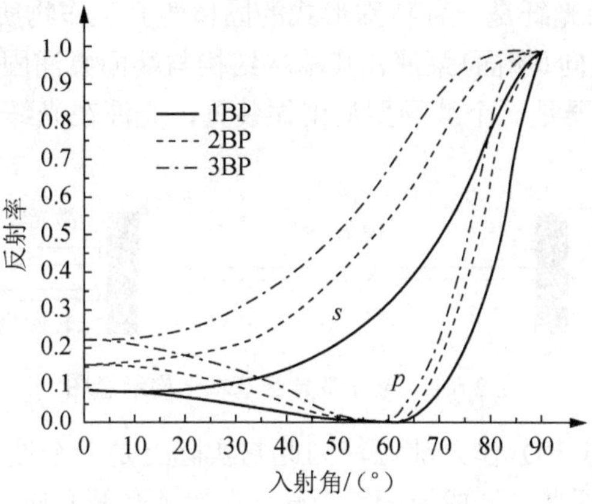

图 2.5.14　布儒斯特片反射率随入射角的变化规律

采用图 2.5.15 所示的多布儒斯特片单频 Nd:YVO_4/KTP 绿光激光器谐振腔结构，可以获得更大功率的 532nm 单频绿光输出，仍然采用平凹稳定腔结构，Nd:YVO_4 晶体和 KTP 晶体的尺寸规格及其通光表面镀膜要求均与图 2.5.14 中的相同，输出耦合镜 OC 的曲率半径为 200mm，其上镀有对 1064nm 高反射、532nm 增透的双色介质膜；三只平行放置的玻璃布儒斯特片的厚度均为 0.2mm，谐振腔长度约为 15.5mm。当泵浦功率为 1.6W 时，532nm 单频绿光输出功率达到 218mW，这说明在腔内放置多个布儒斯特片可以显著增强双折射滤光片的选模能力，进而提高单频激光输出功率。尽管该技术可以有效提高单频激光输出功率，但其缺点也是显而易见的，即随着腔内布儒斯特片数量的增多，激光器的结构将更复杂，调腔也将更困难，因此腔内布儒斯特片的数量不宜太多。

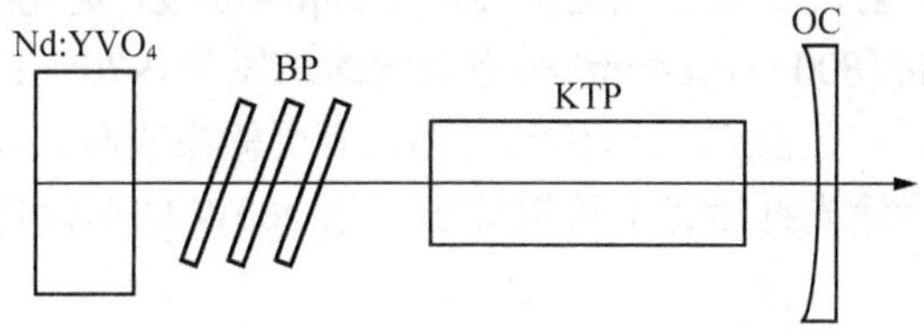

图 2.5.15　多布儒斯特片单频 Nd:YVO_4/KTP 绿光激光器谐振腔结构示意图

2.6　光纤激光器

2.6.1　概述

1. 光纤激光器的组成及基本结构

光纤激光器由掺杂光纤(激光工作物质)、光学谐振腔及泵浦系统等组成。光纤激光器一般采用光泵浦方式，置于光学谐振腔中的掺杂光纤在外界泵浦光作用下，造成激光能级上粒子数的反转分布，在光纤中产生受激辐射而形成激光振荡输出。

光纤激光器中的掺杂光纤是一种特殊形式的固体激光工作物质，因此光纤激光器属于固体激光器范畴，常采用纵向(端面)泵浦，其基本结构与端面泵浦固体激光器的结构相同，如图 2.6.1 所示。光纤激光器是一个波导型的谐振装置，光波在光纤中传输，这种结构实际上就是 F-P 谐振腔结构。

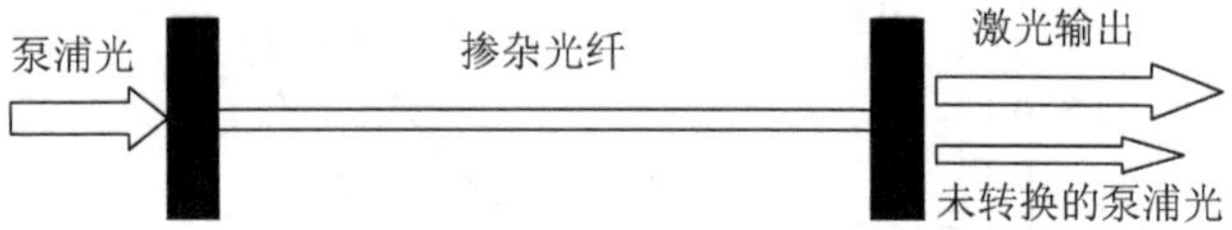

图 2.6.1　光纤激光器基本结构示意图

光纤激光器大多采用 LD 作泵浦源，因此它实际上是一个波长转换器，即某一波长的 LD 泵浦光被掺杂光纤所吸收，形成粒子数反转，在掺杂光纤介质中产生受激辐射和光放大，实现另一种波长的激光输出，但输出的激光束质量大大优于 LD 的光束质量。

2. 光纤激光器的分类

光纤激光器可以从谐振腔结构、光纤结构、增益介质、工作机制、掺杂元素、输出波长和输出激光等不同角度进行分类，详见表 2.6.1。

按照增益介质的不同，光纤激光器可以分为受激散射光纤激光器和掺杂光纤激光器两大类。受激散射光纤激光器的发光机制是非线性效应，主要是受激拉曼散射和受激布里渊散射，它们具有高的饱和输出功率，并对泵浦源没有限制，在光纤陀螺、光纤传感和光纤通信等领域有着重要应用；掺杂光纤激光器的发光机制是受激辐射，增益介质主要是掺稀土元素的光纤，常用的掺杂元素有铒(Er^{3+})、镱(Yb^{3+})、钕(Nd^{3+})等，不同掺杂光纤的发射波长也不相同，掺铒光纤激光器的发射波长处于光通信窗口 1.55μm 波段，是光纤通信系统的理想光源；Yb^{3+}具有相当宽的吸收带(800～1064nm)和相当宽的激发带(970～1200nm)，因此掺镱光纤激光器的泵浦源选择非常广泛且泵浦源和激光都没有受激态吸收，是 1.0～1.2μm 波长的通用光源，尤其是双包层掺镱光纤激光器可以输出高达 200W 的单模功率，是激光加工的理想光源。

表 2.6.1　光纤激光器分类表

分类依据	光纤激光器
谐振腔结构	F-P 腔、环形腔、环路反射器光纤谐振腔、“8”字形腔 DBR 光纤激光器、DFB 光纤激光器
光纤结构	单包层光纤激光器、双包层光纤激光器
增益介质	稀土类掺杂光纤激光器、非线性效应光纤激光器、单晶光纤激光器、塑料光纤激光器
工作机制	上转换光纤激光器、下转换光纤激光器
掺杂元素	铒(Er^{3+})、钕(Nd^{3+})、镨(Pr^{3+})、铥(Tm^{3+})、镱(Yb^{3+})、钬(Ho^{3+})等 15 种
输出波长	S 波段(1280～1350nm)、C 波段(1528～1565nm)、L 波段(1561～1620nm)
输出激光	脉冲激光器、连续激光器

3. 光纤激光器的主要特点

由于光纤的特殊结构，光纤激光器具有一系列特点，主要包括以下几方面。

(1)光束质量好，振荡阈值低，转换效率高。光纤激光器具有波导式光纤结构，光纤既是激光增益介质又是光的波导介质，因此泵浦光的耦合效率高，输出激光的光束质量好；纤芯直径小，纤芯层中的光功率密度较高，具有极低的体积面积比，散热快，损耗低，所以激光振荡阈值低，转换效率高，综合电光效率高达20%，光转换率超过60%，这是传统激光器所无法比拟的。

(2)输出波长多，调谐方便。稀土离子能级结构丰富，从紫外到红外很宽的波段(380～3900nm)范围内都可以产生激光输出；由于稀土离子能级宽，插入适当的波长选择器即可实现波长调谐，且调谐范围宽。

(3)温度稳定性好。掺杂光纤的基质材料是二氧化硅，具有极好的稳定性；另外，光纤的细长圆柱形结构使其散热快，环境温度允许在-20～70℃，工作物质热负荷小，无需庞大的循环水冷却系统，高功率运转时也只需简单的风冷即可。

(4)结构简单，性能稳定。光纤激光器的谐振腔内无其他光学元件，腔镜可以直接制作在光纤上，或采用光纤耦合器方式构成谐振腔，结构简单，稳定性高，无须调节和维护。

(5)兼容性好，易于集成。光纤激光器与常规传输光纤在材料和几何尺寸上具有自然的通融性和兼容性，与现有的光纤器件也完全相容，因此易于实现光纤集成，耦合损耗低，可以制作出完全由光纤器件组成的全光纤传输系统。

2.6.2 谐振腔结构及特点

如前所述，光纤激光器的谐振腔结构分为线形腔和环形腔两种类型，如图2.6.2所示。图2.6.2(a)～(c)均为两端有反射镜的F-P型谐振腔，其中图2.6.2(a)为采用介质膜反射镜构成的F-P型谐振腔，两介质膜反射镜也可直接蒸镀在掺杂光纤的端面上。图2.6.2(b)为采用Sagnac光纤环形镜构成的F-P型谐振腔，该结构中的Sagnac光纤环形镜由一个光纤耦合器和光纤组成，泵浦端(即左端)Sagnac光纤环形镜的耦合器对腔内振荡激光的耦合率为50%，当腔内振荡激光入射至耦合器时，在光纤环内形成强度相等的顺时针和逆时针传播的光，当二者再次在入射端相遇时经历了相同的相移，相长干涉的结果使其完全反射回腔内，由于此光纤环形镜的耦合器对泵浦光的耦合率近似为零，因此泵浦光可以完全透过，即该光纤环形镜相等于一个双色镜；输出端(即右端)Sagnac光纤环形镜中耦合器的耦合率偏

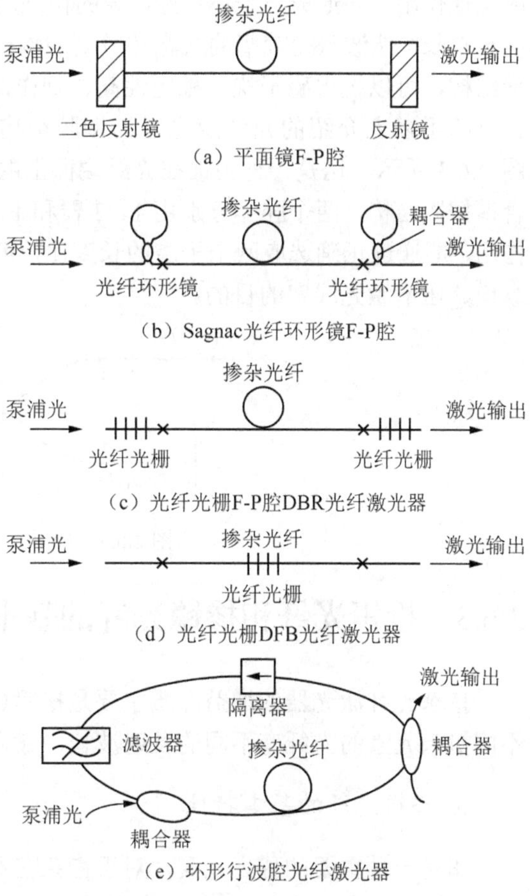

图2.6.2 光纤激光器谐振腔结构示意图

离 50%，因此它相当于一个部分反射镜。图 2.6.2(c) 为分布布拉格反射(distributed Bragg reflector, DBR) 光纤激光器的谐振腔结构，采用光纤布拉格光栅(FBG) 作为 F-P 腔的反射镜，FBG 与掺杂光纤端面相熔接，或者将 FBG 直接刻写在掺杂光纤的两端；FBG 对腔内振荡激光全反射或部分反射，而对泵浦光增透。图 2.6.2(d) 为分布反馈(distributed feedback, DFB) 光纤激光器的谐振腔结构，FBG 直接刻写在掺杂光纤上形成分布反馈。图 2.6.2(e) 为环形行波腔光纤激光器的结构示意图，泵浦光经一波分复用(WDM) 耦合器注入环形腔内，腔内光隔离器保证振荡激光单向传播，通过在腔内插入可调谐滤波器可以实现振荡激光波长的调谐。

光纤激光器谐振腔的不同结构决定了它们具有不同的特点。对于线形 F-P 腔，其优点是结构简单，容易由光学元件构成，而它的缺点也是显而易见的：一方面是高功率泵浦光会损伤腔镜膜层，难以获得高功率输出，激光效率不高；另一方面，大多数稀土离子在玻璃基质中的增益线宽约为 50nm 和腔镜不理想等问题导致激光输出线宽比较宽，若通过优化腔镜膜系设计，则输出光谱线的半高全宽度(FWHM) 线宽可压缩到 5～10nm。

对于环形腔，其优点在于可以不使用反射镜就可构成全光纤谐振腔，最简单的设计是将 WDM 耦合器的两个端口通过掺杂光纤连接起来形成一个环形腔。光纤环形腔的核心是光纤定向耦合器，它的两个臂连在一起便使光波在其中循环传播，耦合器起到了“介质膜反射镜”的反馈作用，并形成一个环形腔，腔的精细度与耦合器的分束比有关。环形腔光纤激光器的腔长较长，能够获得较窄的线宽和较高的输出功率。另外，环形腔光纤激光器具有封闭式波导结构，可以抗电磁干扰，稳定性高、制作简单、体积小。

除了以上介绍的光纤激光器谐振腔结构以外，还有 Fox-Smith 型光纤谐振腔结构，如图 2.6.3 所示。这是一种由镀在光纤端面上的高反射镜与光纤定向耦合器 DC 组合而成的复合谐振腔结构，两个腔体分别由 1、3 臂和 1、4 臂构成。由于复合腔具有选择激光单纵模的作用，即通过正确选取两个子腔的长度比，可以实现单纵模激光振荡输出，从而达到抑制多纵模、压窄激光线宽的目的。

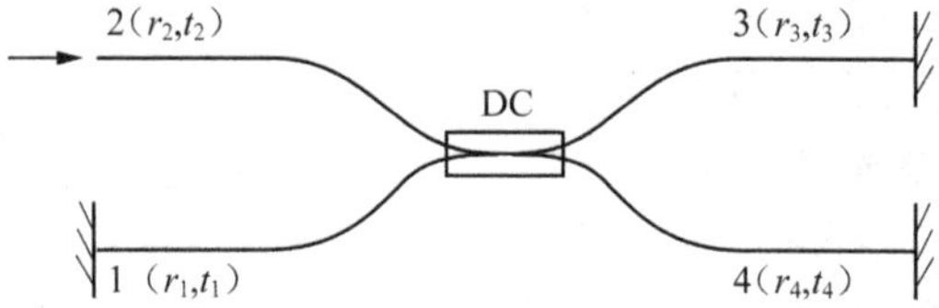

图 2.6.3 Fox-Smith 光纤谐振腔结构

2.6.3 掺铒光纤和掺镱光纤的基本特性

掺杂光纤激光器的增益介质主要是掺铒(Er^{3+})、镱(Yb^{3+})、钕(Nd^{3+})等稀土元素的光纤，不同掺杂元素的光纤有不同的发射波长，最常用的是掺铒光纤和掺镱光纤。

1. 掺铒光纤的基本特性

铒是一种重要的稀土元素，对于掺杂在不同基质中的铒离子(Er^{3+})，其光谱性质相似，但并不完全一致。掺铒光纤在 1550nm 波长处具有很高的增益，对应于低损耗的第三通信窗口，在光纤通信及光纤传感系统中作为光源的组成部分，有着十分优越的特性。

掺铒光纤是受激光纤，属于三能级系统，处于基态 $^4I_{15/2}$ 的 Er^{3+}在 800nm 或 980nm 或 1480nm 波长的泵浦光作用下跃迁到高能级，然后停留 1μs 后反转到亚稳态能级，在该能级和基态能级之间的受激辐射跃迁产生对信号光的放大。Er^{3+}的能级结构与受激跃迁如图 2.6.4 所示，可以看出有三个重要的跃迁过程：第一，Er^{3+}能够实现 1.55μm 的光放大，1.55μm 可以诱发 Er^{3+}产生受激辐射跃迁；第二，从亚稳态 $^4I_{13/2}$ 跃迁到基态 $^4I_{15/2}$ 的同时，发射出与信号光波长一样的光子，实现 1.55μm 的光放大；第三，在信号放大过程中，Er^{3+}从上能级到下能级的自发辐射总是存在的。

当掺铒光纤在外界泵浦光作用下于激光上下能级间实现 Er^{3+}粒子数的反转分布时，单个粒子独立的自发辐射逐渐变为多个粒子协调一致的受激辐射，此时掺铒光纤对自发辐射放大所产生的辐射称为放大的自发辐射(ASE)。在这种状态下，自发辐射的光子被受激放大而雪崩式地倍增，但由于反转粒子数尚未达到振荡阈值，不能形成激光振荡，又与自发辐射不同，超荧光的状态分布不再是均匀的，谱线宽度比荧光光谱线宽度宽。超荧光是介于激光与荧光之间的一种过渡状态，是放大的自发辐射。当泵浦光功率很强时，掺铒光纤中的辐射放大增益将完全抵消系统的损耗，从而形成自激振荡，产生激光输出。

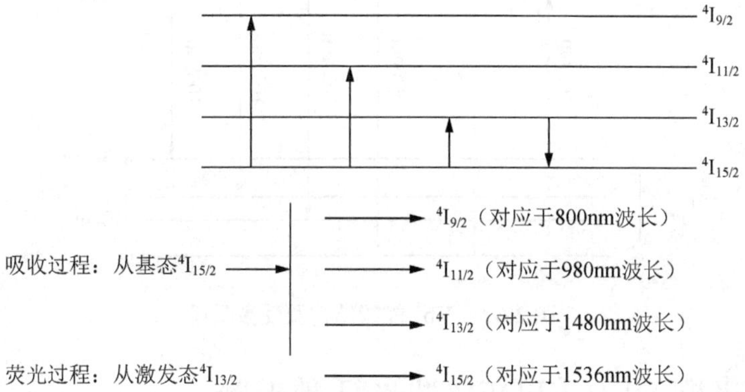

图 2.6.4　Er^{3+}的能级结构与受激跃迁

2. 掺镱光纤的基本特性

镱离子(Yb^{3+})的吸收与辐射光谱如图 2.6.5 所示，可以看出，Yb^{3+}可吸收 850～1050nm 之间的泵浦光，并且在 915nm 和 976nm 附近有较强的吸收，因此常常选用中心波长为 976nm 的泵浦光源来激励掺镱光纤。Yb^{3+}辐射光谱可覆盖 900～1150nm 波段，并在 976nm 和 1030nm 附近有明显的辐射峰值，同时 Yb^{3+}自身的宽辐射谱也为大范围波长可调谐的光纤激光器提供了可能。

Yb^{3+}的基态能级 $^2F_{7/2}$ 和激发态能级 $^2F_{5/2}$ 是参与激光产生的两个主要能级，如图 2.6.6 所示，主要有两种受激跃迁方式：一种是通过吸收 915nm 泵浦光，使 Yb^{3+}产生三能级跃迁，并辐射 976nm 附近的光波；另一种是通过吸收 915nm 泵浦光，使 Yb^{3+}产生四能级跃迁，并辐射波长为 1010～1150nm 范围内的光波。

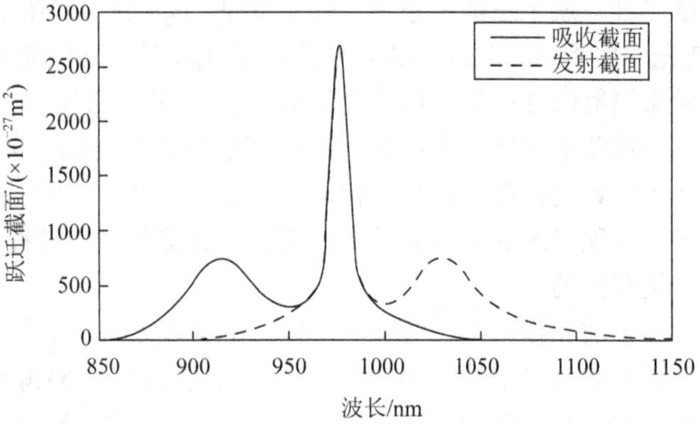

图 2.6.5　Yb^{3+}的吸收与辐射光谱

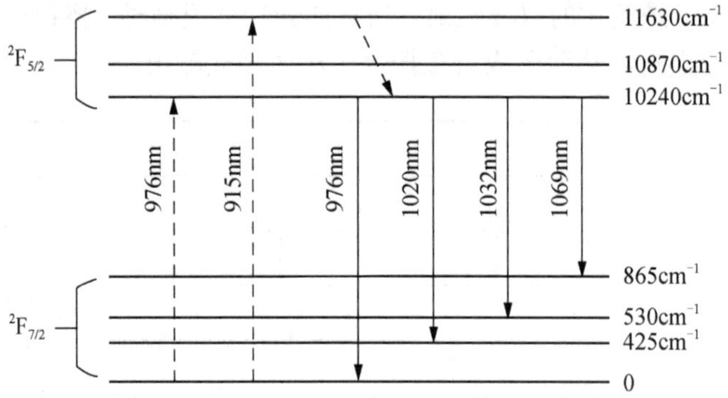

图 2.6.6　Yb^{3+}能级结构及受激跃迁

2.6.4　光纤光栅 DBR 和 DFB 型光纤激光器

1. 光纤布拉格光栅的基本特性

光纤布拉格光栅(FBG)是纤芯折射率沿轴向周期性变化的一段光纤，它具有选频特性，符合布拉格条件的光波被反射，而其他波长或频率的光波可以透过 FBG，其结构如图 2.6.7 所示。FBG 的反射率和线宽由光栅的周期、长度、折射率的改变量及调制强度所决定。

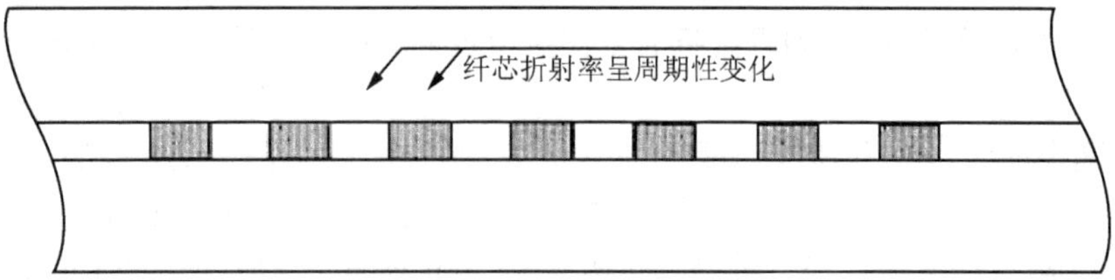

图 2.6.7　FBG 结构示意图

FBG 是具有滤波功能的全光纤器件。各种波长的光波通过 FBG 时都没有插入损耗，信号幅度不变，只有波长满足布拉格条件的光波会受其影响，即它们相关地叠加并被强烈地反射。FBG 具有确定的中心反射波长，且其中心反射波长可在制作 FBG 时根据需要来确定。FBG 的反射率可高可低，最高可接近 100%，其反射峰的半高全宽度(FWHM)也可以在 0.02～40nm 这一很大的范围内进行调节。FBG 对于光波传输的附加损耗很小，为 1dB 以下。另外，FBG 还具有体积小、可与其他光纤器件兼容、不受环境尘埃影响等一系列优点，这些都是传统光栅无法比拟的。

FBG 的基本特性包括频谱特性和色散特性，下面主要介绍 FBG 在激光传感与测量中应用十分广泛的频谱特性。FBG 的布拉格反射波长可以表示为

$$\lambda_B = 2n_{eff}\Lambda \tag{2.6.1}$$

式中，n_{eff} 为光纤芯区的有效折射率；Λ 为光栅周期。如果折射率按正弦规律变化，反射谱的带宽可以表示为

$$\Delta\lambda_{FWHM} = \lambda_B S_g \sqrt{\left(\frac{\Delta n}{2n}\right)^2 + \left(\frac{\Lambda}{L_g}\right)^2} \tag{2.6.2}$$

式中，L_g 为光栅长度；Δn 为纤芯折射率的最大变化量；S_g 为一常量，S_g 接近于 1 时的 FBG 为强光栅，S_g 较小时的 FBG 为弱光栅。光栅的最大中心反射率为

$$R_g = \tanh^2(k_g L_g) \tag{2.6.3}$$

式中，k_g 为耦合系数。由此可见，均匀 FBG 是以共振波长为中心的窄带光学滤波器，该共振波长称为布拉格波长。

FBG 的选频特性如图 2.6.8 所示。一段光纤折射率呈周期性变化的均匀 FBG 可以反射以布拉格波长为中心并在带宽范围内所有波长的光波，而光纤折射率被线性调制的 FBG(即啁啾光栅)可用作宽带光学滤波器。光栅的反射谱由带宽和峰值反射率两个参数决定，它们是光栅长度、折射率调制深度和布拉格波长的函数。

图 2.6.8　FBG 选频特性示意图

由式(2.6.1)可以看出，如果光纤纤芯的有效折射率和光栅周期发生变化，将会引起布拉格反射峰中心波长的变化。轴向应变会引起光栅周期变化，温度变化会使纤芯折射率及光栅周期发生改变。对于石英光纤，应变和温度引起布拉格波长的相对变化为

$$\frac{\Delta\lambda_B}{\lambda_B} = 0.79\varepsilon_{ax} + C_t \cdot \Delta T \tag{2.6.4}$$

式中，ε_{ax} 为光纤的轴向应变；C_t 为光纤的热光系数，其数值一般为(7.1～7.3)×10^{-6}/℃。

2. 光纤光栅 DBR 和 DFB 型掺铒光纤激光器

分布布拉格反射(DBR)光纤激光器和分布反馈(DFB)光纤激光器是两种常用的 F-P 驻

波腔光纤激光器，在激光传感与测量等领域中占有极其重要的地位。下面分别介绍基于 FBG 的 DBR 和 DFB 型掺铒光纤激光器。

1) 光纤光栅 DBR 型掺铒光纤激光器

光纤光栅 DBR 型掺铒光纤激光器结构如图 2.6.9 所示，谐振腔由一对布拉格波长相匹配的光纤光栅 FBG_1 和 FBG_2 组成，其中 FBG_1 用作宽带高反射镜，FBG_2 用作窄带输出耦合镜，腔内接入一定长度的掺铒光纤作为激光增益介质；980nm LD 泵浦光通过一个 980nm/1550nm 波分复用器(WDM)耦合进入激光谐振腔，在掺铒光纤中形成粒子数反转分布并产生受激辐射光，经过 FBG_2 输出 1550nm 激光；FBG_1 和 FBG_2 通常采用直接紫外写入的掺锗(Ge)光纤光栅，将其熔接在掺铒光纤的两端构成激光谐振腔，制作更为简便。可以看出，光纤光栅 DBR 型掺铒光纤激光器结构简单，并且由于 FBG_2 为窄带反馈元件，其中心波长决定了振荡激光波长，当调谐 FBG_2 的中心波长时，激光波长将随之调谐。

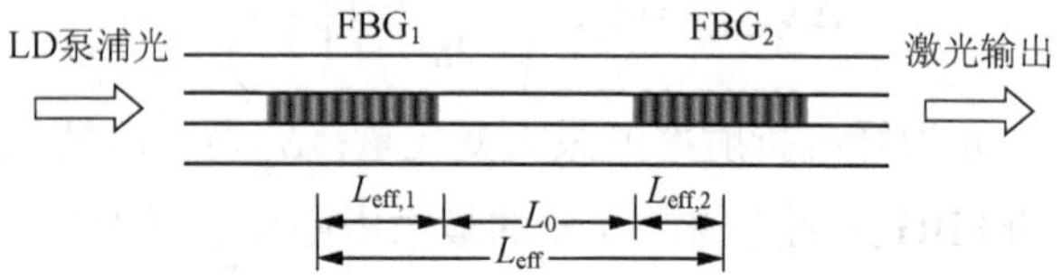

图 2.6.9 光纤光栅 DBR 型掺铒光纤激光器结构示意图

DBR 光纤激光器的谐振波长可以表示为如下形式：

$$\lambda = \frac{2nL_{eff}}{q} \tag{2.6.5}$$

式中，q 为谐振模阶次；n 为光纤折射率；L_{eff} 为有效腔长，并可表示为

$$L_{eff} = L_0 + L_{eff,1} + L_{eff,2} \tag{2.6.6}$$

式中，L_0 为 FBG_1 和 FBG_2 之间的间隔；$L_{eff,1}$ 和 $L_{eff,2}$ 分别为 FBG_1 和 FBG_2 的有效长度，与光纤光栅的色散特性有关，并由式(2.6.7)确定：

$$L_{eff,i} = L_g \frac{\sqrt{r}}{2G\tanh(\sqrt{r})}, \quad i=1, 2 \tag{2.6.7}$$

式中，L_g 和 r 分别为 FBG 的长度和反射率；G 为增益系数。DBR 光纤激光器的纵模间隔可以表示为

$$\Delta\lambda = \frac{\lambda^2}{2nL_{eff}} \tag{2.6.8}$$

可以看出，纵模间隔 $\Delta\lambda$ 与 L_{eff} 成反比，L_{eff} 越小，$\Delta\lambda$ 就越大。典型 DBR 光纤激光器有几厘米长，其纵模间隔比 FBG_2 的反射带宽小得多，有多个纵模满足振荡条件，当主模起振时，其他纵模就被抑制，因此 DBR 光纤激光器通常以单纵模运转，但在外部扰动的影响下，激光器容易产生跳模现象，从而限制了这种激光器的应用范围。

为了有效解决 DBR 光纤激光器所存在的跳模问题，可以缩短激光腔长 L_{eff} 以增大纵模间隔 $\Delta\lambda$，使 $\Delta\lambda$ 与 FBG 的反射带宽相当。由式(2.6.6)和式(2.6.7)可知，缩短光栅间隔 L_0 并提高光栅反射率 r，可以缩短有效腔长 L_{eff}，这非常有利于单纵模稳定振荡输出。

2) 光纤光栅 DFB 型掺铒光纤激光器

与光纤光栅 DBR 型掺铒光纤激光器相比，光纤光栅 DFB 型掺铒光纤激光器将光栅直接紫外写入掺铒光纤，并且只用一段光纤光栅实现光反馈和波长选择，结构更简单，频率稳定性更好，同时还避免了掺杂光纤与光纤光栅的熔接损耗。

因为布拉格波长区域存在禁带，所以均匀光纤光栅 DFB 型掺铒光纤激光器不能实现单频激光振荡输出。为了获得稳定的单频激光运转，可以采取两种方法：一是在均匀光纤光栅中引入 π 相移，从而构成相移光纤光栅 DFB 型掺铒光纤激光器，如图 2.6.10 所示；二是采用啁啾光纤光栅，从而构成啁啾光纤光栅 DFB 型掺铒光纤激光器。

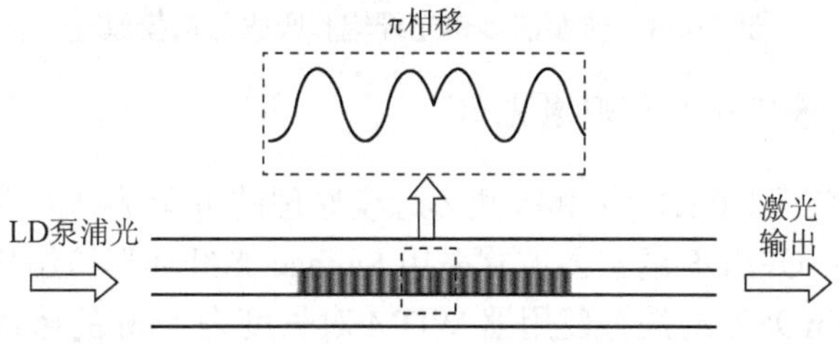

图 2.6.10　相移光纤光栅 DFB 型掺铒光纤激光器结构示意图

2.6.5　基于饱和吸收体选模原理的单纵模掺铒光纤激光器

1. 未泵浦掺铒光纤饱和吸收体选模原理

由激光原理可知，激光纵模间隔与腔长成反比，腔长越长，纵模间隔越小。因为光纤激光器的腔长一般很长，纵模间隔很小，所以光纤激光器腔内可能起振的纵模数量很多，由温度、振动等外界因素所引起激光腔长的微小变化就会产生跳模现象，进而造成输出激光的功率波动和频率漂移，影响激光的功率和频率稳定性。尽管在光纤激光器的谐振腔内使用光滤波器可以抑制振荡模式，但由于光纤激光器腔内常用光滤波器的带宽仍然比激光纵模间隔大很多，因此光纤激光腔内可以起振的纵模个数仍然比较多，如果不采取特别的选模措施，光纤激光器就很难实现单纵模振荡。

掺铒光纤不仅可用作光纤激光器的增益介质，还可用作非线性吸收体。掺铒光纤究竟表现为光增益还是光吸收，这主要与外界所施加的泵浦光功率有关，当外界泵浦光功率比较大时，掺铒光纤起到对光的增益作用；当外界泵浦光功率很小或没有外加泵浦光时，掺铒光纤表现为对光的吸收作用。用于形成超窄带滤波器的未泵浦掺铒光纤，主要利用它的饱和吸收效应。饱和吸收效应是指掺铒光纤对信号光的吸收会随信号光功率的增大而降低。

在掺铒光纤激光器中，最常用的单纵模选择方法是未泵浦掺铒光纤饱和吸收体选模法，其选模的基本原理如图 2.6.11 所示。在掺铒光纤激光器谐振腔中接入一段一定长度的未泵浦掺铒光纤作为可饱和吸收体，通过相应的接入方式使振荡激光在未泵浦掺铒光纤中相向传输发生干涉以形成驻波，由于在波节处光功率较弱，未泵浦掺铒光纤对振荡激光的吸收较强，而在波腹处光功率较强，未泵浦掺铒光纤对振荡激光的吸收较弱，即吸收系数沿未泵浦掺铒光纤轴向呈周期性变化。未泵浦掺铒光纤对形成驻波的纵模模式吸收要比其他未形成驻波的纵模模式的吸收小得多，由于这一纵模模式所遭受的损耗最小，因此有利于抑制激光腔内其他纵模模式的振荡，容易在腔内形成激光振荡。根据克拉默斯-克勒尼希(Kramers-Kroning)关系，折射率与吸收系数成反比，当吸收系数呈周期性变化时，折射率也呈周期性调制，这相当于在未泵浦掺铒光纤中写入了类似超窄带FBG滤波器。当这种自感应FBG滤波器的带宽小于激光器纵模间隔时，即可实现单纵模振荡，并且自感应FBG可自动追踪反射元件的反射波长，这有利于可调谐光纤激光器的选模。

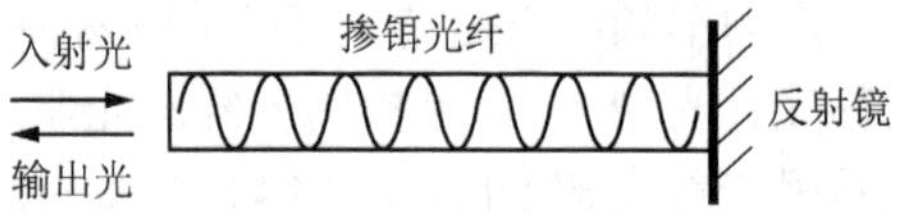

图 2.6.11　未泵浦掺铒光纤饱和吸收体选模原理

2. 可调谐单纵模掺铒光纤环形激光器

基于未泵浦掺铒光纤UPEDF饱和吸收体选模原理的可调谐单纵模掺铒光纤环形激光器如图2.6.12所示，其中UPEDF的接入方式采用Sagnac光纤环形镜结构。980nm激光二极管LD泵浦光通过1550nm/980nm波分复用器WDM对长度为15m的掺铒光纤EDF进行泵浦，两个光隔离器ISO保证激光单向运转并避免因任何反馈而引起腔的不稳定，带宽为25GHz的光纤F-P腔可调谐滤波器FFP-TF作为第一级波长选择元件接入腔内实现波长粗选；采用一个3dB光纤定向耦合器DC_1构成Sagnac光纤环形镜，并将一段3.5m长的UPEDF接入Sagnac光纤环形镜中，以形成自感应窄带FBG并动态跟踪FFP-TF的波长，这种结构可以提供第二级精细滤波，从而保证激光单纵模运转；偏振控制器PC用于控制腔内或环内的双折射，采用另一个3dB光纤定向耦合器DC_2作为激光输出耦合器。环形腔的总长度约为23m，相应的激光纵模间隔约为9MHz。

下面结合图2.6.12简要分析UPEDF饱和吸收体选模的基本原理。入射到Sagnac光纤环形镜中的光波通过3dB定向耦合器DC_1分成两列相同的光波(用实线箭头表示)，这两列光波在UPEDF中相向传播形成驻波，根据驻波理论容易确定光强度分布周期为$\lambda/(2n_{\mathrm{eff}})$，其中$\lambda$和$n_{\mathrm{eff}}$分别为光波的中心波长和未泵浦掺铒光纤的有效折射率。考虑铒离子(Er^{3+}) $^4I_{15/2}$和$^4I_{13/2}$两个能级所组成的二能级系统，其饱和吸收系数可以表示为如下形式：

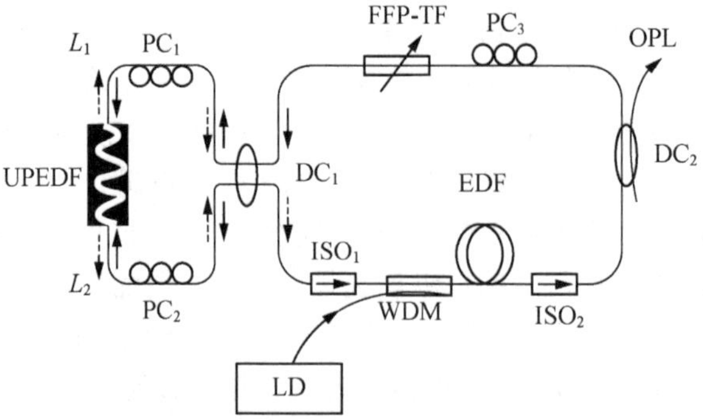

图 2.6.12　可调谐单纵模掺铒光纤环形激光器

LD：激光二极管；WDM：波分复用器；EDF：掺铒光纤；ISO：光隔离器；DC：定向耦合器；PC：偏振控制器；L：连接UPEDF的定向耦合器光纤长度；FFP-TF：光纤F-P可调谐滤波器；UPEDF：未泵浦掺铒光纤；OPL：输出激光

$$\alpha(z)=\frac{\alpha_0}{1+\dfrac{I(z)}{I'_s}} \tag{2.6.9}$$

式中，α_0为小信号吸收系数；I'_s为饱和光强。由于光强$I(z)$的空间周期性变化，从而引起吸收系数$\alpha(z)$也发生周期性变化，这会引起折射率发生周期性变化，并且折射率的变化量是位置参量z和光波频率ω的二元函数，即

$$\Delta n(z,\omega)=\frac{c}{\pi}\text{P.V.}\int_{\omega_1}^{\omega_2}\frac{\Delta\alpha(z,\omega')}{(\omega')^2-\omega^2}\text{d}\omega' \tag{2.6.10}$$

式中，P.V.表示积分的主值(取值范围为$\omega_1<\omega<\omega_2$)。当使用低掺杂掺铒光纤(掺杂浓度小于$10^{19}\text{Er}^{3+}/\text{cm}^3$)并且激光腔内光功率不超过 20mW 时，容易推导出感应折射率变化量$\Delta n<3\times10^{-7}$，因此在 UPEDF 中由入射光感应出弱耦合 FBG，其光栅周期$\varLambda=\lambda/(2n_{\text{eff}})$。于是，经自感应 FBG 反射的两列光波相汇合并从 3dB 定向耦合器 DC_1 透射(在图 2.6.12 中用虚线箭头表示)，带有自感应 FBG 的 Sagnac 光纤环形镜的透射率可以表示为

$$T=\frac{\left[(1-2k_c)\sqrt{1-\dfrac{\varDelta^2}{k_g^2}}+2\sqrt{k_c(1-k_c)}\sinh(L_g\sqrt{k_g^2-\varDelta^2})\cos(\beta\cdot\Delta L)\right]^2}{\cosh^2(L_g\sqrt{k_g^2-\varDelta^2})-\dfrac{\varDelta^2}{k_g^2}} \tag{2.6.11}$$

式中，β是模传播常数；$\varDelta=\beta-\pi/\lambda$是失调量；$k_g$是光栅的耦合系数；$L_g$是光栅长度；$k_c$是耦合器的耦合系数；$\Delta L=L_1-L_2$是图 2.6.12 所示的光纤定向耦合器 DC_1 的两段光纤长度之差。当$k_c=0.5$且$\Delta L=0$时，由式(2.6.11)可以得到与标准 FBG 透射率相同的表达式，即

$$T=\frac{\sinh^2(L_g\sqrt{k_g^2-\varDelta^2})}{\cosh^2(L_g\sqrt{k_g^2-\varDelta^2})-\dfrac{\varDelta^2}{k_g^2}} \tag{2.6.12}$$

自感应 FBG 的带宽(FWHM)可以表示为

$$\Delta f=\frac{c}{\lambda}k_g\sqrt{\left(\frac{\Delta n}{2n_{\text{eff}}}\right)^2+\left(\frac{1}{N_g}\right)^2} \tag{2.6.13}$$

式中，$N_g=L_g/\varLambda$是光栅的总周期数；λ是发生最大反射时的光波中心波长。自感应 FBG 的耦合系数k_g可以根据折射率变化量Δn的大小估计如下：

$$k_g=\frac{\Delta n}{n_{\text{eff}}\lambda} \tag{2.6.14}$$

如果取$\lambda=1540\text{nm},L_g=3.5\text{m},n_{\text{eff}}=1.45,\Delta n<3\times10^{-7}$，那么由式(2.6.13)和式(2.6.14)可以估计出自感应 FBG 的反射带宽$\Delta f<5.6\text{MHz}$。考虑到光纤环形腔的纵模间隔为 9MHz，这种带有自感应 FBG 的 Sagnac 光纤环形镜可以很好地满足激光单纵模选择条件，保证激光器以单纵模振荡输出。

2.7 半导体激光器

半导体激光器是以半导体材料作为激光工作物质的激光器，它具有体积小、寿命长、效率高、结构简单、价格低廉以及可以高速调制等一系列优点，在激光传感与测量、全固态激光器、激光通信和光存储等许多领域得到了广泛应用。

半导体激光器形成激光的必要条件与其他激光器相同，同样需要满足粒子数反转分布的光放大条件、谐振条件和阈值振荡条件等，但激发机理与其他激光器有明显的不同。半导体激光器是载流子注入型激光器，其电子跃迁发生在半导体材料导带中的电子态和价带中的空穴态之间，而不像原子、分子、离子激光器那样发生在两个确定的能级之间。半导体材料中也有受激吸收、受激辐射和自发辐射过程。在外部激励下，半导体价带中的电子可以获得能量跃迁到导带上，从而在价带中形成一个空穴，这相当于受激吸收过程。此外，价带中的空穴也可以由从导带跃迁来的电子填补复合。在复合时，电子把大约等于 E_g 的能量释放出来，发出一个频率为 $\nu = E_g/h$ 的光子，这一过程相当于自发辐射或受激辐射。显然，如果在半导体中能够实现粒子数反转分布状态，使得受激辐射大于受激吸收，就可以实现光放大。如果进一步满足激光振荡的阈值条件(即光增益大于光损耗)，就可以产生激光振荡输出。

2.7.1 半导体与 PN 结的能带结构

1. 半导体的能带结构

由半导体物理可知，本征(纯净)半导体的能带结构由价带、禁带和导带组成，而导带和价带又由非连续的能级构成。本征半导体在零开（绝对零度）时，价带中充满了电子，而导带中完全没有电子，这时半导体是一个不导电的绝缘体。但是，随着温度的升高，部分电子由于热运动激发到导带中，成为自由电子；同时由于价带中少了一个电子，产生一个空穴，相当于一个与电子电量相同的正电荷。在外电场的作用下，导带中的电子和价带中的空穴都可以运动而导电，二者都称为载流子。设电子波矢为 $\boldsymbol{k}$，则导带中电子的能量为

$$E_e(\boldsymbol{k}) = E_c + \frac{(\hbar\boldsymbol{k})^2}{2m_c} \tag{2.7.1}$$

价带中空穴的能量为

$$E_h(\boldsymbol{k}) = E_v - \frac{(\hbar\boldsymbol{k})^2}{2m_v} \tag{2.7.2}$$

式中，m_c 和 m_v 分别为电子在导带和空穴在价带的有效质量；E_c 和 E_v 分别为导带底部和价带顶部的能量，其能量差为禁带宽度，即

$$E_c - E_v = E_g \tag{2.7.3}$$

半导体的能带结构和晶体的对称性有关，并不是所有半导体的导带底部和价带顶部都对应于同一个 $\boldsymbol{k}$。但是，电子-空穴符合发光跃迁要求：波矢为 $\boldsymbol{k}$ 的电子跃迁到缺 $\boldsymbol{k}$ 电子的空穴

位置处，即跃迁时要求满足 $\Delta \boldsymbol{k}=0$，这种导带底部和价带顶部能对应上的半导体称为直接带隙半导体，如砷化镓等。因此，只有直接带隙半导体才可用来制作半导体激光器。虽然硅和锗等半导体制造工艺很成熟，但因其不是直接带隙半导体，故不能用于制作半导体激光器。

在热平衡状态下，电子在能带中处于能量为 E 的状态的概率 $f(E)$ 不再服从玻尔兹曼分布，而是服从费米-狄拉克分布，即

$$f(E)=\frac{1}{\exp\left(\dfrac{E-E_{\mathrm{F}}}{k_{\mathrm{b}}T}\right)+1} \tag{2.7.4}$$

式中，k_{b} 为玻尔兹曼常数；T 为热力学温度；E_{F} 为费米能级的能量。费米能级是半导体能带的一个特征参量，它由半导体材料的掺杂浓度和温度决定，反映电子在半导体内能带上的分布情况。对于本征半导体，费米能级在禁带的中间位置，价带能级低于费米能级，同时导带能级高于费米能级。由式(2.7.4)可知，在热平衡状态下，价带中的电子总是比导带中的电子多。在温度趋于零开时，导带被电子占据的概率几乎为零，即导带几乎没有电子，而电子基本上处于价带。图 2.7.1 所示为热平衡状态下直接带隙半导体的能带结构示意图(横坐标为波矢 $\boldsymbol{k}$)。

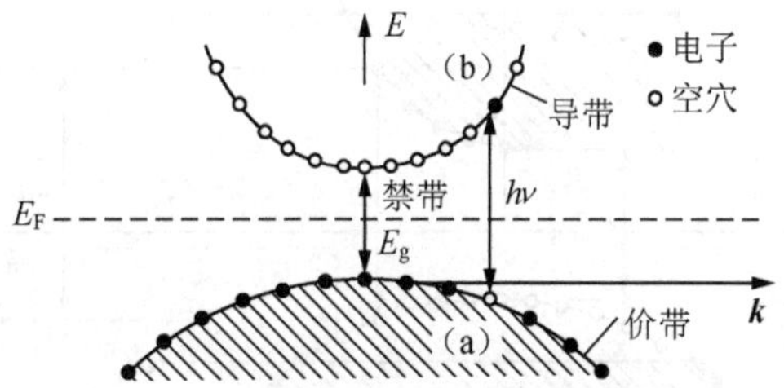

图 2.7.1　热平衡状态下直接带隙半导体的能带结构示意图

在四价的半导体晶体材料中，掺以五价元素取代四价元素在晶体中的位置，这种掺杂的半导体称为 N 型半导体。若在四价的半导体晶体材料中掺以三价元素，则这种掺杂的半导体称为 P 型半导体。在 N 型半导体中，多出来的电子不能参与组成共价键，很容易成为自由电子，这使得在导带的下方靠近导带的地方形成新的能级，称为施主能级。在 P 型半导体中，由于三价元素少一个电子，其中一个共价键出现空穴，电子占据价带的概率增大，这使得在价带的上方靠近价带的地方增加出新的能级，称为受主能级。

杂质半导体中费米能级的位置与杂质类型及掺杂浓度有密切关系，如图 2.7.2 所示。受主能级使费米能级向下移动，在重掺杂时甚至可使费米能级移动到价带之内；施主能级使费米能级向上移动，在重掺杂时甚至可使费米能级移动到导带之内。因此，在重掺杂 P 型半导体中，低于费米能级的能态都被电子填满，高于费米能级的能态都是空的，价带中出现空穴，这种半导体称为 P 型简并半导体；反之，在重掺杂 N 型半导体中，低于费米能级的能态都被电子填满，尽管温度极低，导带中也有自由电子，这种半导体称为 N 型简并半导体。当半导体受到外来光子作用时，只能使电子向没有被电子占据的空穴跃迁。无论是 P 型简并半导体还是 N 型简并半导体，都只有一个费米能级，在它之上没有电子，在它之下充满了电子，因此不会发生电子向没有被电子占据的空穴跃迁，而只会将外来光子吸收。

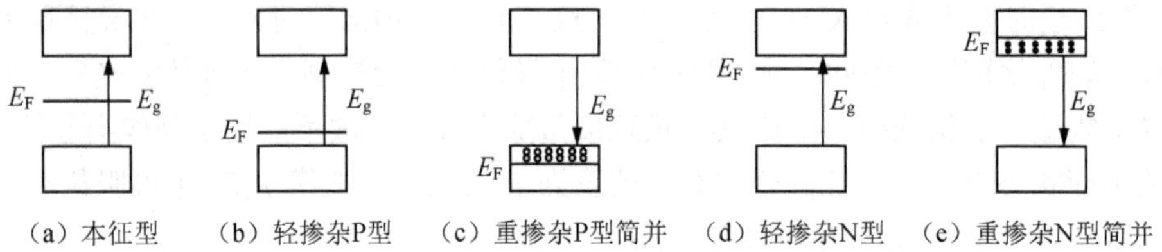

图 2.7.2　费米能级的位置与杂质类型及掺杂浓度的关系

如果把 P 型简并半导体和 N 型简并半导体制作在一起，就在 P 型与 N 型连接处形成一个 PN 结(在同一种基质材料中分别掺以施主或受主杂质形成的 PN 结称为同质结；由不同基质材料形成的 PN 结称为异质结)。在非热平衡状态下，会使半导体处于同时存在两个费米能级(即导带准费米能级 E_{F_c} 和价带准费米能级 E_{F_v})的双简并状态，这时外来光子照射双简并半导体时，可使价带上的电子跃迁到导带，同时在价带形成一个空穴，如图 2.7.3 所示，半导体激光器就是利用电流注入形成双简并态的。

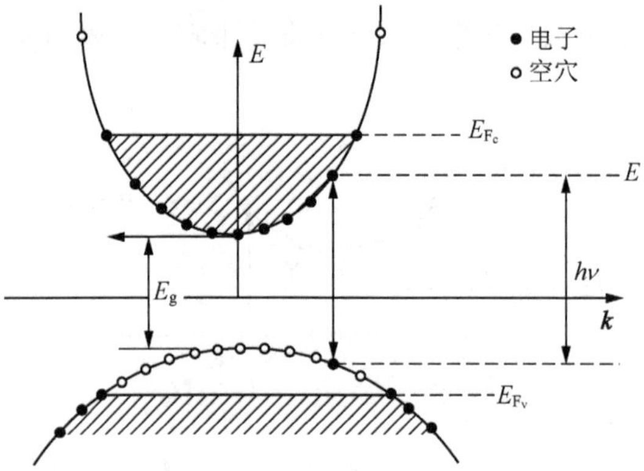

图 2.7.3　非热平衡状态下直接带隙半导体的能带结构及电子、空穴的能级布局示意图

2. PN 结的双简并能带结构

双简并态也可以采用电流注入 PN 结的方法来实现。PN 结两侧的 P 区和 N 区都是简并的，当无外加电场时，由于电子和空穴的扩散运动，在 PN 结处将产生自建场，并引起漂移运动。当扩散运动和漂移运动达到平衡时，根据热力学原理，P 区和 N 区的费米能级必然达到同一水平，即处于热平衡状态时，整个半导体中费米能级的能量取同一数值，如图 2.7.4(a)所示。这时，在 P 区和 N 区分别出现 P 型简并和 N 型简并区，P 区的价带顶部充满了空穴，而 N 区的导带底部则充满了电子，在结区造成能带弯曲。

当在 PN 结的两侧加以正向电压为 $V \approx E_g/e$ 的电场时，外电场部分抵消自建场的作用，使 PN 结的势垒下降，N 区的费米能级相对于 P 区升高 eV。外加电压使得有正向电流产生，这种现象称为“载流子注入”。在这种非平衡状态下，结区的统一费米能级不复存在，形成结区的两个费米能级，称为准费米能级。在结区形成一个厚度约为 1μm 的薄作用区，该区内同时有大量的导带电子和价带空穴，形成双简并能带结构，如图 2.7.4(b)所示。

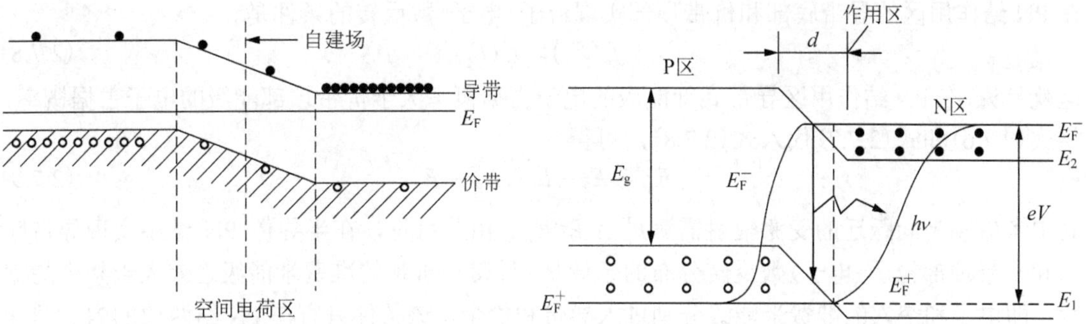

（a）PN结未加电压时的能带结构　　（b）PN结加正向电压时形成的双简并能带结构

图 2.7.4　PN 结能带结构简图

2.7.2　半导体激光器的工作原理及阈值条件

1. 产生受激辐射的条件

两个费米能级使得导带中有自由电子，价带中有空穴。当外来光子入射到这种双简并半导体介质，并且光子的能量与导带中电子和价带中空穴之间的能量之差相等时，外来入射光子就会诱导导带中的电子向价带中的空穴跃迁而进行复合，在电子与空穴复合的同时发射一个与入射光子状态完全相同的光子，即产生受激辐射光放大。当外来入射光子的能量大于两费米能级 E_{F_c} 和 E_{F_v} 之间的能量差，或者小于导带底部与价带顶部能级之间的能量差(即禁带宽度 E_g)时，就不会诱导产生受激辐射跃迁。因此，在半导体中产生受激辐射光放大的必要条件是在半导体中存在双简并能带结构，并且入射光的能量 $h\nu$ 满足如下关系：

$$E_g \leqslant h\nu \leqslant E_{F_c} - E_{F_v} \tag{2.7.5}$$

2. 粒子数反转分布

外加电压产生的载流子注入会使 PN 结作用区的导带电子和价带空穴造成复合跃迁，并辐射光子。这种过程产生的是非相干光，自发辐射的跃迁概率与电子在 PN 结作用区的平均寿命成反比。产生受激辐射的条件是在结区的导带底部和价带顶部形成粒子数反转分布。

考虑激光器工作在连续发光的动平衡状态，非平衡载流子的寿命足够长，在 PN 结的作用区内，导带底部电子占据能量为 E_2 能级的概率可以用导带准费米能级来计算，即

$$f_c(E_2) = \frac{1}{\exp\left(\dfrac{E_2 - E_{F_c}}{k_b T}\right) + 1} \tag{2.7.6}$$

电子处于价带中能量为 E_1 能级的概率可以用价带准费米能级来计算，即

$$f_v(E_1) = \frac{1}{\exp\left(\dfrac{E_1 - E_{F_v}}{k_b T}\right) + 1} \tag{2.7.7}$$

在 PN 结作用区的导带底部和价带顶部实现粒子(电子)数反转的条件是

$$f_c(E_2) > f_v(E_1) \tag{2.7.8}$$

这就是说，在 PN 结作用区导带底部能级的电子占据概率大于价带顶部能级的电子占据概率，将式(2.7.6)和式(2.7.7)代入式(2.7.8)，可得

$$E_g \leqslant E_2 - E_1 < E_{F_c} - E_{F_v} \tag{2.7.9}$$

其中考虑到带间跃迁的受激辐射需满足 $h\nu \geqslant E_g$。由此可见，在半导体 PN 结中实现导带底部和价带顶部粒子(电子)数反转分布的条件是：导带和价带的准费米能级之差大于禁带的宽度，即电子和空穴的准费米能级分别进入导带和价带。该条件只有在 PN 结两边的 N 区和 P 区高掺杂时才能够满足，这同时也是 LD 和一般半导体器件的区别所在。当在 PN 结上加适当大的正向电压并且满足 $eV \approx E_{F_c} - E_{F_v} > E_g$ 时，在 PN 结的作用区可以实现粒子数发生反转分布，若能量 $h\nu = E_2 - E_1$ 且满足式(2.7.9)的光子通过 PN 结作用区，就可实现光的受激辐射放大。

3. 阈值增益系数

激光器产生激光的前提条件除了粒子数反转分布之外，还需要满足激光振荡的阈值条件，即小信号增益系数大于阈值增益系数或单程小信号增益大于单程损耗。由 1.3.3 节已知：

$$G^0 \geqslant \frac{\delta}{l} = \frac{\alpha_{in} + \alpha_{out}}{l} \tag{2.7.10}$$

式中，$\delta = \alpha_{in} + \alpha_{out}$ 是半导体激光器谐振腔的单程损耗因子，其中 α_{in} 是半导体激光器内部损耗因子，主要包括衍射、自由载流子等引起的非本征吸收等各种内部损耗；α_{out} 是半导体激光器的输出损耗因子，是由输出解理面部分反射系数引起的损耗；l 为半导体两解理面之间的长度。

设半导体激光器谐振腔的长度为 L，两解理面的反射率分别为 r_1 和 r_2，式(2.7.10)可以表示为

$$G^0 l \geqslant \alpha_{in} + \frac{1}{2L}\ln\frac{1}{r_1 r_2} \tag{2.7.11}$$

产生激光振荡的阈值增益系数可以表示为

$$G_{th} = \frac{1}{l}\left(\alpha_{in} + \frac{1}{2L}\ln\frac{1}{r_1 r_2}\right) \tag{2.7.12}$$

由式(2.7.12)可以看出，通过尽量减少光子在半导体介质内部的损耗，适当增加增益介质的长度，并对激光腔非输出镜面蒸镀高反射膜，都可以降低半导体激光器的振荡阈值。

4. 阈值电流密度

除了用阈值增益外，激光器处在阈值状态所对应的注入电流、注入载流子浓度等其他参数均可作为阈值条件。由于增益系数与反转粒子数密度成正比，因此激光器的阈值增益也与阈值反转粒子数密度成正比，可以用阈值反转粒子数密度来表达阈值增益。但是，由于半导体激光器在 PN 结作用区的反转粒子数密度难以确定，而反转粒子数密度一般是通过外加注

入电流来实现的，所以可以将反转粒子数密度与半导体激光器的注入电流联系起来，即增益系数或反转粒子数密度随着半导体激光器的注入电流而变化，因此阈值振荡条件也常用阈值电流密度表示。在低温下，假设在一定的时间间隔内，注入半导体激光器的电子总数与相同时间内发生的电子与空穴复合数相等而达到平衡，则有

$$\frac{\Delta nLwd}{\tau}=\frac{I_{\text{in}}}{e} \tag{2.7.13}$$

式中，Δn 为反转粒子数密度；w 和 d 分别为晶体的宽度和作用区的厚度；τ 为结区电子与空穴复合的寿命；I_{in} 为半导体激光器的注入电流。通过 PN 结作用区的电流密度 J 可以表示为

$$J=\frac{I_{\text{in}}}{wL} \tag{2.7.14}$$

将式(2.7.13)代入式(2.7.14)，可以得到电流密度表达式，即

$$J=\frac{ed\Delta n}{\tau} \tag{2.7.15}$$

于是，半导体激光器的阈值电流密度可以表示为

$$J_{\text{th}}=\frac{ed\Delta n_{\text{th}}}{\tau} \tag{2.7.16}$$

式中，Δn_{th} 为阈值反转粒子数密度。可见，减小 PN 结作用区的厚度可以降低半导体激光器的阈值电流密度。

半导体激光器的阈值电流也可以通过激活层中单位时间内载流子的复合数目来估计，即

$$I_{\text{th}}\approx\frac{eNAd}{\tau} \tag{2.7.17}$$

式中，N 为激活层中载流子密度；A 为激活层侧面面积；d 为激活层厚度。由式(2.7.17)可以得到阈值电流密度表达式如下：

$$J_{\text{th}}\approx\frac{eNd}{\tau} \tag{2.7.18}$$

同质结半导体激光器的激活层厚度 $d\approx 1\mu\text{m}$，阈值电流密度可达几千安每平方厘米；异质结半导体激光器因 d 较小等因素，阈值电流密度降低 1 或 2 个数量级(双异质结半导体激光器在室温下的阈值电流密度比同质结半导体激光器降低了两个数量级)，阈值电流一般只有几十毫安。

2.7.3　半导体激光器常用结构

半导体激光器是介质波导腔激光器，其核心是 PN 结。由于同质结激光器的阈值电流很大，在室温下只能以脉冲方式工作，只有在低温下才有可能实现连续波运转。为了降低阈值电流密度以实现室温下的连续波运转，也为避免半导体材料出现热损伤，并提高半导体激光器的输出功率和效率，必须将载流子和光子限制在半导体激光器的 PN 结作用区(即有源区)以内，从而减少光子从波导腔的侧面逸出腔外，为此常常采用单异质结、双异质结和量子阱结构。同时，为了改善半导体激光器的振荡模式等特性，除了采用 F-P 腔结构外，还常采用分布反馈(DFB)和分布布拉格反射(DBR)以及垂直腔(VC)等谐振腔结构。

1. 双异质结半导体激光器

异质结是由不同材料的 P 型半导体和 N 型半导体构成的 PN 结，形成 PN 结的两种材料沿界面具有相近的结构，以保持晶格的连续性。为了进一步改善对载流子和光子的限制效果，常采用图 2.7.5 所示的双异质结(double heterojunction, DH)结构，其中 P-GaAs 有源区(厚度为 0.1～0.2μm)两侧分别为 P 型和 N 型 AlGaAs，即在 P-GaAs 有源区两侧各有一个异质结 $GaAs/Al_xGa_{1-x}As$ 和 $GaAs/Al_yGa_{1-y}As$。

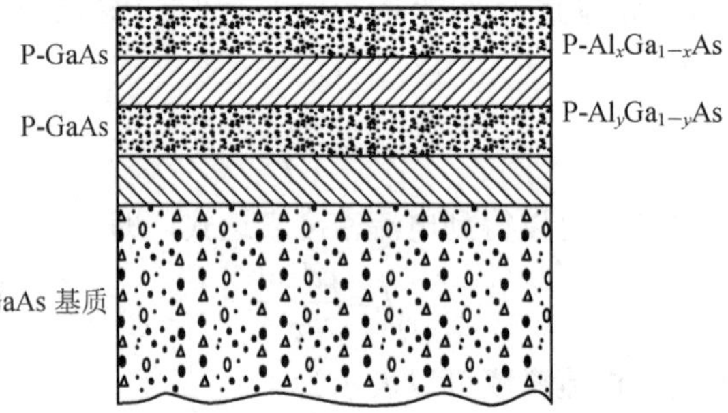

图 2.7.5　双异质结(DH)示意图

双异质结 AlGaAs/GaAs 激光器的典型结构如图 2.7.6 所示。其中，GaAs 薄层为有源区，它在 x 轴方向上的厚度为 0.1～0.2μm。GaAs 有源区上、下分别是厚度为 5nm～1μm 的 P 型和 N 型 AlGaAs 附加层，它们与 GaAs 形成双异质结。受激辐射的产生与光放大限定在 GaAs 有源区内进行。激光器轴向或产生激光辐射方向(z 轴方向)的典型长度为 0.2～1μm，在该长度上材料提供均匀增益。双异质结结构成功地解决了在垂直于结平面方向(即 x 轴方向)上对载流子和光子的限制问题。

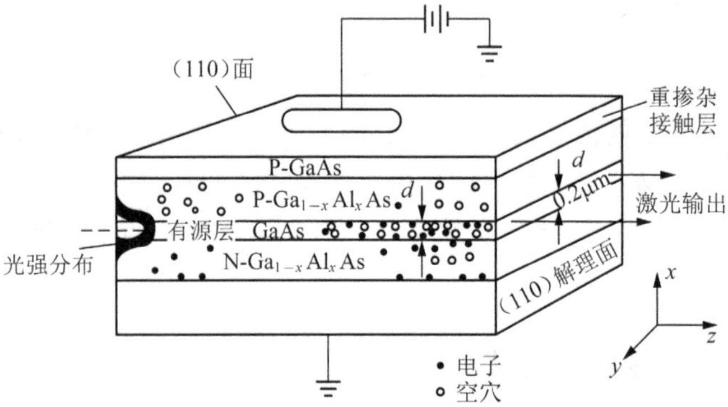

图 2.7.6　双异质结 AlGaAs/GaAs 激光器典型结构示意图

双异质结结构及其对载流子和光子的限制作用如图 2.7.7 所示，这种双异质结激光器的阈值电流密度可降低到 10^2～$10^3A/cm^2$。阈值电流降低的主要原因，一是晶体的禁带宽度随 Al 含量的增加而单调地增加，$Al_{0.3}Ga_{0.7}As$ 的能带间隙(约 1.8eV)远大于 GaAs 的能带间隙(1.4eV)，因此在两个结区形成如图 2.7.7(b)所示的势能曲线，这样就使得注入的电子和空穴被限定在更小的区域内；另一个原因是 GaAs 的折射率($n\approx3.6$)比 $Al_{0.3}Ga_{0.7}As$ 的折射率($n\approx3.4$)大，即激活层两侧折射率差很大，如图 2.7.7(c)所示，形成明显的光波导结构，从而使激光模式限定在一个较窄的有光增益的波导内，大大减少了光波传输损耗，基模光场分布如图 2.7.7(d)所示；此外，激光器的散热能力也有较大改善。双异质结半导体激光器在室温下可获得数十毫瓦的连续波功率输出。

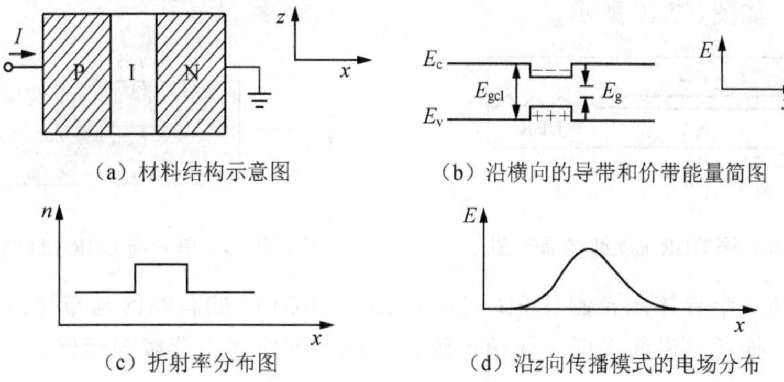

(a) 材料结构示意图　(b) 沿横向的导带和价带能量简图

(c) 折射率分布图　(d) 沿z向传播模式的电场分布

图 2.7.7　双异质结结构及其对载流子和光子的限制作用示意图

2. F-P 腔半导体激光器

普通 F-P 腔双异质结激光器的结构如图 2.7.8 所示。在 x 轴方向上，核心部分是以有源区为中心、两侧有限制层的双异质结三层平板波导结构。有源区的下面是衬底和金属接触电极，上面是氧化层和金属接触电极；在有源区的侧向(即 y 轴方向)形成增益波导或折射率波导结构对载流子进行限制。在轴向(即 z 轴方向)上，采用两端衬底材料的解理面作为谐振腔的端面反射镜，从而构成 F-P 型驻波谐振腔，腔长 L 一般为几百微米。由于半导体衬底材料的折射率很大，在半导体与空气界面处的反射率约为 30%，不需要在腔镜上镀反射膜就可以产生足够强的光反馈。

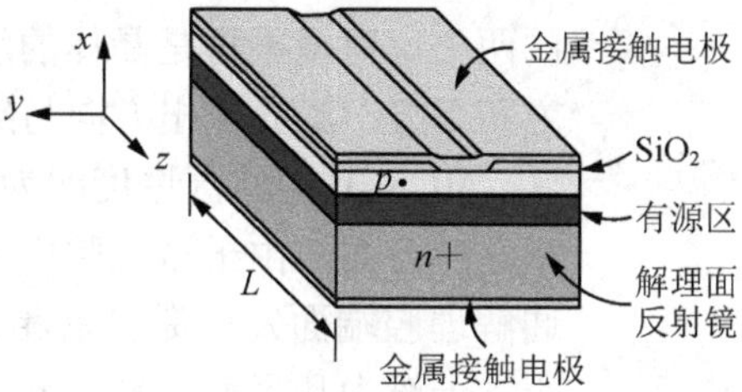

图 2.7.8　普通 F-P 腔双异质结激光器结构

3. 分布布拉格反射式半导体激光器

分布布拉格反射式半导体激光器(DBR-LD)是通过内含布拉格光栅来实现光反馈的，其结构原理如图 2.7.9 所示。布拉格光栅是一个折射率呈现周期性变化的光学元件，满足布拉格条件的光波被布拉格光栅反射，即

$$\lambda_B = 2n_{eff}\Lambda \tag{2.7.19}$$

式中，n_{eff} 为布拉格光栅材料的有效折射率；Λ 为光栅周期。因两个布拉格光栅处于有源波导层的两侧，起到布拉格反射镜的作用，在自发辐射光谱中，只有在布拉格波长(频率)附近的光波才能提供有效的反馈。由于有源波导的增益作用和两个无源周期波导的布拉格反射作

用，只有在布拉格波长(频率)附近的光波才能满足振荡的阈值条件，从而产生激光振荡输出。显然，DBR-LD的腔内损耗依赖于光波波长，因此它在单色性等方面优于普通F-P腔半导体激光器。图2.7.9所示的DBR-LD中的一个布拉格光栅反射器也可以用半导体材料的解理面反射镜来代替，如图2.7.10所示。

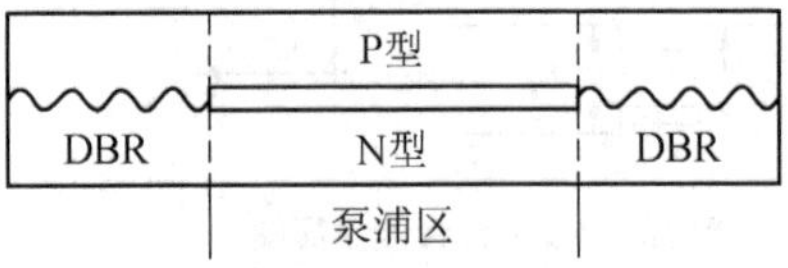

图2.7.9　双光栅DBR-LD结构原理图

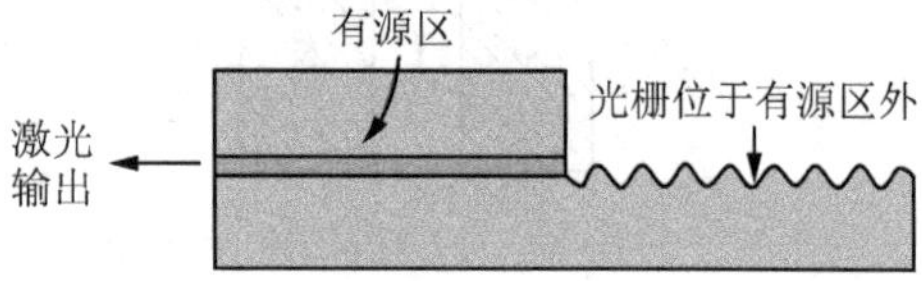

图2.7.10　单光栅DBR-LD结构示意图

与分布反馈式半导体激光器(DFB-LD)相比，DBR-LD的有源区与布拉格光栅相分离，大大降低了腔内损耗，进而降低了阈值电流，可以实现室温下连续波运转。

4. 垂直腔面发射激光器

普通解理腔半导体激光器是从激活区侧面输出激光，而垂直腔面发射激光器(vertical cavity surface emitting laser, VCSEL)的光束输出方向垂直于衬底，即VCSEL是一种电流和激光振荡方向都与芯片表面垂直的激光器。

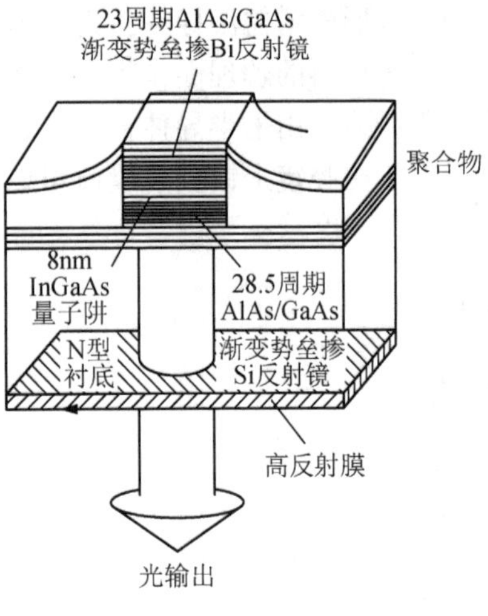

图2.7.11　VCSEL结构示意图

VCSEL的结构如图2.7.11所示，它是由在高、低折射率介质材料交替生长成的分布布拉格反射器(DBR)之间连续生长单个或多个量子阱有源区所构成的，其有源区位于两个限制层之间并构成双异质结。在顶部镀有金属反射层以加强上部DBR的光反馈作用，激光束可从透明衬底输出，也可从带有环形电极的顶部输出。谐振腔的两个反射镜不再是晶体的解理面，分布位于结区的上方和下方，激光输出方向与结平面垂直。

VCSEL的结区厚度即为谐振腔长度，一般只有几微米。一方面，由于激光腔内增益介质非常短，所以与普通解理腔端面发射激光器相比，VCSEL的输出功率较小，一般为几毫瓦；另一方面，正是由于VCSEL的谐振腔长度很短，因而具有很大的纵模间隔，在增益带宽范围内只有单个纵模可以形成激光振荡输出，即VCSEL可以单纵模运转，如果再通过微调VCSEL的腔长，还可产生波长可调谐的单纵模激光输出，波长调谐范围可达30nm以上。VCSEL的另一个显著特点是它的输出光束具有圆形截面，因此可以比较容易地控制光束尺寸和发散角。

2.7.4　半导体激光器的主要工作特性

1. 阈值特性

半导体激光器是电流注入式阈值器件，它的工作状态取决于注入电流的大小。当注入电流低于阈值电流时，半导体激光器以自发辐射为主，发射的不是激光而是普通的荧光，这时半导体激光器的工作状态类似于一般的发光二极管。当注入电流高于阈值电流时，受激辐射占主导地位，产生光放大并形成激光振荡输出。半导体激光器输出光功率 P 与注入电流 I 的关系曲线(即 P-I 特性曲线)如图 2.7.12 所示，可以看出，当注入电流低于阈值电流时，输出光功率随注入电流的增加而缓慢增加，但当注入电流高于阈值电流时，输出光功率随注入电流的增加而急剧增加，二者呈线性变化规律。

2. 振荡波长及其温度调谐特性

半导体激光器发射光子的能量近似等于半导体材料的禁带宽度，因此半导体激光器的振荡波长取决于半导体材料的禁带宽度，即

$$\lambda = \frac{hc}{E_g} \tag{2.7.20}$$

可见，只要知道半导体材料的带隙 E_g，即可得到半导体激光器的振荡波长。双异质结 AlGaAs/GaAs 激光器的振荡波长范围为 0.75～0.89μm。利用 InGaAsP 四元系半导体材料可以制成光纤通信用 1.3μm 和 1.55μm 激光器，前者对石英光纤具有最小的色散，后者具有最低的损耗。另外，InGaAlP 激光器可以产生 630～670nm 的红光输出。

半导体激光器的振荡波长随结区温度变化而变化，当结区温度升高时，半导体材料的禁带宽度变窄，因此半导体激光器的振荡波长变大，即向长波长方向移动，这称为半导体激光器波长“红移”现象。由于半导体材料的禁带宽度和半导体激光器的腔长均随温度变化而变化，半导体激光器振荡波长随着温度升高而呈现阶梯形变化规律，如图 2.7.13 所示。

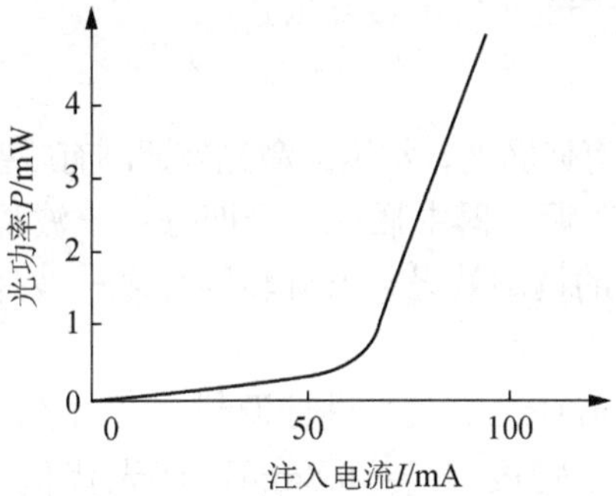

图 2.7.12　半导体激光器的 P-I 特性曲线

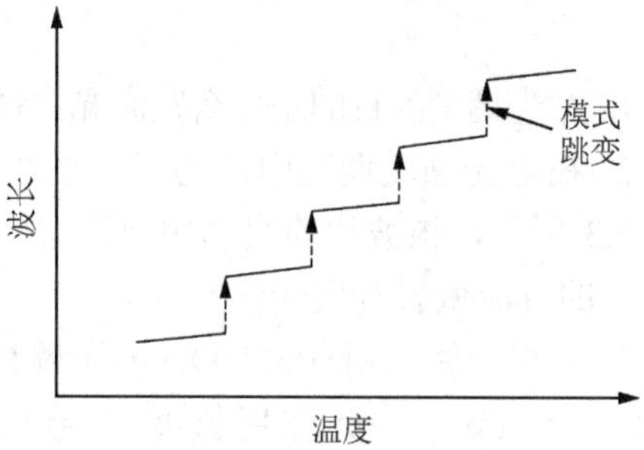

图 2.7.13　半导体激光器波长随温度的变化规律

3. 横模与光束发散角

半导体激光器的横模反映了在垂直于激光谐振腔方向上的光场分布，包括近场分布和远场分布，如图 2.7.14 所示。近场分布反映半导体激光器输出镜面上的光强分布，由半导体激光器横模特性决定；远场分布反映半导体激光器输出光束在传播一定距离处的光强分布，不仅与半导体激光器的横模有关，而且与半导体激光器的光束发散角有关。

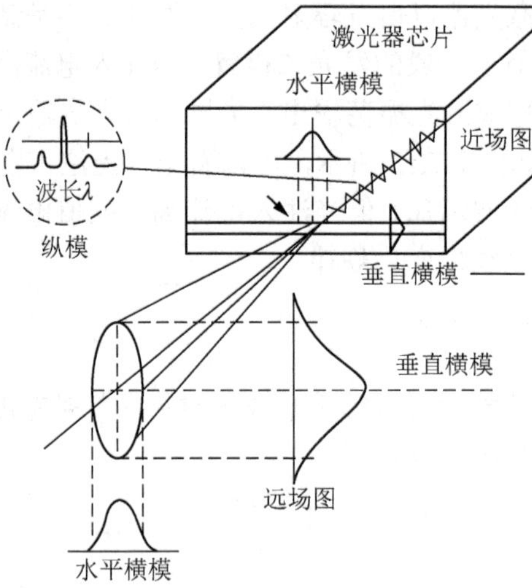

图 2.7.14　半导体激光器的近场与远场分布

由于半导体激光器发光源的线度小，衍射效应显著，因此光束发散角大，并且在平行和垂直于 PN 结方向上的发散角不同。在平行于 PN 结方向上的发散角约为 10°，而在垂直于 PN 结方向上的发散角可达 30°，因此光束横截面呈椭圆状，要使用特殊设计的光学系统才能变换成圆形截面的平行光束。

习题与思考题

1. 激光调制的目的是什么？激光内调制和外调制有何区别？常用的激光外调制有哪些？

2. 在电光强度调制中，为了实现线性调制，常在调制器中插入一个四分之一波片，如图 2.1.3 所示，该波片的快轴如何设置才可获得最佳的调制效果？若旋转四分之一波片，它所提供的直流偏置有何变化？

3. 采用一钼酸铅($PbMoO_4$)声光调制器对 632.8nm He-Ne 激光进行调制，已知超声总功率为 P_s = 1W，声光作用长度 l = 1.8mm，换能器宽度 H = 0.8mm，声光优值 M_2 = $36.3\times10^{-15}s^3/kg$，试求该声光调制器的衍射效率。

4. Nd:YAG 激光器的光学腔长为 50mm，振荡线宽为 150GHz，欲在腔内插入一只熔融石英(折射率为 1.45)制作的 F-P 标准具以实现单纵模振荡，试计算确定 F-P 标准具的几何厚度及两表面介质膜的反射率。

5. 设 632.8nm He-Ne 激光器的光学腔长为 300mm，振荡线宽为 1200MHz，试分析激光器最多能有几个纵模形成振荡；为获得单纵模振荡输出，激光谐振腔的最大光学长度为多少？

6. 设 632.8nm He-Ne 激光器采用平凹稳定腔结构，其光学腔长为 0.5m，凹面镜曲率半径为 2m，在腔内紧靠凹面镜位置处放置一小孔光阑，当小孔光阑直径等于 TEM_{00} 模半径的 3 倍时，可选出 TEM_{00} 模，试计算确定该小孔光阑的直径。

7. 简述采用双折射滤光片实现单纵模选择的原理。

8. 采用短腔法选择单纵模一般有什么限制？采用钕玻璃作为激光工作物质，其荧光线宽 $\Delta\nu_F = 7.5\times10^{12}$Hz，折射率 $n = 1.52$，试分析采用短腔法选择单纵模的可行性。

9. 激光频率的稳定性和复现性有何不同？什么是激光频率漂移现象？激光频率漂移有何规律？什么是激光跳模现象？

10. 常用的主动稳频方法有哪些？说明兰姆凹陷稳频的基本原理及其基本要求。兰姆凹陷稳频和反兰姆凹陷稳频有何不同？试举例说明。

11. 简述 PDH 稳频原理及其优缺点。

12. 简要说明 3.39μm He-Ne 激光器的工作原理，并画出能级系统简图。

13. 简要说明纵向塞曼双频 He-Ne 激光器的稳频原理和系统组成。

14. 与传统的气体放电灯泵浦固体激光器相比，全固态激光器有哪些优点？

15. 全固态激光器中光谱匹配和模式匹配的含义是什么？对于端面泵浦全固态激光器，如何实现光谱匹配和模式匹配？

16. 简要说明二极管端面泵浦 1064nm Nd:YAG 激光器的工作原理和系统组成，并说明产生基横模振荡输出的实现方法。

17. 常用的单频全固态激光器有哪些结构形式？有何特点？

18. 光纤激光器有哪些主要特点？

19. 简要说明光纤光栅 DBR 式掺铒光纤激光器的结构和工作原理。

20. 简要说明未泵浦掺铒光纤饱和吸收体选择单纵模的基本原理。

21. 与同质结半导体激光器相比，双异质结半导体激光器有什么特点？

22. 半导体激光器实现受激辐射光放大及粒子数反转分布的条件是什么？

23. FP-LD 和 DBR-LD 的结构各有什么特点？

24. 什么是 LD 波长“红移”现象？产生波长“红移”现象的主要原因是什么？

25. GaAs 材料的禁带宽度 $E_g = 1.43$eV，试求 GaAs 半导体激光器的发射波长。

第3章

新型双频激光器与激光传感器

双频激光器在激光传感与测量领域扮演着极其重要的角色。目前，常用的双频激光器有632.8nm 塞曼双频 He-Ne 激光器和 632.8nm 双纵模 He-Ne 激光器(参见 2.3.3 节和 2.4.4 节)，由于 Ne 原子在 632.8nm 光谱线的线宽约为 1500MHz，其频率差(简称频差)一般不超过1200MHz，难以满足高精度绝对距离干涉测量等要求。扩大双频激光器频差的有效途径是更换激光增益介质，即采用荧光线宽更宽的固体、光纤等激光增益介质替代 He-Ne 气体介质，可以产生频差可达几百吉赫兹甚至几太赫兹的大频差、超大频差双频激光输出。

在双频激光器的研究与开发过程中，逐步形成了体系比较完整、内涵比较丰富的双频激光技术研究方向，主要包括双频激光振荡技术、双频激光频差调谐技术、双频激光频差稳定技术、双频激光合成波长标定技术、双频激光系统集成技术等若干关键技术。在双频激光器频差连续调谐技术的基础上，研究开发了频率型激光传感器。

本章介绍几类新型双频激光器与激光传感器，在概述双频激光器和激光传感器基本知识的基础上，依次介绍双折射双频固体激光器、双轴与双腔双频固体激光器、双波长单纵模光纤激光器和激光传感器的系统组成、工作原理及主要特性等内容。

3.1 双频激光器概述

3.1.1 双频激光器含义及分类

由激光原理可知，不同跃迁能级之间的受激辐射光放大将会产生不同波长的激光振荡输出，因此在两对不同跃迁能级之间所产生的两种不同波长的激光称为双波长激光，能够同时产生双波长激光稳定振荡输出的激光器就是双波长激光器。例如，对于 1064nm/1319nm 双波长 Nd:YAG 激光器，由图 2.5.6 可以看出，$^4F_{3/2}\rightarrow{}^4I_{11/2}$ 和 $^4F_{3/2}\rightarrow{}^4I_{13/2}$ 两对跃迁能级可以分别产生 1064nm 和 1319nm 受激辐射光，当二者在同一 Nd:YAG 激光器中形成激光振荡时，即可输出 1064nm/1319nm 双波长激光。一般地，双波长激光器应以基横模工作。

双频激光器通常是指在同一对跃迁能级之间产生基横模双纵模同时振荡输出的激光器，或者两对不同跃迁能级产生基横模双波长单纵模同时振荡输出的激光器。例如，632.8nm 双纵模双频 He-Ne 激光器，是指在 $3S_2\rightarrow 2P_4$ 跃迁能级之间产生 632.8nm 基横模双纵模同时振荡输出的 He-Ne 激光器；1064nm 双频 Nd:YAG 激光器，是指在 $^4F_{3/2}\rightarrow{}^4I_{11/2}$ 跃迁能级之间产生 1064nm 基横模双纵模同时振荡输出的 Nd:YAG 激光器；1064nm/1319nm 双波长单纵模 Nd:YAG 激光器，是指在 $^4F_{3/2}\to{}^4I_{11/2}$ 和 $^4F_{3/2}\to{}^4I_{13/2}$ 两对跃迁能级所产生 1064nm/1319nm 基横模双波长单纵模同时振荡输出的激光器。

按照激光工作物质的状态不同，双频激光器可分为双频气体激光器、双频固体激光器、双频光纤激光器和双频半导体激光器等。在激光传感与测量领域，常用的双频激光器是双频气体激光器，主要包括 632.8nm 塞曼双频 He-Ne 激光器和 632.8nm 双纵模 He-Ne 激光器。近年来，632.8nm 双折射双频 He-Ne 激光器、LD 泵浦 1064nm 双频 Nd:YAG 激光器和 1550nm 双波长单纵模掺铒光纤激光器等新型双频激光器也得到迅速发展，在激光传感与测量领域具有广阔的应用前景。

3.1.2　双频激光振荡原理及方法

在双频气体激光器中，除了双纵模 He-Ne 激光器之外，无论是频差较小的塞曼双频 He-Ne 激光器，还是频差较大的双折射双频 He-Ne 激光器，都是在激光器满足单纵模振荡条件的基础上，采取塞曼效应或双折射效应使单纵模激光产生分裂，从而获得正交偏振双频激光同时振荡输出。因此，双频激光振荡原理及方法是：应用激光纵模选择原理和激光纵模分裂原理，并采用相应的激光纵模选择方法和激光纵模分裂方法，使激光单纵模分裂为两个正交偏振模，从而实现正交偏振双频激光同时振荡输出。

由 2.2.2 节可知，激光纵模选择方法主要有缩短腔长选模法、腔内 F-P 标准具选模法、双折射滤光片选模法、复合腔(耦合腔)选模法、扭转模腔选模法、环形行波腔选模法等。激光纵模分裂方法主要包括塞曼分裂法和双折射分裂法，其中塞曼分裂法可分为纵向和横向塞曼效应两种分裂方法，常用于气体激光器(如 He-Ne 激光器等)；双折射分裂法主要包括自然双折射分裂法、电光双折射分裂法、应力双折射分裂法和热光双折射分裂法，既可以用于气体激光器，也可用于固体、光纤、半导体等激光器。针对不同种类的激光器，采用适当的纵模选择方法和纵模分裂方法，均可产生正交偏振双频激光同时振荡输出。

3.2　激光纵模分裂原理及方法

3.2.1　激光纵模分裂现象及其产生原理

在激光谐振腔内插入一个自然双折射元件(如石英晶片、方解石晶片等)或者应力双折射元件(如受外力作用的晶体、玻璃等)，或者电光双折射元件，由于激光谐振腔内存在光学各向异性，原本的一个几何腔长现在对应着两个光学腔长，而每一个光学腔长对应着一组激光纵模频率，于是每一个激光纵模被形象地“分裂”成两个正交线偏振模(即 o 模和 e 模)，这就是激光纵模分裂现象。

由激光原理可知，驻波激光器中第 q 个纵模的谐振频率为

$$\nu_q = q\frac{c}{2L'} \tag{3.2.1}$$

式中，L'为激光谐振腔的光学长度。相邻两个激光纵模之间的频率间隔为

$$\Delta\nu_q = \frac{c}{2L'} \tag{3.2.2}$$

对式(3.2.1)两边进行微分，可得

$$\mathrm{d}\nu_q = -\frac{\nu_q}{L'}\mathrm{d}L' \tag{3.2.3}$$

式中，$\mathrm{d}\nu_q$是激光谐振腔的光学长度微小改变$\mathrm{d}L'$时所引起第 q 个激光纵模谐振频率的改变量，负号表示激光纵模频率的变化方向与激光腔长的变化方向相反。式(3.2.3)反映了激光频率变化的基本规律，下面将该式的物理意义加以推广。

如果在驻波激光器的谐振腔内放入一个光学各向同性元件，如一只均匀的光学玻璃片，那么$\mathrm{d}L'$就表示在腔内放入光学元件前后激光谐振腔光学长度的改变量，$\mathrm{d}\nu_q$表示在腔内放入光学元件前后第 q 个激光纵模谐振频率的改变量。如果在驻波激光腔内放入一个双折射元件，如一只晶体石英片或方解石晶片等，由于该元件的双折射效应，驻波激光腔的一个几何长度变成了两个光学长度L'_o和L'_e，这时$\mathrm{d}L'$表示这两个光学腔长之差，即$\mathrm{d}L' = |L'_\mathrm{o} - L'_\mathrm{e}| = \delta_\mathrm{b}$；相应地，$\mathrm{d}\nu_q$则表示与两个光学腔长$L'_\mathrm{o}$和$L'_\mathrm{e}$对应的第 q 个 o 光纵模和 e 光纵模的谐振频率之差，即$\mathrm{d}\nu_q = |\nu_q^\mathrm{o} - \nu_q^\mathrm{e}| = \Delta\nu_\mathrm{s}$，即第 q 个激光纵模被“分裂”成为两个纵模，一个是 o 模，另一个是 e 模，二者谐振频率之差$\Delta\nu_\mathrm{s}$即为纵模分裂量的大小。由此可见，当在驻波激光腔内放入一个双折射元件时，可使每一个激光纵模分裂为两个正交线偏振的 o 模和 e 模。

在实际应用中，我们往往只关心激光纵模分裂量的大小，而不太关注 o 模和 e 模谐振频率的大小比较，因此省略式(3.2.3)中的负号，于是可得激光纵模分裂量的频差表达式为

$$\Delta\nu_\mathrm{s} = \frac{\nu}{L'}\delta_\mathrm{b} \tag{3.2.4}$$

式中，频率ν省略了角标 q(纵模序数)；$\delta_\mathrm{b} = |L'_\mathrm{o} - L'_\mathrm{e}|$表示激光腔内双折射元件引起的 o 光和 e 光的光程差。将关系式$\lambda\nu = c$代入式(3.2.4)，并应用式(3.2.2)，可得

$$\Delta\nu_\mathrm{s} = \Delta\nu_q \cdot \frac{\delta_\mathrm{b}}{\dfrac{\lambda}{2}} \tag{3.2.5}$$

o 光和 e 光在腔内双折射元件中传播的相位延迟量不同，其相位差$\Delta\varphi$与光程差δ_b之间存在如下关系：

$$\Delta\varphi = \frac{2\pi}{\lambda}\delta_\mathrm{b} \tag{3.2.6}$$

将式(3.2.6)代入式(3.2.5)，可得

$$\Delta\nu_\mathrm{s} = \Delta\nu_q \cdot \frac{\Delta\varphi}{\pi} \tag{3.2.7}$$

式(3.2.5)和式(3.2.7)即为激光纵模分裂的基本关系式，其推导过程虽然是针对驻波腔激光器的，但同样也适用于环形腔激光器。从式(3.2.5)和式(3.2.7)可以看出，激光纵模分裂量(频差值)与腔内双折射元件产生的光程差或相位差在理论上成线性关系，纵模分裂量的最小值为零，最大分裂量可达一个激光纵模间隔大小。

不同的双折射元件在同一激光腔内产生的激光纵模分裂量是不同的，即使是同一双折射元件，其在不同激光腔内产生的激光纵模分裂量也是不同的。腔内双折射元件对激光纵模分裂的

贡献度可以采用相对纵模分裂量来描述，其含义是激光纵模分裂量与激光纵模间隔之比，即

$$k_s = \frac{\Delta \nu_s}{\Delta \nu_q} \tag{3.2.8}$$

由式(3.2.5)和式(3.2.7)可得

$$k_s = \frac{\delta_b}{\frac{\lambda}{2}} = \frac{\Delta \varphi}{\pi} \tag{3.2.9}$$

由式(3.2.9)可以看出，当 $\delta_b = \lambda/4$ 或 $\Delta\varphi = \pi/2$ 时，$k_s = 0.5$，即纵模分裂量是纵模间隔的一半，这可以在腔内插入一只四分之一波片来实现；当 $\delta_b = \lambda/2$ 或 $\Delta\varphi = \pi$ 时，$k_s = 1$，即纵模分裂量等于一个纵模间隔大小。

3.2.2　Nd:YAG 激光纵模分裂方法

由激光纵模分裂原理可知，对于以光学各向同性介质作为激光工作物质的激光器，当在其谐振腔内放入双折射元件时，就会产生激光纵模分裂现象。因此，在不同激光器的谐振腔内放置不同的双折射元件，就可形成不同的激光纵模分裂方法。激光二极管(LD)端面泵浦 Nd:YAG 激光器是最常用、最重要的一种全固态激光器，其纵模分裂现象及规律是研究开发激光传感与测量用大频差双频激光器的重要基础。下面以 LD 端面泵浦 1064nm Nd:YAG 激光器为例，介绍以石英晶体自然双折射元件实现激光纵模分裂的方法。

由晶体光学可知，石英晶体是正单轴晶体，将其置于 Nd:YAG 激光器的谐振腔内，就会产生激光纵模分裂现象。根据式(3.2.5)可以确定激光纵模分裂量(频差)，即

$$\Delta \nu_s = \Delta \nu_q \frac{2l}{\lambda}\left[n_e(\theta) - n_o\right] \tag{3.2.10}$$

相对纵模分裂量为

$$k_s = \frac{\Delta \nu_s}{\Delta \nu_q} = \frac{2l}{\lambda}\left[n_e(\theta) - n_o\right] \tag{3.2.11}$$

式中，l 为石英晶体沿通光方向的几何长度；n_o 为石英晶体中 o 光的主折射率；$n_e(\theta)$ 为石英晶体中 e 光的折射率，是激光传播方向与石英晶体光轴之间夹角 θ 的函数，即

$$n_e(\theta) = \frac{n_o n_e}{\sqrt{n_o^2 \sin^2\theta + n_e^2 \cos^2\theta}} \tag{3.2.12}$$

式中，n_e 为石英晶体中 e 光的主折射率。由式(3.2.10)或式(3.2.11)可以看出，(相对)纵模分裂量与 e 光折射率 $n_e(\theta)$ 成线性关系。

1. 石英晶片产生的 Nd:YAG 激光纵模分裂现象及其变化规律

将石英晶体加工成厚度 $l = 0.645$mm、晶体光轴与通光表面法线夹角 $\theta_0 = 5.5°$ 的晶片，并在两个通光表面蒸镀 1064nm 增透介质膜。为了从实验上观察腔内石英晶片产生的激光纵模分裂现象，并揭示激光纵模分裂量随晶片转角的变化规律，设计并建立 LD 泵浦 1064nm Nd:YAG 激光器纵模分裂实验系统，如图 3.2.1 所示。首先将石英晶片 QC 固定在一小型精密转台上，并使其主截面(即晶轴与表面法线构成的平面)垂直于转台的回转轴线，再将 QC

置于光学腔长$L' \approx 40mm$的 Nd:YAG 激光谐振腔内，并使激光光线的入射面与石英晶片的主截面相重合。采用自由光谱区为 3.75GHz 的共焦 F-P 扫描干涉仪 FPI 测量输出激光的振荡模谱，并用示波器进行观察。

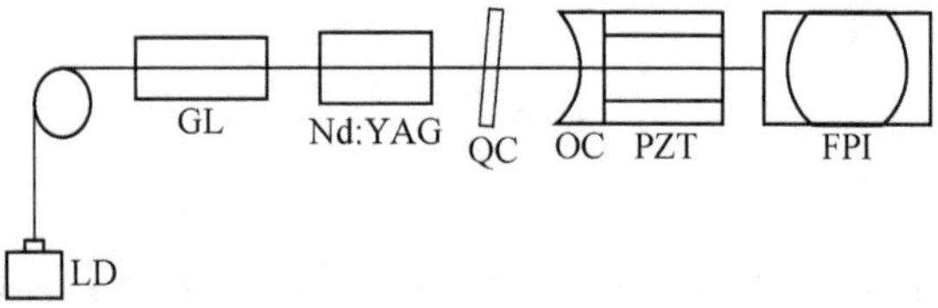

图 3.2.1　Nd:YAG 激光纵模分裂实验系统示意图

LD：激光二极管；GL：自聚焦透镜；QC：石英晶片；OC：输出耦合镜；PZT：压电陶瓷管；FPI：共焦 F-P 扫描干涉仪

当 QC 的通光面与激光腔轴垂直时，激光光线与晶轴之间的夹角$\theta = \theta_0 = 5.5^\circ$，从示波器上观察到激光纵模数量增加了一倍，即在一个纵模间隔范围内多了一个纵模，当用格兰-泰勒棱镜作为检偏器检查该纵模的偏振态时，发现它为线偏振，其偏振方向稳定不变，并与相邻纵模的偏振方向相垂直，这说明腔内原先振荡的每一个激光纵模都分裂成为两个正交的线偏振模(即 o 模和 e 模)，即腔内石英晶片确实使 1064nm Nd:YAG 激光纵模产生了分裂现象。当改变压电陶瓷管 PZT(与输出耦合镜 OC 粘接在一起)上的直流电压以调谐激光腔长时，发现激光纵模图样整体向左或向右移动(取决于 PZT 电压增大还是减小)，而且各纵模幅度及其间隔没有可察觉的变化，这说明激光纵模分裂现象比较稳定。

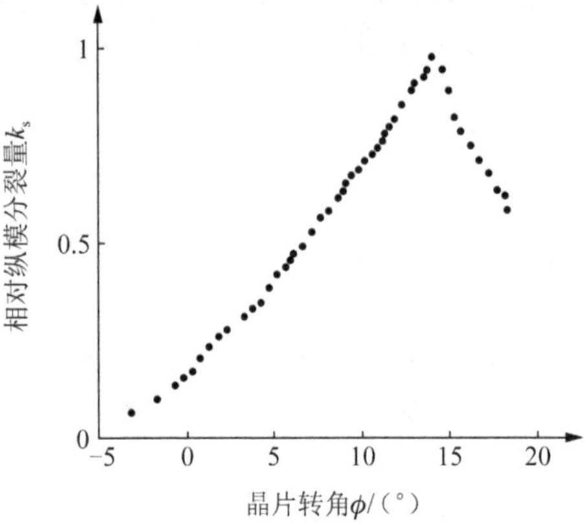

图 3.2.2　激光纵模分裂量随石英晶片转角的变化规律

将 QC 通光面与激光腔轴相垂直的方位作为 QC 转角的相对零位(即$\phi = 0^\circ$)，通过转台连续改变 QC 的转角ϕ，激光光线与 QC 晶轴之间的夹角$\theta = \theta_0 + \phi$也相应地改变，这时发现 o 模和 e 模先后由强变弱，直到熄灭，接着又逐渐由弱变强，重复出现，纵模分裂量也相应发生变化。记录 QC 在不同角位置时的激光纵模分裂模谱图样，可以确定相应的纵模分裂量，从而得到(相对)纵模分裂量的变化规律，如图 3.2.2 所示。可以看出，纵模分裂量可在一个纵模间隔范围内线性变化，实验观察到相对纵模分裂量的最小值和最大值分别为$k_{s\min} = 0.071$和$k_{s\max} = 0.978$，相应的纵模分裂量最小值和最大值分别为 267MHz 和 3.667GHz。当$\phi = 0^\circ$时，$\theta = \theta_0 = 5.5^\circ$，相对纵模分裂量$k_s = 0.16$，相应的纵模分裂量为 600MHz；当 QC 转角在$-5^\circ < \phi \leqslant 14.5^\circ$范围内变化时，相对纵模分裂量随着 QC 转角的增加而增加，这是因为 o 模和 e 模的光程差或相位差随之增加；当$\phi > 14.5^\circ$时，光程差或相位差随 QC 转角的增加而减小，因此(相对)纵模分裂量随之减小。

2. 四分之一波片产生的 Nd:YAG 激光纵模分裂现象及其变化规律

为了在单纵模运转条件下观察 Nd:YAG 激光纵模分裂现象，将一只熔融石英 F-P 标准具插入腔内作为激光纵模选择元件，其自由光谱范围为 100GHz，两表面反射率约为 80%。将该 F-P 标准具置于图 3.2.1 所示的 LD 泵浦 1064nm Nd:YAG 激光谐振腔内，并调节其倾斜角度，使一个透射峰位于 Nd:YAG 激光增益曲线的中心频率附近，以获得较大的单纵模输出功率。当用格兰-泰勒棱镜检查单纵模激光的偏振态时，发现输出的单纵模激光是线偏振光，但偏振方向随时间发生缓慢变化，即单纵模激光的偏振态不稳定。

在采用 F-P 标准具实现激光单纵模运转的情况下，再将一只石英晶体制作的 1064nm 四分之一波片 QWP 插入 Nd:YAG 激光谐振腔内，并使其通光表面垂直于激光腔轴。改变 PZT 上的电压以微调激光腔长，直到从示波器上观察到的纵模幅度达到最大，这时的模谱图样与腔内未插入 QWP 时的模谱图样完全一致，即没有直接观察到激光纵模分裂现象；但是，当用检偏器检查输出激光的偏振态时，发现该单纵模激光是线偏振光，并且其偏振方向稳定不变。增加 PZT 上所加的电压以连续调谐激光腔长，单纵模的幅度随之逐渐减小，直至为零(即达到消光状态)；接着又会出现另外一个纵模，其幅度逐渐增大到最大，这时检查其偏振态，发现该单纵模激光也是线偏振光，而且偏振方向稳定不变，但与前一个线偏振单纵模激光的偏振方向相互垂直。当继续增加 PZT 上的电压时，又重复出现前面的实验现象，重复周期为一个激光纵模间隔(对应腔长改变 $\lambda/2$)，这说明腔内 QWP 确实已使每一个激光纵模分裂成为 o 模和 e 模，只是因为腔内存在 F-P 标准具这一选模元件，o 模和 e 模难以同时振荡输出。依次记录 o 模和 e 模交替出现幅度最大时加在 PZT 上的电压值 U_i (纵模序数 $i=1,2,3,\cdots$)，测量数据及其处理见表 3.2.1。实验测得 QWP 的相对纵模分裂量平均值 $k_{sav}=0.499$，这与理论值 $k_s=0.5$ 非常接近；按照等精度重复测量的测量不确定度估计方法，相对纵模分裂量的测量标准偏差为 0.012，这主要是由 PZT 的不稳定性、电压源的示值误差以及激光纵模在 F-P 标准具透射峰中心频率处的定位误差等因素引起的。采用这种测量方法可以准确测量不同规格石英晶片等自然双折射元件的相对纵模分裂量。

表 3.2.1　四分之一波片相对纵模分裂量实验测量数据及其处理　(电压单位：V)

纵模序数 i	偏振方向	PZT 电压 U_i	$U_{i+1}-U_i$	相对纵模分裂量 k_s
1	-	21	22	0.478
2	•	43	24	
3	-	67	20	0.513
4	•	87	19	
5	-	106	16	0.485
6	•	122	17	
7	-	139	16	0.516
8	•	155	15	
9	-	170	15	0.500
10	•	185	15	

续表

纵模序数 i	偏振方向	PZT 电压 U_i	$U_{i+1}-U_i$	相对纵模分裂量 k_s
11	-	200	13	0.500
12	•	213	13	
13	-	226	14	0.500
14	•	240	14	
15	-	254	12	0.500
16	•	266	12	
17	-	278	12	0.500
18	•	290	12	
19	-	302	—	—

3.3 双折射双频固体激光器

3.3.1 自然双折射双频 Nd:YAG 激光器

1. 微失谐扭转模腔双折射双频 Nd:YAG 激光器

扭转模腔是消除增益空间烧孔效应以获得单纵模振荡输出的有效方法，其腔型结构如图 3.3.1 所示。在扭转模腔结构的基础上，使快轴（或慢轴）相垂直的两个四分之一波片 QWP_1 和 QWP_2 处于微失调状态，即可产生双频激光输出，其频差随两波片快轴（或慢轴）之间的失谐角度大小而变化。理论分析表明，Nd:YAG 激光介质内存在左旋和右旋圆偏振光两种本征态，在激光场内，每个本征态代表一定的振荡频率和空间分布，引入四分之一波片后造成相移，相移大小由两个波片快轴（或慢轴）之间的夹角决定；光在腔内往返传播一周后，由于两个本征模的相移不同，两模之间产生相位差，纵模的简并被对称地分开，即一个单纵模分裂成两个不同频率的纵模，其频差大小取决于两个四分之一波片快轴或慢轴之间的夹角，并在一个纵模间隔范围内连续调谐。一般地，频差调谐范围为几十兆赫兹到 1GHz。

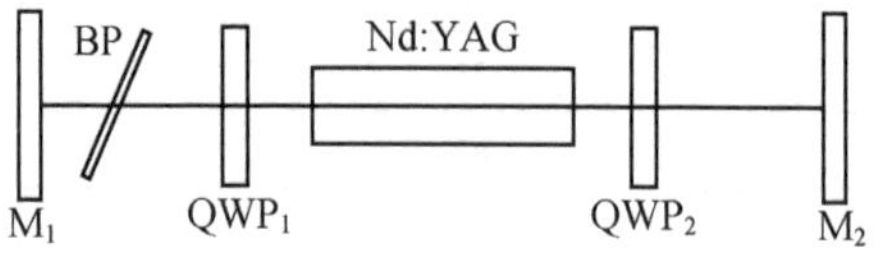

图 3.3.1 微失谐扭转模腔双折射双频 Nd:YAG 激光器示意图

BP：布儒斯特片；QWP_1，QWP_2：四分之一波片；M_1，M_2：平面反射镜

2. 双频 Nd:YAG 陶瓷微片激光器

常用 Nd:YAG 晶体的掺杂浓度一般不超过 1.5%，而 Nd:YAG 陶瓷的 Nd^{3+} 掺杂浓度高达 10%，可以将其制成微片并能获得足够的光增益，从而大大缩短激光腔长以满足单纵模选择的要求。双波片连续可调谐 1064nm 双频 Nd:YAG 陶瓷激光器的结构如图 3.3.2 所示，采用

Nd^{3+}掺杂浓度为 4%的 Nd:YAG 陶瓷作为激光增益介质，将其制成 0.25mm 厚的薄片，并与一零级 1064nm 四分之一波片 QWP_1 胶合在一起，QWP_1 的另一通光表面蒸镀双色介质膜(即对 808nm 泵浦光增透、对 1064nm 振荡激光高反射)，作为激光谐振腔的一个反射镜，并将该波片与一只 BK7 玻璃基片胶合在一起；另一零级 1064nm 四分之一波片 QWP_2 的右侧面蒸镀 1064nm 介质膜作为激光谐振腔的输出耦合镜 OC(透射率约为 3%)，并与另一 BK7 玻璃基片胶合在一起。可以看出，由两个四分之一波片形成了平行平面谐振腔，腔长约为 0.3mm(相应的激光纵模间隔约为 500GHz)，并且腔内具有双折射效应，绕腔轴旋转四分之一波片 QWP_2 以改变两波片快轴(或慢轴)之间的夹角，可使激光腔内振荡的单纵模分裂为两个正交线偏振模，从而产生双频激光同时振荡输出，不同频差双频 Nd:YAG 陶瓷激光器的振荡模谱如图 3.3.3 所示。研究结果表明，频差与两波片快轴(或慢轴)之间的夹角成线性关系，并且当该夹角在 0°～45°范围内变化时，双频激光的频差在几吉赫兹到 149GHz 范围内连续可调谐，如图 3.3.4 所示。

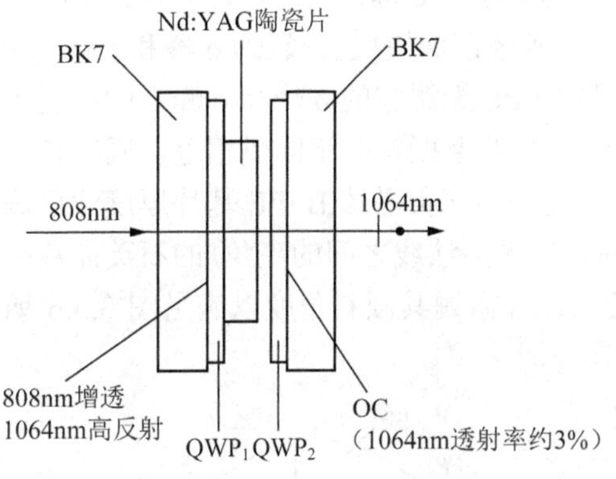

图 3.3.2　双频 Nd:YAG 陶瓷激光器结构示意图

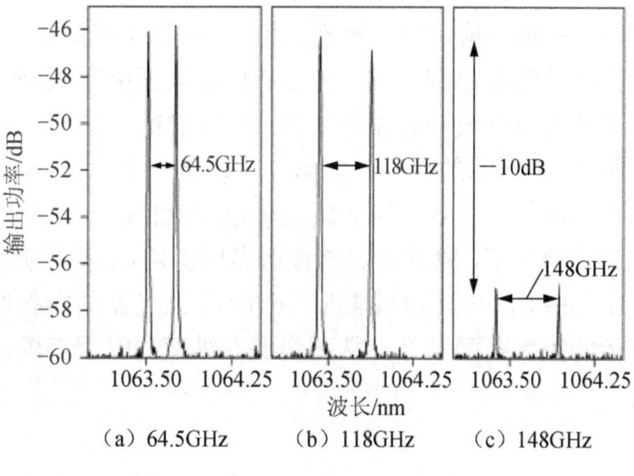

图 3.3.3　不同频差双频 Nd:YAG 陶瓷激光器的振荡模谱

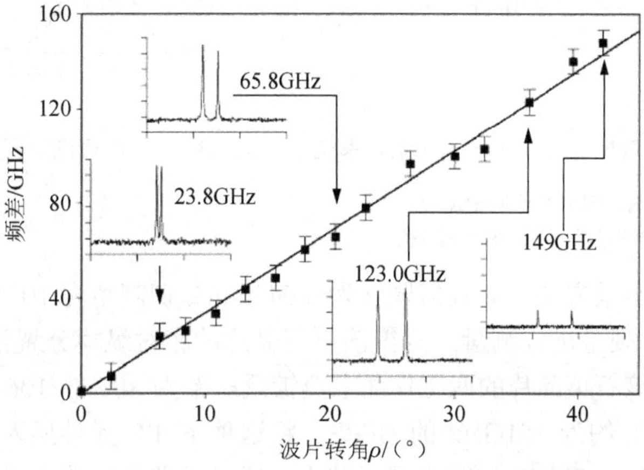

图 3.3.4　双频激光频差随波片转角的调谐特性

3. 石英晶体双折射双频 Nd:YAG 激光器

由 3.2.2 节可知，将石英晶片置于 Nd:YAG 激光谐振腔内，的确能使每一激光纵模分裂为两个相互正交的线偏振模(即 o 模和 e 模)，其分裂量(频差)随石英晶片的转动而在一个纵模间隔范围内线性调谐；当在激光腔内同时放置一个用熔融石英制作的 F-P 标准具和自然双折射元件(如石英晶片或四分之一波片)时，同样能够产生纵模分裂现象，但 o 模和 e 模难以同时振荡输出，其根本原因在于 Nd:YAG 激光器的振荡带宽范围内只有一个 F-P 标准具透射极大峰。如果能够像分裂激光纵模那样，使 F-P 标准具的透射极大峰也产生分裂，即将激光纵模分裂原理从有源腔谐振模分裂推广到无源腔谐振模分裂，那么原本在激光振荡带宽范围内唯一的 F-P 标准具透射极大峰(无源腔谐振模)也将分裂为两个透射极大峰，这样就可实现双纵模激光同时振荡。按照这一思想设计了石英晶体双折射 F-P 标准具(BFPE)，使其成为集纵模选择和纵模分裂于一体的多功能光学元件。

将 BFPE 插入 LD 端面泵浦 1064nm Nd:YAG 激光谐振腔内，如图 3.3.5 所示，由于腔内的双折射效应，每一激光纵模(即有源腔谐振模)分裂为 o 模和 e 模；同样，处于 Nd:YAG 激光振荡带宽范围内唯一的 F-P 标准具透射极大峰(即无源腔谐振模)也分裂为 o 峰和 e 峰。为了获得双纵模同时振荡输出，有源腔的 o 模和 e 模与 BFPE 无源腔的 o 峰和 e 峰之间应满足图 3.3.6 所示的频率匹配条件，即使一个 o 模与一个 o 峰的谐振频率相同或相近，同时使一个 e 模与一个 e 峰的谐振频率相同或相近。在激光器腔长和石英晶体 BFPE 基片厚度业已确定的情况下，通过选取具有适当切割角(即晶体光轴与通光面法线之间的夹角)的石英晶片制作 BFPE，将其倾斜插入 Nd:YAG 激光器的谐振腔内，并微调其倾斜角度以满足图 3.3.6 所示的频率匹配条件，从而实现双纵模同时振荡输出。

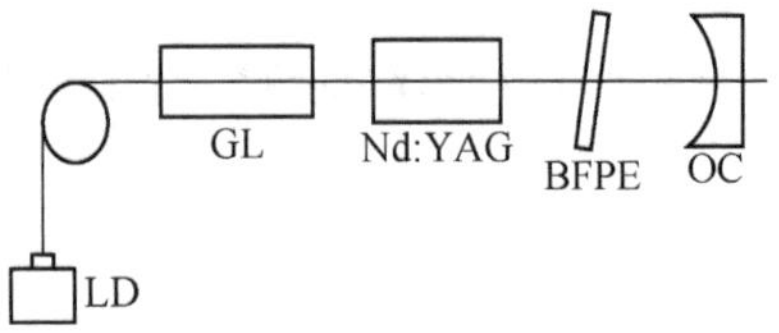

图 3.3.5 LD 端面泵浦双折射双频 Nd:YAG 激光系统

LD：激光二极管；GL：自聚焦透镜；
BFPE：双折射 F-P 标准具；OC：输出耦合镜

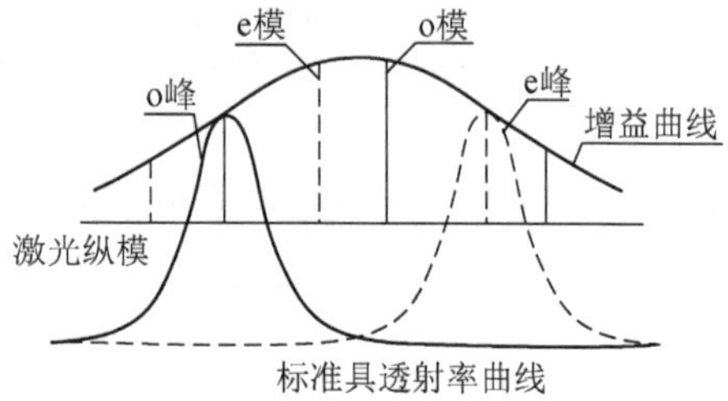

图 3.3.6 双纵模激光同时振荡的频率匹配条件

采用 3.2.2 节的测量方法，对几何厚度为 0.645mm、切割角为 10°的晶体石英 F-P 标准具基片的相对纵模分裂量进行测量，测得该石英晶片的相对纵模分裂量 $k_s = 0.676$，测量标准偏差为 0.021。在该石英晶片的两工作面上蒸镀反射率为 80%的 1064nm 反射介质膜，制成自由光谱范围(FSR)约为 151GHz 的 BFPE。将这种 BFPE 元件插入光学腔长约为 40mm 的 LD 端面泵浦 1064nm Nd:YAG 激光谐振腔内，通过微调该元件在腔内的倾斜角度，可实现正交线偏振双频激光同时振荡输出，其频差约为 2GHz。一旦激光器达到 o 模和 e 模同时振荡的频率匹配条件，这种振荡状态将会在较长时间内保持稳定，即使调谐激光腔长也不会打破这种稳定状态，只不过这时双频激光的输出功率会随腔长调谐而发生相应的变化，这说明匹配状态的稳定性并不依赖于激光腔长的变化，而主要取决于腔内 BFPE 的稳定性。

研究结果表明，通过选择腔内 BFPE 的几何参数和切割角度以及激光腔长，可以产生正交线偏振双频激光同时振荡输出，其频差范围为几吉赫兹到 150GHz。

3.3.2　电光双折射双频 Nd:YAG 激光器

与石英晶体 BFPE 类似，采用电光双折射元件同样可以制作电光双折射 F-P 标准具(EO-BFPE)，使其成为集激光纵模分裂与激光纵模选择于一体的多功能光学元件。将适当设计的 EO-BFPE 置于 Nd:YAG 激光器的谐振腔内，并微调它在腔内的倾斜角度，可实现正交线偏振双频 Nd:YAG 激光同时振荡输出，其频差大小取决于腔内电光双折射效应的强弱，即改变 EO-BFPE 的外加电压可以调谐双频激光的频差，最大频差不超过 Nd:YAG 激光器的出光带宽。

在诸多电光双折射材料中，锆钛酸铅镧(PLZT)陶瓷是一种电光系数很大的电光双折射材料，在不受外电场作用的情况下，PLZT 陶瓷是光学各向同性的，即不具有双折射效应；但在外电场极化作用下，PLZT 陶瓷会感生出明显的克尔效应或二次电光效应，并且 e 光折射率随外加电压或电场强度的增加而显著减小。如果以 PLZT 陶瓷材料制作腔内 EO-BFPE 元件，那么当外加电压 $U=0$ 时，激光纵模(即有源腔谐振模)和 EO-BFPE 透射极大峰(即无源腔谐振模)均不发生分裂现象，如图 3.3.7(a)所示，这时 Nd:YAG 激光器理论上将以单纵模振荡输出(实际上由于激光介质内部存在残余应力双折射，激光器会产生频差很小的双频激光振荡输出)；当外加电压 $U\neq 0$ 时，激光腔内产生双折射效应，有源腔谐振模和无源腔谐振模同时产生分裂现象，即每一激光纵模分裂为 o 模和 e 模，同时标准具的每一透射极大峰也一分为二，在激光出光带宽范围内出现两个透射极大峰，如图 3.3.7(b)所示。通过改变 EO-BFPE 的外加电压 U 的大小，可使有源腔谐振模的分裂量 $\Delta\nu_s$ 在一个激光纵模间隔范围内变化，同时也使无源腔谐振模可在 EO-BFPE 的一个自由光谱范围内变化，由于 EO-BFPE 的自由光谱范围一般比激光器的出光带宽大，因此无源腔谐振模的分裂量 $\Delta\nu_{BFPE}$ 比有源腔谐振模分裂量 $\Delta\nu_s$ 大得多。当一个 o 模位于 EO-BFPE 的一个透射极大峰中心频率处，并且一个 e 模位于 EO-BFPE 的另一个透射极大峰中心频率处时，相应的 o 模和 e 模因遭受的损耗最小而在腔内同时形成激光振荡，从而产生正交线偏振双频激光输出，其频差大小随着 EO-BFPE 外加电压的变化而在激光器出光带宽范围内非连续可调谐。

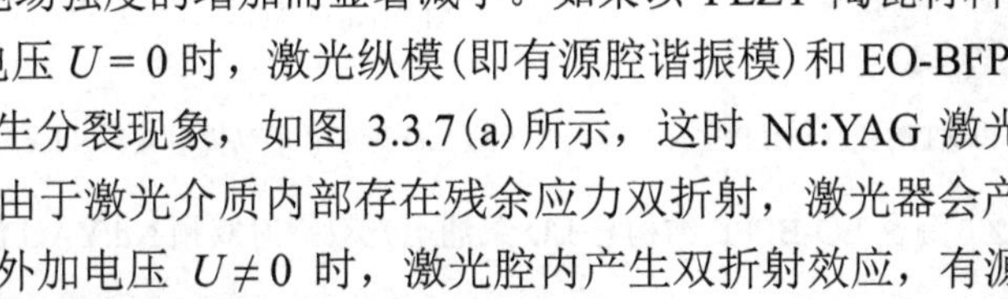

图 3.3.7　电光双折射 F-P 标准具(EO-BFPE)选模双频激光振荡原理

采用 PLZT 陶瓷制作的 EO-BFPE 如图 3.3.8(a)所示，其几何厚度为 0.4mm，相应的自由光谱范围 FSR=156GHz，超过 Nd:YAG 激光器的荧光线宽(约 150GHz)。由于 PLZT 在 1064nm 波长处的折射率很大(n_o=2.4)，因此 EO-BFPE 的两个通光面无须蒸镀半透半反介质膜，仅以其较强的菲涅耳反射就可获得足够的纵模选择能力，从而满足 Nd:YAG 激光单纵模选择要求。另外，为了有效提高外加电场强度，在 EO-BFPE 的 PLZT 陶瓷基片上制作了两个深度约 0.3mm 的平行电极槽，并在每一槽内沉积金层以形成嵌入式电极，两电极的间距为 0.4mm，这种 PLZT 陶瓷 EO-BFPE 对双频激光的频差调谐率高达 $20\mathrm{kHz/V^2}$。

将上述 PLZT 陶瓷制作的 EO-BFPE 倾斜插入 LD 泵浦光纤耦合 Nd:YAG 激光器的谐振腔内，构成电光双折射双频 Nd:YAG 激光系统，如图 3.3.8（b）所示。在长度为 3mm 的 Nd:YAG 晶体左端面蒸镀对 808nm 增透、对 1064nm 高反射的双色介质膜，作为 Nd:YAG 激光谐振腔的一个平面反射镜 M_1，另一腔镜是曲率半径为 200mm、反射率为 98%的球面反射镜，用作激光输出耦合镜 OC；激光谐振腔的光学长度为 14mm，相应的纵模间隔为 11GHz。给腔内 EO-BFPE 两个电极之间施加不同的电压 U，可以获得不同频差的 1064nm 双频激光输出，采用光谱分析仪观察到的双频激光振荡模谱如图 3.3.9 所示。

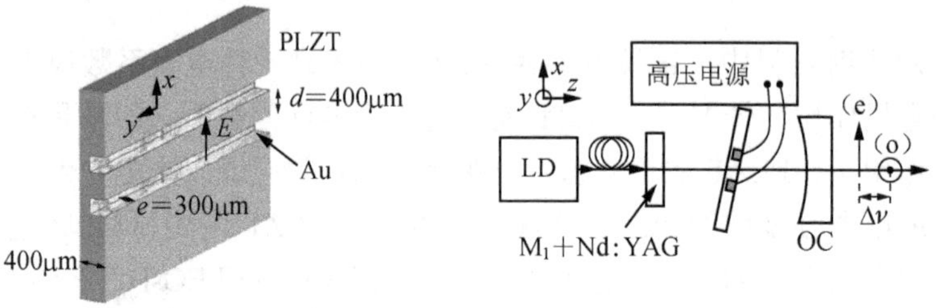

（a）PLZT陶瓷EO-BFPE结构　（b）LD泵浦电光双折射双频Nd:YAG激光器

图 3.3.8　PLZT 陶瓷 EO-BFPE 结构与 LD 泵浦电光双折射双频 Nd:YAG 激光器示意图

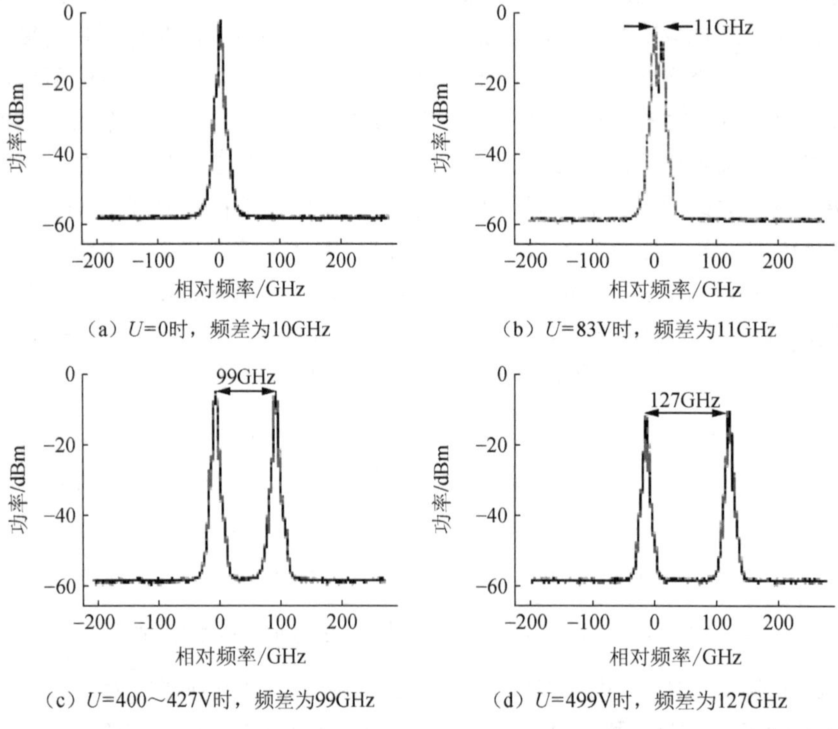

（a）U=0时，频差为10GHz　（b）U=83V时，频差为11GHz

（c）U=400～427V时，频差为99GHz　（d）U=499V时，频差为127GHz

图 3.3.9　不同频差双频激光的振荡模谱

可以看出，即使 EO-BFPE 的外加电压 $U=0$，也会产生频差为 10GHz 的双频激光输出，这主要是由 Nd:YAG 晶体和 PLZT 陶瓷片的残余内应力引起的腔内双折射效应所致，其振荡模谱因受光谱分析仪分辨率的限制而无法分辨，如图 3.3.9(a)所示；当逐渐增加 EO-BFPE 的外加电压时，可以获得不同频差的双频激光振荡输出，并且频差是激光器纵模间隔的整数倍。例如，当 $U=83$V 时，双频激光的频差为 11GHz，如图 3.3.9(b)所示；当 $U=118$V 时，双频激光的频差为 22GHz；…；当 $U=400$V 时，双频激光的频差为 99GHz；当继续增加电压直到 $U=427$V 时，频差仍为 99GHz，如图 3.3.9(c)所示。如果进一步增加 EO-BFPE 的外加电压，那么 e 模就会移出 Nd:YAG 激光器的增益带宽范围而无法起振，这时需要微调 EO-BFPE 的倾斜角度，使 o 模向 Nd:YAG 增益曲线的低频端移动，同时使 e 模处于 Nd:YAG 增益曲线的高频端，并增加 EO-BFPE 的外加电压直到 $U=499$V，可以获得频差达 127GHz 的双频激光振荡输出，其振荡模谱如图 3.3.9(d)所示。

这种电光双折射双频 Nd:YAG 激光器结构简单、调谐方便，频差在 11～99GHz 范围内非连续调谐，最大频差可达 127GHz，这主要受 Nd:YAG 激光器振荡线宽的限制。

3.3.3 热光双折射双频铒镱玻璃激光器

1. 腔内 F-P 标准具选模热光双折射双频铒镱玻璃激光器

热光双折射双频铒镱玻璃激光系统如图 3.3.10 所示，采用厚度为 0.75mm 的铒镱共掺磷酸盐玻璃(简称铒镱玻璃)作为激光增益介质，并与 1mm 厚的钽酸锂($LiTaO_3$)双折射晶体片胶合在一起，该复合元件与一蓝宝石窗片相贴合以改善激光介质内部的热管理，从 LD 尾纤输出的 980nm 泵浦光经透镜汇聚并透过蓝宝石窗片进入铒镱玻璃介质中。铒镱玻璃片的左端面蒸镀对 1.53μm 振荡激光高反射、对 980nm 泵浦光增透的双色介质膜，作为激光谐振腔的后反射镜，采用曲率半径为 20mm 的球面镜作为谐振腔的输出耦合镜，其球面介质膜在 1.53μm 波长处的透射率为 2%。在激光腔内插入厚度为 250μm 的熔融石英 F-P 标准具(两面未镀膜)以实现单纵模选择。由于腔内钽酸锂晶体的双折射效应，激光纵模产生分裂现象，从而实现正交线偏振双频激光稳定振荡输出，当 LD 泵浦功率为 275mW 时，1.53μm 基横模正交线偏振双频激光的输出功率为 25mW。典型的双频激光振荡光谱如图 3.3.11(a)所示(分辨带宽为 11pm)，双频激光经过检偏器后产生光拍，并由高速光二极管探测拍频信号，其频谱如图 3.3.11(b)所示，可以看出，双频激光的拍频 $f_b=12$GHz。

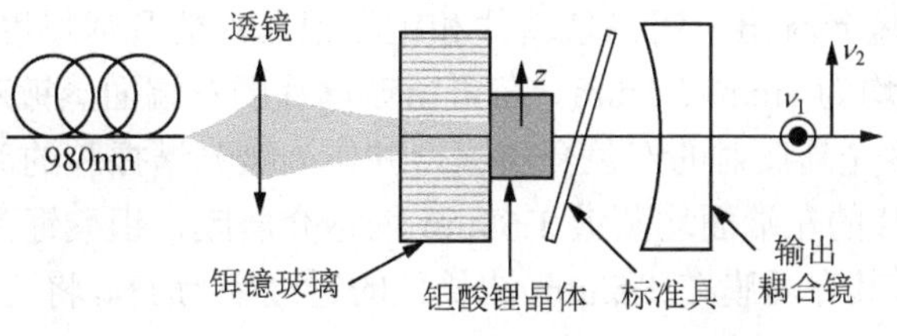

图 3.3.10 LD 泵浦 1.53μm 双频铒镱玻璃激光系统

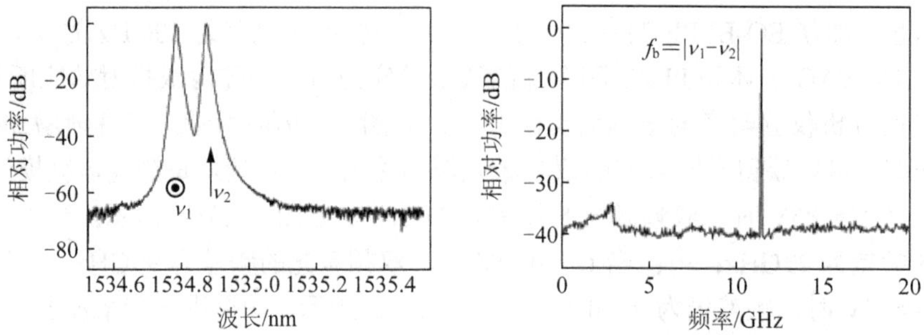

（a）双频激光振荡光谱　（b）双频激光拍频频谱

图 3.3.11　双频激光振荡光谱及其拍频频谱

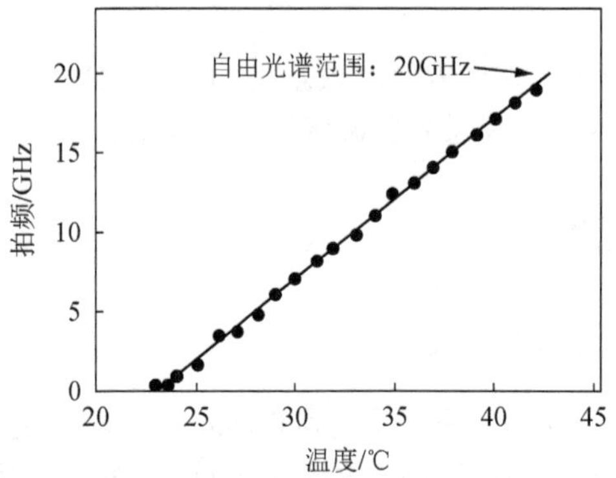

图 3.3.12　双频激光拍频随钽酸锂晶体温度的调谐特性

利用腔内钽酸锂晶体的热光效应或电光效应，可以连续调谐双频激光的频差大小。特别地，当钽酸锂晶体温度在 22～42℃范围内变化时，1.53μm 正交线偏振双频激光的频差调谐范围为 100MHz～20GHz，其最大频差达到激光器的纵模间隔，实验测得双频激光拍频随钽酸锂晶体温度的调谐特性如图 3.3.12 所示，拍频调谐灵敏度为 1.1GHz/℃。当给钽酸锂晶体施加外部电场（电场方向沿图 3.3.10 所示的 z 轴方向），改变外加电压也可以实现频差调谐，拍频调谐灵敏度为 1MHz/V。在激光器自由运转的条件下，从频谱仪上观察到双频激光拍频信号的短期线宽为 1kHz，长期漂移达几兆赫兹。

2. 热光双折射双频铒镱玻璃微片激光器

基于热光效应的 LD 泵浦 1.53μm 双折射双频微片激光器如图 3.3.13 所示，其采用平行平面镜谐振腔结构，腔内含有铒镱玻璃片和钽酸锂晶片，分别用作激光增益介质和热光双折射元件，二者的厚度主要由两个因素所决定：一是保证单纵模振荡所要求的最大光学腔长（约 0.5mm）；二是最大频差值（即激光纵模间隔的一半）。为了获得频差在 0～60GHz 范围内可调谐的 1.53μm 双频激光输出，铒镱玻璃片和钽酸锂晶片的几何厚度分别取为 0.19mm 和 0.13mm，横截面尺寸均为 1mm×2.5mm。在铒镱玻璃片的左端面蒸镀对 975nm LD 泵浦光增透、对 1.53μm 振荡激光高反射的双色介质膜，并作为激光谐振腔的后反射镜；铒镱玻璃片的右端面及钽酸锂晶片的左端面均蒸镀 1.53μm 增透介质膜，钽酸锂晶片的右端面作为激光谐振腔的输出耦合镜，其介质膜在 1.53μm 波长处的透过率为 1%。将这两种材料胶合在一起，并固定在开有透光圆孔（直径为 0.5mm）的氮化铝导热平板上，该平板与半导体热电制冷器（TEC）相接触，通过 TEC 可以控制微片激光器的工作温度。采用带尾纤的 LD 作为泵浦源，其 975nm 光波在铒镱玻璃增益介质中的光斑直径为 45μm，激光器的阈值泵浦功率为 115mW。

这种热光双折射微片激光器可以产生两个正交线偏振双频激光振荡输出，偏振方向沿钽酸锂晶体的两个主轴方向(即 x 轴和 y 轴方向)，当端面注入的 LD 泵浦功率为 160mW 时，基横模双频激光的输出功率为 4mW。在 25℃温度下，微片激光器的平均波长约为 1532nm；由于腔内钽酸锂晶体的热光双折射效应，当温度改变±20℃时，双频激光的频差调谐量超过 50GHz，如图 3.3.14 所示。在双频激光输出光路中放置一只检偏器，使其透光轴与双频激光的偏振方向成 45°，可以产生外差干涉信号，用光探测器接收并通过频谱分析仪可直接观察其拍频信号，例如，当温度为 28℃时，实验观察到的拍频信号如图 3.3.14 所示，相应的频差为 26GHz。

研究结果表明：这种热光双折射双频微片激光器的频差调谐范围比较宽，调谐灵敏度可达 1.2GHz/℃。另外，利用钽酸锂晶体的电光效应也可以对双频激光的频差进行微细调谐。

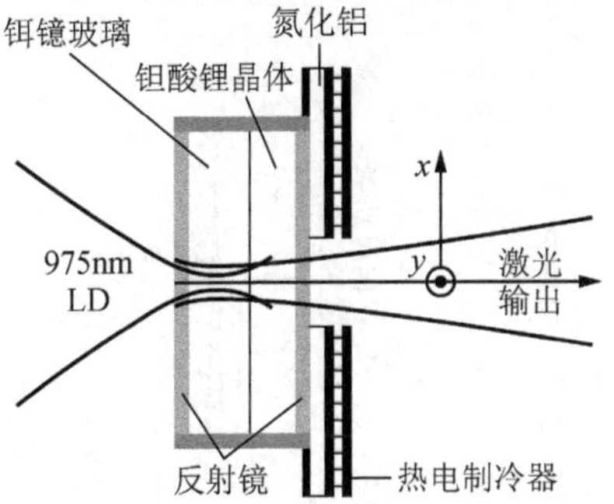

图 3.3.13　热光双折射双频微片激光器示意图

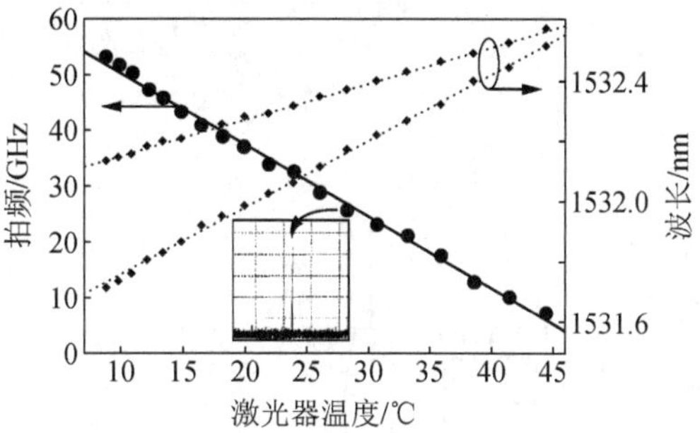

图 3.3.14　微片激光器振荡波长及其拍频随温度的调谐实验特性

3.3.4　应力双折射双频 Nd:YAG 激光器

这里介绍一种基于耦合腔选模原理的应力双折射双频 Nd:YAG 激光器，其谐振腔结构如图 3.3.15 所示。Nd:YAG 晶体是厚度为 1.3mm、直径为 5mm 的圆片，其左端面蒸镀双色介质膜，即对 1064nm 振荡激光波长的反射率大于 99.8%，并对 808nm 泵浦光波长的透射率高于 90%，用作激光谐振腔的一个平面反射镜；Nd:YAG 晶体的右端面蒸镀 1064nm 部分增透介质膜(如残余反射率为 1.2%)以优化耦合腔选模特性。光弹元件的球面作为激光输出耦合镜 OC，在 1064nm 处的反射率为 98%，通过改变基质材料及其厚度可以控制其焦距在 50mm 以内变化，光弹元件的另一通光表面(即平面)蒸镀 1064nm 增透介质膜。

从图 3.3.15 可以看出，该谐振腔结构中有三个反射面，即 Nd:YAG 晶体的两个端面和球面输出耦合镜，形成两个有源腔和一个无源腔，其中由 Nd:YAG 晶体左端面和球面输出耦合镜构成几何腔长为 L 的有源基本腔，由 Nd:YAG 晶体左端面和右端面构成几何长度为 l 的有源介质腔，而 Nd:YAG 晶体右端面与球面输出耦合镜构成无源腔。两个有源腔和一个无源腔共同组成耦合腔结构，从而可以实现激光单纵模选择。研究结果表明，无源腔其实是一个很弱的光谱调制器，它引起激光辐射强度的改变只有百分之几，实际上对激光振荡模谱是没有影响的。因此，激光振荡模谱主要由两个有源腔的几何长度 L 和 l 所决定，在 Nd:YAG 晶体厚度($l = 1.3$mm)及其右端面残余反射率(1.2%)业已确定的情况下，通过选择有源基本腔的几何长度 L，即可获得单纵模激光振荡输出。有源基本腔的最小几何长度 $L = 7.3$mm，相应

的光学腔长 $L'=10.8\text{mm}$，激光纵模间隔为 13.9GHz；通过位移台移动输出耦合镜的轴向位置以改变有源基本腔的几何长度 L，可使激光纵模间隔在 7.5～13.9GHz 范围内连续变化。当有源基本腔的光学长度 $L'=13.9\text{mm}$ 时，Nd:YAG 激光器以其有源基本腔单纵模或双纵模工作，用光谱分辨率为 4.5GHz 的衍射光谱仪观察到的激光振荡模谱如图 3.3.16 所示，可以看出，双纵模振荡时的频差约为 10.8GHz，如图 3.3.16(b)所示，恰好是有源基本腔的纵模间隔大小。在双纵模运转情况下，由于纵模之间存在着强烈的非线性相互作用，致使每一个激光纵模的辐射强度都很不稳定。通过微调有源基本腔的几何长度 L，使两个有源谐振腔的本征模谐振频率相等，即可实现稳定的单纵模振荡输出，如图 3.3.16(a)所示。

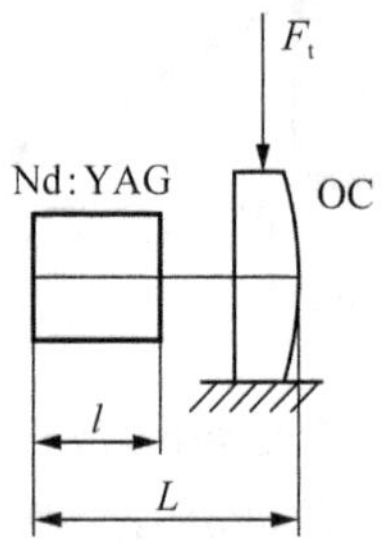

图 3.3.15 应力双折射双频 Nd:YAG 激光谐振腔结构示意图

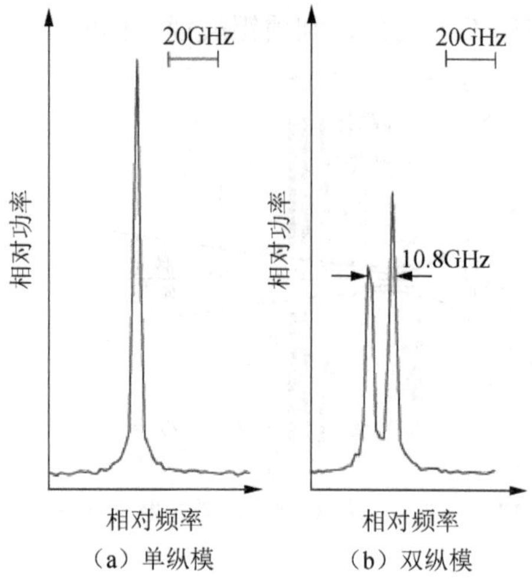

图 3.3.16 耦合腔 Nd:YAG 激光器振荡模谱

在单纵模稳定运转的情况下，给球面输出耦合镜基质材料施加横向作用力 F_t，由于腔内引入了应力双折射效应(即光弹效应)，单纵模激光分裂为两个正交线偏振的双纵模激光，其频差大小可以根据式(3.2.7)表示如下：

$$\Delta\nu_1=\Delta\nu_q\cdot\frac{\Delta\varphi}{\pi}=\frac{c}{2L'}\cdot\frac{\Delta\varphi}{\pi} \tag{3.3.1}$$

式中，$\Delta\varphi$ 是由激光腔内光弹效应引起的两正交偏振光波之间的相位差，由外加横向作用力 F_t 的大小所决定。可以看出，通过改变横向作用力 F_t 的大小，可使双频激光的频差在有源基本腔的一个纵模间隔范围内调谐，从而获得不同频差的双频激光振荡输出。采用自由光谱范围为 1.5GHz、分辨率优于 50MHz 的 F-P 扫描干涉仪观察双频激光的振荡模谱，图 3.3.17 给出了频差分别为 525MHz 和 170MHz 时的双频激光振荡模谱。这种双频激光产生技术所获得的频差调谐范围为 50MHz～2.4GHz，最小频差 50MHz 受 F-P 扫描干涉仪分辨率的限制。

以上是通过应力双折射效应将单纵模激光分裂成两个正交线偏振模来实现双频激光输出的，除此之外，还可以采用另一种方法产生双频激光输出，即在 Nd:YAG 激光器以有源基本腔双纵模同时振荡的情况下，通过给输出耦合镜基质施加横向作用力，使每个激光纵模分裂为两个正交的线偏振模，这时远离 Nd:YAG 介质腔本征模中心频率的两个激光纵模所遭受的损耗随着纵模分裂量的增加而增大，这两个激光纵模在分裂量达到一定大小时就会被完全抑制而不能起振，而离 Nd:YAG 介质腔本征模中心频率最近的两个激光纵模所遭受的损耗随着纵模分裂量的增加而减小，于是 Nd:YAG 激光器终将以正交线偏振双纵模同时振荡输出。显然，只有纵模分裂量达到一定大小时才会产生双频激光振荡输出，其频差随着腔内 o 光和 e 光相位差 $\Delta\varphi$ 的增加而减小，并可以表示为如下形式：

$$\Delta\nu_2 = \Delta\nu_q - \Delta\nu_1 = \Delta\nu_q \cdot \left(1 - \frac{\Delta\varphi}{\pi}\right) \tag{3.3.2}$$

由式(3.3.2)可以看出，双频激光的最大频差取决于恰好能抑制另外两个纵模振荡所必需的最小分裂量，当这一最小分裂量为 2.4GHz 时，双频激光的最大频差为 8.4GHz(因为有源基本腔的纵模间隔为 10.8GHz)，相应的双频激光振荡模谱如图 3.3.18 所示；双频激光的最小频差受到最大纵模分裂量(有源基本腔的纵模间隔)的限制，约为 50MHz。因此，这种双频激光的频差可在 50MHz～8.4GHz 范围内连续调谐，并且当 LD 泵浦功率为 240mW 时，双频激光的最大输出功率达到 12mW。

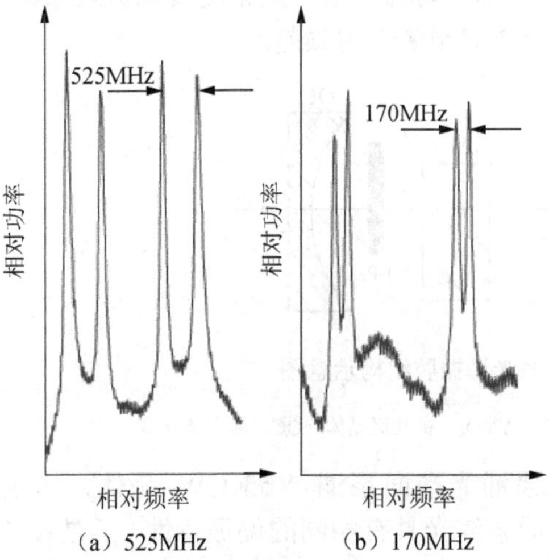

图 3.3.17 不同频差双频 Nd:YAG 激光振荡模谱

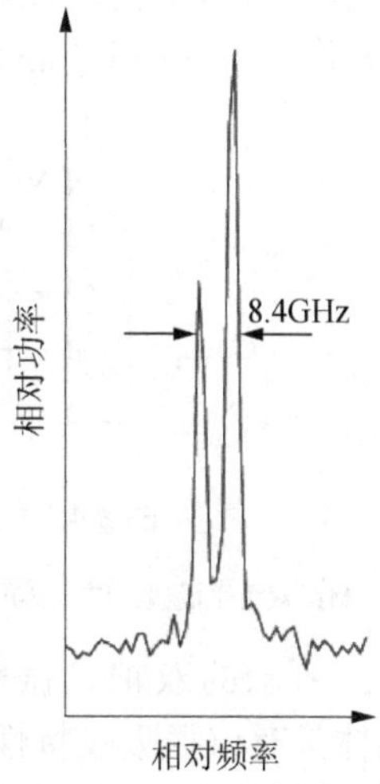

图 3.3.18 正交偏振双频 Nd:YAG 激光振荡模谱

显然，这种耦合腔选模应力双折射连续可调谐双频 Nd:YAG 激光器的最大频差受到有源基本腔纵模间隔和介质腔本征模宽度的限制，缩短有源基本腔的长度可以提高频差上限；而频差下限则由腔内光学元件的残余应力等缺陷以及激光介质中正交偏振模之间的非线性相互作用(即模竞争效应)来确定。

3.4 双轴与双腔双频固体激光器

3.4.1 双轴双频 Yb:KGW 激光器

掺镱钨酸钾钆晶体(Yb^{3+}:KGd$(WO_4)_2$，简写为 Yb:KGW)在 1μm 附近的荧光线宽达 20nm(即 6THz)，它在 981nm 波长处的吸收系数很大，并具有很大的受激辐射横截面及很宽的跃迁带宽，以其作为激光增益介质，可以产生频差达几太赫兹的双频激光振荡输出。

一种频差可调谐的双轴双频 Yb:KGW 激光谐振腔结构如图 3.4.1 所示，平面反射镜 M 和输出耦合镜 OC 组成激光谐振腔，平面镜 M 蒸镀双色介质膜，即对 1020～1200nm 波长范围内光波的反射率高达 99.9%，并对 981nm 泵浦光的透射率大于 95%；OC 的曲率半径为 50mm，其介质膜对 1020～1045nm 波长范围内光波的透射率为 1.8%。腔内 Yb:KGW 晶体的掺杂浓度为 5%，几何厚度为 2mm，在它的两个通光面上蒸镀 1020～1060nm 增透介质膜。在腔内放置一只厚度为 10mm、两面均镀有增透介质膜的 YVO_4 双折射晶体，晶体光轴与其通光表面成 45°，从而引起在激光腔轴横向方向上相互分离的两束正交线偏振激光(即 o 光和 e 光)，其横向分离量约为 1mm。由于 Yb:KGW 晶体的发射截面对偏振状态是敏感的，因此必须调节 o 光和 e 光在 Yb:KGW 晶体中传播的偏振方向，使 e 光获得最大增益，同时在 o 光传播路径中插入一只石英晶体半波片(HWP)以优化增益，从而实现 o 光和 e 光在腔内同时振荡。激光腔长约为 60mm，在腔内 o 光和 e 光的传播路径中各插入一只 150μm 厚未镀膜的 F-P 标准具 FP_1 和 FP_2，并在 o 光和 e 光的公共传播路径中插入一只 1mm 厚的 F-P 标准具选模元件 FP_0，使 o 光和 e 光均以单纵模振荡，于是从 OC 同轴输出一束正交线偏振双频激光；通过改变两标准具 FP_1 和 FP_2 的倾斜角度，可以调谐双频激光的频差。

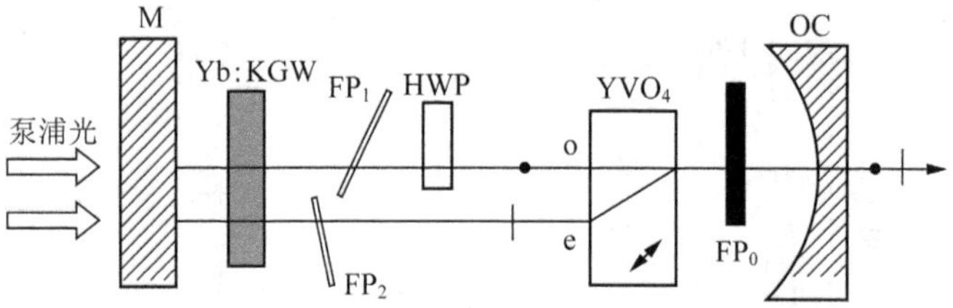

图 3.4.1　双轴双频 Yb:KGW 激光谐振腔结构示意图

M：双色平面镜；FP：F-P 标准具；HWP：半波片；YVO_4：钒酸钇晶体；OC：输出耦合镜

图 3.4.1 所示的双轴谐振腔结构需要两束泵浦光端面泵浦 Yb:KGW 晶体，考虑到 Yb:KGW 晶体具有偏振吸收特性，要求这两束端面泵浦光具有相同的偏振特性，于是设计了一种如图 3.4.2 所示的 LD 泵浦光束整形系统。981nm LD 的发光元宽度为 100μm，最大光功率为 4W，其输出光束首先经一球透镜 OL_1 准直，再用一只棱镜 P(其顶角平分线与准直光轴垂直方向成 α 角)使下半部分准直光束偏折 β 角，最后由球透镜 OL_2 汇聚，透过双色平面镜 M 后在 Yb:KGW 晶体中形成两个具有相同偏振特性的聚焦光斑，通过调节棱镜 P 的倾斜角度 α，可以改变 Yb:KGW 晶体中两聚焦光斑的中心间距，使其与激光谐振腔内 o 光和 e 光的横向分离量(约 1mm)相匹配，从而实现 Yb:KGW 晶体双轴端面泵浦。

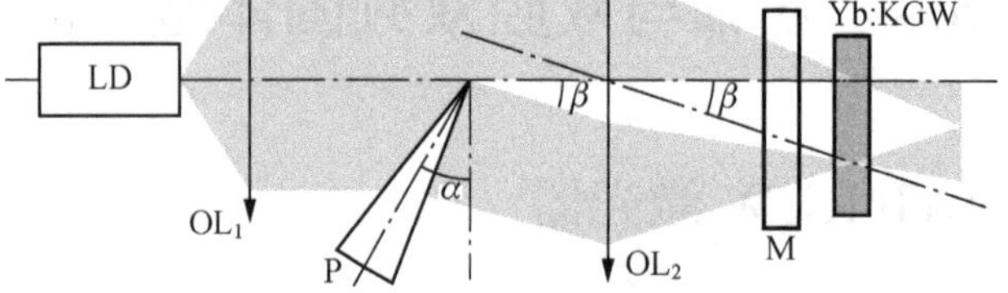

图 3.4.2　LD 泵浦光束整形系统

LD：激光二极管；OL：透镜；P：棱镜；M：双色平面镜

研究结果表明：这种双轴双频激光的频差在 0～3.14THz 范围内非连续可调谐，几种不同频差双频激光的振荡光谱如图 3.4.3 所示。双频激光的最大输出光功率达 120mW，频率线宽小于 30kHz。

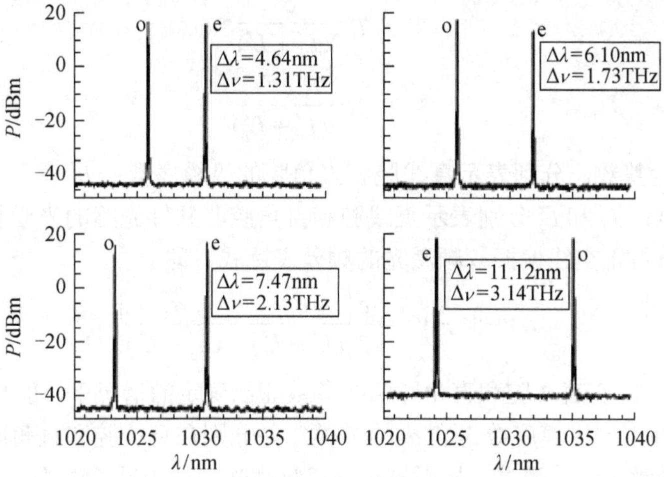

图 3.4.3　不同频差双频激光振荡光谱

3.4.2　双腔双频激光器基本模型

由双折射滤光片选模方法(见 2.2.2 节)可知，传统双折射滤光片由一只布儒斯特片和双折射晶体组成，因其单纵模选择能力有限，难以获得较大功率的单频激光输出。为了提高单频激光输出功率，可在腔内平行放置多个布儒斯特片以提高双折射滤光片的选模能力，但这将必然引起激光器腔长变长、结构复杂、装调困难等问题。为了有效解决这些问题，可采用一只偏振分光棱镜 PBS 作为起偏器代替腔内多个平行放置的布儒斯特片，与双折射晶体组成一种选模能力更强的新型双折射滤光片。将这种选模元件置于激光谐振腔内，可使透过 PBS 的 p 偏振光以单纵模振荡；同样地，被 PBS 反射的 s 偏振光也可以在另一个谐振腔内形成单纵模振荡。如果使 p 偏振光和 s 偏振光分别在两个不同谐振腔内同时以单纵模振荡，就可输出正交线偏振双频激光。

这种双腔双频激光器的基本模型如图 3.4.4 所示，公共反射镜 M_c 与输出耦合镜 OC_1 构成线形驻波腔(简称直线腔)，腔内不仅包含激光增益介质 LGM，还包含偏振分光棱镜 PBS_1 和纵模选择器 LMS_1，使 p 偏振光以单纵模振荡；M_c 与输出耦合镜 OC_2 构成直角形驻波腔(简称直角腔)，并且腔内包含纵模选择器 LMS_2，使 s 偏振光以单纵模振荡。通过调节直线腔和直角腔的相对损耗，使直线腔内

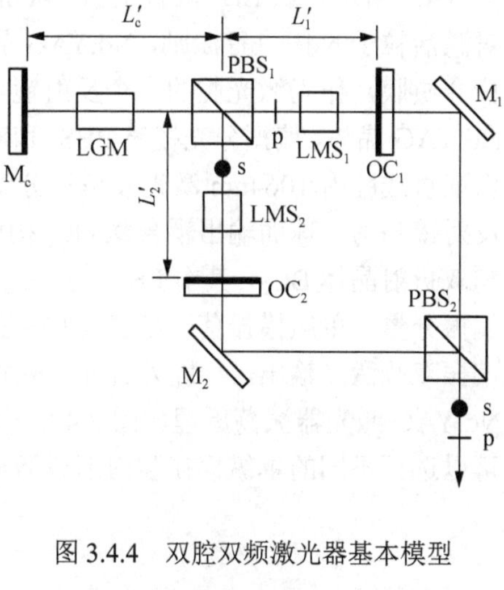

图 3.4.4　双腔双频激光器基本模型

M_c：双腔公共反射镜；OC：输出耦合镜；LGM：激光增益介质；PBS：偏振分光棱镜；LMS：纵模选择器；M：反射镜

p 偏振光和直角腔内 s 偏振光同时以单纵模振荡，并分别从 OC_1 和 OC_2 输出，再分别经反射镜 M_1 和 M_2 反射后由另一偏振分光棱镜 PBS_2 合光，获得同轴输出的正交线偏振双频激光。

由激光原理可知，p 偏振单纵模激光和 s 偏振单纵模激光的谐振频率可以分别表示为

$$\nu_1 = q_1 \frac{c}{2(L'_c + L'_1)} \tag{3.4.1}$$

$$\nu_2 = q_2 \frac{c}{2(L'_c + L'_2)} \tag{3.4.2}$$

式中，q_1 和 q_2 均为整数，分别表示直线腔和直角腔的纵模序数；L'_c 表示直线腔和直角腔共轴光路的光学长度；L'_1 和 L'_2 分别表示直线腔和直角腔非共轴光路的光学长度。式(3.4.1)与式(3.4.2)相减，可得正交线偏振双频激光的频差表达式，即

$$\Delta\nu = |\nu_1 - \nu_2| = \frac{c}{2}\left|\frac{q_1}{(L'_c + L'_1)} - \frac{q_2}{(L'_c + L'_2)}\right| \tag{3.4.3}$$

由式(3.4.3)可知，在直线腔和直角腔结构参数业已确定的情况下，通过纵模选择器 LMS_1 和 LMS_2 可以选择不同纵模序数 q_1 和 q_2 的纵模，并分别在直线腔和直角腔内形成单纵模振荡，从而实现双频激光频差调谐。显而易见，双频激光的最小频差约为零(即 $\nu_1 \approx \nu_2$)，其最大频差接近激光器的振荡带宽。

根据上述双腔双频激光器基本模型，针对不同的激光增益介质(如 Nd:YAG 晶体、$Nd:YVO_4$ 晶体等)，采取适当的纵模选择方法，可以设计不同结构的正交线偏振双腔双频激光器。

3.4.3 双折射滤光片选模双腔双频 Nd:YAG 激光器

基于双折射滤光片选模方法的 LD 泵浦 1064nm 双腔双频 Nd:YAG 激光器系统组成如图 3.4.5 所示。从 LD 尾纤输出的 808nm 泵浦光经自聚集透镜 GL 汇聚到 Nd:YAG 晶体中，对激活粒子 Nd^{3+}进行激励，Nd:YAG 晶体左端面蒸镀对 808nm 增透、对 1064nm 高反射的双色介质膜，作为激光腔的一个反射镜，与球面输出耦合镜 OC_1 构成直线腔，腔内依次放置 Nd:YAG 晶体、偏振分光棱镜 PBS_1 和双折射晶体 BC_1，其中 PBS_1 与 BC_1 组成双折射滤光片，保证直线腔内 1064nm 激光 p 偏振分量以单纵模振荡；同样地，Nd:YAG 晶体左端面介质膜反射镜与另一球面输出耦合镜 OC_2 构成直角腔，腔内包含 Nd:YAG 晶体、偏振分光棱镜 PBS_1 和双折射晶体 BC_2，其中 PBS_1 与 BC_2 组成另一双折射滤光片，保证直角腔内 1064nm 激光 s 偏振分量以单纵模振荡。当直线腔和直角腔同时以单纵模振荡时，即可产生 1064nm 正交线偏振双频激光输出，经腔外合光后获得同轴传输的 1064nm 正交线偏振双频激光。双腔双频 Nd:YAG 激光器振荡原理如图 3.4.6 所示，通过改变腔内双折射晶体 BC_1、BC_2 的相位延迟量，可以选择不同的单纵模在腔内形成激光振荡，从而实现双频激光的频差调谐。

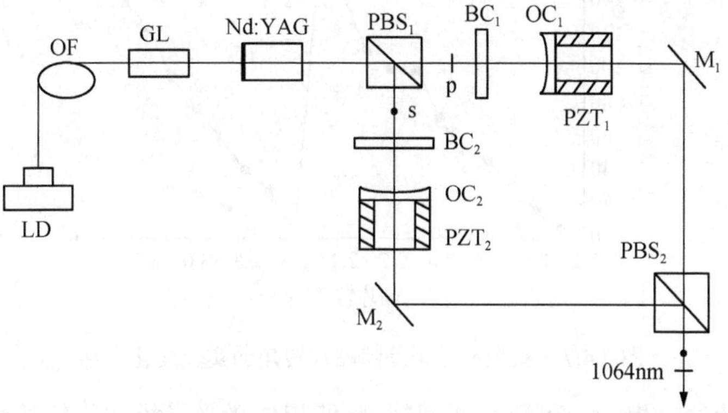

图 3.4.5　双折射滤光片选模双腔双频 Nd:YAG 激光器系统组成

LD：激光二极管；OF：光纤；GL：自聚集透镜；Nd:YAG：掺钕钇铝石榴石；PBS：偏振分光棱镜；BC：双折射晶体；OC：输出耦合镜；PZT：压电陶瓷管；M：反射镜

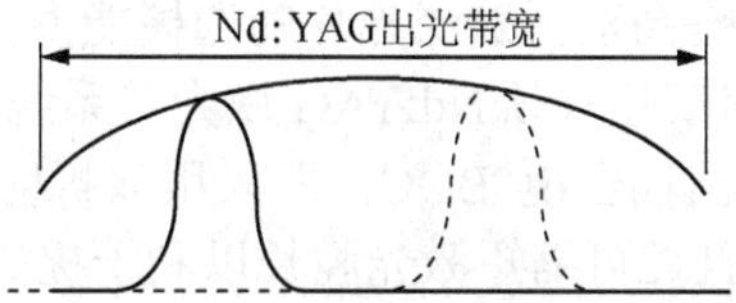

（a）Nd:YAG激光增益曲线及双折射滤光片对p光（实线）和s光（虚线）的透射率曲线

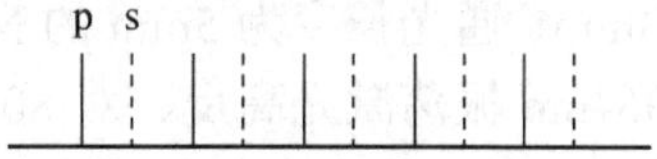

（b）双腔激光纵模频率梳

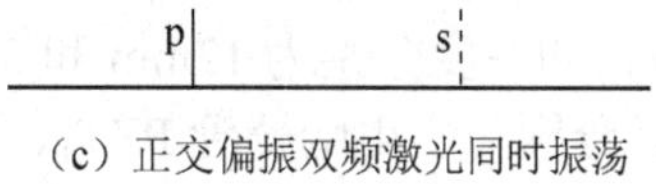

（c）正交偏振双频激光同时振荡

图 3.4.6　双腔双频 Nd:YAG 激光器振荡原理

腔内双折射晶体 BC_1 和 BC_2 采用直径为 10mm、厚度为 0.7mm 的石英晶片(其晶轴平行于通光表面)，将其分别插入直线腔和直角腔内，可获得 1064nm 正交线偏振双频激光同时振荡输出。在保持 BC_2 晶片转角不变的情况下，调节 BC_1 转角以改变其晶轴与直线腔轴线之间的夹角，从而改变直线腔内 p 偏振光的谐振频率，双频激光的频差随之发生变化，相应的频差调谐规律如图 3.4.7 所示。可以看出，当 BC_1 晶片转角在 1.5°～2.5° 范围内变化时，双频激光的频差在 5.2～147.3GHz 范围内基本上按线性规律变化，其最大频差受限于 BC_2 晶片的转角大小，但已非常接近 Nd:YAG 晶体的荧光线宽(约 150GHz)；当继续增加 BC_1 转角时，频差从最大值降至最小值，然后又按线性规律增加。

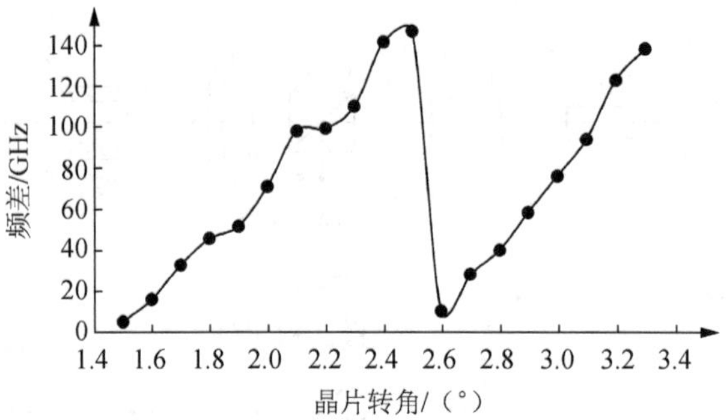

图 3.4.7 双频激光频差随晶片转角的实验变化关系

双折射滤光片的选模能力可用损耗调制度(即相邻激光纵模的相位差)来表示，损耗调制度越大，选模能力越强。由式(2.2.12)可以推导出损耗调制度的表达式，即

$$\Delta\delta = \frac{\pi\Delta nd}{L} \tag{3.4.4}$$

式中，L 为激光谐振腔长度。可以看出，损耗调制度与晶体的双折射率和晶体厚度成正比，与激光腔长成反比，因此通过选择双折射率较大且几何厚度较厚的晶体，并减小谐振腔长度以增加激光纵模间隔，可有效提高双折射滤光片的选模能力。

在图 3.4.5 所示的 LD 泵浦双腔双频 Nd:YAG 激光器系统中，如果将 BC 与 OC 两个元件合并为一个元件——双折射输出耦合镜 BOC，即采用双折射晶体材料制作输出耦合镜，不仅可以减少腔内元件数量，而且还可缩短激光腔长以利于提高双折射滤光片的选模能力。采用方解石晶体(在 1064nm 波长处的主折射率 n_o=1.641、n_e=1.479)制作 BOC 的 LD 泵浦双腔双频 Nd:YAG 激光器系统组成如图 3.4.8 所示，从 LD 尾纤出射的 808nm 泵浦光经自聚集透镜 GL 汇聚到截面尺寸为 3mm×3mm、通光长度为 5mm 的 Nd:YAG 晶体左端面(球面曲率半径为 150mm)，该球面镀有对 1064nm 振荡激光高反、对 808nm 泵浦光增透的双色介质膜，作为激光谐振腔的后反射镜，而 Nd:YAG 晶体的右端面镀有对 1064nm 增透介质膜；偏振分光棱镜 PBS_1 和 PBS_2 尺寸均为 5mm×5mm×5mm，对 1064nm 激光 p 分量透射率和 s 分量反射率分别为 95%和 99%，采用直径和厚度分别为 12mm 和 3mm 的方解石晶体片制作双折射输出耦合镜 BOC_1 和 BOC_2，二者分别与压电陶瓷管 PZT_1、PZT_2 相粘接以便调节激光腔长，并且 BOC_1 的快轴与 PBS_1 偏振面之间的夹角为 45°，BOC_1 左端面镀有对 1064nm 增透介质膜，其右端面介质膜在 1064nm 处的反射率为 97.8%(透射率约为 2.2%)，Nd:YAG 晶体球面介质膜反射镜与 BOC_1 的介质膜反射镜构成线形平凹稳定腔(即直线腔)；在垂直于直线腔轴线方向并与 PBS_1 相对应的位置处设置另一相同方解石晶体双折射输出耦合镜 BOC_2，并且 BOC_2 的快轴与 PBS_1 偏振面之间的夹角也为 45°，在靠近 PBS_1 的 BOC_2 端面镀有对 1064nm 增透介质膜，而在其另一端面蒸镀对 1064nm 反射率为 97.8%的介质膜(透射率约为 2.2%)，Nd:YAG 晶体左端面介质膜反射镜与 BOC_2 的介质膜反射镜构成直角形平凹稳定腔(即直角腔)；直线腔和直角腔的光学长度约为 20mm。两个谐振腔共用相同的 Nd:YAG 晶体，并且直线腔内包含由 PBS_1 和 BOC_1 组成的双折射滤光片(PBS_1-BOC_1)选模元件，而直角腔内也包含由 PBS_1 和 BOC_2 组成的双折射滤光片(PBS_1-BOC_2)选模元件，使 1064nm 激光 p 分量和 s 分量分别在直线腔和直角腔内同时以单纵模振荡，从而获得 1064nm 正交线偏振双频激光输出；经反射镜 M_1、M_2 和偏振分光棱镜 PBS_2 合光，可以获得同轴传输的 1064nm 正交线偏振双频激光。双频激光的频差大小可以通过微调 BOC_1、BOC_2 的倾角进行粗调谐，也可以通

过改变 PZT_1、PZT_2 直流电压进行细调谐。用共焦 F-P 扫描干涉仪测得的 1064nm 双腔双频激光振荡模谱如图 3.4.9 所示。通过微调 BOC_1 和 BOC_2 的倾角实现频差调谐，可以获得不同频差双频激光振荡输出，用光谱仪测得的两种不同频差双腔双频激光振荡光谱如图 3.4.10 所示，其频差分别为 111.3GHz 和 132.5GHz。这种正交线偏振双腔双频 Nd:YAG 激光器结构简单，其频差大小主要取决于腔内双折射滤光片的特性及直线腔、直角腔的腔长。

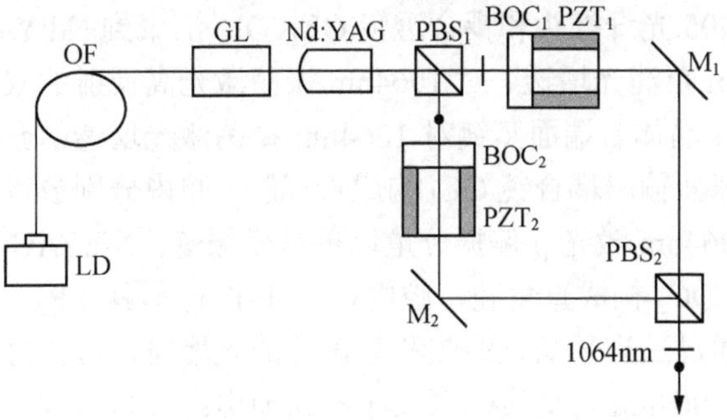

图 3.4.8　双腔双频 Nd:YAG 激光器系统组成

LD：激光二极管；OF：光纤；GL：自聚集透镜；PBS：偏振分光棱镜；
BOC：双折射输出耦合镜；PZT：压电陶瓷管；M：反射镜

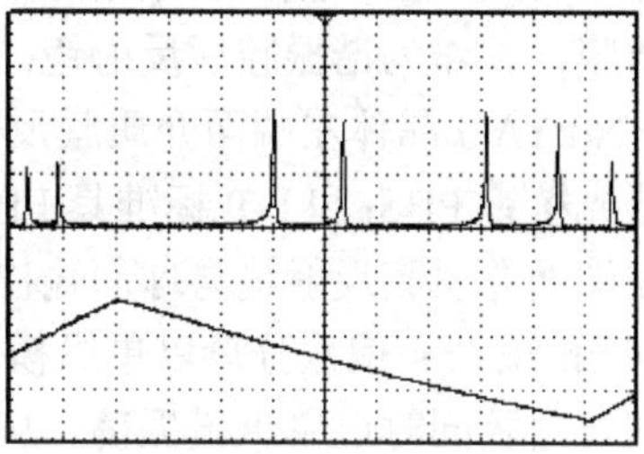

图 3.4.9　双腔双频激光振荡模谱

上部：振荡模谱；下部：扫描电压

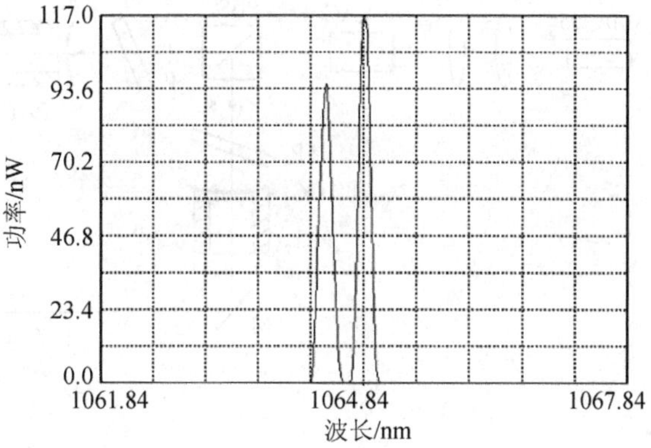

（a）$\Delta\nu=111.3$GHz

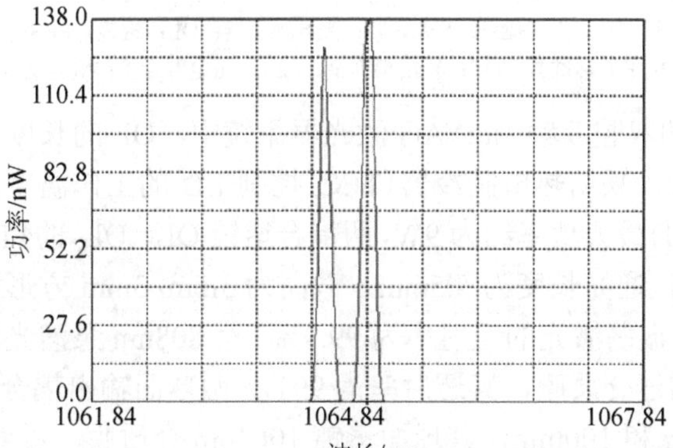

（b）$\Delta\nu=132.5$GHz

图 3.4.10　不同频差双腔双频 Nd:YAG 激光器振荡光谱

3.4.4 F-P 标准具选模双腔双频 Nd:YAG 激光器

1. 激光系统组成

基于 F-P 标准具选模方法的 LD 泵浦双腔双频 Nd:YAG 激光器系统如图 3.4.11 所示。从 LD 尾纤 OF 出射的 808nm 泵浦光经 SMA905 光纤接头和耦合透镜 OL_1、OL_2 汇聚到 Nd:YAG 晶体中，Nd:YAG 晶体左端面蒸镀对 808nm 泵浦光增透、对 1064nm 振荡激光高反射的双色介质膜，并作为谐振腔后反射镜，Nd:YAG 晶体右端面蒸镀对 1064nm 振荡激光增透的介质膜。Nd:YAG 晶体左端面介质膜反射镜与球面输出耦合镜 OC_1 构成直线腔，腔内分别放置偏振分光棱镜 PBS_1 和 F-P 标准具 FP_1，使 1064nm 激光 p 偏振分量以单纵模振荡；Nd:YAG 晶体左端面介质膜反射镜与球面输出耦合镜 OC_2 构成直角腔，腔内插入 F-P 标准具 FP_2，使 1064nm 激光 s 偏振分量以单纵模振荡。通过适当平衡直线腔和直角腔的光增益，可使直线腔和直角腔同时以单纵模振荡，从而获得 1064nm 正交线偏振双频激光输出；从 OC_1 和 OC_2 输出的 p 偏振单频激光和 s 偏振单频激光分别经反射镜 M_1、M_2 反射，再由偏振分光棱镜 PBS_2 合光得到同轴传输的 1064nm 正交线偏振双频激光，并且通过微调腔内 FP_1 和 FP_2 的倾斜角度可以调谐双频激光的频差大小。

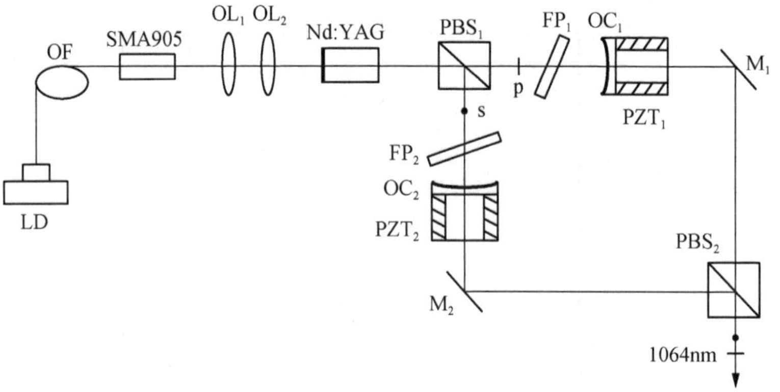

图 3.4.11 F-P 标准具选模双腔双频 Nd:YAG 激光器系统组成

LD：激光二极管；OF：光纤尾纤；SMA905：光纤连接器；OL：透镜；PBS：偏振分光棱镜；
FP：F-P 标准具；OC：输出耦合镜；PZT：压电陶瓷管；M：反射镜

在图 3.4.11 所示的双腔双频 Nd:YAG 激光器系统中，OF 的长度、芯径和数值孔径依次为 1m、100μm 和 0.22，采用热电制冷器(TEC)控制 LD 的工作温度，使其输出光中心波长为 808nm，从 OF 输出的最大功率约为 9W，两耦合透镜 OL_1、OL_2 的焦距均为 15mm；Nd:YAG 晶体掺杂浓度为 1.1%，通光长度为 5.5mm，截面为 3mm×3mm 方形截面，左端面蒸镀双色介质膜，即对 1064nm 振荡激光的反射率为 99.9%、对 808nm 泵浦光的透射率为 95%，晶体右端面蒸镀 1064nm 增透介质膜，其透射率为 99%。两球面输出耦合镜 OC_1、OC_2 的口径和曲率半径分别为 10mm 和 100mm，其球面蒸镀 1064nm 介质膜，透射率为 3.6%；PBS 尺寸为 12.7mm×12.7mm×12.7mm，p 光透射率和 s 光反射率分别为 95%和 99.9%，消光比大于 1000:1；F-P 标准具 FP_1、FP_2 采用熔融石英制作，其基片直径和厚度分别为 8mm 和 0.5mm，通光面蒸镀 1064nm 介质膜，其反射率均为 90%，自由光谱范围为 207GHz，精细度约为 30；直线腔和直角腔的几何腔长分别约为 30mm 和 35mm。

2. 双频激光振荡及频差调谐

在保持 LD 泵浦功率不变的情况下，将 FP_1 和 FP_2 分别插入直线腔和直角腔内，微调其倾斜角度，使直线腔和直角腔同时以单纵模振荡，从而获得 1064nm 正交线偏振双频激光振荡输出，从直线腔和直角腔各输出一束 1064nm 单纵模单频激光，并从腔内 PBS_1 侧面输出一束同轴传输的 1064nm 正交线偏振双频激光，采用 F-P 扫描干涉仪测量双频激光的振荡模谱，如图 3.4.12 所示，可以看出，直线腔和直角腔同时以单纵模振荡，这说明腔内 FP_1 和 FP_2 确实起到了单纵模选择的作用。

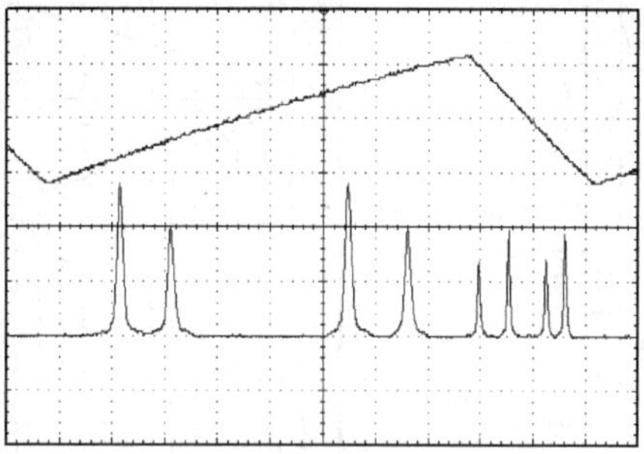

图 3.4.12　双频激光振荡模谱

上部：扫描电压；下部：振荡模谱

通过微调腔内 FP_1 和 FP_2 的倾斜角度，不仅可以实现双频激光同时振荡输出，还可调谐双频激光的频差大小，实验获得了几种不同频差的双频激光振荡输出，采用 LSA-2121 型激光光谱仪(Thorlabs)测量频差分别为 24GHz 和 76GHz 双频激光的振荡光谱如图 3.4.13 所示。研究结果表明，这种双腔双频 Nd:YAG 激光器的频差大小主要取决于腔内 F-P 标准具 FP_1 和 FP_2 的倾斜角度，其最小频差接近零，最大频差接近直线腔和直角腔的振荡线宽。

3. 振荡阈值及输出功率

由激光原理可知，激光器的振荡阈值主要取决于谐振腔的几何腔长和腔内损耗。在上述 F-P 标准具选模双腔双频 Nd:YAG 激光系统中，由 PBS 和 F-P 标准具 FP_1、FP_2 所产生的插入损耗远大于其他腔内损耗，因此直线腔和直角腔的振荡阈值主要取决于 PBS 和 F-P 标准具 FP_1、FP_2 所产生的插入损耗。当腔内 F-P 标准具倾角增大时，激光器的腔内插入损耗随之增大，激光器的振荡阈值也相应增高。

对于频差为 24GHz 的 LD 泵浦 1064nm 双腔双频 Nd:YAG 激光器，其直线腔和直角腔的输出功率随 LD 泵浦功率的变化规律如图 3.4.14 所示。可以看出，直线腔和直角腔的阈值泵浦功率分别为 1.9W 和 2W；当 LD 泵浦功率大于阈值泵浦功率时，直线腔和直角腔的输出功率随 LD 泵浦功率呈线性变化规律，当 LD 泵浦功率为 6.1W 时，直线腔和直角腔的输出功率分别为 229mW 和 190mW。

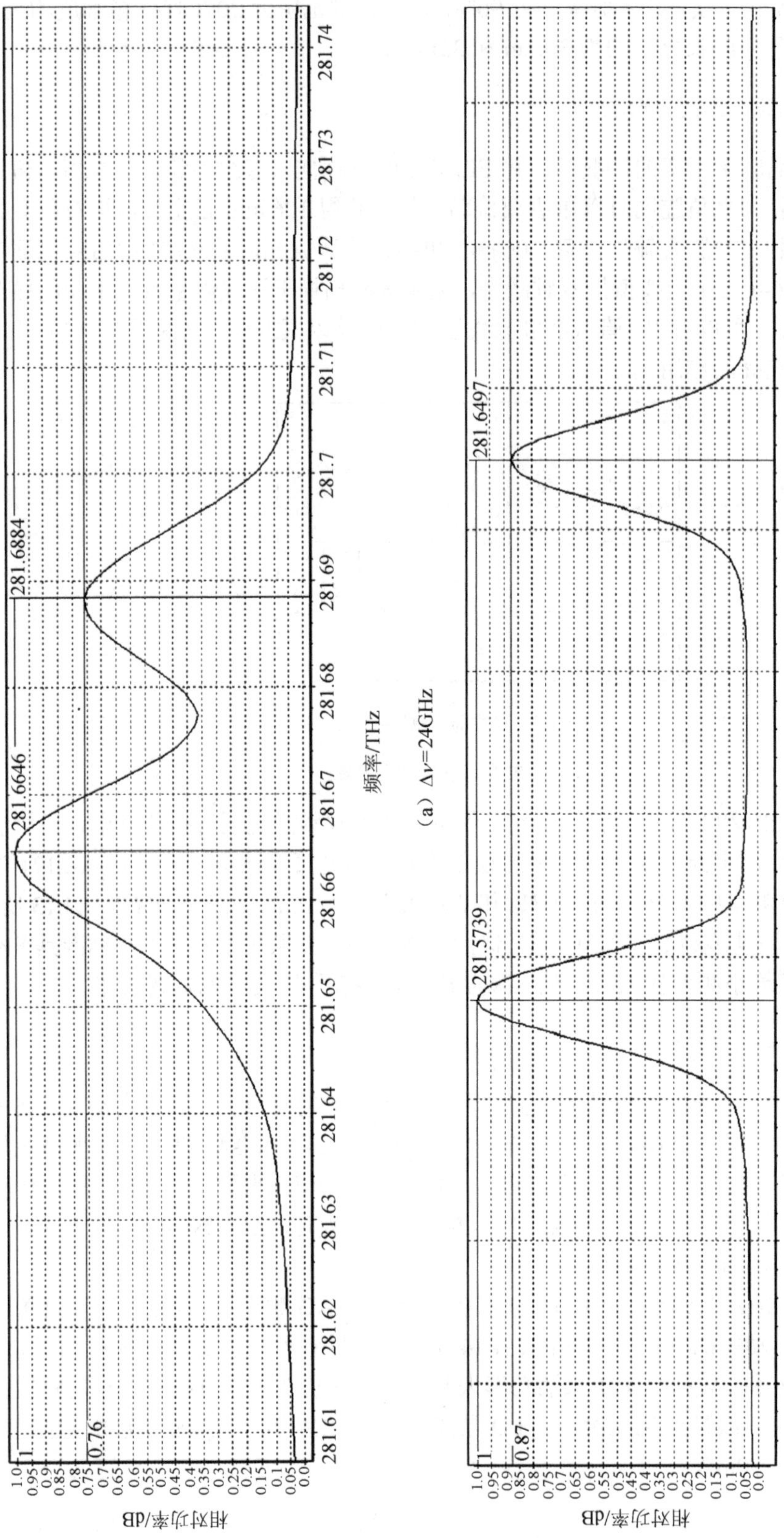

（a）Δν=24GHz

（b）Δν=76GHz

图 3.4.13 不同频差双频激光振荡光谱

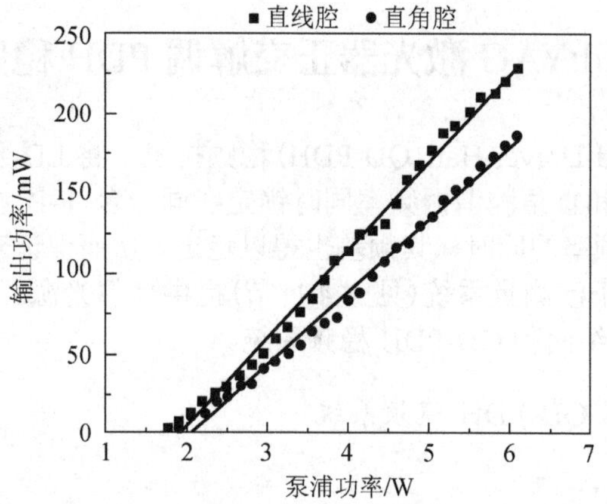

图 3.4.14　激光输出功率随 LD 泵浦功率的变化规律

4. 偏振态

由于直线腔和直角腔共用相同的偏振分光棱镜 PBS，因此这种双腔双频 Nd:YAG 激光器应表现出明显的偏振特性，并且从直线腔和直角腔输出的两束单频激光的偏振方向应该是正交的。为了验证双频激光的偏振特性，采用格兰-泰勒棱镜检验双频激光的偏振态。对于频差为 24GHz 的 1064nm 双腔双频 Nd:YAG 激光器，LD 泵浦功率保持 4W 不变，将格兰-泰勒棱镜分别放置在直线腔和直角腔的输出耦合镜之后，通过旋转格兰-泰勒棱镜角度，并采用激光功率计测量 p 偏振和 s 偏振单频激光透过格兰-泰勒棱镜后的光功率，得到激光透射率随格兰-泰勒棱镜转角的变化规律，如图 3.4.15 所示。可以看出，直线腔和直角腔输出激光的透射率随格兰-泰勒棱镜转角分别呈正弦和余弦变化规律，其变化周期均为 180°，符合马吕斯定律，说明直线腔和直角腔输出激光均为线偏振光；因这两条透射率曲线的相位差为 90°，说明直线腔和直角腔输出的线偏振光是偏振方向相互正交的线偏振光。综上所述，直线腔和直角腔输出的 1064nm 单频激光均为线偏振光，并且二者的偏振方向是相互正交的，即直线腔输出 p 偏振单频激光，直角腔输出 s 偏振单频激光。

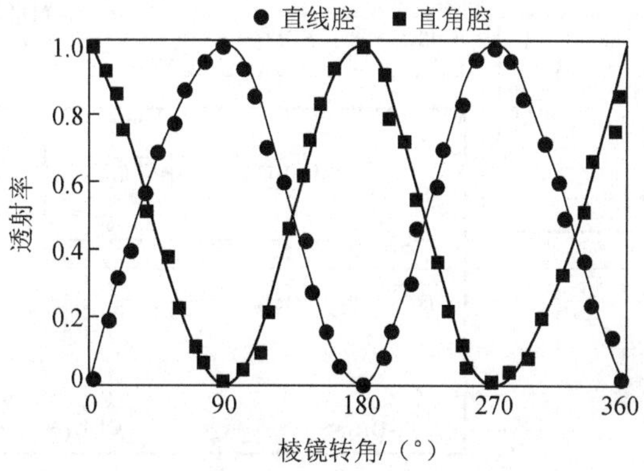

图 3.4.15　激光透射率随格兰-泰勒棱镜转角的变化规律

3.4.5 双腔双频 Nd:YAG 激光器正交解调 PDH 稳频系统

采用正交解调 Pound-Drever-Hall(QD-PDH)稳频技术，将 LD 泵浦双腔双频 Nd:YAG 激光器(TCDFL)的直线腔和直角腔谐振频率同时锁定在同一台 F-P 参考腔的两个不同谐振频率处，在稳定双频激光频率的同时，其频差也得以稳定，从而保证双频激光合成波长的稳定性，为合成波绝对距离干涉测量系统(见 4.4.1 节)提供理想光源。下面以 F-P 标准具选模 TCDFL 为稳频对象，介绍两种 QD-PDH 稳频系统。

1. TCDFL 双调制器 QD-PDH 稳频系统

1) 系统组成

TCDFL 双调制器 QD-PDH 稳频系统组成如图 3.4.16 所示，该系统由三部分组成：LD 泵浦 1064nm 正交线偏振 TCDFL 子系统(Ⅰ)、直线腔 p 偏振单频激光 QD-PDH 稳频子系统(Ⅱ)、直角腔 s 偏振单频激光 QD-PDH 稳频子系统(Ⅲ)。两个 QD-PDH 稳频子系统Ⅱ和Ⅲ共用同一台 F-P 参考腔，为了将 TCDFL 直线腔和直角腔的谐振频率同时锁定在 F-P 参考腔的两个不同谐振频率处，要求 TCDFL 的频差是 F-P 参考腔自由光谱范围的整数倍。

在图 3.4.16 第Ⅱ部分中，从直线腔输出的 p 偏振单频激光依次通过光隔离器 ISO_1 和偏振片 P_1 后进入电光相位调制器 EOM_1 中进行相位调制。直接数字频率合成器 DDS 产生三路同频正弦和余弦信号，其中一路正弦信号经过功率放大后作为两个稳频子系统的相位调制信号，另两路正弦和余弦信号作为两个稳频子系统的解调参考信号。调制后的激光束依次经过偏振分光棱镜 PBS_1、四分之一波片 QWP_1 和分光镜 BS 后入射至 F-P 参考腔 FPC，由 FPC 反射后再次经过 QWP_1 和 PBS_1 并在光探测器 PD_1 处进行光外差干涉，干涉信号经过电流-电压转换器 I/V_1 和选频放大器 FSA_1 对 10MHz 信号进行放大和选频处理，然后与两路参考信号在正交解调单元 QDU_1 中进行同步模拟解调，得到直线腔激光频率漂移误差信号的同相分量和正交分量。

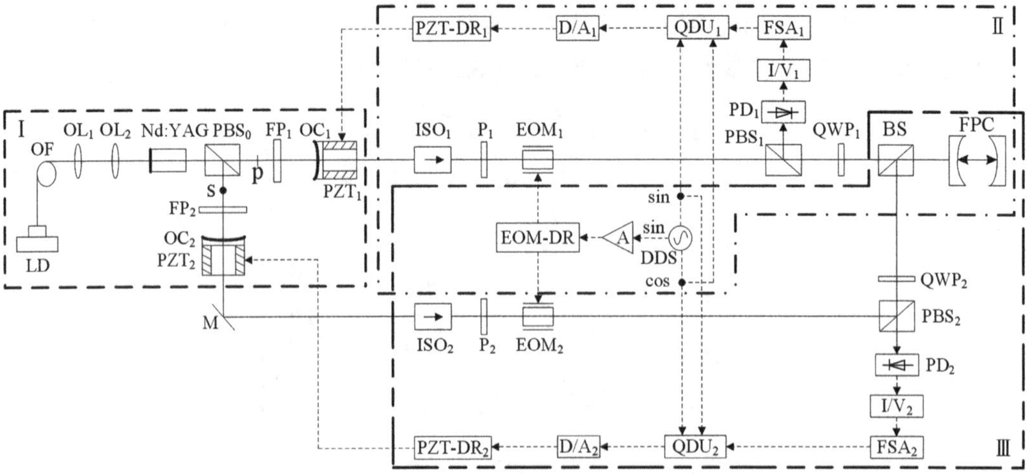

图 3.4.16 TCDFL 双调制器 QD-PDH 稳频系统组成

LD：激光二极管；OF：光纤；OL：透镜；PBS：偏振分光棱镜；FP：F-P 标准具；OC：输出耦合镜；PZT：压电陶瓷管；ISO：光隔离器；P：偏振片；EOM：电光相位调制器；DDS：直接数字合成器；EOM-DR：EOM 驱动器；QWP：四分之一波片；BS：分光镜；FPC：F-P 参考腔；PD：光探测器；I/V：电流-电压转换器；FSA：选频放大器；QDU：正交解调单元；D/A：数字-模拟转换器；PZT-DR：压电陶瓷驱动器

同样地，在图 3.4.16 第Ⅲ部分中，从直角腔输出的 s 偏振单频激光经反射镜 M 后依次通过光隔离器 ISO_2 和偏振片 P_2，然后进入电光相位调制器 EOM_2 中进行相位调制。调制后的激光束依次经过偏振分光棱镜 PBS_2、四分之一波片 QWP_2 和分光镜 BS 后入射至 F-P 参考腔 FPC，由 FPC 反射后再次经过 QWP_2 和 PBS_2 并在光探测器 PD_2 处进行光外差干涉。干涉信号经过电流-电压转换器 I/V_2 和选频放大器 FSA_2 对 10MHz 信号进行放大和选频处理，然后与两路参考信号在正交解调单元 QDU_2 中进行同步模拟解调，得到直角腔激光频率漂移误差信号的同相分量和正交分量。

采用同一个 A/D 同步采集直线腔和直角腔获得的四路频率漂移误差信号分量，并传输至上位机中进行数字相敏检波运算和 PI 控制运算，得到两路激光频率纠偏信号。这两路信号分别经数字-模拟转换器 D/A_1 和 D/A_2 转换为两路模拟信号，并输入至 PZT-DR 单元进行信号放大和叠加处理，然后将两路控制信号分别加到与直线腔和直角腔输出耦合镜相粘接的 PZT 上，以反馈调节直线腔和直角腔的腔长，从而将双腔双频激光频率同时锁定到同一台 F-P 参考腔的两个不同谐振频率处，实现双频激光频率和频差同时稳定。

建立并研究图 3.4.16 所示 TCDFL 稳频系统的鉴频及稳频特性，其中 LD 泵浦 1064nm 正交线偏振 TCDFL 的频差为 24GHz，FPC 的自由光谱范围为 375MHz、精细度为 421。

2) QD-PDH 鉴频特性

为了获得直线腔和直角腔 QD-PDH 稳频子系统的鉴频曲线，将频率为 100Hz、幅度为 15V 的锯齿波信号加载到 FPC 的 PZT 上，对 FPC 的腔长进行周期性扫描。图 3.4.17 和图 3.4.18 分别为直线腔和直角腔 QD-PDH 稳频子系统误差信号的同相分量及正交分量变化曲线，可以看出，两个 QD-PDH 稳频子系统误差信号的同相分量和正交分量均能够反映激光频率的变化规律。

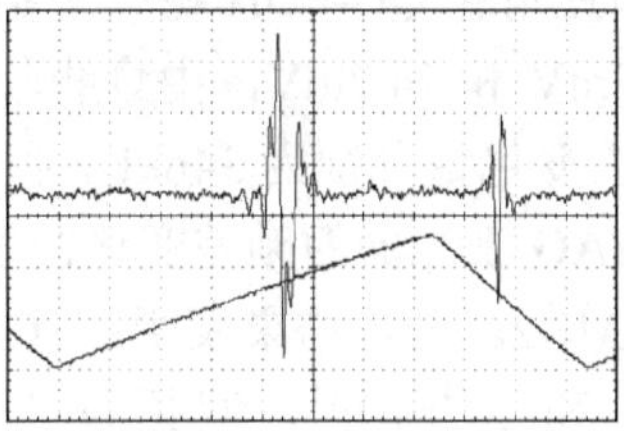

（a）同相分量

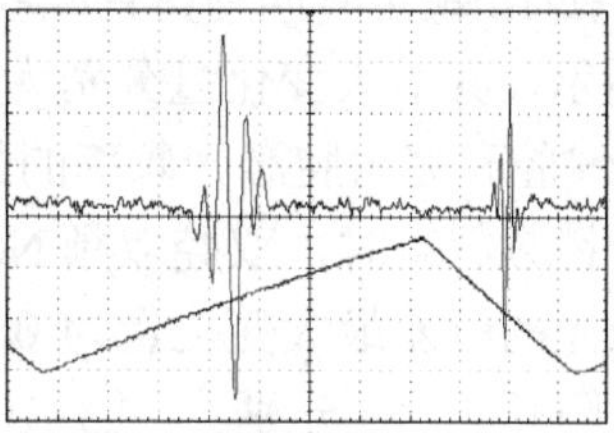

（b）正交分量

图 3.4.17　直线腔 QD-PDH 稳频子系统误差信号

上部：误差信号；下部：扫描电压

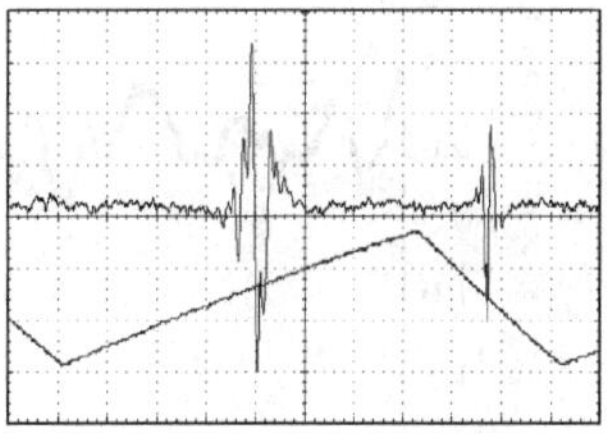

（a）同相分量

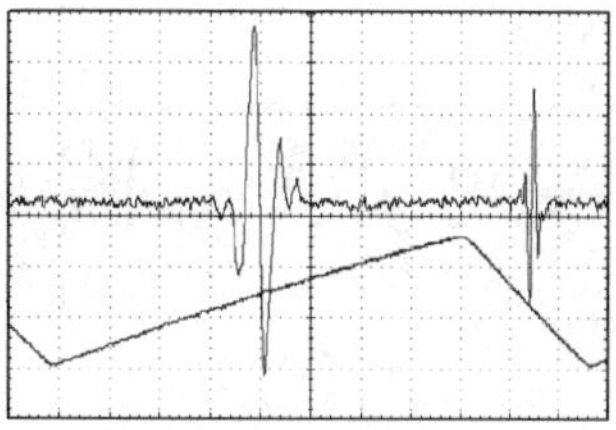

（b）正交分量

图 3.4.18　直角腔 QD-PDH 稳频子系统误差信号

上部：误差信号；下部：扫描电压

通过 AD7606 同步采集四通道误差信号分量，并传输到上位机进行相敏检波运算，采样频率 f_s=100kHz，采样点数为 2000，计算得到直线腔和直角腔 QD-PDH 稳频子系统的鉴频曲线，如图 3.4.19 所示。可以看出，双腔稳频子系统的鉴频曲线与传统 PDH 稳频系统的鉴频曲线相似，均具有色散谱线形态；由图 3.4.19 可以得到，直线腔 QD-PDH 稳频子系统的线性动态范围和鉴频灵敏度分别为 5.08MHz 和 222.72mV/MHz，直角腔 QD-PDH 稳频子系统的线性动态范围和鉴频灵敏度分别为 4.87MHz 和 208.98mV/MHz。

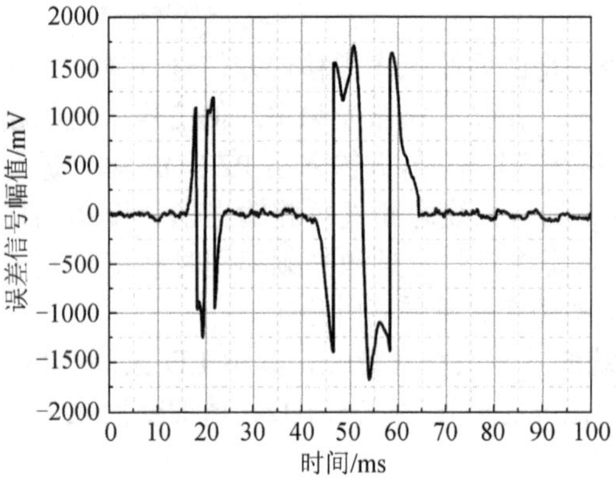

（a）直线腔

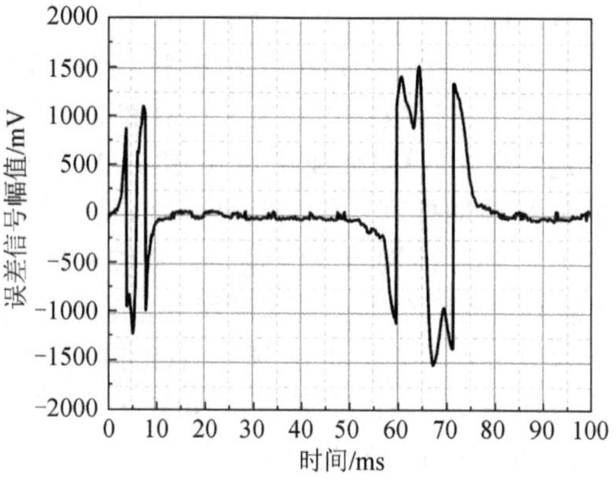

（b）直角腔

图 3.4.19 直线腔和直角腔 QD-PDH 稳频子系统的鉴频曲线

3) QD-PDH 稳频特性

通过两个 QD-PDH 稳频子系统，将直线腔和直角腔的激光频率同时锁定在 FPC 的两个不同谐振频率处，在 1h 锁定时间内，直线腔和直角腔 QD-PDH 稳频子系统的误差信号变化曲线如图 3.4.20 所示，其最大变化量分别为 77mV 和 74.2mV，由直线腔和直角腔的鉴频灵敏度计算可得，直线腔和直角腔激光频率的最大变化量分别为 346kHz 和 355kHz。当直线腔和直角腔同时处于锁频状态时，双腔双频 Nd:YAG 激光器的频差变化曲线如图 3.4.21 所示，可以看出，双频激光的频差最大变化量为 0.55MHz。分析结果表明：TCDFL 直线腔和直角腔的频率稳定度(阿伦方差)分别为 2.3×10^{-11} 和 2.7×10^{-11}，双频激光的频差稳定度优于 4.2×10^{-7}。

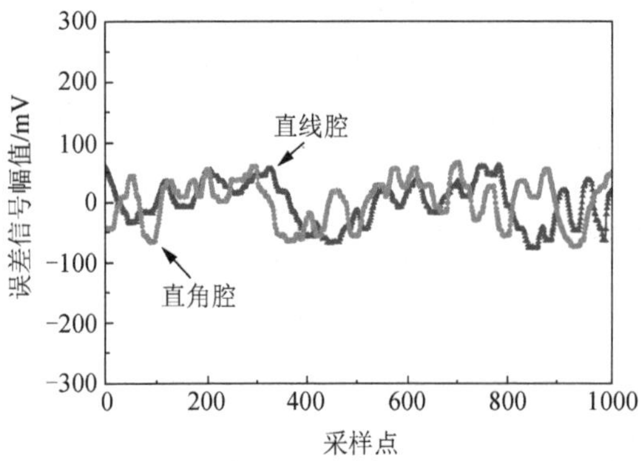

图 3.4.20 QD-PDH 稳频子系统误差信号变化曲线

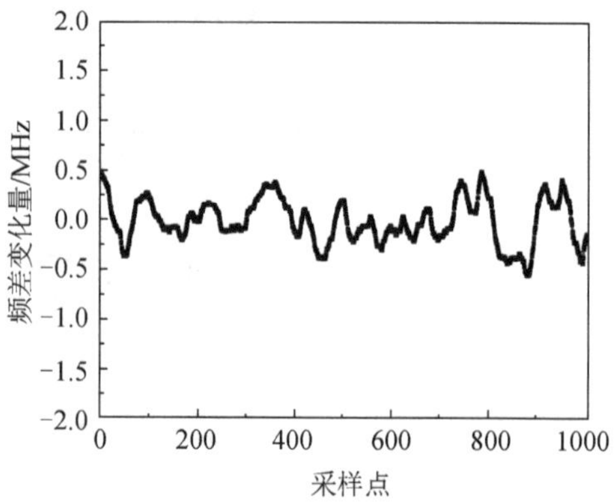

图 3.4.21 双腔双频 Nd:YAG 激光器频差变化曲线

2. TCDFL 单调制器 QD-PDH 稳频系统

1）基于单调制器的正交线偏振双频激光相位调制方法

由图 2.1.5 所示的电光相位调制原理可知，要对入射光波进行相位调制，要求起偏器的偏振方向平行于电光晶体的感应主轴 x' 或 y'。由于电光晶体的两个感应主轴 x' 和 y' 是相互垂直的，因此对于入射的正交线偏振双频激光，当其两个偏振方向分别平行于电光晶体的两个感应主轴时，即可实现对双频激光的相位调制。

TCDFL 能够输出双频激光，经腔外合光后得到同轴传输的正交线偏振双频激光，因此采用同一电光相位调制器 EOM 可以对双频激光进行相位调制，只是要求双频激光的 p 偏振方向和 s 偏振方向分别平行于 EOM 的两个感应主轴方向，这可以借助转台并绕双频激光传输轴线微调 EOM 的转角来实现。采用 F-P 扫描干涉仪测得的 1064nm 正交线偏振 TCDFL 单调制器相位调制模谱如图 3.4.22 所示，可以看出，在锯齿波扫描电压的上升沿，p 偏振模（幅值较高）和 s 偏振模（幅值较低）均被重复扫描了两次，其载波两侧产生了幅度一致的正负一阶调制边带。

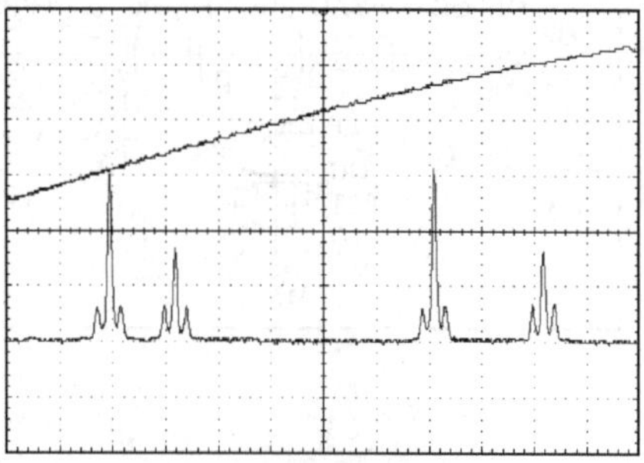

图 3.4.22　TCDFL 单调制器相位调制模谱

上部：扫描电压；下部：相位调制模谱

2）系统组成及特性

TCDFL 单调制器 QD-PDH 稳频系统组成如图 3.4.23 所示，该系统也包括三部分：LD 泵浦 1064nm 正交线偏振 TCDFL 子系统（Ⅰ）、直线腔 p 偏振单频激光 QD-PDH 稳频子系统（Ⅱ）、直角腔 s 偏振单频激光 QD-PDH 稳频子系统（Ⅲ），其中稳频子系统Ⅱ和Ⅲ共用同一套 EOM 调制器和同一台 F-P 参考腔 FPC。从 TCDFL 直线腔和直角腔输出的 p 偏振单频激光和 s 偏振单频激光经腔外合光后，得到同轴传输的 1064nm 正交线偏振双频激光，经光隔离器 ISO 后进入 EOM 进行相位调制，调制后的 p 偏振单频激光载波及其正负一阶边带依次透过偏振分光棱镜 PBS_2、分光镜 BS 和四分之一波片 QWP 后入射至 FPC，经 FPC 反射的激光载波及其调制边带再次通过 QWP，其偏振方向旋转 90° 而变为 s 偏振光，透过 BS 后被偏振分光棱镜 PBS_2 反射到达光探测器 PD_1 产生外差干涉信号，该信号经处理后反馈调节直线腔的腔长，从而将直线腔 p 偏振单频激光频率锁定在 FPC 的一个谐振峰中心频率处。同样地，经 EOM 调制后的 s 偏振单频激光载波及其正负一阶边带由 PBS_2 反射，再依次经 M_3、PBS_3 和 BS 反射后透过 QWP 到达 FPC，经 FPC 反射的激光载波及其调制边带再次透过 QWP，其偏振方向旋转 90° 而变为 p 偏振光，经 BS 反射后透过 PBS_3 到达光探测器 PD_2 产生外差干涉信号，该信号经处理后反馈调节直角腔的腔长，从而将直角腔 s 偏振单频激光的频率锁定在 FPC 的另一个谐振峰中心频率处。

仍然以频差为 24GHz 的 LD 泵浦 1064nm 正交线偏振 TCDFL 作为稳频对象，并采用同样的 FPC 作为稳频基准，建立图 3.4.23 所示的 TCDFL 单调制器 QD-PDH 稳频系统，实验研究了该系统的鉴频及稳频特性。研究结果表明，直线腔和直角腔 QD-PDH 稳频子系统的线性动态范围分别为 5.36MHz 和 5.25MHz，其鉴频灵敏度分别为 251.71mV/MHz 和 222.34mV/MHz；在 1h 锁频时间内，直线腔和直角腔激光频率漂移分别小于 0.34MHz 和

0.35MHz，相应的激光频率稳定度(阿伦方差)分别优于 1.6×10^{-11} 和 2.0×10^{-11}，双频激光频差稳定度优于 2.9×10^{-7}。两种稳频系统性能对比见表 3.4.1，显而易见，与双调制器 QD-PDH 稳频系统相比，单调制器 QD-PDH 稳频系统的性能更优，而且成本更低。

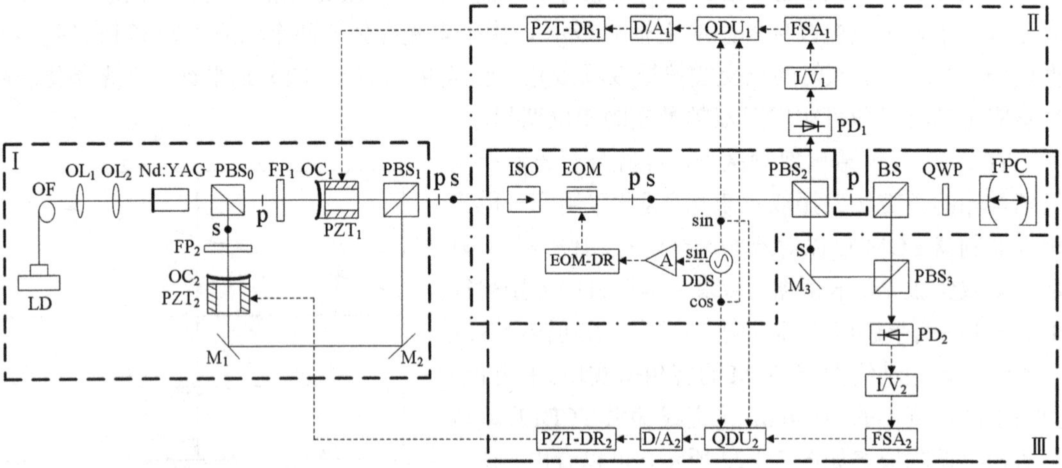

图 3.4.23　TCDFL 单调制器 QD-PDH 稳频系统组成

LD：激光二极管；OF：光纤；OL：透镜；PBS：偏振分光棱镜；FP：F-P 标准具；OC：输出耦合镜；PZT：压电陶瓷管；ISO：光隔离器；EOM：电光相位调制器；DDS：直接数字合成器；EOM-DR：EOM 驱动器；QWP：四分之一波片；BS：分光镜；FPC：F-P 参考腔；PD：光探测器；I/V：电流-电压转换器；FSA：选频放大器；QDU：正交解调单元；D/A：数字-模拟转换器；PZT-DR：压电陶瓷驱动器

表 3.4.1　TCDFL 单双调制器 QD-PDH 稳频系统性能对比

稳频系统	谐振腔	线性动态范围/MHz	鉴频灵敏度/(mV/MHz)	频率稳定度	频差稳定度
单调制器 QD-PDH	直线腔	5.36	251.71	1.6×10^{-11}	2.9×10^{-7}
	直角腔	5.25	222.34	2.0×10^{-11}	
双调制器 QD-PDH	直线腔	5.08	222.72	2.3×10^{-11}	4.2×10^{-7}
	直角腔	4.87	208.98	2.7×10^{-11}	

3.5　双波长单纵模光纤激光器

3.5.1　保偏光纤布拉格光栅的主要特性

光纤布拉格光栅(FBG)是一种常用的光滤波器，其有关特性已在 2.6.4 节中介绍，这里不再赘述。如果在一段保偏光纤(PMF)上制作布拉格光栅(即 PMFBG)，就可获得具有两个布拉格波长的 FBG 滤波器；若将 PMFBG 用作光纤激光器的波长选择元件，即可实现双波长激光振荡输出，在此基础上再采取单纵模选择措施，就能获得双波长单纵模激光(即双频激光)振荡输出。下面简要介绍保偏光纤的基本知识和 PMFBG 的主要光学特性。

1. 保偏光纤的基本知识

保偏光纤中的内应力和非对称性可以有效地将输入光分裂成两个独立的偏振模，这种性质称为保偏光纤的双折射，即保偏光纤中两种偏振态的折射率是不相等的。光纤的双折射定义为两个基模传播常数之差，即

$$\Delta\beta = \beta_x - \beta_y \tag{3.5.1}$$

其特征参量——模式双折射（又称为归一化双折射）定义为

$$B = \frac{\Delta\beta}{\beta_{xy}} = \frac{\beta_x - \beta_y}{\dfrac{\beta_x + \beta_y}{2}} = \frac{n_x - n_y}{n} \tag{3.5.2}$$

式中，$\beta_{xy} = (\beta_x + \beta_y)/2$ 表示两个基模的平均传播常数；n_x 和 n_y 分别表示两个基模的折射率，n 表示两个基模的平均折射率。一般单模光纤的 B 值在 10^{-6}～10^{-5} 之间，当 $B<10^{-6}$ 时为低双折射（low birefringence, LB）光纤，当 $B>10^{-5}$ 时为高双折射（high birefringence, HB）光纤。习惯上用拍长 L_{p} 来表征高双折射光纤的模式双折射，拍长定义为

$$L_{\mathrm{p}} = \frac{2\pi}{\Delta\beta} = \frac{\lambda}{nB} \tag{3.5.3}$$

式中，$\Delta\beta$ 是两偏振模传输常数差；λ 是光在自由空间的波长。$\Delta\beta$ 值越大，拍长越短，光纤的模式双折射越大，偏振特性越好。一般 HB 光纤的拍长 L_{p}=1～10mm。在高双折射光纤中，两个正交基模 HE_{11}^{x} 和 HE_{11}^{y} 的传播常数 β_x 和 β_y 相差很大，两个正交线偏振基模之间的耦合很弱，从而在光纤中传输的线偏振光会保持很长的一段距离而基本不变。

2. PMFBG 的光学滤波特性

由于 PMFBG 是在保偏光纤上刻写的布拉格光栅，所以它的光学特性与 FBG 有所不同，这主要是由保偏光纤本身的光学特性所决定的。布拉格光栅的折射率呈固定的周期性调制分布，即调制深度与光栅周期 Λ 均为常数，光栅刻制方向与光纤轴线方向一致。当光入射到布拉格光栅时，对满足布拉格相位条件的光波将产生很强的反射，而对不满足布拉格相位条件的光波，由于相位不匹配，所以只有很微弱的部分入射光波被反射回来，大部分光波则从布拉格光栅透射出去，PMFBG 的结构及其光学滤波原理如图 3.5.1 所示。

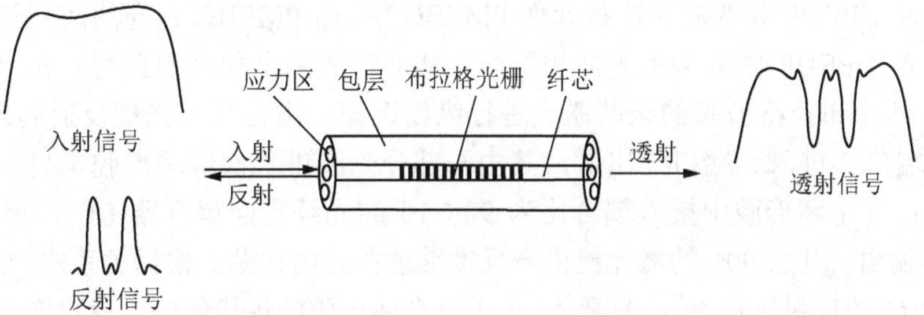

图 3.5.1　PMFBG 结构及其光学滤波原理

由于保偏光纤横截面的特殊结构，在其上刻写的布拉格光栅相当于分别在快轴和慢轴上刻写两段布拉格光栅，这两段光栅的周期Λ是一样的，不同的是它的两个有效折射率(分别用n_x和n_y表示)，因此用相位掩模法在保偏光纤上写入的布拉格光栅的布拉格波长分别表示为

$$\lambda_x = 2\Lambda n_x \tag{3.5.4a}$$

$$\lambda_y = 2\Lambda n_y \tag{3.5.4b}$$

相应的波长差为

$$\lambda_y - \lambda_x = 2\Lambda\Delta n \tag{3.5.5}$$

式中，$\Delta n = n_y - n_x$为保偏光纤的双折射率。

PMFBG 的两个布拉格波长对温度和轴向应变的响应具有很好的线性关系，而且对温度和轴向应变的响应灵敏度都相同，因此两波长之差对温度和轴向应变不敏感，即通过改变 PMFBG 的温度或轴向应变是不能调谐波长差的。但是，如果对 PMFBG 施加横向作用力以改变其横向应变，不仅可以改变两个基模的折射率n_x和n_y，而且也会改变保偏光纤的双折射率$\Delta n = n_y - n_x$，因此双波长的波长差相应地得以调谐。

3.5.2 饱和吸收体选模双波长单纵模光纤激光器

1. 环形腔双波长单纵模掺铒光纤激光器

在 2.6.5 节中已经介绍了未泵浦掺铒光纤(UPEDF)饱和吸收体选模原理及单纵模掺铒光纤环形激光器，这里介绍基于 UPEDF 饱和吸收体选模原理的环形腔双波长单纵模掺铒光纤激光器，其系统组成如图 3.5.2 所示，在主环形腔内还包含一个由耦合比为 50∶50 的 2×2 光纤定向耦合器 DC_1 构成的次级环形腔，形成复合环形腔结构，复合环形腔的纵模间隔是每个环形腔相应纵模间隔的最小公倍数，因此复合环形腔有较大的纵模间隔，可以有效抑制腔内激光模式之间的竞争效应，有利于单纵模选择。波长为 980nm 的 LD 泵浦光通过波分复用器 WDM 耦合进入长度为 10m、掺杂浓度为 $5.4\times10^{24}/m^3$ 的掺铒光纤 EDF 中，形成粒子数反转分布并产生自发辐射光，辐射光被光隔离器 ISO 阻挡再次进入 EDF，一方面增强 EDF 的利用效率，另一方面 EDF 再次吸收 LD 泵浦光，使进入 UPEDF 的辐射光中无 LD 泵浦光。辐射光从光环形器 OC 的端口 1 进入并从端口 2 出射，然后经偏振控制器 PC 依次进入饱和吸收体选模元件 UPEDF 和双波长选择元件 PMFBG 中，由 PMFBG 选择的两列正交线偏振反射光波与进入 UPEDF 的同频率光波相干涉，从而形成两个独立的自写入光栅，它们分别对 PMFBG 两个布拉格波长的振荡激光进行纵模选择。由自写入光栅反射的光波通过 PC 后从 OC 的端口 2 进入、端口 3 出射，其中一部分光波进入次级环形腔，另一部分光波进入主环形腔；在主环形腔中接入耦合比为 90∶10 的光纤定向耦合器 DC_2，使腔内 10%的激光从 DC_2 输出，其余 90%的激光提供光反馈继续在腔内振荡。根据关系式(2.6.13)可以确定自感应 FBG 的反射带宽Δf，只要Δf小于复合环形腔的纵模间隔，就可实现单纵模激光振荡。

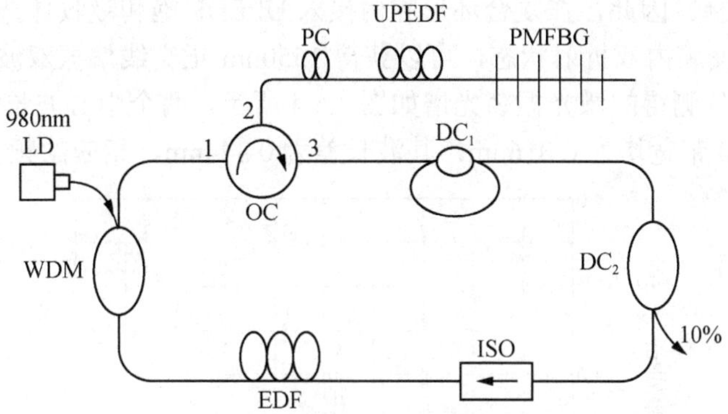

图 3.5.2 复合环形腔双波长单纵模掺铒光纤激光器系统组成

LD：半导体激光器；WDM：波分复用器；OC：光环形器；PC：偏振控制器；PMFBG：保偏光纤光栅；DC：定向耦合器；ISO：光隔离器；EDF：掺铒光纤；UPEDF：未泵浦掺铒光纤

腔内 PMFBG 元件增强了激光器的偏振非均匀性，并减小了 EDF 均匀加宽谱线的宽度，从而引起两个正交线偏振模(即 TM 和 TE 偏振模)单独或同时振荡，这可以通过调节偏振控制器 PC 的状态来实现。因此，利用这种偏振烧孔效应，并通过 PC 调节腔内的偏振状态，可以实现双波长激光稳定振荡，加之复合环形腔和 UPEDF 饱和吸收体的共同选模作用，选取适当长度和掺杂浓度的 UPEDF，即可获得 1550nm 正交线偏振双波长单纵模激光同时振荡输出。

在主环形腔内接入由 2×2 光纤定向耦合器 DC_1 形成的次级环形腔(腔长约为 2m)，从而构成复合环形腔，并在复合环形腔内接入长度为 4m、吸收系数(在 1530nm 波长处)为 6～7.5dB/m 的 UPEDF 饱和吸收体，构成图 3.5.2 所示复合环形腔双波长单纵模掺铒光纤激光器系统，其主环形腔长度约为 30m。通过调节偏振控制器 PC，使激光器先后以两个不同单波长振荡，用光谱分析仪测得的中心波长分别为 1549.600nm(短波长)和 1549.968nm(长波长)，并用自由光谱范围为 3.75GHz 的 1550nm 共焦 F-P 扫描干涉仪测得相应单波长激光的振荡模谱，如图 3.5.3 所示。可以看出，无论是短波长激光还是长波长激光，激光器均以单纵模稳定振荡输出，这说明在复合环形腔中接入 UPEDF 饱和吸收体实现单纵模选择是行之有效的。

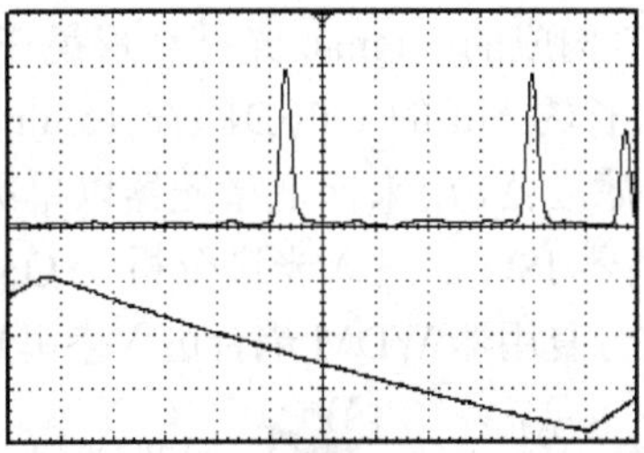

(a) 短波长

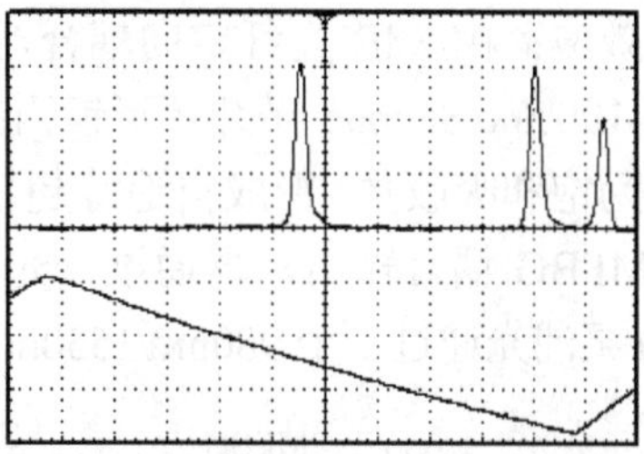

(b) 长波长

图 3.5.3 复合环形腔内接入 UPEDF 时单波长单纵模激光振荡模谱

上部：振荡模谱；下部：扫描电压

研究结果业已表明：当双波长激光的波长差远大于 UPEDF 饱和吸收体的截止频率(<1GHz)时，双波长激光可在 UPEDF 中形成互不干扰的两列驻波，从而可以同时对该双波

长激光进行纵模选择。因此，在复合环形腔内接入 UPEDF 饱和吸收体选模元件的情况下，通过调节 PC 以改变腔内双折射状态，可以获得 1550nm 正交线偏振双波长单纵模同时振荡输出，用光谱分析仪测得的激光振荡光谱如图 3.5.4 所示，两个中心波长分别为 1549.596nm 和 1549.94nm，3dB 带宽均为 0.016nm，其波长差为 0.344nm，相应的频差约为 42.955GHz。

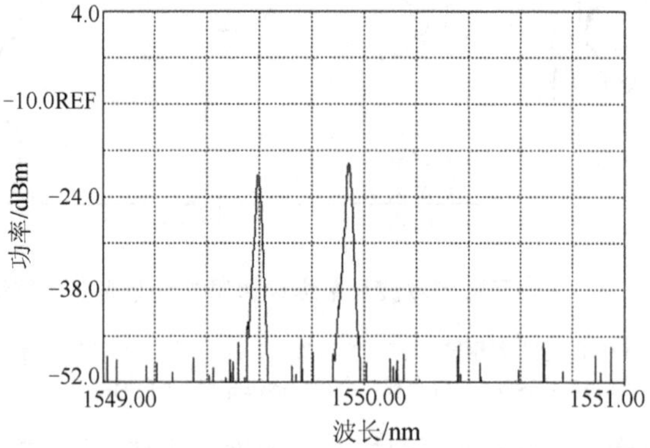

图 3.5.4 复合环形腔接入 UPEDF 时双波长单纵模掺铒光纤激光器振荡光谱

这种复合环形腔双波长单纵模掺铒光纤激光器的波长差(或频差)主要取决于 PMFBG 的特性，当给 PMFBG 施加横向作用力时，可在一定范围内对双波长单纵模激光的波长差(或频差)进行连续调谐。

2. 驻波腔双波长单纵模掺铒光纤激光器

将一段 UPEDF 饱和吸收体接入 Sagnac 光纤环形镜作为激光谐振腔的一个宽带反射镜，采用 PMFBG 作为激光谐振腔的另一反射镜，构成驻波腔双波长单纵模掺铒光纤激光器，其系统组成如图 3.5.5 所示。该激光系统采用长约 lm 的熊猫型保偏光敏掺铒光纤 PMPEDF 作为增益介质(在 1530nm 波长处吸收系数为 22.5dB/m)，并在 PMPEDF 的一端直接写入一段均匀 PMFBG 作为激光器的一个反射镜；将一小段 PMPEDF 绕在光纤偏振控制器 PC 上，PC 一方面可以用来调节激光腔内两个正交偏振光的偏振态，并控制和平衡激光腔内的增益与损耗，以获得可切换的双波长激光输出，另一方面，PC 还可用来消除线形激光腔中由驻波引起的空间烧孔效应；由 3dB 光纤定向耦合器 DC 构成的 Sagnac 光纤环形镜在 1550nm 波段的反射率接近 100%，Sagnac 光纤环形镜内接入长约 5m 的 UPEDF(在 1530nm 处吸收系数为 16dB/m)作为饱和吸收体，形成自追踪超窄带滤波器，用来保证激光器以单纵模振荡输出；振荡激光经 PMFBG 耦合输出，再通过一光隔离器 ISO 后进入光谱分析仪 OSA 进行光谱测量；980nm LD 泵浦光通过一个 980nm/1550nm 波分复用器 WDM 耦合进入掺铒光纤进行泵浦。

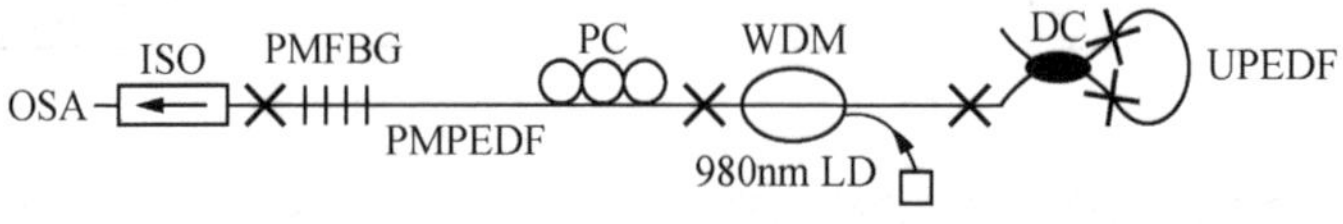

图 3.5.5 驻波腔双波长单纵模掺铒光纤激光器系统组成

PMPEDF：保偏光敏掺铒光纤；PMFBG：保偏光纤光栅；PC：偏振控制器；WDM：波分复用器；LD：激光二极管；ISO：光隔离器；OSA：光谱分析仪；UPEDF：未泵浦掺铒光纤

系统所用的 PMPEDF 在 1550nm 波长附近的拍长约为 7.88mm，以其制作 PMFBG 的两个布拉格波长间隔约为 0.202nm，在室温下测得 40mm 长 PMFBG 的透射谱如图 3.5.6 所示，两个布拉格波长分别为 1544.084nm 和 1544.287nm，反射峰的 3dB 带宽均为 0.036nm，反射率分别为 93%和 88%。当在 Sagnac 光纤环形镜内未接入 UPEDF 饱和吸收体时，激光器的总腔长约为 2m，相应的激光纵模间隔约为 50MHz，通过调节腔内光纤偏振控制器，可以得到两个正交线偏振双波长激光振荡输出，双波长激光振荡光谱如图 3.5.7 所示，两个振荡激光波长分别为 1544.105nm 和 1544.307nm，双波长激光的峰值功率约为 7.5dBm，光信噪比达到 40dB，每个激射波长处的激光功率谱的 3dB 带宽为 0.013nm。

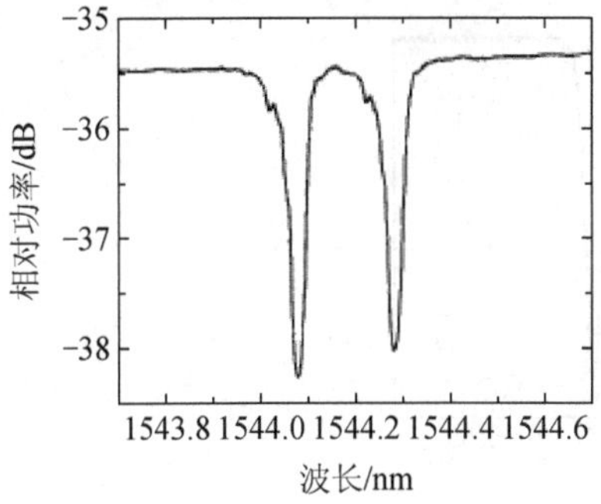

图 3.5.6 PMFBG 透射谱

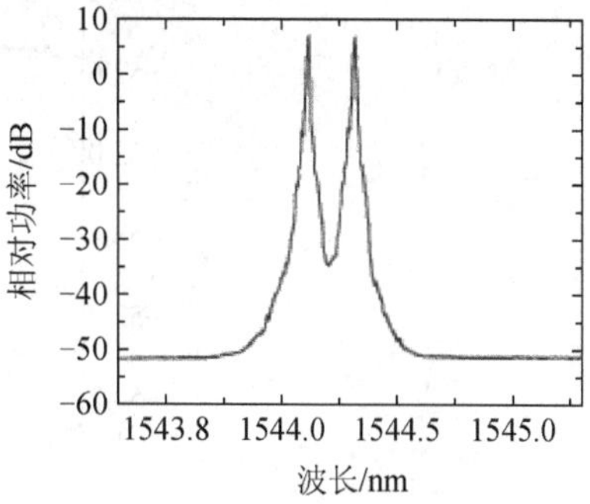

图 3.5.7 双波长激光振荡光谱

在获得双波长激光振荡输出的情况下，将长约 5m 的 UPEDF 饱和吸收体接入 Sagnac 光纤环形镜，这时激光器的总腔长约为 7m，相应的激光纵模间隔约为 14MHz。当 LD 泵浦功率为 110mW 时，双波长激光输出的峰值功率降低为 5.0dBm，这说明在 Sagnac 光纤环形镜内接入 UPEDF 饱和吸收体时增加了激光腔内损耗。采用延迟自零差干涉测量法对输出的双波长激光是否为单纵模进行验证，实验结果表明：当在 Sagnac 光纤环形镜内接入 UPEDF 饱和吸收体时，掺铒光纤激光器以双波长单纵模稳定运转，从而得到 1550nm 波段正交线偏振双波长单纵模激光输出。

3.5.3 DBR 型双波长单纵模掺镱光纤激光器

DBR 型双波长单纵模掺镱光纤激光器系统组成如图 3.5.8 所示，采用掺镱离子(Yb^{3+})的单模单包层石英光纤 YDF 作为激光增益介质，它在 976nm 波长附近的吸收率为 1700dB/m，长度为 15mm；在 YDF 两端各接一段长约 3mm 的单模 FBG 和 PMFBG 作为 DBR 光纤激光器的反射器，其中单模 FBG 的中心波长为 1029.3nm，3dB 带宽为 0.46nm，峰值反射率为 99%；测得的 PMFBG 透射谱如图 3.5.9 所示，两个布拉格反射峰中心波长分别为 1029.1nm 和 1029.4nm，3dB 带宽为 0.06nm，峰值反射率为 55%，并且两个布拉格反射峰中心波长均处于单模 FBG 的反射带宽以内；976nm LD 泵浦光通过 1030nm/980nm 波分复用器 WDM 耦合进入掺镱光纤 YDF。

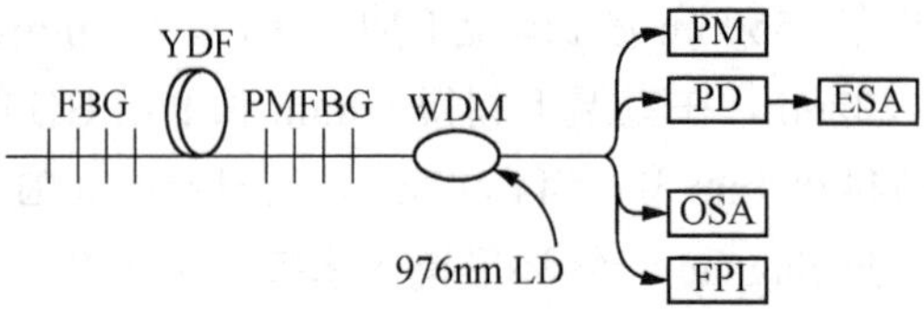

图 3.5.8　DBR 型双波长单纵模掺镱光纤激光器系统组成示意图

FBG：光纤光栅；YDF：掺镱光纤；PMFBG：保偏光纤光栅；WDM：波分复用器；PM：功率计；PD：光探测器；ESA：电频谱仪；OSA：光谱分析仪；FPI：F-P 扫描干涉仪

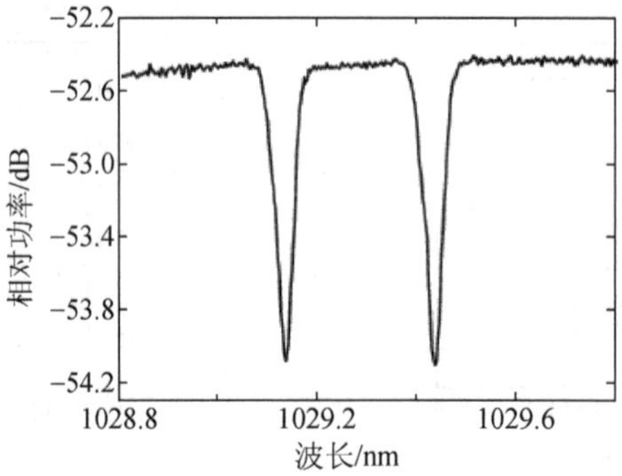

图 3.5.9　PMFBG 透射谱

这种双波长单纵模光纤激光器的阈值泵浦功率为 10mW，当泵浦功率为 490mW 时，激光输出功率达到 43mW，用带宽为 0.01nm 的光谱分析仪 OSA 测得的光信噪比(OSNR)大于 60dB，如图 3.5.10 所示。激光器腔长约为 20mm，相应的激光纵模间隔为 5.1GHz，尽管在 PMFBG 的 3dB 反射带宽内可支持三个纵模振荡，但由于 PMFBG 的反射谱线斜率较大，激光纵模的损耗鉴别力较强，从而在每个波长处只有一个纵模振荡输出，采用自由光谱范围为 150GHz、分辨率为 1GHz 的 F-P 扫描干涉仪 FPI 测量双波长激光的振荡模谱，如图 3.5.11 所示，可以看出激光器在每一波长处均以单纵模振荡，而且工作稳定，无跳模现象。

正如由 PMFBG 特性所预期的那样，双频激光的偏振态是相互正交的，所测每一频率的偏振消光比均大于 20dB。

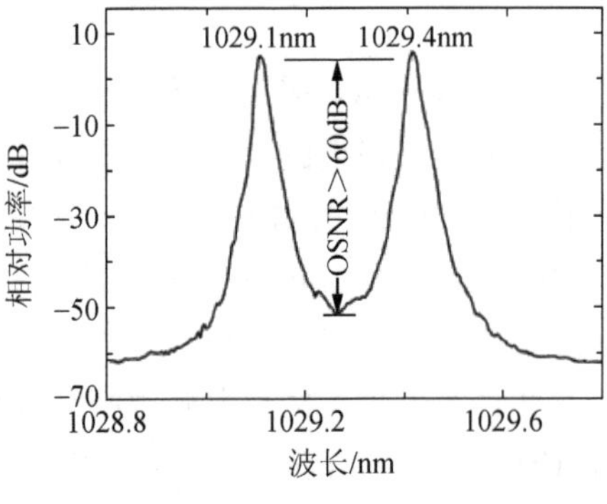

图 3.5.10　双波长单纵模激光振荡光谱

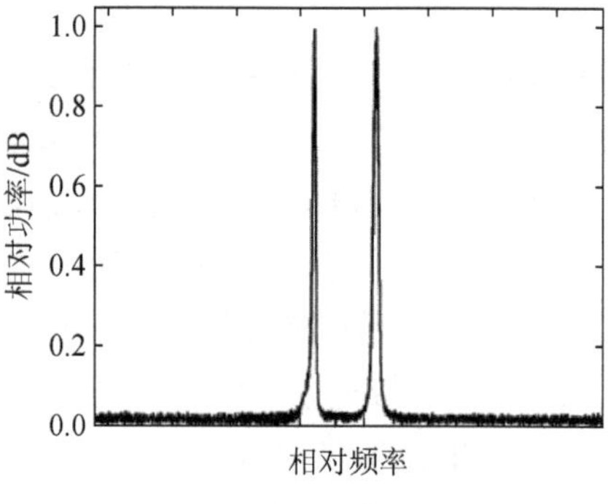

图 3.5.11　F-P 扫描干涉仪测得的双频激光模谱

3.5.4　双腔双波长单纵模光纤激光器

1. 双环形腔双波长单纵模掺铒光纤激光器

一种双环形腔双波长单纵模掺铒光纤激光器系统如图 3.5.12 所示，该系统由顺时针环形腔（简称 CW 腔）和逆时针环形腔（简称 CCW 腔）组成，二者均包含光纤偏振分束器 FPBS、光隔离器 ISO、偏振控制器 PC、光纤滤波器 FF 和 Mach-Zehnder 梳状滤波器 MZF 等，并共用同一段长度约 1m 的增益介质 EDF，其数值孔径为 0.2，在 978nm 波长处的吸收系数为 17.9dB/m。采用 980nm LD 通过波分复用器 WDM 对 EDF 进行泵浦，系统中的其他光纤均为普通单模光纤。两个光隔离器 ISO_1 和 ISO_2 保证在 CCW 和 CW 腔内的振荡激光分别以逆时针和顺时针方向单向传输，CW 腔内的光纤滤波器 FF_2 是不可调的，其中心波长为 1550.65nm，3dB 带宽为 0.2nm，而 CCW 腔内的光纤滤波器 FF_1 是可调的，其波长调节范围为 1535～1565nm，3dB 带宽为 0.3nm。两个激光谐振腔的工作波长是不同的，并分别由 FF_1 和 FF_2 的中心波长所决定，通过可调光纤滤波器 FF_1，可以调谐两个环形腔内振荡激光的波长差。偏振控制器 PC_1 的作用是保证在 EDF 中传输的激光处于正交偏振状态，而偏振控制器 PC_2 和 PC_3 分别用来调节 CW 腔和 CCW 腔内振荡激光的偏振状态以减少损耗，两个光纤偏振分束器 $FPBS_1$ 和 $FPBS_2$ 保证两个环形腔内振荡激光的偏振状态是相互正交的。在两个环形腔的公共光路中插入的 MZF 用于对振荡激光进行进一步滤波以抑制跳模现象，MZF 的自由光谱范围约为 753MHz，其 3dB 带宽约为 378MHz；两个环形腔各自的总长度约等于 7m，相应的自由光谱范围约为 30MHz。通过分光比为 90∶10 的光纤定向耦合器 DC 输出激光，可实现从 CW 和 CCW 腔内输出激光的分离。

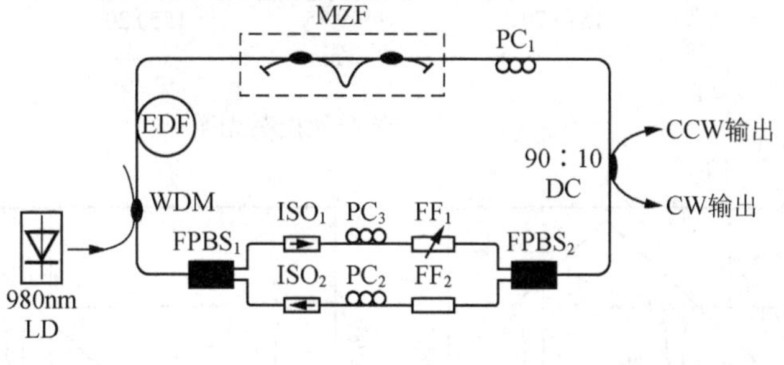

图 3.5.12　双环形腔双波长单纵模掺铒光纤激光器

WDM：波分复用器；EDF：掺铒光纤；MZF：Mach-Zehnder 梳状滤波器；PC：偏振控制器；FPBS：光纤偏振分束器；ISO：光隔离器；FF：光纤滤波器；DC：定向耦合器；LD：激光二极管

由于腔内采用了两个光纤偏振分束器 $FPBS_1$ 和 $FPBS_2$，在增益介质 EDF 上会产生偏振烧孔效应，大大降低了腔内的模式竞争，从而实现正交偏振双波长激光同时振荡；另外，由于两环形腔内激光传播方向是相反的，激光沿着 EDF 轴向的功率分布也是相反的，有利于增强增益介质 EDF 的非均匀加宽，从而得到稳定的激光工作模式，尤其是当两环形腔内振荡激光的波长差小于 0.1nm 时，反向传输对保证激光稳定振荡起着比较大的作用。该激光系统采用了多重滤波方式实现激光纵模选择，尽管腔内 MZF 会引起激光振荡频率产生分立现象，即激光振荡频率是滤波器自由光谱范围(753MHz)的整数倍，但最终形成的滤波特性是由多重滤波器的叠加结果所决定的，从而实现单纵模振荡。因此，两环形腔内单纵模激光的频差大小可以通过可调滤波器 FF_1 进行调谐。

当 LD 泵浦功率超过阈值泵浦功率时，通过仔细调节偏振控制器 PC_1、PC_2 和 PC_3 可以获得稳定的双波长激光同时振荡输出，采用光谱分析仪测得的双波长激光振荡光谱如图 3.5.13 所示。将激光器的两路输出光分别耦合进自由光谱范围为 100MHz 的光纤环形腔扫描干涉仪(扫描范围约为 73MHz)，从该扫描干涉仪中透射的光信号经光电转换后，由示波器可以观察双腔双波长单纵模掺铒光纤激光器的振荡模谱，如图 3.5.14 所示(图中的锯齿波即为干涉仪扫描电压信号，以扫描光纤环形腔腔长)，可以看出，双腔双波长光纤激光器工作在单纵模振荡状态。同时，当调谐两单纵模激光的频差时，两环形腔仍然可以保持单纵模工作状态，最小频差可调至 472.5MHz 以下。当调节光纤滤波器 FF_1 时，可以获得不同波长差的双波长单纵模激光同时振荡输出，波长差的调谐范围为 0.019～15nm，相应的频差调谐范围为 2.373GHz～1.873THz。用光谱分析仪测得的双腔双波长单纵模掺铒光纤激光器振荡光谱如图 3.5.15 所示，可以看出，其波长差分别为 3.812nm 和 15nm。

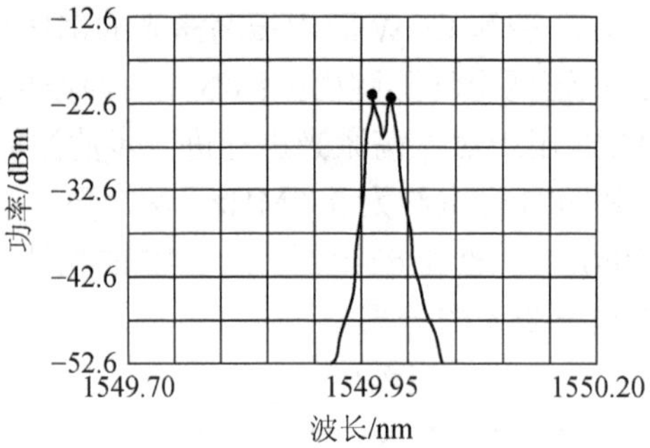

图 3.5.13 双波长激光振荡光谱

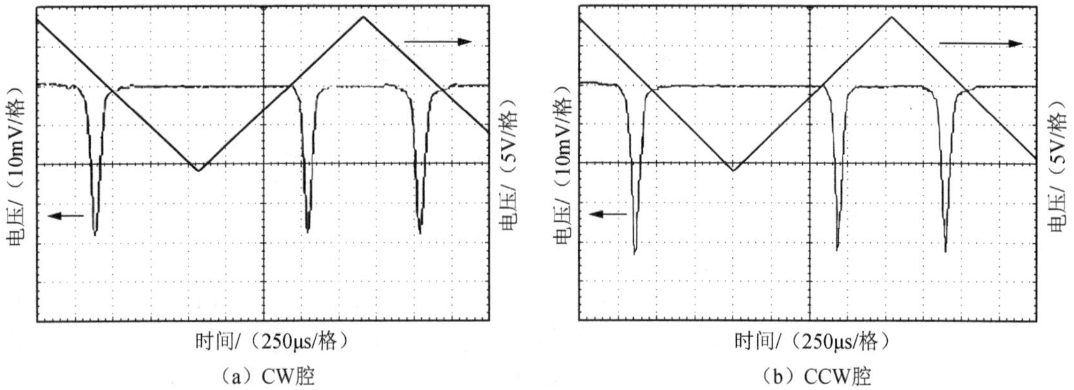

图 3.5.14 双腔双波长单纵模掺铒光纤激光器振荡模谱

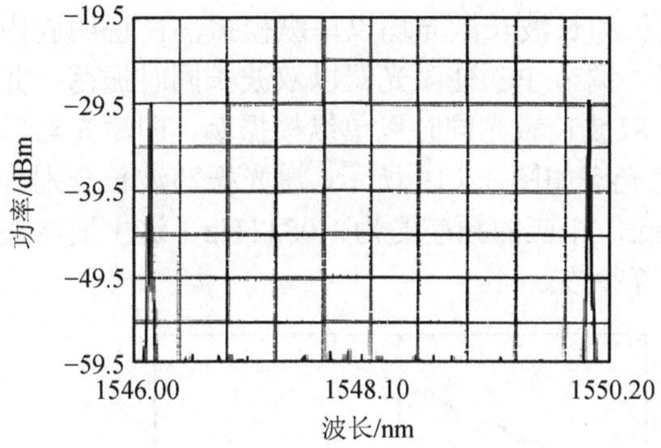

（a）$\Delta\lambda$=3.812nm

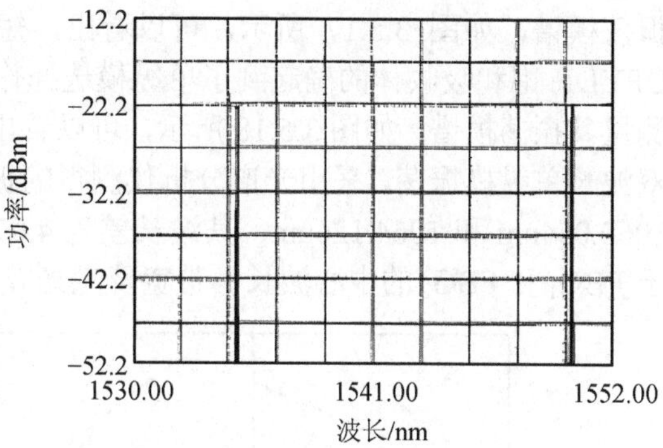

（b）$\Delta\lambda$=15nm

图 3.5.15　不同波长差双腔双波长单纵模掺铒光纤激光器振荡光谱

2. 双驻波腔双波长单纵模掺镱光纤激光器

双驻波腔双波长单纵模掺镱光纤激光器系统组成如图 3.5.16 所示，采用两段中心波长不同的光纤布拉格光栅 FBG_1 和 FBG_2 作为激光波长选择元件，并分别用作双驻波腔（p 腔和 s 腔）的一个反射器，双腔的另一个反射器同为采用 3dB 定向耦合器 DC_1 构成的 Sagnac 光纤环形反射器，其中内嵌一段未泵浦掺镱光纤（UPYDF）饱和吸收体作为激光单纵模选择元件。从 LD 尾纤输出的 976nm 泵浦光经 980nm/1060nm 波分复用器 WDM 耦合进入增益光纤 YDF，实现集居数反转分布并产生宽带受激辐射光，经光纤偏振分束器 FPBS 分成 p 偏振光和 s 偏振光，分别由 FBG_1 和 FBG_2 进行波长选择，通过腔内偏振控制器 PC 调节 p 偏振光和 s 偏振光的损耗大小，使其分别在 p 腔和 s 腔内同时以单纵模振荡，并从定向耦合器 DC_2 的 10% 端口输出正交线偏振双波长单纵模激光。

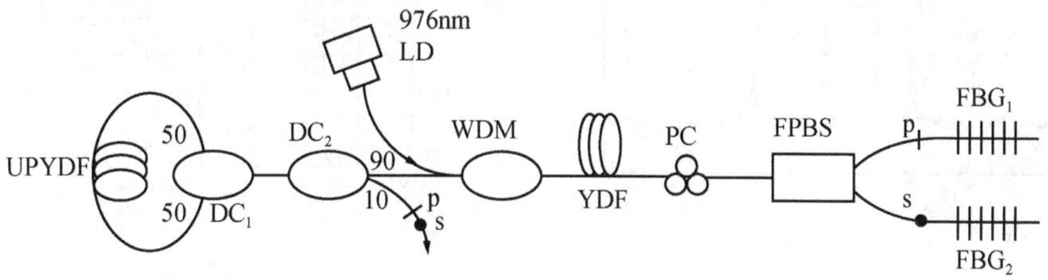

图 3.5.16　双驻波腔双波长单纵模掺镱光纤激光器系统组成

LD：激光二极管；WDM：波分复用器；YDF：掺镱光纤；UPYDF：未泵浦掺镱光纤；
PC：偏振控制器；FPBS：光纤偏振分束器；FBG：光纤布拉格光栅；DC：定向耦合器

建立图 3.5.16 所示的激光器系统，其中 YDF 的长度为 0.45m，纤芯直径为 6μm，数值孔径为 0.11，在 976nm 处的吸收系数为 250dB/m，在 1060nm 处的模场直径为 8.2μm；UPYDF 饱和吸收体的长度为 0.8m，纤芯直径为 5μm，数值孔径为 0.13，在 976nm 处的吸收系数为 80dB/m；FPBS 对 p 光和 s 光的消光比分别为 22dB 和 24dB；FBG_1 和 FBG_2 的中心波长分别为 1060.00nm 和 1064.01nm，峰值反射率分别为 99.95%和 99.93%，带宽均为 0.2 nm；LD 尾纤长度为 1m，纤芯直径为 5.8μm，数值孔径为 0.14，从 LD 尾纤出射的 976 泵浦光最大功率为 500mW；激光腔长约为 2.4m。

当 LD 泵浦光功率大于阈值泵浦功率时，通过调节偏振控制器 PC，使激光器分别以短波长（1060nm）和长波长（1064nm）运转，并采用共焦 F-P 扫描干涉仪测量相应单波长激光的振荡模谱，如图 3.5.17 所示，可以看出，短波长和长波长激光均以单纵模振荡，说明腔内 UPYDF 饱和吸收体的确起到了单纵模选择作用。调节 PC 使激光器以双波长同时振荡，并测量其振荡模谱，如图 3.5.18 所示，可以看出，双波长激光同时以单纵模振荡，即激光器以双波长单纵模振荡，采用光谱分析仪测得的振荡光谱如图 3.5.19 所示，激光振荡波长分别为 1060.054nm 和 1064.126nm，其波长差为 4.072nm，相应的频差约为 1.083THz，这主要取决于 FBG_1 和 FBG_2 的中心波长、带宽及激光腔长等参数。

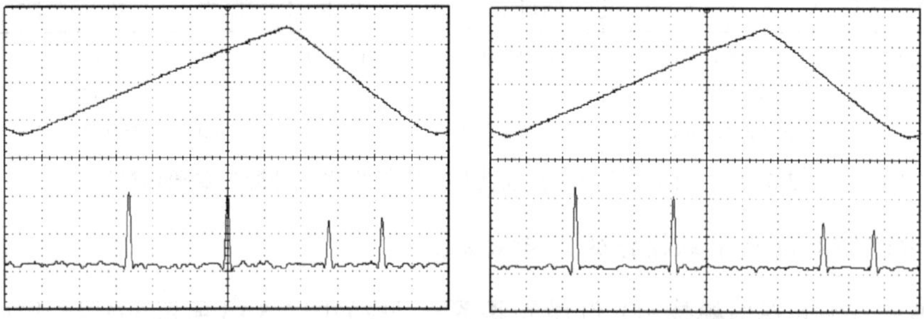

（a）短波长　　（b）长波长

图 3.5.17　单波长单纵模激光振荡模谱

上部：扫描电压；下部：振荡模谱

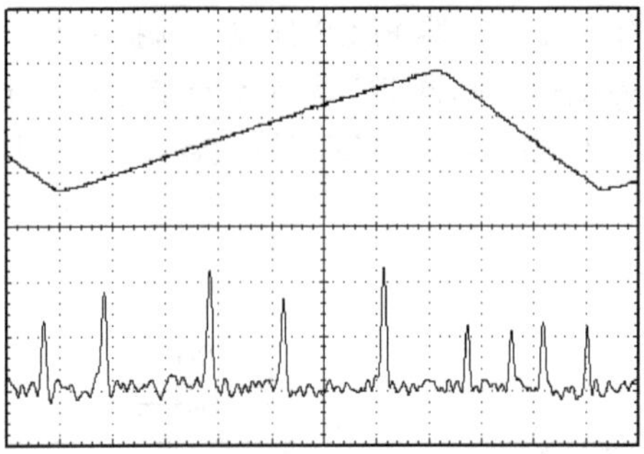

图 3.5.18　双波长单纵模激光振荡模谱

上部：扫描电压；下部：振荡模谱

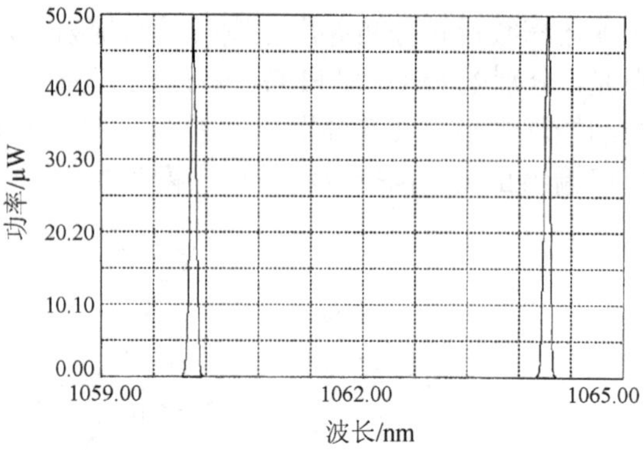

图 3.5.19　双波长单纵模激光振荡光谱

3.6　激光传感器

3.6.1　激光传感器概述

众所周知，传感器是用于感知外界被测量变化的器件。顾名思义，激光传感器不仅是激光器，而且是传感器，是一种在激光器基础上发展起来的集激光器和传感器于一体的光学传感器。激光传感器是通过外界被测量变化而引起激光光强（或光功率）、频率（或波长）等特征参量发生相应变化的激光器件或激光装置。

按照所用激光器的种类不同，激光传感器可分为气体激光传感器、固体激光传感器、光纤激光传感器和半导体激光传感器等类型；按照工作原理不同，激光传感器可分为强度型激光传感器和频率型激光传感器等类型。在频率型激光传感器中，有一种是以连续可调谐双频激光器为基础的激光传感器，即双频激光传感器，其工作原理是通过测量双频激光的频差或拍频变化而获得外界被测量的变化，是双频激光器频差调谐原理的逆向应用。值得一提的是，近年来发展极为迅速的激光自混合干涉仪也属于激光传感器范畴，其工作原理及应用等内容将在第 5 章中予以介绍。

3.6.2 He-Ne 激光传感器

1. 双折射双频 He-Ne 激光位移传感器

一种晶体石英楔片双折射双频 He-Ne 激光位移传感器系统如图 3.6.1 所示。由平面反射镜 M 和球面输出耦合镜 OC 构成平凹稳定腔，腔内除了 He-Ne 增益管 GT 和窗片 W 之外，还包含一只楔角为 α_q 的晶体石英楔片 QW，因其具有双折射效应，使 632.8nm 激光单纵模分裂为两个相互正交的线偏振模(即 o 模和 e 模)，双频激光的频差大小取决于 QW 的几何结构参数及其在腔内的横向位置，当 QW 沿垂直于腔轴方向(即横向)移动时，o 模和 e 模通过 QW 的光程差或相位差随之变化，从而引起双折射双频 He-Ne 激光器的频差发生变化。通过测量双频激光频差的变化量即可感知 QW 的横向位移量，为此，在激光器的输出光路中放置一只偏振片 P，其通光方向与双频激光的偏振方向成 45°，所产生的光拍信号由高速光探测器——雪崩光二极管 APD 接收，然后由频率计数器 FC 和计算机 PC 进行信号处理，获得位移测量结果。双频 He-Ne 激光器的尾光进入稳频器 FS，其输出信号加载到 PZT 上以反馈调节激光谐振腔的长度，从而稳定激光频率。

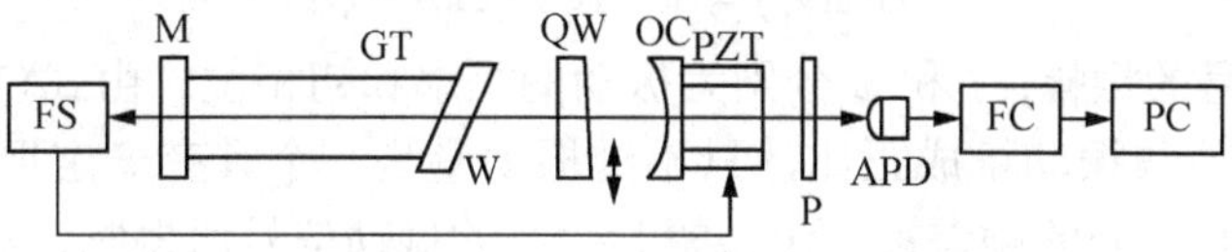

图 3.6.1 双折射双频 He-Ne 激光位移传感器系统组成

FS：稳频器；M：反射镜；GT：增益管；W：窗片；QW：石英楔片；OC：输出耦合镜；PZT：压电陶瓷管；P：偏振片；APD：雪崩光二极管；FC：频率计数器；PC：计算机

设晶体石英楔片 QW 沿激光器腔轴上的几何厚度为 h，当其横向移动 Δy 时，QW 的几何厚度改变量为

$$\Delta h = \Delta y \cdot \tan\alpha_q \tag{3.6.1}$$

激光腔内 o 光和 e 光的光程差改变量为

$$\Delta\delta_b = [n_e(\theta) - n_o]\cdot\Delta h = [n_e(\theta) - n_o]\cdot\Delta y\tan\alpha_q \tag{3.6.2}$$

式中，n_o 表示晶体石英中 o 光的主折射率；θ 表示激光光线与 QW 光轴之间的夹角；$n_e(\theta)$ 表示 e 光的折射率，并由式(3.2.12)给出。对于 632.8nm 光波，晶体石英的两个主折射率分别为 n_o=1.54263，n_e=1.55169。如果改变双折射双频 He-Ne 激光器腔内 o 光和 e 光的光程差，

就会改变双频激光的频差大小，对式(3.2.5)两边进行微分，可得 o 光和 e 光的频差改变量表达式为

$$\Delta(\Delta\nu_{\mathrm{s}}) = \Delta\nu_q \frac{\Delta\delta_{\mathrm{b}}}{\frac{\lambda}{2}} \tag{3.6.3}$$

将式(3.6.2)代入式(3.6.3)，可得

$$\Delta(\Delta\nu_{\mathrm{s}}) = \Delta\nu_q \frac{[n_{\mathrm{e}}(\theta) - n_{\mathrm{o}}]\tan\alpha_{\mathrm{q}}}{\frac{\lambda}{2}} \Delta y = S' \cdot \Delta y \tag{3.6.4}$$

其中

$$S' = \frac{\Delta(\Delta\nu_{\mathrm{s}})}{\Delta y} = \Delta\nu_q \frac{[n_{\mathrm{e}}(\theta) - n_{\mathrm{o}}]\tan\alpha_{\mathrm{q}}}{\frac{\lambda}{2}} \tag{3.6.5}$$

为激光位移传感器的灵敏度，它取决于双折射双频 He-Ne 激光器的腔长和晶体石英楔片的几何结构参数；Δy 为横向位移量。在 He-Ne 激光器及其腔内晶体石英楔片的几何结构业已确定的情况下，当晶体石英楔片沿垂直于激光腔轴方向位移时，位移灵敏度 S 为一常数，由式(3.6.4)可以看出，这时双频 He-Ne 激光位移传感器的频差改变量与晶体石英楔片的横向位移在理论上成线性变化关系。

研究结果表明：这种晶体石英楔片双折射双频 He-Ne 激光位移传感器的测量范围可达几毫米，测量分辨率约为 10nm，具有线性度好、灵敏度高等优点。

2. 双折射双频 He-Ne 激光振动传感器

与激光位移传感器类似，当 He-Ne 激光腔内晶体石英楔片沿垂直于腔轴方向做横向振动时，原来的位移量变成了振动量，由式(3.6.4)可得

$$\Delta(\Delta\nu_{\mathrm{s}}) = S' \cdot A\cos(2\pi ft + \varphi) \tag{3.6.6}$$

式中，A 为振动信号的振幅；f 和 φ 分别为振动的频率和初相位。由式(3.6.6)可以看出，双频激光的频差改变量与振动量成正比，只不过振动量是一个具有一定振幅和频率的时变信号。也就是说，双频激光的频差被一定振幅和频率的振动信号所调制，成为一个调频信号。通过对该调频信号进行解调，可以得到振动信号，对其进行处理(如 FFT 方法)即可获得振动信号的振幅和频率等信息。

双折射双频 He-Ne 激光振动传感器系统如图 3.6.2 所示。通过高压直流电源 DCS 给压电陶瓷管 PZT_1(与激光腔镜 M_2 粘接)施加一定大小的直流电压以调节激光器腔长，使双频 He-Ne 激光的谐振模(即 o 模和 e 模)处于 Ne 原子增益曲线中心频率附近以获得较大的输出功率；将振动传感元件——晶体石英楔片 QW 与压电陶瓷 PZT_2 粘接在一起，并置于微位移振动台 VT 上以改变晶体石英楔片在激光腔内的横向位置，以便设置激光传感器的静态工作点(70MHz 左右)；信号发生器 SP 输出一定振幅和频率的振动信号，经功率放大器 PA 放大后加到 PZT_2 上，使 QW 产生横向振动，对双频激光的频差进行调制；被调制的正交线偏振双频激光经激光腔镜 M_1 输出，通过一只偏振片 P 后形成光外差干涉信号，并由雪崩光二极管 APD 高速探测器探测被调制的拍频(频差)信号，再依次经过高频放大器 HFA、信号处理电路 SPT 和计算机 PC 进行数据处理，即可测得振动信号的振幅和频率等信息。

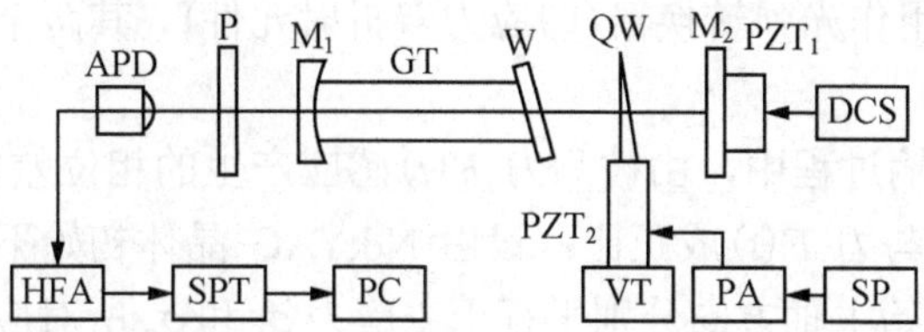

图 3.6.2　双折射双频 He-Ne 激光振动传感器系统组成

M：激光腔镜；GT：增益管；W：窗片；QW：石英楔片；PZT：压电陶瓷管；
DCS：直流电源；VT：振动台；PA：功率放大器；SP：信号发生器；P：偏振片；
APD：雪崩光二极管；HFA：高频放大器；SPT：信号处理电路；PC：计算机

研究结果表明：这种双折射双频 He-Ne 激光振动传感与测量系统的频率测量范围为 0.1Hz～8kHz，振幅测量范围为 0～0.05mm，线性度优于 0.1%，测量分辨率约为 15nm，重复性优于 28nm。

3.6.3　Nd:YAG 激光力传感器

这里介绍一种 LD 端面泵浦 Nd:YAG 激光力传感器，如图 3.6.3 所示。将圆柱形 Nd:YAG 晶体棒的左端面和右端面分别加工成平面和球面，在晶体左端面蒸镀对 808nm 泵浦光增透、对 1064nm 振荡激光高反射的双色介质膜，并在晶体右端面蒸镀对 1064nm 振荡激光有一定透过率(约百分之几)的介质膜，于是 Nd:YAG 晶体左端面和右端面上的介质膜分别用作激光谐振腔的平面反射镜和球面输出耦合镜，形成封闭的平凹谐振腔。通过 LD 控制器 LDC 调节 LD 注入电流并控制其工作温度，可以获得所需 808nm 泵浦光功率，LD 泵浦光经光学透镜 OL 汇聚至 Nd:YAG 晶体中，以激光腔轴为参考对 LD 泵浦光的方向和汇聚光斑的大小进行优化，得到 1064nm 基横模单纵模或基横模多纵模激光振荡输出。下面以基横模单纵模工作方式进行分析。

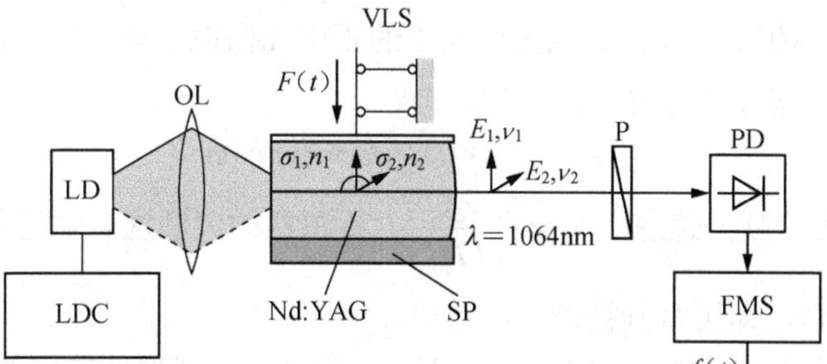

图 3.6.3　Nd:YAG 激光力传感器系统组成

LD：激光二极管；LDC：LD 控制器；OL：光学透镜；SP：支承平板；
VLS：垂直加载系统；$F(t)$：被测力；P：偏振片；PD：光探测器；FMS：频率测量系统

将 Nd:YAG 晶体置于支承平板 SP 上，通过垂直加载系统 VLS 将被测的静态或动态力 $F(t)$ 作用于激光晶体上，于是在激光晶体内产生两个主应力 σ_1 和 σ_2，由于应力双折射效应(即光弹效应)，沿 σ_1 和 σ_2 方向振动的光波折射率分别为 n_1 和 n_2。这里，Nd:YAG 晶体不仅用作光放大器，同时还用作光弹转换器(即应力双折射元件)，其两个主轴方向分别平行于主应力σ_1和σ_2的方向。

激光在腔内单程传输过程中，由被测力$F(t)$感应产生的相位差$\varphi_F(t)$与两个主应力之差$\sigma_1-\sigma_2$成正比，因此也与力$F(t)$成正比；设由Nd:YAG晶体初始不均匀性所产生的相位差为φ_0，调整晶体使其初始主轴方向分别平行于主应力σ_1和σ_2所对应的两个主轴方向，这时腔内激光单程传输所产生的相位差可以线性叠加，即

$$\varphi(t)=\varphi_0+\varphi_F(t)=\varphi_0+\frac{2\pi}{\lambda}\cdot\frac{G_0C_0}{D_0}\cdot F(t) \tag{3.6.7}$$

式中，G_0是光弹转换器(即Nd:YAG晶体)的几何形状参数(取决于晶体形状、晶体支承形式和力作用点位置)；C_0是Nd:YAG晶体的光弹常数；D_0是Nd:YAG晶体的直径；λ是激光波长。对于圆柱形Nd:YAG晶体，当采用平面支承和中心受力时，$G_0=8/\pi=2.54$。

由激光纵模分裂原理可知，在外力$F(t)$作用下，LD泵浦Nd:YAG激光腔内振荡的单纵模分裂为两个正交线偏振模，其偏振方向(图3.6.3中的电场E_1和E_2方向)分别为Nd:YAG光弹转换器的两个主轴方向，谐振频率分别表示为如下形式：

$$\nu_1(t)=\nu_q-\Delta\nu_q\cdot\frac{\varphi(t)}{2\pi}=q\frac{c}{2nL}-\frac{c}{2nL}\cdot\frac{\varphi(t)}{2\pi} \tag{3.6.8a}$$

$$\nu_2(t)=\nu_q+\Delta\nu_q\cdot\frac{\varphi(t)}{2\pi}=q\frac{c}{2nL}+\frac{c}{2nL}\cdot\frac{\varphi(t)}{2\pi} \tag{3.6.8b}$$

式中，q为激光纵模序数；c为真空中的光速；L为谐振腔的几何长度；n为Nd:YAG晶体的折射率。由式(3.6.8a)和式(3.6.8b)可得两正交线偏振模的频率差为

$$\Delta\nu(t)=\nu_2(t)-\nu_1(t)=\Delta\nu_q\cdot\frac{\varphi(t)}{\pi}=\frac{c}{2nL}\cdot\frac{\varphi(t)}{\pi} \tag{3.6.9}$$

将式(3.6.7)代入式(3.6.9)，可得

$$\Delta\nu(t)=\frac{c}{2nL}\cdot\frac{\varphi_0}{\pi}+\frac{\nu_0G_0C_0}{nLD_0}\cdot F(t) \tag{3.6.10}$$

式中，ν_0为激光中心频率。从激光谐振腔输出的正交线偏振双频激光经过偏振片P形成光拍，拍频信号的频率等于双频激光的频差，即

$$f_b(t)=\Delta\nu(t)=f_0+S_0'\cdot F(t) \tag{3.6.11}$$

式中，$f_0=\dfrac{c\varphi_0}{2\pi nL}$为拍频偏置量；$S_0'=\dfrac{\nu_0G_0C_0}{nLD_0}$为传感器的灵敏度。通过频率测量系统FMS对拍频信号进行处理，即可得到被测力的量值。

显然，当被测力$F(t)$为与时间无关的常量时，激光力传感器所输出的拍频信号也是与时间无关的常量。假设被测力为简谐力，即

$$F(t)=F_m\cos(2\pi f_m t) \tag{3.6.12}$$

式中，F_m和f_m分别为简谐力的振幅和频率，这时式(3.6.11)可以表示为

$$f_b(t)=f_0+S_0'\cdot F(t)=f_0+S_0'\cdot F_m\cos(2\pi f_m t) \tag{3.6.13}$$

由式(3.6.13)可以看出，从光探测器PD输出的电压信号是一调频信号，该调频电压信号可表示为

$$u_b=U_b\sin\varphi(t) \tag{3.6.14}$$

式中，$\varphi(t)$ 为瞬时相位角，它与拍频 $f_b(t)$ 有如下关系：

$$f_b(t)=\frac{1}{2\pi}\cdot\frac{d\varphi(t)}{dt} \tag{3.6.15}$$

由式(3.6.13)和式(3.6.15)可以求得 $\varphi(t)$，即

$$\varphi(t)=2\pi f_0 t+\frac{S_0'F_m}{f_m}\sin(2\pi f_m t)\cdot t+\varphi_0 \tag{3.6.16}$$

式中，φ_0 为 $t=0$ 时的初始相位角。将式(3.6.16)代入式(3.6.14)，可得

$$u_b=U_b\sin\left[2\pi f_0 t+\frac{S_0'F_m}{f_m}\sin(2\pi f_m t)\cdot t+\varphi_0\right] \tag{3.6.17}$$

由式(3.6.17)可以看出，输出电压 u_b 包含被测力的量值信息 F_m 和调制频率信息 f_m，针对被测力的不同调频范围，采取频率计数器、时间-数字转换器(TDC)、频谱分析仪等不同的电信号读出方法，可以得到被测简谐力的幅值和频率。

研究结果表明：这种 LD 泵浦 Nd:YAG 激光力传感器既可以测量静态力，也可以测量动态力，被测力的调制频率可达 MHz 量级，并在 0～100kHz 测量带宽范围内，传感器的输出拍频与被测力之间具有严格的线性关系，其静态和动态测量灵敏度相等；测量范围从纳牛(nN)到兆牛(MN)，取决于激光晶体的尺寸大小。

3.6.4 光纤激光传感器

光纤激光传感器有很多种，主要包括位移传感器、加速度传感器、压力传感器、应变传感器、温度传感器、电流和磁场传感器等，其中基于应力双折射可调谐双频 DBR 光纤激光器(DBR-FL)的光纤激光传感器技术发展十分迅速，引起激光传感与测量领域专家学者的极大关注和浓厚的研究兴趣。由应力双折射可调谐双频 DBR-FL 工作原理可知，只要通过一定的变换器将被测量转换为 DBR-FL 腔内的横向作用力，使正交线偏振双频激光的频差或拍频产生相应的改变，通过测量该频差或拍频的改变量，即可实现对被测量的传感与测量。下面介绍以悬臂梁作为变换器的 DBR-FL 位移传感器和加速度传感器。

1. DBR-FL 位移传感器

DBR-FL 位移传感器系统如图 3.6.4 所示，当悬臂梁的自由端产生垂直位移 y_b 时，双频 DBR-FL 受到横向力 F_t 的作用，并有如下关系成立：

$$F_t=\frac{E_b bh^3}{8l^3}\left(\frac{3l}{x}-1\right)y_b \tag{3.6.18}$$

式中，E_b 是悬臂梁材料的杨氏模量；b、h 和 l 依次是悬臂梁的宽度、厚度和长度；x 是 DBR-FL 相对悬臂梁固定端的位置坐标。在横向力 F_t 的作用下，双频 DBR-FL 腔内双折射发生变化，从而产生频差调谐，频差调谐量与横向作用力 F_t 成正比，即

$$\delta(\Delta\nu)=K_f F_t=K_f\frac{E_b bh^3}{8l^3}\left(\frac{3l}{x}-1\right)y_b \tag{3.6.19}$$

式中，比例系数 K_f 与光纤的特性参数有关。当 DBR-FL 传感元件横向均匀压力的作用长度 L_f

大于激光腔的有效长度 L_{eff} 时，系数 K_f 可表示为如下形式：

$$K_{\text{f}} = \frac{1}{L_{\text{f}}} \cdot \frac{2c\overline{n}^2 (p_{11} - p_{12})(1+\nu_{\text{p}})\cos(2\theta)}{\lambda \pi r_{\text{f}} E_{\text{f}}} \tag{3.6.20}$$

式中，p_{11} 和 p_{12} 是光纤的弹光系数；ν_{p}、E_{f} 和 r_{f} 依次是光纤的泊松比、杨氏模量和半径；θ 是横向作用力方向与光纤快轴之间的夹角。当 $L_{\text{f}} < L_{\text{eff}}$ 时，式(3.6.20)中的 L_{f} 用 L_{eff} 代替。

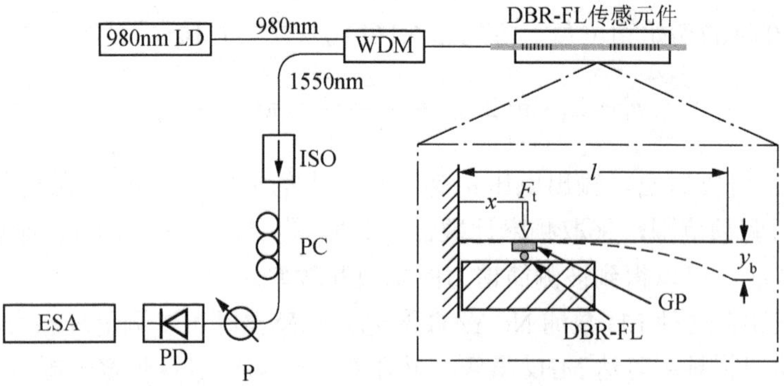

图 3.6.4　DBR-FL 位移传感器系统组成

LD：激光二极管；WDM：波分复用器；DBR-FL：DBR 光纤激光器；GP：玻璃板；
ISO：光隔离器；PC：偏振控制器；P：偏振器；PD：光探测器；ESA：频谱仪

当悬臂梁自由端产生不同的位移时，可以获得不同频差的正交偏振双频激光振荡输出，其外差干涉光谱如图 3.6.5(a)所示，相应的拍频与位移变化规律如图 3.6.5(b)所示。位移测量灵敏度系数为 0.402GHz/mm。假设拍频测量分辨率为 1kHz，可以得到位移测量分辨率为 2.5nm。

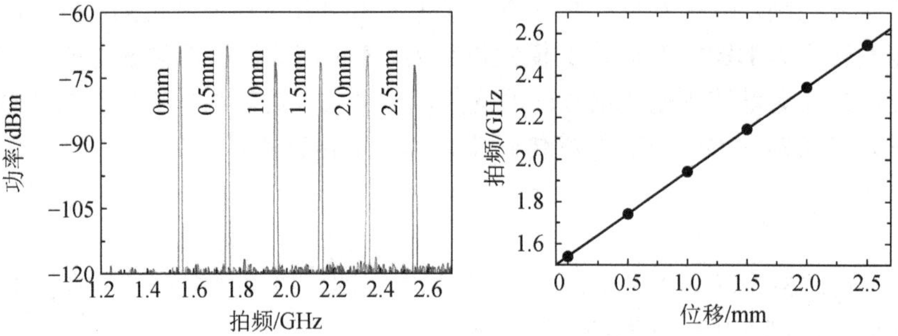

（a）外差干涉光谱图　（b）拍频随位移的变化规律

图 3.6.5　DBR-FL 位移传感器外差干涉光谱图及拍频随位移的变化规律

2. DBR-FL 加速度传感器

在图 3.6.4 所示的 DBR-FL 位移传感器结构中，若在悬臂梁的自由端固定一质量块，则可构成 DBR-FL 加速度传感器。当该传感器受到加速度 a 的作用时，质量块会使悬臂梁的自由端产生垂直位移 y_b，二者之间存在如下关系：

$$y_{\text{b}} = -\frac{1}{\omega_{\text{n}}^2} a \tag{3.6.21}$$

式中，负号表示所产生的位移方向与被测加速度的方向相反；ω_n 是加速度传感器结构的固有频率，并由式(3.6.22)给出：

$$\omega_{\mathrm{n}}=\sqrt{\frac{E_{\mathrm{b}}bh^3}{4l^3m}} \tag{3.6.22}$$

式中，m 是质量块的质量。悬臂梁自由端的垂直位移产生作用力 F_t，并沿垂直于 DBR-FL 激光腔轴方向作用于光纤增益介质，从而在激光腔内产生应力双折射，引起正交偏振双频激光的频差发生变化，通过探测双频激光的拍频(频差)变化量，即可感知被测加速度的大小。

双频激光的拍频变化量与被测加速度之间的关系可以表示为

$$\delta(\Delta\nu)=-K_{\mathrm{f}}\frac{m}{2}\left(\frac{3l}{x}-1\right)a \tag{3.6.23}$$

采用 $m = 12.9\mathrm{g}$ 的铜块作为质量块，并将其固定在悬臂梁的自由端，该 DBR-FL 加速度传感器系统在 60Hz 正弦信号的激励下，其系统响应特性如图 3.6.6(a)所示，用灵敏度为 956mV/g 的标准压电加速度传感器对该系统进行标定，其输出波形如图 3.6.6(b)所示，可以看出 DBR-FL 加速度传感器能够准确反映被测加速度的变化规律。当改变外部激励频率时，DBR-FL 加速度传感器的灵敏度也随之改变。

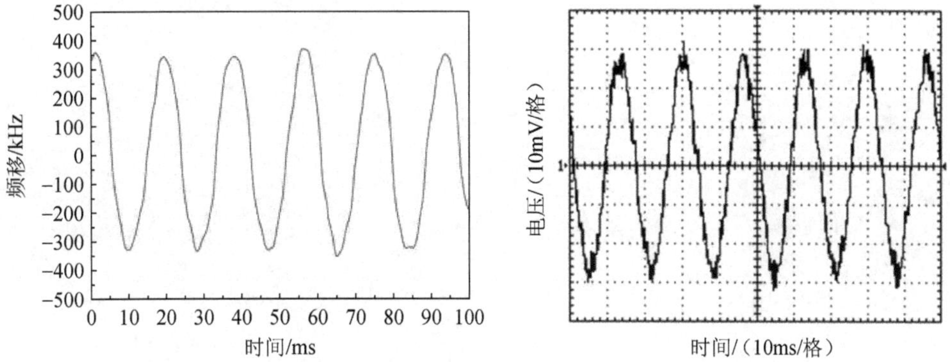

（a）DBR-FL加速度传感器　（b）压电加速度传感器

图 3.6.6　加速度传感器响应特性曲线

习题与思考题

1. 简述双频激光和双波长激光的含义，并举例说明二者有何不同。
2. 举例说明双频激光的产生原理和方法。
3. 简要说明纵向塞曼双频 He-Ne 激光器的稳频原理和系统组成。
4. 采用双折射效应分裂激光纵模的基本原理是什么？激光纵模分裂量(频差)与腔内双折射元件产生的相位差或光程差之间有何关系？
5. 常用的激光纵模分裂方法有哪些？
6. 举例说明石英晶体双折射双频 He-Ne 激光器系统组成及其工作原理。
7. 与双折射双频 He-Ne 激光器相比，双折射双频固体激光器有哪些显著特点？

8. 举例说明频差可调谐双折射双频固体激光器系统组成及其工作原理，并分析影响频差调谐范围的主要因素。

9. 简要说明基于双折射滤光片选模原理的1064nm双腔双频Nd:YAG激光器系统组成及其工作原理，并设计一种基于Pound-Drever-Hall方法的频差稳定方案。

10. 举例说明饱和吸收体选模双波长单纵模掺铒光纤激光器系统组成及其工作原理。

11. 光纤光栅DBR型双波长单纵模光纤激光器有何特点？

12. 激光传感器的含义是什么？举例说明激光位移传感器系统组成及其工作原理。

13. 简述DBR-FL位移传感与测量系统的组成及其工作原理。

第4章

激光干涉测量

干涉测量是以光波干涉原理为基础进行的。干涉测量通常是非接触式测量，不会造成被测件表面损伤或引入附加误差，具有高的测量灵敏度和精度。随着各种新型激光器的不断出现与应用，结合现代光电技术、信号处理技术以及计算机技术的发展，激光干涉测量科学与技术得到迅速发展，可实现更高灵敏度、更高精度的测量，是目前测量领域内能同时满足测量范围大(可达千米数量级甚至更远)、测量灵敏度高(可达亚纳米数量级)的测量方法，因而广泛应用于精密加工与制造、航空航天等诸多领域的精密测量，如位移、长度、角度、面型、振动等。

本章在介绍光的干涉现象的基础上，介绍激光干涉测量原理及典型干涉仪，然后依次介绍激光外差干涉测量、激光合成波干涉测量、激光调频波干涉测量、激光干涉光学探针测量和光学频率梳干涉测量的原理、方法及应用。

4.1 光的干涉现象

4.1.1 两列光波的叠加及干涉现象

1. 光的相干条件

在两列光波叠加区域，某些点的振动始终加强，另一些点的振动始终减弱，形成在该区域内稳定的光强强弱分布的现象称为光的干涉现象。下面从矢量波叠加的强度分布，引出光波相干的条件。

当两个振动平面波 $\boldsymbol{E}_1$、$\boldsymbol{E}_2$ 在空间一点相遇时，根据波的叠加原理，该点的光强可表示为

$$I=\langle(\boldsymbol{E}_1+\boldsymbol{E}_2)\cdot(\boldsymbol{E}_1+\boldsymbol{E}_2)\rangle=\langle\boldsymbol{E}_1\cdot\boldsymbol{E}_1\rangle+\langle\boldsymbol{E}_2\cdot\boldsymbol{E}_2\rangle+2\langle\boldsymbol{E}_1\cdot\boldsymbol{E}_2\rangle=I_1+I_2+I_{12} \tag{4.1.1}$$

其中利用了关系式 $I=\langle\boldsymbol{E}\cdot\boldsymbol{E}\rangle$，即光强是该点光振幅平方的时间平均值。从式(4.1.1)可以看出，因为 I_{12} 的存在，该点合振动的强度不是简单地等于两振动单独在该点产生的强度之和，I_{12} 称为干涉项。

假设两列平面波可表示为如下形式：

$$E_1 = A_1 \cos(k_1 \cdot r_1 - \omega_1 t + \varphi_1)$$
$$E_2 = A_2 \cos(k_2 \cdot r_2 - \omega_2 t + \varphi_2)$$

这两列光波在空间 P 点叠加后，合振动的强度为

$$I = I_1 + I_2 + I_{12} = I_1 + I_2 + 2\langle E_1 \cdot E_2 \rangle = I_1 + I_2 + 2A_1 \cdot A_2 \cos\varphi \tag{4.1.2}$$

其中

$$\varphi = (k_1 - k_2) \cdot r + (\varphi_1 - \varphi_2) - (\omega_1 - \omega_2)t \tag{4.1.3}$$

为两列平面光波在 P 点的相位差。干涉项 I_{12} 与两光波的振幅 A_1、A_2 及相位差 φ 有关。对式(4.1.2)和式(4.1.3)进行分析，可以得到以下产生干涉的条件。

(1)频率相同。由式(4.1.3)可以看出两光波频率差造成相位差 φ 随时间变化，如果变化太快，实际观察得到的是 I_{12} 的平均值，这个平均值等于零，看不到干涉现象。

(2)振动方向相同。干涉项 I_{12} 与 A_1、A_2 的标量积有关，当两光波的振动方向互相垂直时，$A_1 \cdot A_2 = 0$，$I_{12} = 0$，因此不产生干涉现象；当两光波的振动方向相同时，$I_{12} = A_1 A_2 \cos\varphi$，类似于标量波的叠加；当两光波振动方向有一定夹角 α 时，$I_{12} = A_1 A_2 \cos\alpha \cdot \cos\varphi$，即只有两个振动的平行分量能够产生干涉，而其垂直分量将在观察面上形成背景光，对干涉条纹的清晰程度产生影响。

(3)相位差恒定。在相位差 φ 的表达式(4.1.3)中，若 k_1、k_2 是两列光波的传播矢量，则两列光波在讨论区域内相遇，这时相位差 φ 应是位置坐标的函数。对于确定的观察点，要求在观察时间内两列光波的相位差$(\varphi_1 - \varphi_2)$恒定，此时 φ 保持恒值，该点的强度才能稳定。否则，若 φ 随机变化，则在观察时间内多次经历 0～2π 的一切数值，从而使 $I_{12} = 0$。

光波的频率相同、振动方向相同和相位差恒定是产生干涉的必要条件。满足干涉条件的光波称为相干光波，相应的光源称为相干光源。

两个普通的独立光源发出的光波是不能产生干涉的，即使是同一光源不同位置所发射的光波也不能满足干涉的条件。因此，要获得两列相干光波，必须由同一光源的同一发光点或微小区域发出的光波，通过具体的干涉装置，才能获得两列相关联的光波，它们在空间相遇时才能产生干涉。在具体的干涉装置中，还必须满足两列叠加光波的光程差不超过光波的波列长度这一补充条件。因为实际光源发出的光波是一个个波列，对于原子在某一时刻发出的波列与下一时刻发出的波列，其光波的振动方向和初始相位都是随机的，它们在空间相遇时相位差无固定关系，只有同一原子发出的同一波列在空间相遇时才能相干。

2. 干涉条纹的形状

图 4.1.1 给出了一个由相干点源 S_1 和 S_2 在空间形成的干涉场。干涉条纹实际上是空间位置对 S_1 和 S_2 等光程差的轨迹。由 S_1 和 S_2 在 xOz 平面中形成的干涉条纹，显然是距 S_1 和 S_2 为等光程差点的集合，这是一簇以 S_1 和 S_2 为共焦点的双曲线，在 $O\text{-}xyz$ 三维空间中，等光程差轨迹是该簇双叶双曲线绕 S_1、S_2 连线回转的双曲面簇。某个观察屏上的干涉条纹，相当于屏平面与双曲面簇的交线。在 S_1 和 S_2 连线的垂直平面上，得到的交线形成圆环形条纹，而在 S_1、S_2 连线的等分线的远方，得到的是杨氏干涉的直线等距条纹，在其他平面上得到双曲线状的条纹。

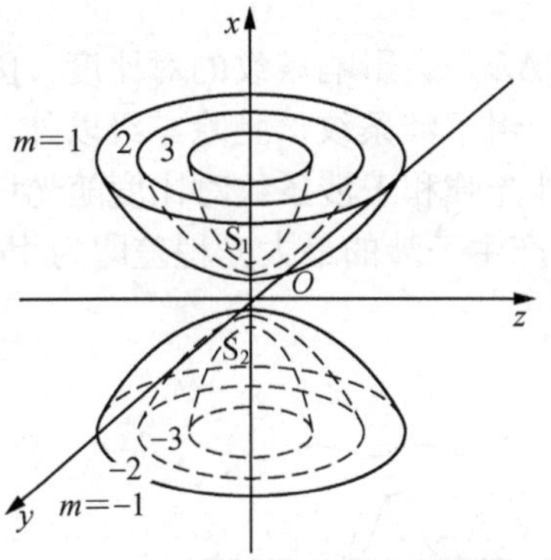

（a）等光程差面

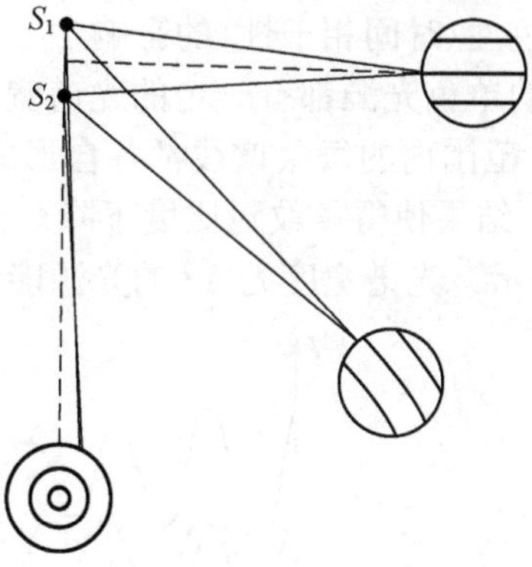

（b）不同位置的条纹形状

图 4.1.1　两相干点源的干涉场

m：干涉级次

3. 干涉条纹对比度及影响因素

干涉场中某处条纹亮暗反差的程度可以用干涉条纹对比度来衡量，其定义如下：

$$K=\frac{I_{\max}-I_{\min}}{I_{\max}+I_{\min}} \tag{4.1.4}$$

式中，$I_{\max}$ 和 $I_{\min}$ 分别是所考察位置的最大光强和最小光强。双光束干涉的强度分布可表示为

$$I=(I_1+I_2)\left(1+\frac{2\sqrt{I_1I_2}}{I_1+I_2}\cos\varphi\right) \tag{4.1.5}$$

由此可得条纹的对比度为

$$K=\frac{2\sqrt{I_1I_2}}{I_1+I_2} \tag{4.1.6}$$

由式(4.1.4)和式(4.1.5)可得

$$I=(I_1+I_2)(1+K\cos\varphi) \tag{4.1.7}$$

由式(4.1.7)可知，在求得余弦光强的分布式之后，将其常数项(直流分量)归化为 1，余弦变化部分的振幅(或称为调制度)即是干涉条纹的对比度。影响干涉条纹对比度的主要因素是两相干光束的振幅比、光源的大小和光源的单色性，现简要分析如下。

1) 两相干光束振幅比的影响

由式(4.1.6)可得

$$K=\frac{2\sqrt{I_1I_2}}{I_1+I_2}=\frac{2(A_1/A_2)}{1+(A_1/A_2)^2} \tag{4.1.8}$$

式(4.1.8)表明：两相干光的振幅比对干涉条纹的对比度有影响，当 $A_1=A_2$ 时，$K=1$；当 $A_1\neq A_2$ 时，$K<1$。两光波振幅相差越大，K 就越小。设计干涉系统时应尽可能使 $K=1$，以获得最大的条纹对比度。

2) 光源大小(空间相干性)的影响

实际光源总有一定的大小，通常称为扩展光源。扩展光源可以看作许多不相干点源的集合，其上每一点通过干涉系统形成各自的一组干涉条纹，在观察屏上再由许多组干涉条纹做强度叠加，叠加后干涉条纹的对比度将下降。

3）光源单色性（时间相干性）的影响

实际使用的单色光源都有一定的光谱宽度$\Delta\lambda$，会影响条纹的对比度。因为条纹间距与波长有关，$\Delta\lambda$范围内的每条谱线都各自形成一组干涉条纹，且除零级以外，各组条纹相互有偏移且重叠，结果使得条纹对比度下降，干涉光强和干涉条纹对比度随光程差$\varDelta$的变化曲线如图4.1.2所示，光谱宽度为$\Delta\lambda$的光源能够产生干涉的最大光程差即为相干长度。

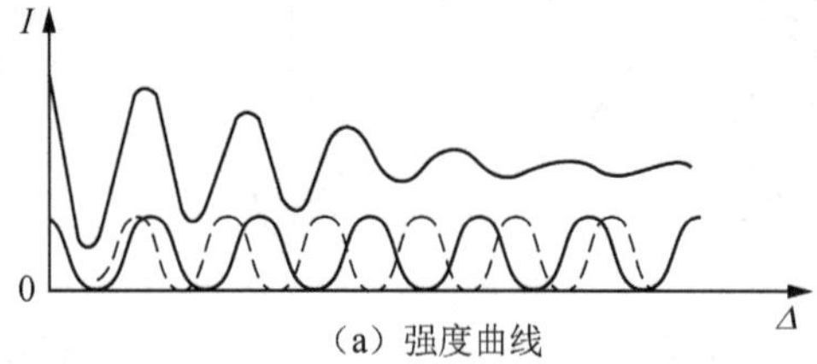

（a）强度曲线

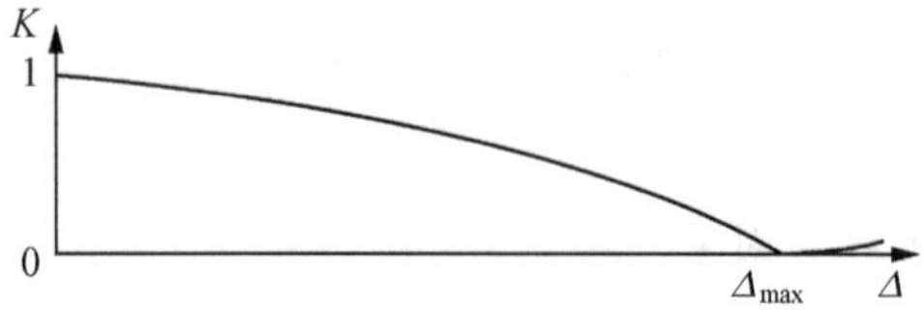

（b）对比度曲线

图4.1.2　光源单色性对干涉条纹的影响

4. 产生干涉的方法

尽管有很多具体方法可以将一束光分成两束或多束，并使它们相遇产生干涉。但从原理上可以把这些方法分为三类，即分波阵面法、分振幅法和分偏振法。

分波阵面法就是将一个点光源所发出的波阵面，经过反射或折射，分成两个或多个波阵面，使其在重叠区域产生干涉。传统的杨氏双缝、菲涅耳双面镜、洛埃镜等干涉装置属于典型的分波阵面干涉。在分波阵面法中，必须选择合适的光源大小才能产生干涉。

将一束光的振幅分成两个或多个部分，使其在重叠区域产生干涉就是分振幅法。常用的分光器有平行平板分光器和立方体分光器。平行平板干涉属于分振幅干涉，在分振幅干涉中，对光源的大小没有限制。

一般来说，分偏振法就是通过偏振分光器将一束光分成偏振方向相互垂直的两个部分，通过一个检偏器使其在偏振方向相同的重叠区域产生干涉。常见的偏振分光器有沃拉斯顿棱镜、洛匈棱镜、格兰-傅科棱镜、格兰-汤普森棱镜。在分偏振干涉中，同样对光源的大小没有限制。

4.1.2　光拍现象及合成波长

由式（4.1.3）还可以看出，当两束光的频率相同（即频率差为零）时，干涉条纹不随时间变化，呈稳定的空间分布，即为传统的干涉情况，此时通过人眼就可以观察到稳定的明暗相间的干涉条纹。

若两束光的频率不同，但当其频率差$\Delta\omega=\omega_1-\omega_2$稳定时，则这两束光在空间相遇叠加，也能产生一种特殊的干涉，即光拍现象。假设两列频率不同、振动方向相同、相位差恒定的单色光波沿z轴方向传播，二者在空间某点的光矢量的模可以表示为如下形式：

$$E_1 = A_1\cos(k_1 z - \omega_1 t + \varphi_1) \tag{4.1.9a}$$

$$E_2 = A_2\cos(k_2 z - \omega_2 t + \varphi_2) \tag{4.1.9b}$$

式中，A_1 和 A_2 分别为两列光波的振幅；k_1 和 k_2 分别为两列光波波矢量的模(即波数)，并且 $k_1 = 2\pi/\lambda_1$，$k_2 = 2\pi/\lambda_2$；ω_1 和 ω_2 分别为两列光波的角频率；φ_1 和 φ_2 分别为两列光波的初相位。为方便起见，设 A_1=A_2=A，这两列单色光波叠加后得到一列合成光波，其光矢量的模可以表示为

$$\begin{aligned} E &= A[\cos(k_1 z - \omega_1 t + \varphi_1) + \cos(k_2 z - \omega_2 t + \varphi_2)] \\ &= 2A\cos\frac{1}{2}[(k_1 - k_2)z - (\omega_1 - \omega_2)t + (\varphi_1 - \varphi_2)]\cdot\cos\frac{1}{2}[(k_1 + k_2)z - (\omega_1 + \omega_2)t + (\varphi_1 + \varphi_2)] \\ &= 2A\cos(k_m z - \omega_m t + \varphi_m)\cdot\cos(\bar{k}z - \bar{\omega}t + \bar{\varphi}) \\ &= E_0\cos(\bar{k}z - \bar{\omega}t + \bar{\varphi}) \end{aligned} \tag{4.1.10}$$

式中，$k_m = (k_1 - k_2)/2$ 为调制波数；$\bar{k} = (k_1 + k_2)/2$ 为平均波数；$\omega_m = (\omega_1 - \omega_2)/2$ 为调制角频率；$\bar{\omega} = (\omega_1 + \omega_2)/2$ 为平均角频率；$\varphi_m = (\varphi_1 - \varphi_2)/2$ 为调制初相位；$\bar{\varphi} = (\varphi_1 + \varphi_2)/2$ 为平均初相位；$E_0 = 2A\cos(k_m z - \omega_m t + \varphi_m)$ 为合成光波的振幅。由式(4.1.10)可以看出，合成光波是一列以平均角频率 $\bar{\omega}$ 高频振动、振幅以调制角频率 ω_m 低频调制的余弦调幅波，如图 4.1.3(a)所示。因为光强与振幅的平方成正比，所以合成光波的光强可以表示为

$$\begin{aligned} I \propto E_0^2 &= 4A^2\cos^2(k_m z - \omega_m t + \varphi_m) \\ &= 2A^2\{1 + \cos[2(k_m z - \omega_m t + \varphi_m)]\} \\ &= 2A^2\{1 + \cos[(k_1 - k_2)z - (\omega_1 - \omega_2)t + (\varphi_1 - \varphi_2)]\} \\ &= 2A^2\left\{1 + \cos\left[\frac{2\pi}{\lambda_s}z - (\omega_1 - \omega_2)t + (\varphi_1 - \varphi_2)\right]\right\} \end{aligned} \tag{4.1.11}$$

式中，$\lambda_s = \lambda_1\lambda_2/|\lambda_1 - \lambda_2|$ 称为合成波长(synthetic wavelength)。已知波长与频率之间的关系为 $\lambda\nu = c$，并且 $\omega = 2\pi\nu$，于是合成波长也可以表示为如下形式：

$$\lambda_s = \frac{c}{\Delta\nu} = \frac{2\pi c}{\Delta\omega} \tag{4.1.12}$$

式中，$\Delta\nu = |\nu_1 - \nu_2|$、$\Delta\omega = |\omega_1 - \omega_2|$ 为两列单色光波的频率差。

虽然人眼观察不到合成波干涉条纹，但当用光探测器对干涉场固定位置处的光强进行探测时，可以得到如图 4.1.3(b)所示的光强周期变化的光拍信号(即干涉条纹)，其变化周期 $T = 2\pi/\Delta\omega = 1/\Delta\nu$。若两束光的频率相差较大，超过光探测器的频率相应范围，则探测不到干涉条纹。在两束光频率相差不大的情况下，采用光探测器可以检测到干涉信号，并且可以通过信号处理直接测量拍频信号的频率及相位等参数，从而能以极高的灵敏度测量出相干光束本身的特征参量，光拍现象是现代光外差干涉的基础。

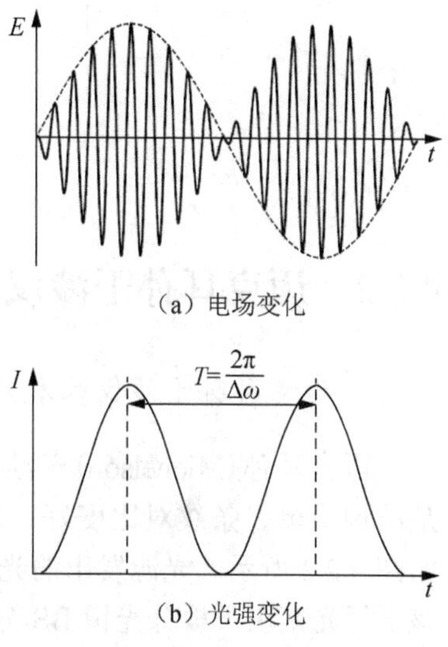

图 4.1.3　合成波随时间的变化规律

4.2 激光干涉测量原理及干涉仪

4.2.1 激光干涉测量原理

在光电检测系统中，被测量信息以光波作为载波，通过对光波的调制而引起光载波的强度、相位、偏振、频率和光谱分布特征等参量的变化，再通过对携带被测量信息的光载波进行解调处理，就可以获得被测量信息。激光干涉测量就是采用相干性极好的激光器作为光源，利用光的相干性对光载波所携带的被测量信息进行检测和处理。一般激光干涉测量系统主要包括激光光源、干涉仪本体、干涉信号接收及信号处理等，图 4.2.1 所示为实际激光干涉测长系统组成示意图。激光干涉测量实质上是被测信息对激光载波的调制和解调过程，其中调制过程是获取被测信息的过程(即信息传感)，而解调过程是对调制信号进行处理以得到被测量值的过程，各种类型的干涉仪均是光频载波的调制器和解调器。从理论上来讲，干涉检测能准确检测到光波振幅、频率和相位及偏振所携带的信息，但由于光波的频率很高，目前的光探测器还不能直接探测光波本身的振幅、频率和相位及偏振的变化，而只能通过间接方法测量光波的强度、相位或偏振方向。

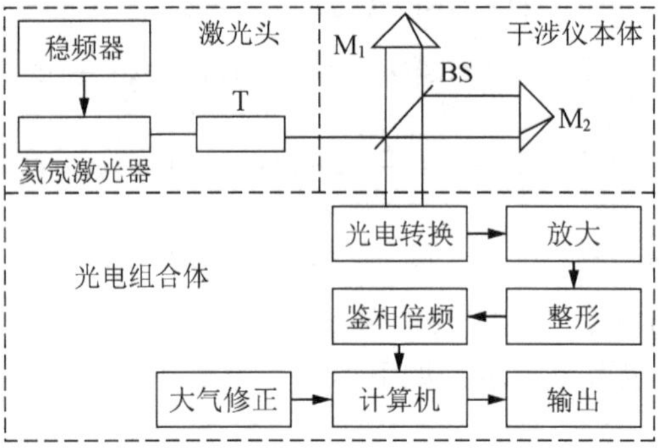

图 4.2.1　激光干涉测长系统组成

4.2.2 迈克耳孙干涉仪

1. 迈克耳孙干涉仪基本光路

迈克耳孙(Michelson)干涉仪是用分振幅法产生双光束以实现干涉的精密仪器，其特点是结构简单、条纹对比度好、信噪比高，许多其他干涉仪是由此派生出来的，其基本光路如图 4.2.2 所示。光源发出的光束经过由透镜 OL_1 和 OL_2 组成的准直系统后变成平行光束，该平行光束由平板分光镜 BS 分为两路，一路反射向上，一路透射向右。这两路光分别经固定全反镜(参考镜)M_1 和可动全反镜(测量镜)M_2 反射后，形成参考光束和测量光束，并在 BS 上重新汇合后向下出射，成为相干双光束。通过光探测器 PD 可以接收到典型的双光束干涉条纹。

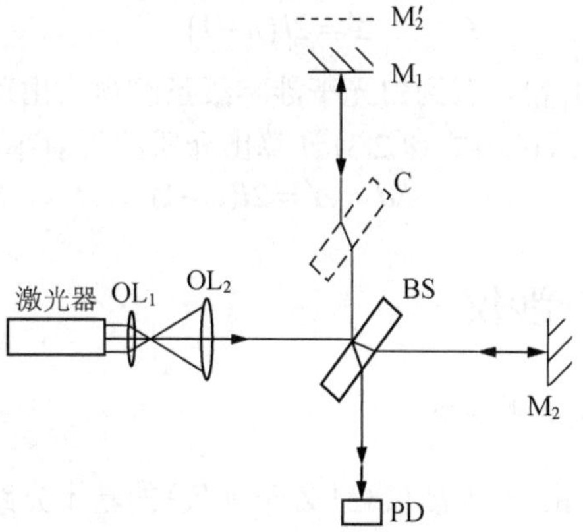

图 4.2.2　迈克耳孙干涉仪基本光路

在分析迈克耳孙干涉仪时，常常将 M_1 和 M_2 反射形成的双光束干涉等效成 M_1 和 M_2' 两反射镜表面构成的空气虚平板的干涉。M_2' 是 M_2 经分光镜 BS 所成的虚像。调整 M_2 使得 M_2' 与 M_1 严格平行，这时将观察到等倾干涉条纹；调整 M_2 使得 M_2' 与 M_1 构成楔形空气平板，这时将观察到等厚干涉条纹。若使用白光光源，测量光经过 BS 三次，而参考光只经过 BS 一次，即使 M_1 和 M_2 相对于 BS 等距分布，由于 BS 存在色散，双光束在不同波长上的光程差始终不相等。为此，必须加入材料、厚度与 BS 完全相同的光程差补偿板 C，使双光束在不同波长下的光程差一致，以便在光程差为零时得到白光干涉时标志明显的零级条纹。当使用单波长激光器作为光源时，光程差补偿板 C 可以取消，因为这时不需要考虑 BS 色散的影响。

2. 迈克耳孙干涉仪应用

在近代物理学和计量科学中，迈克耳孙干涉仪具有重大的影响，得到了广泛应用，它不仅可以观察光的等厚、等倾干涉现象，精密地测定光波波长、微小长度、光源的相干长度等，还可以测量气体、液体的折射率等。

1) 长度测量

利用迈克耳孙干涉仪测长的原理很简单。若起始时双光束光程差为零，则当测量镜 M_2 沿光轴方向位移 L 时，两光束的光程差为 $2L$，由亮纹条件可知 $2L = k\lambda$，其中 k 为干涉级次。因此，测量镜每移动半个波长的距离，光探测器 PD 接收到的干涉场固定点处的条纹级次就变化 1，即有一个亮条纹移过。被测长度可由式(4.2.1)确定：

$$L = \frac{N\lambda}{2} \tag{4.2.1}$$

式中，N 是 PD 接收到的干涉场固定点处明暗变化的次数。通过对 N 进行计数，并对信号进行细分处理，就可实现对位移的精密测量。反之，若已知 N 与 L，则可计算得到激光波长值。

2) 玻璃折射率测量

利用迈克耳孙干涉仪测量玻璃折射率的应用则是运用了迈克耳孙干涉的白光干涉特点。白光光源包含各种波长的单色光，每个波长对应一套干涉条纹，条纹相互叠加，模糊不清。只有在干涉仪两臂光程相等的位置，才能出现白光干涉的零级干涉条纹。忽略介质色散，当在干涉臂中插入折射率为 n、厚度为 l 的均匀透明介质时，其光程比通过相同厚度的空气要大 $l(n-1)$，由于光束的往返，两相干光束所获得的附加光程差为

$$\varDelta' = 2l(n-1) \tag{4.2.2}$$

此时干涉条纹消失。调整 M_1 镜，直到白光干涉零级条纹再次出现，说明两臂光程再次相等，测出 M_1 镜移动的距离Δd，即可由式(4.2.3)计算出介质的折射率 n：

$$\Delta d = \varDelta' = 2l(n-1) \tag{4.2.3}$$

4.2.3 马赫-曾德尔干涉仪

1. 马赫-曾德尔干涉仪基本光路

马赫-曾德尔(Mach-Zehnder)干涉仪(M-Z 干涉仪)的基本光路如图 4.2.3 所示，由两块分光镜 BS 和两块平面反射镜 M 组成，四个反射面通常平行安置。激光束经分光镜 BS_1 分为参考光束和测量光束，这两束光分别经两个反射镜后到达分光镜 BS_2 合光而产生干涉。马赫-曾德尔干涉仪的显著特点是可以避免干涉光路中的光反射回光源，有利于降低光源的不稳定噪声。此外，它能够获得双路互补干涉输出，便于信号接收和处理。

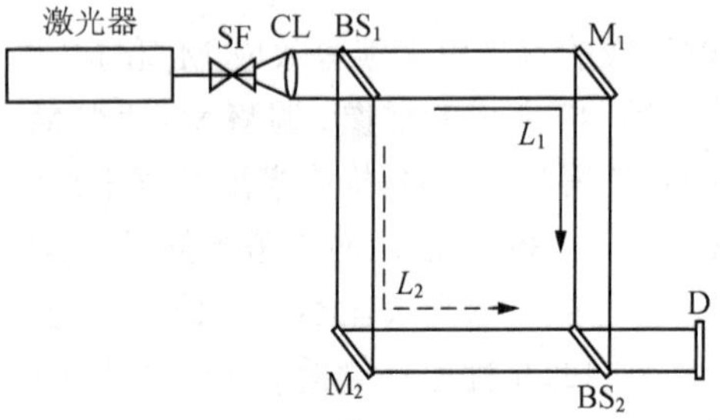

图 4.2.3 马赫-曾德尔干涉仪基本光路

2. 马赫-曾德尔干涉仪应用

作为一种常用的干涉仪，M-Z 干涉仪在很多领域得到了广泛应用，下面举例予以说明。

1) 空气折射率测量

利用 M-Z 干涉仪测量气体折射率的光路如图 4.2.4 所示。在其中一路光路中放置气室，将气室抽成真空，设其光程差为 $n_0 l$(n_0 为真空折射率，l 为气室长度)。通过气泵使待测气体缓慢进入气室，直到与抽真空之前的气压相同，这时气室这段光程长度变为 nl (n 为待测气体折射率)，相应的条纹移动数目为 N，则有

$$nl - n_0 l = N\lambda \tag{4.2.4}$$

即

$$n = n_0 + N\frac{\lambda}{l} \tag{4.2.5}$$

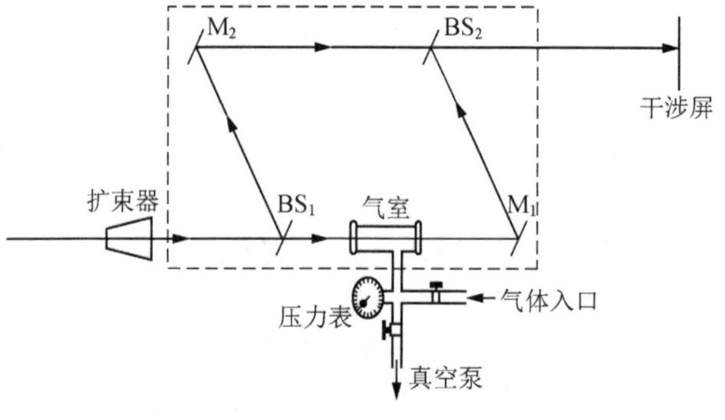

图 4.2.4 利用 M-Z 干涉仪测量气体折射率

2) 温度测量

随着光纤技术的发展，全光纤结构的 M-Z 干涉仪由于具有灵敏度高、体积小、能耗少、重量轻、不受电磁影响、耐腐蚀、易于实现系统遥控等特点，在高精度测量中受到人们的重视。应用光纤 M-Z 干涉仪可以实现对多种物理量的测量，如温度、压力、电流、电压、磁场、微位移等，其系统结构如图 4.2.5 所示。光从输入端进入光纤，经第一个 3dB 定向耦合器 DC_1 分束，进入长度分别为 L_1 和 L_2 的干涉臂(参考臂和测量臂)中，然后进入第二个 3dB 定向耦合器 DC_2 进行干涉，最后从出射端输出，通过测量干涉信号的相位可以获得测量臂上外界被测量的变化。

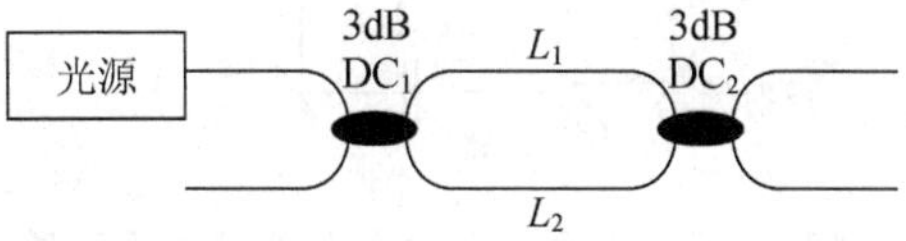

图 4.2.5　光纤 M-Z 干涉仪结构示意图

当一条光纤臂温度相对于另一条光纤臂的温度发生变化时，两根光纤中传输光的相位差发生变化，从而引起干涉条纹的移动。通过光探测器对干涉条纹的变化信息进行解调，即可得到测量结果。在长度为 L 的光纤中传播光波的相位可以表示为

$$\Phi = \Phi_0 + knL \tag{4.2.6}$$

式中，Φ_0 为光进入光纤前的初始相位；$k = 2\pi/\lambda$ 为波数(λ 为光波波长)；n 为光纤纤芯的折射率。

设长度为 L_1 的光纤温度不变，当长度为 L_2 的光纤温度改变 ΔT 时，其纤芯折射率 n 的改变量为 Δn，光纤长度 L_2 改变量为 ΔL_2。根据式(4.2.6)，长度 L_2 光纤中光波的相位 Φ_2 可以表示为

$$\Phi_2 = \Phi_{20} + \frac{2\pi}{\lambda}(nL_2 + \Delta nL_2 + n\Delta L_2) \tag{4.2.7}$$

在长度 L_2 光纤的温度改变后，两光纤中传播光波在交汇处的相位差 $\Delta\Phi$ 为

$$\Delta\Phi = \Phi_2 - \Phi_1 = (\Phi_{20} - \Phi_{10}) + \frac{2\pi n}{\lambda}(L_2 - L_1) + \frac{2\pi}{\lambda}(\Delta nL_2 + n\Delta L_2) \tag{4.2.8}$$

如果 $L_1 = L_2 = L$，而且初始相位 $\Phi_{10} = \Phi_{20}$，可得

$$\Delta\Phi = \frac{2\pi}{\lambda}(\Delta nL + n\Delta L_2) \tag{4.2.9}$$

两边同除以 ΔT，得到

$$\frac{\Delta\Phi}{\Delta T} = \frac{2\pi}{\lambda}\left(L \cdot \frac{\Delta n}{\Delta T} + n \cdot \frac{\Delta L_2}{\Delta T}\right) \tag{4.2.10}$$

式(4.2.10)左边表示光波相位差随光纤温度的变化关系，即温度每改变 1℃时光波相位差的改变量；其右边 $\Delta n/\Delta T$ 和 $\Delta L_2/\Delta T$ 分别表示纤芯折射率和光纤长度随温度变化的变化率。

3) 相位光栅表面形貌测量

图 4.2.6 为使用 M-Z 干涉仪测量透射相位光栅表面形貌特性的原理图。He-Ne 激光器出射的光经由显微物镜和针孔光阑组成的空间滤波器后，被反射镜反射后进入 M-Z 干涉仪系统。被测相位光栅放置在干涉仪的测量臂光路中，透过被测相位光栅的光束受到光栅表面结

构的调制，与参考光汇合产生干涉，干涉条纹携带被测相位光栅的信息。由于被测相位光栅结构小，在其后加入由显微物镜和长焦距透镜组成的 4f 光学系统，使得被测相位光栅能在 CCD 接收面得到放大的干涉图像。

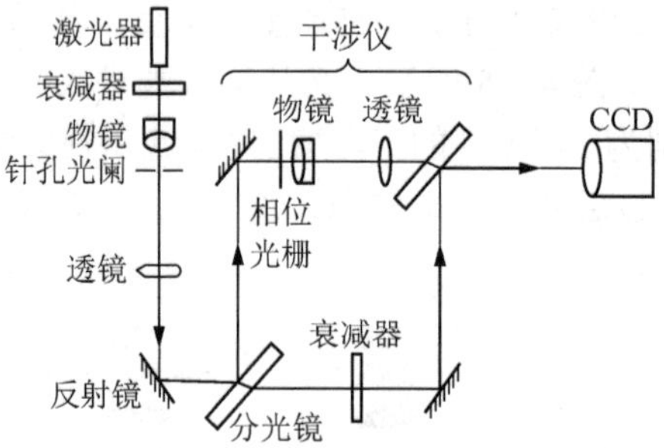

图 4.2.6　使用 M-Z 干涉仪测量透射相位光栅表面形貌特性原理图

4.2.4　泰曼-格林干涉仪

1. 泰曼-格林干涉仪基本光路

泰曼-格林(Twyman-Green)干涉仪是近代光学检验领域中很重要的一种仪器，其基本光路如图 4.2.7 所示，实质上是迈克耳孙干涉仪的一种变型。准单色点光源和透镜 OL_1 提供入射的平面波，经分光镜 BS 分为参考光和测量光，干涉仪的参考光臂装有参考反射镜 M_1，测量光臂装有被测透镜或其他光学元件。透镜 OL_2 使得全部通过孔径的光都能进入位于透镜 OL_2 焦点处的观察孔，所以能看到整个视场，即能看到反射镜 M_1 和 M_2 的任何一部分。干涉条纹可用目视观察或用照相机把干涉条纹拍摄下来进行分析。根据干涉条纹的变化，就可判断被测光学元件的质量。采用输出功率为 1mW 的 He-Ne 激光器，就足以在整个干涉场上产生明亮而清晰的干涉条纹，使泰曼-格林干涉仪不仅能适应各种静态测试的要求，也能适应大位移的动态测量。激光条纹的高亮度，还能缩短对条纹照相的曝光时间，因而能减少振动等不利影响。

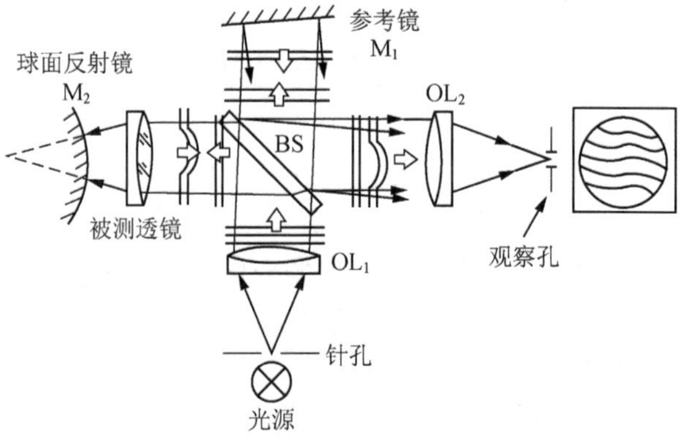

图 4.2.7　泰曼-格林干涉仪基本光路

2. 泰曼-格林干涉仪应用

图 4.2.7 中所示的仪器是检验透镜的泰曼-格林干涉仪，其中球面镜 M_2 的曲率中心和被测透镜的焦点重合。如果被测透镜没有像差，返回到分束器的反射光波仍将是平面波，观察到的干涉条纹为理想的圆形条纹；如果被测透镜有像差，将引起波阵面的变形，就会清楚地观察到具有畸变的干涉条纹图，如图 4.2.8 所示。通过干涉图样可判断透镜具有怎样的像差，还可采用 CCD 摄像技术获得干涉图，用计算机分析得到各种像差。如果将 M_2 换成平面镜，就可以检验其他类型的光学元件，如棱镜、光学平板等。

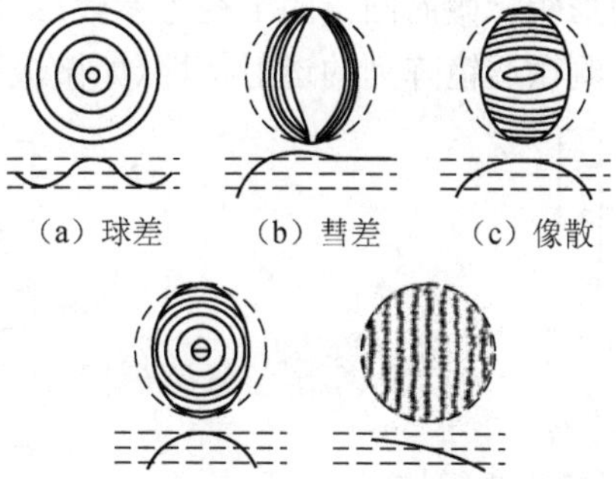
(a) 球差　(b) 彗差　(c) 像散　(d) 场曲　(e) 畸变

图 4.2.8　泰曼-格林干涉仪检验透镜的典型干涉图

图 4.2.9 是一种采用泰曼-格林干涉仪与马赫-曾德尔干涉仪组合测量微透镜特性的原理图，主要包括移相泰曼-格林干涉仪和马赫-曾德尔干涉仪。参考光路中安装了一个可以转动的平面反射镜 M_2，其主要功能有二：一是在泰曼-格林干涉仪和马赫-曾德尔干涉仪之间进行切换；二是借助安装的 PZT 进行移相测量。He-Ne 激光器发出的 632.8nm 的线偏振光被半波片 HWP_1 和线性偏振片 P_1（与 x 轴和 y 轴成 45°）组合进行必要的衰减，经高数值孔径物镜 HALO 放大、针孔滤波，并被透镜 OL_1 准直成直径约为 20mm 的光束，再由偏振分光棱镜 PBS_1 分为两束光，其中透过 PBS_1 的 p 偏振光进入测量臂，被 PBS_1 反射的 s 偏振光进入参考臂。借助可旋转的半波片 HWP_2，PBS_1 用作一个可变分光比的分光器，从而调节进入测量臂和参考臂的光强以获得最佳对比度的干涉条纹。被 PBS_1 反射和透射的参考光与测量光分别经过两个四分之一波片 QWP_1 和 QWP_2 变成圆偏振光。

在图 4.2.9(a)所示的泰曼-格林干涉仪中，平面反射镜 M_2 与入射光轴成 90° 角，参考光被 M_2 反射并再次经过四分之一波片 QWP_1 成为 p 偏振光，经 PBS_1 透射并经 M_3 反射后进入观察臂；同样，测量光经高质量显微物镜 MO_1 聚焦后入射到被测表面(图中被测物体 MLA 为微透镜阵列)，为使入射被测表面与入射波前相匹配，可将被测表面的曲率中心置于显微物镜 MO_1 的焦点上，任何表面缺陷会给反射波前带来附加的相位变化。由被测表面反射的光经过 MO_1 和四分之一波片 QWP_2 后变成 s 偏振光，先后被 PBS_1 和 M_3 反射后进入观察臂。进入观察臂的 s 偏振测量光和 p 偏振参考光通过线性偏振片 P_2 和半波片 HWP_3 后，被 PBS_3 完全反射，经透镜 OL_3 聚焦在 CCD 上得到干涉条纹。

将平面反射镜 M_2 旋转成与入射光轴成 45°，即可构成如图 4.2.9(b)所示的马赫-曾德尔干涉仪。此时，参考光被 M_2 和 M_4 反射后，通过另外一个四分之一波片 QWP_3 变为 p 偏振光，经 PBS_2 透射，再经过偏振片 P_3 和半波片 HWP_4 后，被 PBS_3 完全透射，经透镜 OL_3 聚焦在 CCD 上，用作参考光束；此时，微透镜阵列放置在一个特殊位置，即 MO_1 的焦点与被测微透镜的焦点完全重合。如果被测透镜有像差，就会给透射的光波带来附加的相位变化，此光波经由显微物镜 MO_2 和透镜 OL_2 组成的扩束系统后，透过四分之一波片 QWP_4 后变成 s 偏振光，再经过偏振片 P_3 和半波片 HWP_4 后，被 PBS_3 完全透射，经透镜 OL_3 聚焦在 CCD

相机上，用作测量光束，在 CCD 上与参考光束形成干涉条纹。因此，通过改变反射镜 M_2 的方向，可以构成如图 4.2.9(a)所示的泰曼-格林干涉仪，测量被测微透镜阵列的反射特性(如表面形貌、微曲凸镜的半径等参数)；也可构成如图 4.2.9(b)所示的马赫-曾德尔干涉仪，测量被测微透镜阵列的透射特性(如微透镜的各种像差等)。

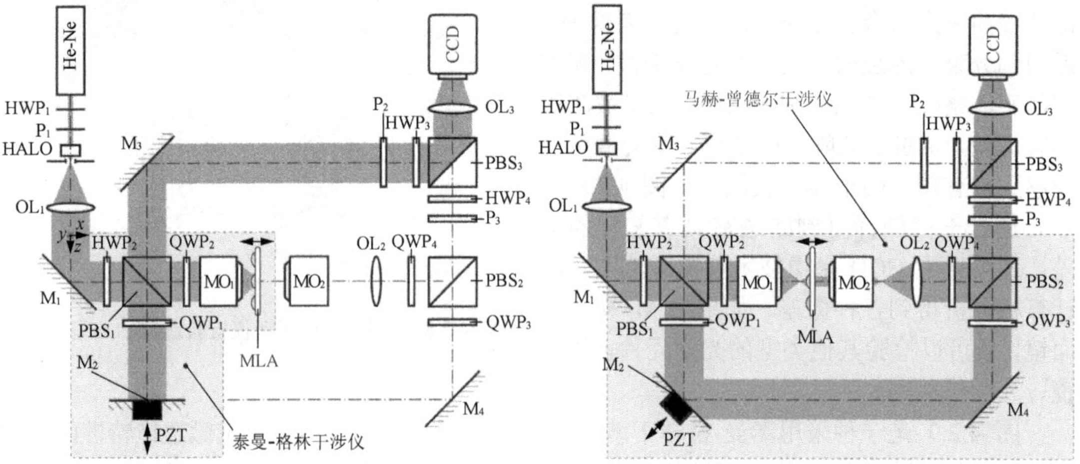

(a) 泰曼-格林干涉仪　　(b) 马赫-曾德尔干涉仪

图 4.2.9　组合干涉仪测量微透镜特性原理图

HWP：半波片；P：偏振片；HALO：高数值孔径物镜；OL：透镜；M：平面反射镜；QWP：四分之一波片；MO：显微物镜；MLA：微透镜阵列；PZT：压电陶瓷管

4.2.5　法布里-珀罗干涉仪

1. 法布里-珀罗干涉仪基本光路

与迈克耳孙干涉仪和马赫-曾德尔干涉仪等双光束干涉仪不同，法布里-珀罗(Fabry-Perot)干涉仪(F-P 干涉仪)是一种多光束干涉仪，其基本光路如图 4.2.10 所示。它的核心部分是两块略带楔角、内表面平行并镀有高反射膜的玻璃或石英平板，构成一个具有高反射率表面的空气或介质平板。F-P 外表面的倾斜是为了使反射光偏离透射光的视场，从而避免杂散光干扰。在实际仪器中，两块楔形板分别安装在可微调的镜框内，通过方位调节以保证两平板内表面严格平行，并且一块平板可在精密导轨上平移以改变两平板的间距大小。间距固定的法布里-珀罗腔称为 F-P 标准具。

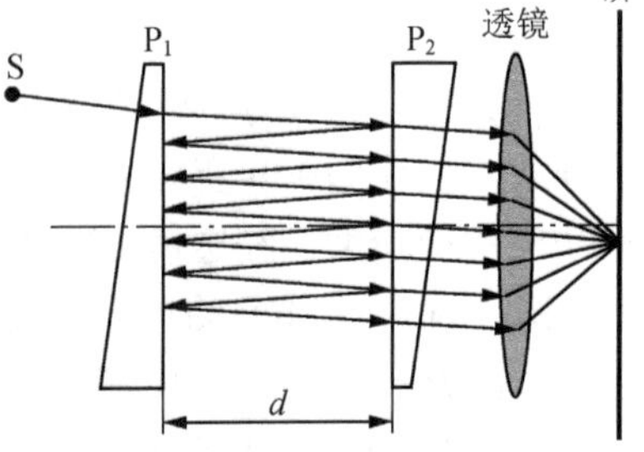

图 4.2.10　F-P 干涉仪基本光路

如图 4.2.11 所示，F-P 干涉仪产生的多光束干涉条纹与迈克耳孙干涉仪产生的双光束干涉条纹有明显的不同，后者产生的亮条纹较粗，而 F-P 干涉所产生的干涉亮条纹又细又亮，分辨率极高。正是由于这种干涉仪所产生的干涉条纹非常细锐，因此它一直是长度计量和研究光谱超精细结构的有效工具，它还是激光谐振腔的基本构型，其干涉理论也是研究干涉滤光片的基础，在光学技术中起着重要作用，但它的结构复杂，对制造工艺要求极高。

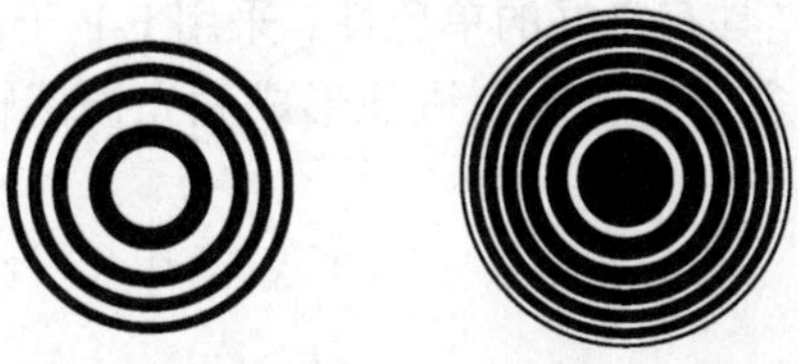

（a）双光束干涉图　（b）多光束干涉图

图 4.2.11　双光束与多光束干涉图

2. 法布里-珀罗干涉仪应用

F-P 干涉仪作为另外一种常用的干涉仪结构在很多领域得到了广泛的应用，特别是由于在光纤上容易得到微型 F-P 腔，因此光纤 F-P 干涉仪在光纤传感中占有极其重要的地位，下面予以简要说明。

1) 位移测量

利用光纤构成的 F-P 干涉仪在很多光纤传感器中得到了应用。如图 4.2.12(a) 为测量位移的原理图，从半导体激光器发出的光经过光隔离器后，通过 2×2 光纤定向耦合器到达如图 4.2.12(b) 所示的光纤 F-P 腔形成干涉，反射后由探测器接收。为检测 F-P 腔的动态变化，F-P 腔的一端与 PZT 相连。若 F-P 腔的长度发生变化，探测得到的干涉条纹也会发生变化，由此可以得到被测位移。

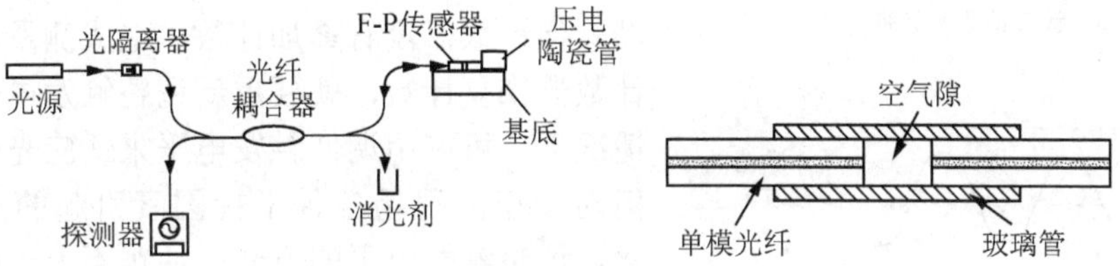

（a）F-P干涉光路图　（b）光纤F-P腔结构

图 4.2.12　光纤 F-P 干涉仪位移测量原理

2) 光源光谱精细结构测量

当光源包含各种不同波长时，不同波长的同一级亮纹角半径不同，各自形成一组同心圆环条纹。由于 F-P 干涉仪的多光束干涉亮纹又亮又锐，且不同波长的亮纹颜色各异，只要两种波长的同一级亮纹错开一个亮纹宽度的距离，就可以轻松地分辨两组亮纹的位置，因此应用 F-P 干涉仪可以研究光源的光谱特性。一种常用的测量波长的方法是，通过移动 F-P 干涉仪中的可动平板，改变 F-P 腔中空气平行平板的厚度 d，同时观测视场中干涉级的变化。设空气平板厚度变化 Δd，靠近视场中心的观察点处干涉条纹级次变化 Δm，可以确定光源的光波波长，即

$$\lambda = 2\frac{\Delta d}{\Delta m} \tag{4.2.11}$$

3) 构成激光谐振腔

谐振腔是激光器的基本组成部分之一，其主要作用有两个：其一，使沿谐振腔光轴方向传播的光波来回多次反射以延长激光工作物质的有效长度，提供光学正反馈；其二，对产生的激光振荡模式进行控制，即通过谐振腔内的多光束干涉，使受激辐射光的频率集中在很窄

的带宽范围内，保证输出激光具有良好的单色性。采用 F-P 干涉仪可以构成激光谐振腔，使受激辐射光在 F-P 腔内形成多光束干涉，进而形成激光振荡输出，参见 1.5 节，此处不再赘述。

4.3 激光外差干涉测量

以上激光干涉测量系统以光波波长为基准进行测量，因此具有很高的测量精度。但在这种干涉测量系统中，由于测量镜在测量时一般是从静止状态开始移动到一定的速度，所以干涉条纹的移动也是从静止开始逐渐加速，为了对干涉条纹的移动数进行正确计数，光电接收器之后的前置放大器一般只能用直流放大器，因此对测量环境有较高要求，测量时不允许干涉仪两臂的光强有较大的变化。为了保证测量精度，一般只能在恒温、隔振的条件下工作。

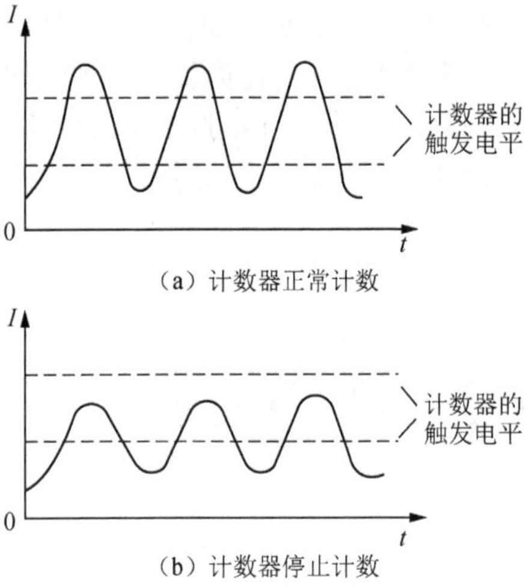

图 4.3.1　直流干涉仪的漂移情况

图 4.3.1 所示为当激光干涉仪的测量镜移动时，光电接收器经直流前置放大器后的输出信号。由于测量时外界环境的干扰，干涉仪两支光路的光强发生变化，引起光电信号的直流电平也相应地发生起伏。当光强变化使光电信号幅值低于计数器的触发电平时，计数器停止计数，此时测量镜虽在继续移动，但计数器没有累加计数，造成测量误差。要使计数器恢复计数，就要重新调整触发电平。在有些情况下，可以用调低触发电平来适应光强的变化，但对于车间现场各种干扰因素引起的光强随机变化，调整触发电平的方法往往跟不上光强的变化。因此，一般的激光干涉仪不能用于车间现场进行精密计量。为了适应在车间现场实现干涉计量的需要，不仅要求干涉仪具有高的测量精度，而且要求能够克服车间现场环境因素变化引起的光电信号直流漂移，光外差干涉技术就是在这种要求下发展起来的。这种光外差干涉技术是在干涉仪中引入具有一定频率的载波信号，干涉后被测信号通过这一载波信号来传递并被光电接收器接收，从而使光电接收器后面的前置放大器可以采用交流放大器来代替传统的直流放大器，以隔绝由外界环境干扰引起的直流电平漂移，使仪器能在车间现场环境下稳定工作。利用这种激光外差技术设计的干涉仪称为外差干涉仪，又称为交流干涉仪。

外差干涉有两个突出优点。第一，由于物体变化所产生的多普勒频移信息是载于稳定的差频上，且其频率较高（几兆赫兹至 100MHz），因此光电探测时避开了激光器的低频噪声和半导体器件的 $1/f$ 噪声区，同时又利用频率跟踪等外差解调技术大量滤除了宽带噪声，因此提高了光电信号的信噪比。例如，对于零差干涉仪，当测量光束受外界干扰，光强衰减 50%时，就不易正常工作，而外差干涉仪则可在光强衰减 90%时仍能正常工作。第二，可以直接从输出信号频率相对于差频的增减判别运动的方向，因此可以测量物体的连续变化过程（如随机振动波形、气流扰动等），而零差干涉仪则较难实现。

外差干涉仪中两种不同频率的光可通过双频激光器产生，也可以利用声光调制器、电光相位调制器直接对单频激光器发出的光束进行调制而获得。外差干涉仪现已广泛应用于长度测量、角度测量、振动测量、速度测量、表面粗糙度测量等领域，获得了比零差干涉仪更高的测量精度。

4.3.1　塞曼双频激光外差干涉测量

图 4.3.2 为塞曼双频激光外差干涉测量系统组成示意图。光源采用纵向塞曼双频 He-Ne 激光器，这种激光器是在全内腔单频 He-Ne 激光器上加上约 300×10^{-4}T(特斯拉)的轴向磁场，由于塞曼效应和频率牵引效应，激光器输出两个不同频率的左旋和右旋圆偏振光(其频差 $\Delta\nu_0\approx1.8\text{MHz}$)，通过四分之一波片 QWP 后，左旋和右旋圆偏振光变成振动方向互相垂直的线偏振光(设 ν_1 光振动方向平行于纸面，ν_2 光振动方向垂直于纸面)。经扩束器 BE 后，正交线偏振双频激光束被分光镜 BS 分为两部分，其中一小部分双频激光被反射到偏振片 P_1 上，P_1 的透光轴与纸面成 45°，根据马吕斯定律，两个振动方向互相垂直的线偏振光在 45° 方向上的投影形成新的同向线偏振光并形成“光拍”，其拍频就等于双频激光的频差(即 $\Delta\nu_0=|\nu_2-\nu_1|\approx1.8\text{MHz}$)，该信号由光探测器 PD_1 接收后进入前置放大器 AMP_1 进行放大，放大后的信号作为参考信号送给计算机 PC；透过 BS 的正交线偏振双频激光由偏振分光棱镜 PBS 分光，频率为 ν_2 的线偏振光被反射至参考角锥棱镜 CCP_1，频率为 ν_1 的线偏振光透过 PBS 到达测量角锥棱镜 CCP_2。这时，若测量角锥棱镜 CCP_2 以速度 υ 运动，由于多普勒效应，从 CCP_2 返回的光束产生多普勒频移，其频移量 $\Delta\nu_D=2\upsilon/\lambda$，该测量光束返回后再次透过 PBS 并与频率为 ν_2 的返回参考光汇合，分别经反射镜 M 和透光轴与纸面成 45° 的偏振片 P_2 后也形成“光拍”，其拍频信号的频率可表示为

$$\Delta\nu=\nu_2-(\nu_1\pm\Delta\nu_D)=\Delta\nu_0\pm\Delta\nu_D \tag{4.3.1}$$

式中，正负号由测量角锥棱镜 CCP_2 移动方向决定，当 CCP_2 向着偏振分光棱镜 PBS 方向移动时取正号，反之取负号。该拍频信号被光探测器 PD_2 接收后，由前置放大器 AMP_2 进行放大，放大后的拍频信号作为测量信号也被送到 PC，由 PC 对测量信号与参考信号进行相减处理后，就可得到测量信息 $\Delta\nu_D$。

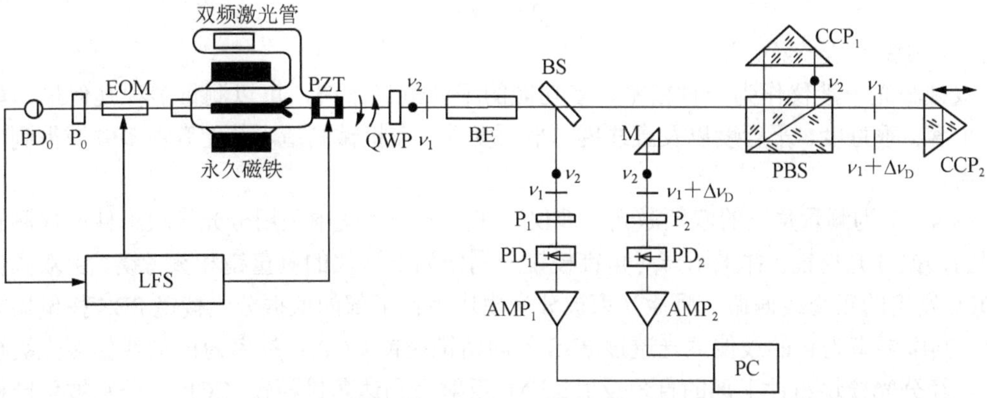

图 4.3.2　塞曼双频激光外差干涉测量系统组成

QWP：四分之一波片；BE：扩束器；BS：分光镜；PBS：偏振分光棱镜；CCP：立方角锥棱镜；M：反射镜；P：偏振片；PD：光探测器；AMP：放大器；PC：计算机；EOM：电光相位调制器；LFS：激光稳频器；PZT：压电陶瓷管

设在测量镜移动的时间 t 内，由 $\Delta\nu_D$ 引起的条纹亮暗变化次数为 N，则有

$$N=\int_0^t \Delta\nu_D \mathrm{d}t=\int_0^t \frac{2\upsilon}{\lambda}\mathrm{d}t=\frac{2}{\lambda}\int_0^t \upsilon \mathrm{d}t \tag{4.3.2}$$

式中，$\int_0^t \upsilon \mathrm{d}t$ 为时间 t 内测量镜移动的距离 L，于是有

$$L=N\frac{\lambda}{2} \tag{4.3.3}$$

通过计算机软件将 $\Delta\nu_D$ 换算成 L，最后由显示器显示被测长度值。

以上采用多普勒方法对双频激光外差干涉测长的计算公式进行了推导，下面使用干涉的方法来进行描述。由激光器输出的正交线偏振双频激光可以表示为

$$\begin{aligned}E_1&=E_0\sin(2\pi\nu_1 t+\varphi_{01})\\E_2&=E_0\sin(2\pi\nu_2 t+\varphi_{02})\end{aligned} \tag{4.3.4}$$

这束正交线偏振双频激光被分光镜反射后，通过检偏器产生“光拍”，并由光探测器探测，得到参考信号为

$$I_r=\frac{1}{2}E_0^2\left\{\cos\left[2\pi(\nu_1-\nu_2)t+(\varphi_{01}-\varphi_{02})\right]\right\} \tag{4.3.5}$$

同样地，透过分光镜的正交线偏振双频激光被偏振分光棱镜分为两部分，即频率为 ν_2 的参考光和频率为 ν_1 的测量光，二者被各自的角锥棱镜反射后返回，再次通过偏振分光棱镜和检偏器后产生“光拍”，并由光探测器探测，得到的拍频信号为

$$I_m=\frac{1}{2}E_0^2\left\{\cos\left[2\pi(\nu_1-\nu_2)t+(\varphi_{01}-\varphi_{02})+\Delta\varphi\right]\right\} \tag{4.3.6}$$

其中，$\Delta\varphi$ 是测量光与参考光之间的相位差，其大小为

$$\Delta\varphi=\frac{4\pi nL}{\lambda_0} \tag{4.3.7}$$

式中，n 为空气折射率；λ_0 为激光在真空中的波长；L 为干涉仪测量臂与参考臂的臂长差或测量镜移动距离。由式(4.3.7)可得

$$L=\frac{\Delta\varphi}{2\pi}\cdot\frac{\lambda_0}{2n}=N\frac{\lambda}{2} \tag{4.3.8}$$

这与式(4.3.3)完全一样。

双频激光干涉仪作为一种精密、多功能的干涉测量系统，可以测量多种几何量，如位移、角度、垂直度、平行度以及直线度、平面度等，在机械制造、装配等很多领域得到广泛的应用。

图 4.3.3 为测量角度的双频激光干涉仪，在其干涉系统中采用分光模块组件取代测长时所用的偏振分光棱镜，并采用一对角锥棱镜分别作为干涉仪的测量镜和参考镜。由双频激光器 DFL 发出的正交线偏振双频激光束被分光模块组件下部的偏振分光棱镜 PBS 按偏振方向分开，其中频率为 ν_1 的线偏振光透过 PBS 射向角锥棱镜 CCP_1；频率为 ν_2 的线偏振光被反射向上，经分光模块组件上部的直角反射镜 M 反射后到达角锥棱镜 CCP_2。分别被角锥棱镜 CCP_1 和 CCP_2 返回的两束光在 PBS 处重新汇合，透过偏振片 P 产生“光拍”，并由光探测器 PD 探测拍频信号。双角锥棱镜组件安放在被测物体上，当它在导轨上平移且没有摆动时，

两束光的多普勒频移相等(即 $\Delta\nu_1=\Delta\nu_2$)，PD 输出的拍频信号中不出现多普勒频移。如果双角锥棱镜组件在移动过程中，由于导轨的直线度误差而发生 θ 角的倾斜，那么两角锥棱镜的角点在光轴方向上将产生一个相对位移量 $\varDelta$。此时，两束光的多普勒频移 $\Delta\nu_1$ 和 $\Delta\nu_2$ 不相等，并且 $\Delta\nu=\Delta\nu_1+\Delta\nu_2$，由图 4.3.3 可见 θ 与 $\varDelta$ 满足如下关系：

$$\theta=\arcsin\frac{\varDelta}{d}=\arcsin\frac{\lambda\int_0^t\Delta\nu\mathrm{d}t}{2d} \tag{4.3.9}$$

双频激光干涉仪测角的分辨率可达 0.1″，其测角精度在 100″范围内可达 0.5″，量程可达 ±1000″。

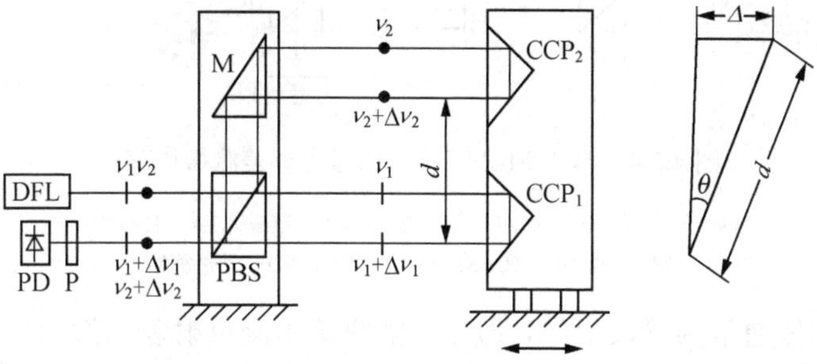

图 4.3.3　用于精密测角的双频激光干涉系统

DFL：双频激光器；PBS：偏振分光棱镜；M：反射镜；CCP：立方角锥棱镜；P：偏振片；PD：光探测器

4.3.2　声光调制激光外差干涉测量

双频激光干涉仪是一种典型的外差干涉测量系统，双频激光起到了光拍频载波的作用，被测信号只是叠加到这一拍频载波上得到一个调频信号，并被光探测器接收而转换成电信号。当测量镜静止不动时，光探测器仍然输出一个频率为双频激光拍频的交流信号；当测量镜运动时，只引起这个交流信号的频率增加或减小，因而前置放大器可采用交流放大器，避免了使用直流放大器所遇到的直流漂移这一棘手问题。由于纵向塞曼效应双频激光器输出的双频激光频差比较小(2MHz 左右)，限制了干涉仪的测量速度，因此近年来出现了多种其他类型的激光外差干涉测量系统，其中以声光调制器产生双频激光最具代表性。

如图 4.3.4 为 Polytec 公司生产的激光测振仪(laser Doppler vibrometry, LDV)系统组成及工作原理示意图。由 He-Ne 激光器发出频率为 ν_0 的单频激光束入射到马赫-曾德尔(M-Z)干涉仪的分光镜 BS_1 进行分光，并在 M-Z 干涉仪的参考光路上设置一个声光移频器 AOFS，得到频率为 $\nu_0+\nu_s$ 的一级衍射光(ν_s 为 AOFS 的调制频率)；频率为 ν_0 的测量光透过分光镜 BS_2 后，分别经四分之一波片 QWP 和透镜 OL 汇聚在被测振物体 TA 上，并由 TA 后向散射，再经分光镜 BS_2 和 BS_3 后作为测量光，其频率为 $\nu_0\pm\Delta\nu_D$ ($\Delta\nu_D$ 为振动引起的多普勒频移)；测量光与频率为 $\nu_0+\nu_s$ 的参考光相遇产生外差干涉，并由光探测器 PD 探测，其拍频可表示为

$$\Delta\nu_b=(\nu_0+\nu_s)-(\nu_0\pm\Delta\nu_D)=\nu_s\pm\Delta\nu_D \tag{4.3.10}$$

其中，多普勒频移 $\Delta\nu_D$ 可以表示为

$$\Delta\nu_D=\frac{2\upsilon(t)}{\lambda} \tag{4.3.11}$$

式中，$\upsilon(t)$ 为物体振动的速度；λ 为激光波长。可以看出，参考光和测量光的频率差与振动物体的速度成比例，或者说参考光和测量光之间的相位差与振动物体的位移成比例，即

$$\Delta\varphi = 2\pi(n \cdot \Delta L / \lambda) \tag{4.3.12}$$

式中，n 为空气折射率；ΔL 为测量光和参考光之间的光程差。

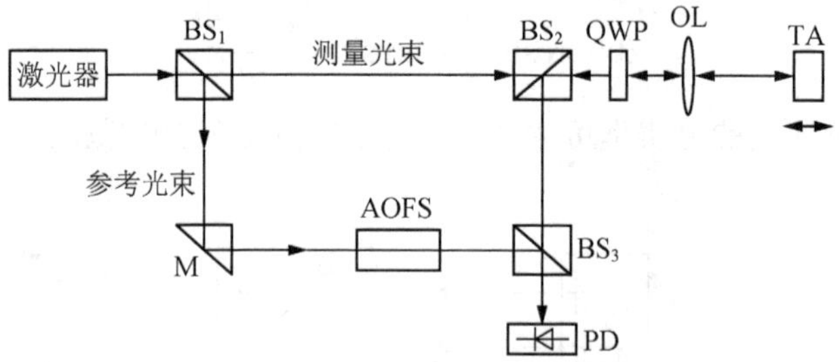

图 4.3.4　基于 M-Z 干涉仪的激光外差测振原理图

BS：分光镜；QWP：四分之一波片；OL：透镜；TA：目标物；
M：反射镜；AOFS：声光移频器；PD：光探测器

由于被测振物体通常为漫反射体，为尽可能收集由漫反射表面散射回来的光，并尽量改善返回光的波面，测量光必须是汇聚光。汇聚光点越小，汇聚透镜的口径就越大，越有利于收集返回光和改善返回光波面。

在过去几十年中，激光外差干涉测量技术得到了迅速发展，并向高速、高分辨率和高精度、多功能等方向发展。目前测量分辨率可以达到亚纳米量级，测量范围可以达到 80m，测量速度可以达到 5.0m/s，可以同时测量位移、直线度、角度等参数。激光外差干涉测量的主要误差源包括激光波长漂移误差、空气折射率变化、被测物体热胀冷缩、测量线与被测线不平行产生的余弦误差等，但当测量精度达到纳米量级时，由于激光光源偏振状态的不理想或不稳定，光学元器件的不理想或安装调整不完善，会造成干涉光路中两种频率的偏振光不能完全分开(即频率混叠)，从而产生较大的非线性周期测量误差，其幅值达十几纳米。

4.4　激光合成波干涉测量

4.4.1　合成波绝对距离干涉测量原理

绝对距离干涉计量是 20 世纪 60 年代后期兴起的一种以多波长激光为基础的大长度计量技术，其基本原理是干涉条纹小数重合法。由于该技术只测量干涉条纹的小数级次，测量镜无须移动，因此免除了干涉测长仪中加工困难且价格昂贵的精密导轨，特别是大长度(长距离)干涉测量的精密导轨的制造及铺设更为困难，因此这种无导轨干涉测量是大长度测量的发展方向。

绝对距离干涉仪与传统干涉仪的主要区别是：①传统干涉仪是以光的波长作为测量的基

本单位，而绝对距离干涉仪是以两列波的合成波长作为测量的基本单位；②传统干涉仪是通过测量干涉仪的条纹变化对被测对象进行测量，绝对距离干涉仪则是通过对被测距离进行初测并计算确定合成波干涉条纹的整数级次，采用干涉仪测量其小数级次。

下面以双频激光合成波干涉仪为例说明绝对距离干涉测量的基本原理。如图 4.4.1(a)所示，频率分别为ν_1和ν_2的双频激光被分光镜 BS 分成两束，分别由参考镜 M_1 和测量镜 M_2 反射后再次汇合而产生光拍，并由光探测器 PD 接收。当测量镜 M_2 固定不动时，干涉仪两光臂的光程差$\Delta l = l_2 - l_1$不变，PD 输出信号是一个随时间周期变化的拍频信号，变化频率即为双频激光的频差$\Delta\nu = |\nu_1 - \nu_2|$；当测量镜 M_2 移动时，光程差$\Delta l = l_2 - l_1$随之变化，PD 输出信号是一个振幅受空间周期$\bar{\lambda}/2$调制的波长为λ_s的空间拍波(即合成波)，其波形如图 4.4.1(b)所示，并且

$$\bar{\lambda} = \frac{2\lambda_1\lambda_2}{\lambda_1 + \lambda_2} = \frac{2c}{\nu_1 + \nu_2} \tag{4.4.1}$$

$$\lambda_s = \frac{\lambda_1\lambda_2}{|\lambda_1 - \lambda_2|} = \frac{c}{\Delta\nu} \tag{4.4.2}$$

式中，λ_1和λ_2分别表示双频激光频率ν_1和ν_2所对应的真空中的激光波长；c表示真空中的光速；$\Delta\nu = |\nu_1 - \nu_2|$表示双频激光的频差。由式(4.4.2)可以看出，合成波长λ_s与双频激光的频差$\Delta\nu$成反比，并且λ_s总是大于激光单波长λ_1、λ_2。

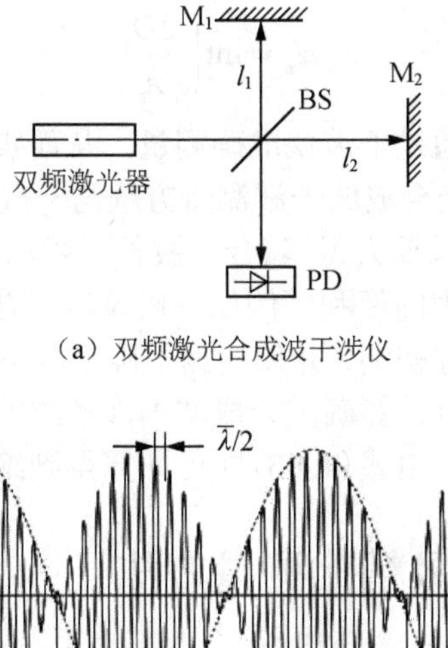

(a) 双频激光合成波干涉仪

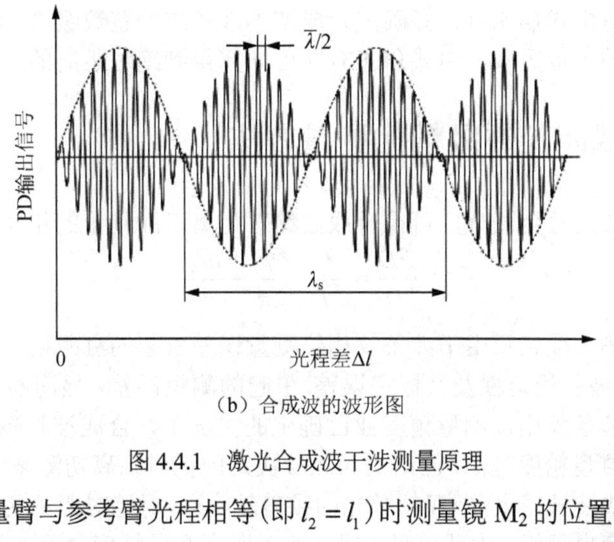

(b) 合成波的波形图

图 4.4.1　激光合成波干涉测量原理

若以干涉仪测量臂与参考臂光程相等(即$l_2 = l_1$)时测量镜 M_2 的位置作为参考，则测量镜 M_2 移动的距离 D 可以表示为

$$D = (N_s + \varepsilon_s)\frac{\lambda_s}{2} = \left(N_s + \frac{\varphi_s}{2\pi}\right)\frac{\lambda_s}{2} \tag{4.4.3}$$

式中，N_s 为合成波干涉条纹的整数级次；$\varepsilon_s = \varphi_s/(2\pi)$ 为合成波干涉条纹的小数级次，φ_s 为合成波干涉条纹的相位。设被测绝对距离 D 的初测值及其测量不确定度分别为 D_e 和 δD_e，即 $D = D_e \pm \delta D_e$，因合成波干涉条纹的小数级次 ε_s 是某一确定值，由式(4.4.3)可得

$$D_e + \delta D_e = (N_s^+ + \varepsilon_s)\frac{\lambda_s}{2} \tag{4.4.4a}$$

$$D_e - \delta D_e = (N_s^- + \varepsilon_s)\frac{\lambda_s}{2} \tag{4.4.4b}$$

式中，N_s^+ 和 N_s^- 为合成波干涉条纹的整数级次。式(4.4.4a)减去式(4.4.4b)，可得

$$\delta D_e = (N_s^+ - N_s^-)\frac{\lambda_s}{4} \tag{4.4.5}$$

由式(4.4.5)可以看出，为了唯一地确定合成波干涉条纹的整数级次，必须满足 $(N_s^+ - N_s^-) < 1$ 这一条件，于是由式(4.4.5)可得

$$\delta D_e < \frac{\lambda_s}{4} \tag{4.4.6}$$

式(4.4.6)称为绝对距离初测条件，即绝对距离初测不确定度应小于合成波长的四分之一。这时，合成波干涉条纹的整数级次可唯一地确定为

$$N_s = \mathrm{int}\left(\frac{2D_e}{\lambda_s}\right) \tag{4.4.7}$$

合成波干涉条纹的小数级次则通过干涉仪准确测量，从而实现绝对距离测量。

由式(4.4.3)可以看出，激光合成波干涉测量方程与一般激光干涉测量方程基本相同，不同的是合成波长 λ_s 比激光单波长要大得多(合成波长一般在 10mm 至几百毫米之间)，这给被测绝对距离的初测提供了极大的便利，例如，假设激光合成波长为 100mm，只要使用简易测量方法对被测绝对距离进行初测，并使初测不确定度小于 $\lambda_s/4$(即在 25mm 以内)，就可根据绝对距离初测值由式(4.4.7)计算确定合成波干涉条纹的整数级次，再通过干涉仪准确测量合成波干涉条纹的小数级次，由式(4.4.3)即可计算得到绝对距离的测量值。

4.4.2 多级合成波长逐级精化测量方法

对式(4.4.3)两边进行全微分，可得合成波绝对距离干涉测量的相对误差，即

$$\frac{\delta D}{D} = \frac{\lambda_s}{2D}\cdot\frac{\delta\varphi_s}{2\pi} + \frac{\delta\lambda_s}{\lambda_s} \tag{4.4.8}$$

式(4.4.8)右边第一项表示由干涉条纹相位测量误差引起的测距误差，第二项表示由合成波长误差(包括合成波长稳定性及其标定误差)引起的测距误差。显而易见，在合成波长相对稳定性与合成波干涉条纹相位测量精度业已确定的情况下，合成波长越小(即双频激光的频差越大)，绝对距离测量精度越高，但由式(4.4.6)决定的绝对距离初测条件(即初测精度要求)也越高；反之，合成波长越大(即双频激光的频差越小)，对绝对距离初测的精度要求越低，但绝对距离测量精度也越低。由此可见，提高绝对距离测量精度与降低绝对距离初测要求是相互矛盾的。

为了有效解决上述这对矛盾，可采用多级合成波长逐级精化测量方法，即由大频差可调谐双频激光器或飞秒激光频率梳等光源产生一系列大小不同的多级合成波长 $\lambda_{si}(i=1,2,3,\cdots)$，当绝对距离初测不确定度 $\delta D_e < \lambda_{si}/4$ 时，即可唯一地确定合成波长 λ_{si} 干涉条纹的整数级次 N_{si}，并通过干涉仪测量干涉条纹的小数级次 ε_{si}，从而得到合成波长 λ_{si} 绝对距离测量值 D_i 及其测量不确定度 δD_i；当满足初测条件 $\delta D_i < \lambda_{i-1}/4$ 时，即可从较长合成波长 λ_{si} 绝对距离测量过渡到较短合成波长 $\lambda_{s(i-1)}$ 绝对距离测量，即采用较长合成波长 λ_{si} 绝对距离干涉测量值 D_i 作为较短合成波长 $\lambda_{s(i-1)}$ 绝对距离干涉测量的初测值，以唯一确定较短合成波长 $\lambda_{s(i-1)}$ 干涉条纹的整数级次 $N_{s(i-1)}$，再通过干涉仪测量较短合成波长 $\lambda_{s(i-1)}$ 干涉条纹的小数级次 $\varepsilon_{s(i-1)}$，从而得到较短合成波长 $\lambda_{s(i-1)}$ 绝对距离干涉测量值 D_{i-1} 及其测量不确定度 δD_{i-1}；如此逐级精化测量绝对距离，一直过渡到最短合成波长 λ_{s1} 绝对距离干涉测量，即可实现高精度绝对距离干涉测量。

4.4.3　双频激光合成波绝对距离干涉测量系统

1. 双纵模 He-Ne 激光器合成波绝对距离干涉测量系统

由 2.4.4 节可知，632.8nm He-Ne 激光器的振荡线宽约为 1200MHz，当激光谐振腔光学长度 $L'=150\sim250$mm 时，其纵模频率间隔在 600～1000MHz 之间，此时谐振腔内只可能有两个相邻纵模同时存在，从而获得 632.8nm 正交线偏振双纵模激光同时振荡输出。采用等功率稳频技术，可将双纵模激光谐振频率稳定在 Ne 原子增益曲线中心频率两侧对称的两个频率处，保证双纵模激光的频差稳定。

双纵模 He-Ne 激光器合成波绝对距离外差干涉测量系统组成如图 4.4.2 所示，稳频 He-Ne 激光器输出 632.8nm 正交线偏振双纵模激光，其频差在 600～1000MHz 之间，由激光谐振腔长度决定。从 He-Ne 激光器尾部输出的正交线偏振双频激光经过 45° 偏振片 P_1 产生外差干涉，并由光探测器 APD_1 接收，其输出信号作为参考信号 U_r，可以表示为

$$U_r = A_r\cos\left[2\pi(\nu_1-\nu_2)t+\varphi_r\right] \tag{4.4.9}$$

式中，A_r 为参考信号的振幅；φ_r 为参考信号的相位；ν_1 和 ν_2 分别为双纵模激光频率。从 He-Ne 激光器输出的大部分正交线偏振双纵模激光经过偏振分光棱镜 PBS 分光后，频率分别为 ν_1 和 ν_2 的两束单频激光分别作为参考光束与测量光束，这两束单频激光分别经过角锥棱镜 CCP_1 和 CCP_2 反射后，再经过 PBS 合光，并通过一个 45° 偏振片 P_2 产生外差干涉，并由光探测器 APD_2 接收，其输出的电压信号作为测量信号 U_m，可以表示为

$$U_m = A_m\cos\left[2\pi(\nu_1-\nu_2)t+\varphi_m\right] \tag{4.4.10}$$

式中，A_m 为测量信号的振幅；φ_m 为测量信号的相位。测量信号与参考信号的相位差可以表示为

$$\varphi_s = \frac{2\pi}{\lambda_s}|l_2-l_1| \tag{4.4.11}$$

式中，$\lambda_s = c/|\nu_1-\nu_2| = c/\Delta\nu$ 为合成波长；l_1 和 l_2 分别为干涉仪参考臂和测量臂的光程长度。对这两路外差干涉信号进行比相处理，可得其相位差 φ_s，从而计算得到合成波干涉条纹的小数级次 $\varepsilon_s=\varphi_s/(2\pi)$。

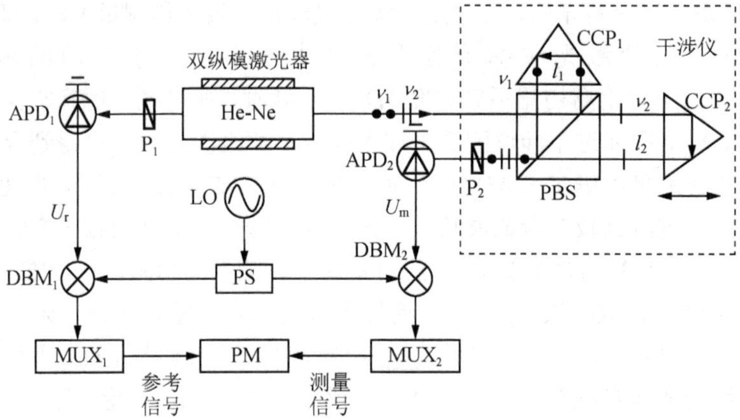

图 4.4.2　双纵模 He-Ne 激光器合成波绝对距离外差干涉测量系统

CCP：立方角锥棱镜；P：偏振片；APD：雪崩光二极管；DBM：双平衡混频器；LO：本地振荡器；PS：功率分割器；MUX：复用器；PM：相位计

由于双纵模 He-Ne 激光器的频差在 600～1000MHz 之间，其拍频信号的频率很高，直接处理这种高频信号很困难。为此，采用功率分割器 PS 将本地振荡器 LO 信号分为两路，分别与参考信号 U_r 和测量信号 U_m 通过两个双平衡混频器 DBM_1 和 DBM_2 进行混频，得到频率较低的参考信号和测量信号，然后通过相位计 PM 进行比相处理，这样在不损失精度的前提下，大大降低了电路处理难度。

可以看出，采用双纵模 He-Ne 激光器作光源，通过外差干涉仪测量合成波干涉条纹的小数级次，可以实现绝对距离测量。由于双纵模 He-Ne 激光器的频差在 600～1000MHz 范围内取值(由激光腔长决定)，所形成的合成波长很大(500～300mm)，由合成波干涉条纹相位测量误差引起的绝对距离测量误差也很大，导致绝对距离测量精度不高。

2. 双腔双频 Nd:YAG 激光器合成波绝对距离干涉测量系统

与双纵模 He-Ne 激光器相比，LD 泵浦双腔双频 Nd:YAG 激光器(TCDFL)可以输出最大频差约为 150GHz 的 1064nm 正交线偏振双频激光，最小合成波长约为 2mm，以这种大频差双频固体激光器作为绝对距离干涉测量系统的光源，可以显著提高绝对距离测量精度。

1)合成波长标定方法

在进行绝对距离测量之前，首先应对测量环境下空气中的合成波长这把“尺子”进行准确标定。式(4.4.2)表示真空中的合成波长，当考虑测量环境的空气折射率这一影响因素时，在忽略色散效应(即折射率随光波波长或频率而变化)的情况下，由式(4.4.2)可以得到空气中的合成波长表达式，即

$$\lambda_{sa} = \frac{c}{n \cdot \Delta\nu} = \frac{\lambda_s}{n} \tag{4.4.12}$$

式中，n 为空气折射率；$\Delta\nu$ 为双频激光的频差。在考虑空气折射率 n 的影响时，绝对距离干涉测量方程式(4.4.3)可以修改为

$$D = (N_s + \varepsilon_s)\frac{\lambda_s}{2n} = \left(N_s + \frac{\varphi_s}{2\pi}\right)\frac{\lambda_s}{2n} \tag{4.4.13a}$$

或者

$$D=(N_s+\varepsilon_s)\frac{\lambda_{sa}}{2}=\left(N_s+\frac{\varphi_s}{2\pi}\right)\frac{\lambda_{sa}}{2} \tag{4.4.13b}$$

通过对测量环境的空气的温度、湿度和气压等参数进行准确测量，并由 Edlen 公式可得到空气折射率的修正值，再根据双频激光的频差测量值，由式(4.4.12)即可计算确定空气中的合成波长，其精度取决于空气折射率的修正精度和双频激光频差的测量精度。

由式(4.4.13b)可知，如果绝对距离 D 是一已知的高精度标定长度 L_c，即干涉仪的测量镜或参考镜连续移动长度 L_c，将会引起合成波干涉条纹周期性地变化，其变化周期数即为合成波干涉条纹的整数级次 N_s，再通过对干涉信号进行比相处理，可以得到合成波干涉条纹的相位 φ_s 及小数级次 ε_s，从而确定空气中的合成波长，即

$$\lambda_{sa}=\frac{2L_c}{N_s+\varepsilon_s}=\frac{2L_c}{N_s+\dfrac{\varphi_s}{2\pi}} \tag{4.4.14}$$

由此可见，这种合成波长标定方法是合成波绝对距离干涉测量方法的逆向应用，无须准确测量空气的折射率和双频激光的频差，其标定精度取决于合成波干涉条纹的相位测量精度和标定长度的测量精度。

2) TCDFL 合成波长标定与绝对距离测量外差干涉仪

TCDFL 合成波长标定与绝对距离测量外差干涉仪系统组成如图 4.4.3 所示，该系统包括三部分：第Ⅰ部分是 QD-PDH 稳频的 1064nm 正交线偏振 TCDFL 光源(参见 3.4.4、3.4.5 节)，第Ⅱ部分是基于马赫-曾德尔干涉仪结构的合成波长标定与绝对距离测量外差干涉仪主体，第Ⅲ部分是外差干涉信号处理单元。

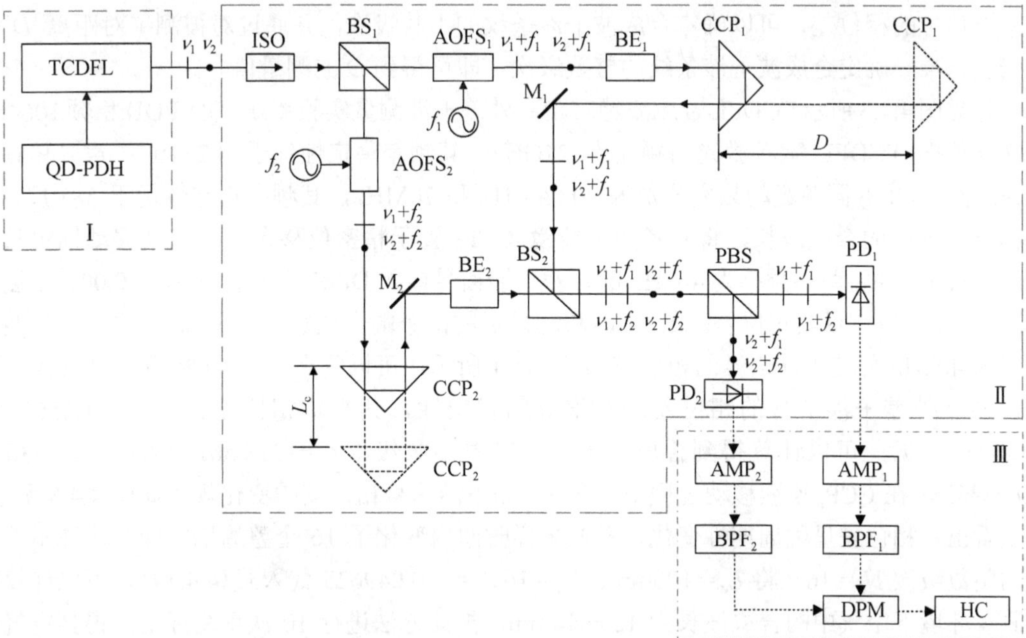

图 4.4.3 TCDFL 合成波长标定与绝对距离测量外差干涉仪系统组成

TCDFL：双腔双频 Nd:YAG 激光器；QD-PDH：正交解调 Pound-Drever-Hall 稳频；ISO：光隔离器；BS：分光镜；AOFS：声光移频器；BE：扩束器；CCP：立方角锥棱镜；M：反射镜；PBS：偏振分光棱镜；PD：光探测器；AMP：放大器；BPF：带通滤波器；DPM：数字相位计；HC：上位机

经QD-PDH稳频的TCDFL输出一束频率分别为ν_1和ν_2的1064nm正交线偏振双频激光，通过光隔离器ISO后入射到分光镜BS_1被均分成两束，其中一束透过BS_1作为测量光束，另一束被BS_1反射作为参考光束。测量光束通过驱动频率为f_1的声光移频器$AOFS_1$后，产生频率分别为ν_1+f_1和ν_2+f_1的p偏振和s偏振双频激光，参考光束通过驱动频率为f_2的声光移频器$AOFS_2$后，产生频率分别为ν_1+f_2和ν_2+f_2的p偏振和s偏振双频激光，并且声光移频器$AOFS_1$和$AOFS_2$的驱动信号是两路同源输出信号，保证驱动频率f_1和f_2及其频差$\Delta f=|f_1-f_2|$的稳定性。经移频后的测量光束通过扩束器BE_1后入射到测量角锥棱镜CCP_1上，由CCP_1反射后再通过反射镜M_1将双频激光反射到分光镜BS_2上；经移频后的参考光束先后由参考角锥棱镜CCP_2和反射镜M_2反射，再经扩束器BE_2后入射到分光镜BS_2上。测量光束与参考光束在BS_2处汇合后，输出一束同轴传输的频率分别为ν_1+f_1和ν_1+f_2的p偏振双频激光及频率分别为ν_2+f_1和ν_2+f_2的s偏振双频激光，该四频激光束被PBS分为两束双频激光，其中频率分别为ν_1+f_1和ν_1+f_2的p偏振双频激光进入光探测器PD_1中产生外差干涉，频率分别为ν_2+f_1和ν_2+f_2的s偏振双频激光进入光探测器PD_2中产生外差干涉，从而获得两路频率均为$\Delta f=|f_1-f_2|$的外差干涉信号，这两路同频外差干涉信号分别通过放大器AMP_1、AMP_2放大后，再由带通滤波器BPF_1、BPF_2滤波后，送入数字相位计DPM进行比相，得到两路外差干涉信号的相位差；通过上位机HC控制并采集参考角锥棱镜CCP_2在移动标定长度L_c之前、之后及移动过程中两路外差干涉信号的相位差，可以确定合成波干涉条纹的小数级次和整数级次，从而得到测量环境下空气中的合成波长标定值；在此基础上，再通过HC控制并采集测量角锥棱镜CCP_1分别处于被测绝对距离D两端位置时两路外差干涉信号的相位差，可以确定合成波干涉条纹的小数级次，并通过对被测绝对距离D进行初测以唯一确定合成波干涉条纹的整数级次，即可得到D的测量值。

建立图4.4.3所示TCDFL合成波绝对距离外差干涉测量实验系统，QD-PDH稳频1064nm正交线偏振TCDFL双频激光的频差为24GHz，其频差稳定性优于4.2×10^{-7}；声光移频器$AOFS_1$和$AOFS_2$同源驱动频率分别为70.04MHz和70MHz，其频率稳定性优于5×10^{-9}。为了标定空气中的合成波长，将参考角锥棱镜CCP_2置于精密位移台上，使其移动标定长度$L_c=100$mm，并将两路频率为40kHz的外差干涉信号接入DPM（测相分辨率为0.001°、测相精度为0.1°）以测量其相位差。在CCP_2移动前后的两个端点位置处，10s时间内采集的两路频率为40kHz外差干涉信号的相位差如图4.4.4所示，可以看出，在CCP_2起点和终点位置处，两路外差干涉信号的相位差均有很好的稳定性，其平均相位差分别为218.561°和200.696°，据此可以计算得到合成波干涉条纹的小数级次$\varepsilon_s=(218.561°-200.696°)/360°=0.049625$；在$CCP_2$连续移动过程中，两路外差干涉信号相位差的变化规律如图4.4.5所示，可以看出，相位差呈现周期性变化，并在采样时间内变化了16个整周期，即合成波干涉条纹的整数级次$N_s=16$。将$L_c=100$mm、$N_s=16$、$\varepsilon_s=0.049625$代入式(4.4.14)，可以计算得到测量环境下空气中的合成波长为12.4614mm。按此方法进行10次重复标定，得到空气中的合成波长平均值为12.4614mm，合成波长标定的标准偏差为0.13μm。

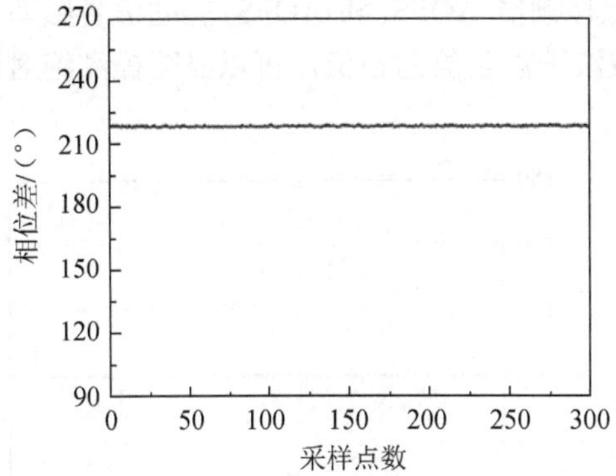

（a）起点位置

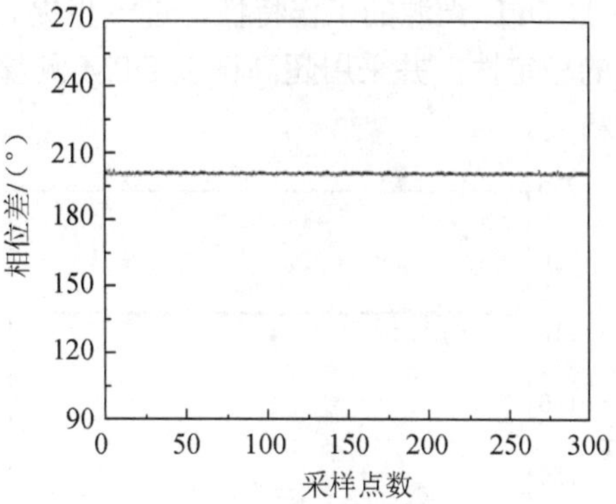

（b）终点位置

图 4.4.4　参考镜在标定长度两端位置处两路外差干涉信号的相位差

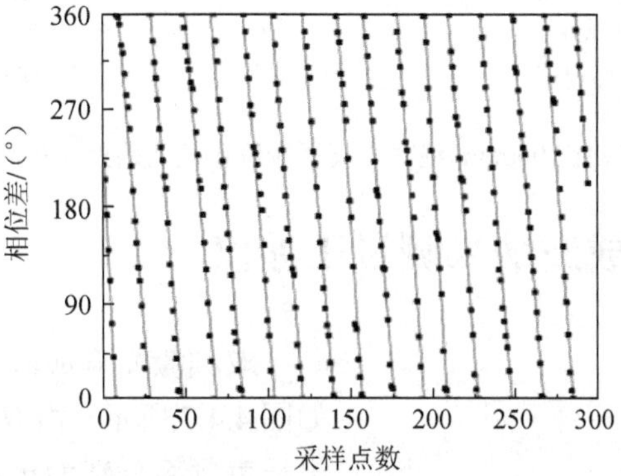

图 4.4.5　参考镜在移动过程中两路外差干涉信号相位差的变化规律

为了实现绝对距离测量并评价其重复测量精度，将测量镜 CCP_1 置于重复定位精度为 3μm、最大位移范围为 900mm 的电控位移台上。已知空气中的合成波长标定值 $\lambda_{sa}=12.4614$mm，由绝对距离初测条件可知，绝对距离初测不确定度应小于合成波长的四分之一(即 3.11535mm)，因此采用该电控位移台可以满足绝对距离初测要求。

保持参考镜 CCP_2 位置固定不动，通过电控位移台使测量镜 CCP_1 移动 900mm 距离，即被测绝对距离的初测值 $D_e=900$mm，相应合成波干涉条纹的整数级次 $N_s=144$。测量镜 CCP_1 在移动 900mm 距离的两端位置处，10s 时间内两路 40kHz 外差干涉信号的相位差如图 4.4.6 所示，测量镜 CCP_1 在起点和终点位置处的平均相位差分别为 218.755° 和 93.684°，相应合成波干涉条纹的小数级次 $\varepsilon_s=(218.755°-93.684°)/360°=0.347419$，由式(4.4.13b)计算可得，900mm 被测绝对距离的测量值为 899.3855mm。对 900mm 被测绝对距离进行 10 次重复测量，可得其测量平均值及标准偏差分别为 899.3851mm 和 1.36μm。

对于前面介绍的 QD-PDH 稳频 TCDFL 合成波长标定与绝对距离测量外差干涉仪系统，其合成波长标定精度与直线位移台的定位精度直接相关，采用精度更高的直线位移台可以进一步提高合成波长的标定精度。值得指出的是，合成波长标定偏差是一个定值系统误差，可以通过对绝对距离测量结果进行校准而予以修正。绝对距离测量精度主要受 TCDFL 频差的大小及其稳定性、合成波干涉条纹相位测量精度等因素的影响，通过优化 QD-PDH 稳频系统和 TCDFL 光源的工作特性，进一步提高声光移频器 $AOFS_1$ 和 $AOFS_2$ 驱动信号频率及其频差的稳定性，并采用超高精度 DPM 测量合成波干涉条纹的相位，可以显著提高绝对距离测量精度。

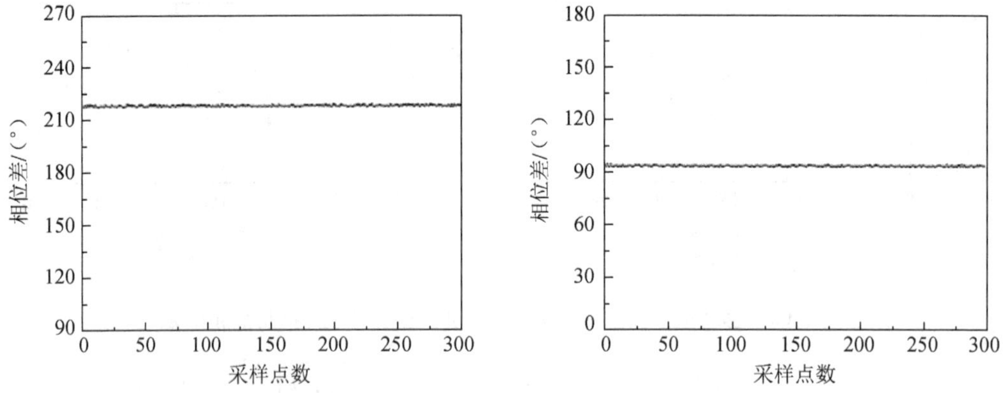

（a）起点位置　　（b）终点位置

图 4.4.6　测量镜在 900mm 绝对距离两端位置处两路外差干涉信号的相位差

4.4.4　双频激光合成波纳米测量干涉仪

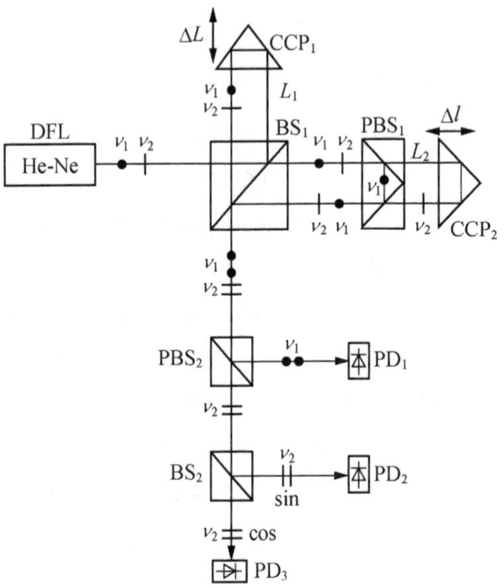

图 4.4.7　双频激光合成波纳米测量干涉仪

DFL：双频激光器；BS：分光镜；PBS：偏振分光棱镜；CCP：立方角锥棱镜；PD：光探测器

双频激光合成波纳米测量干涉仪系统组成如图 4.4.7 所示。由双频 He-Ne 激光器(DFL)输出一束频率分别为 ν_1 和 ν_2 的正交线偏振双频激光，频率为 ν_1 的线偏振光经分光镜 BS_1 分成两路，并分别由偏振分光棱镜 PBS_1 和参考角锥棱镜 CCP_1 反射后再次汇合，经偏振分光棱镜 PBS_2 反射并形成干涉，由光探测器 PD_1 接收其干涉信号；同样地，频率为 ν_2 的线偏振光也由分光镜 BS_1 分成两路，其中一路透过偏振分光棱镜 PBS_1 射向测量角锥棱镜 CCP_2 后返回，另一路射向参考角锥棱镜 CCP_1 后返回，这两束返回光束再次汇合，透过偏振分光棱镜 PBS_2 并形成干涉，再经分光镜 BS_2 分成相位相差 90° 的两路信号，并分别由光探测器 PD_2 和 PD_3 接收频率为 ν_2 的正弦和余弦干涉信号。在该干涉仪系统中，实际上同时存在两个共光路干涉仪：一是由 CCP_1、BS_1 和 PBS_1 组成的单频激光(频率 ν_1)干涉仪，称为参考干涉仪；二是由 CCP_1、BS_1 和 CCP_2 组成的单频激光(频率 ν_2)干涉仪，称为测量干涉仪。

频率为ν_1的线偏振光(其波长为λ_1)只在参考干涉仪中产生干涉，并在光探测器 PD_1 上接收其干涉信号，干涉信号的相位可以表示为

$$\varphi_1 = 2\pi \frac{L_1}{\lambda_1} \tag{4.4.15}$$

式中，L_1是参考干涉仪中两光臂的光程差。

同样地，频率为ν_2的线偏振光(其波长为λ_2)只在测量干涉仪中产生干涉，并在光探测器 PD_2 上接收其干涉信号，干涉信号的相位可以表示为

$$\varphi_2 = 2\pi\left(\frac{L_1}{\lambda_2} + \frac{L_2}{\lambda_2}\right) \tag{4.4.16}$$

式中，L_2是 PBS_1 与 CCP_2 之间的光程长度。若$\Delta\varphi = \varphi_1 - \varphi_2$，则有

$$\Delta\varphi = 2\pi\left(\frac{L_1}{\lambda_s} - \frac{L_2}{\lambda_2}\right) \tag{4.4.17}$$

式中，$\lambda_s = \lambda_1\lambda_2/|\lambda_1 - \lambda_2| = c/|\nu_1 - \nu_2|$是合成波长。

当测量镜 CCP_2 有微小的位移，引入的光程变化为Δl(纳米量级)时，两路干涉信号的相位差变为

$$\Delta\varphi' = 2\pi\left(\frac{L_1}{\lambda_s} - \frac{L_2 + \Delta l}{\lambda_2}\right) \tag{4.4.18}$$

为了得到测量镜的位移Δl，可将参考镜 CCP_1 移动ΔL，使$\Delta\varphi'$重新回到$\Delta\varphi$(例如，使$\Delta\varphi' = \Delta\varphi \equiv 0$)，即使得 $L_1 \to L_1 + \Delta L$，则$\Delta\varphi' \to \Delta\varphi$。由式(4.4.17)和式(4.4.18)可得

$$\Delta l = \frac{\lambda_2}{\lambda_s} \cdot \Delta L \tag{4.4.19}$$

式(4.4.19)表明：利用合成波长对干涉条纹进行细分，通过测量参考镜毫米量级的位移ΔL，可以获得测量镜纳米量级的被测位移Δl。

因此，采用这种测量方法，测量镜总位移的测量结果可以表示为

$$L_m = L_N + \Delta l \tag{4.4.20}$$

式中，$L_N = N \cdot \lambda_2 / 2$是由光探测器 PD_2 和 PD_3 实现干涉条纹的整数计数而获得的，不足整数干涉条纹的位移Δl 利用式(4.4.19)所示的合成波长干涉条纹细分来获得，因此该方法能同时实现大范围、高灵敏度与高精度位移测量。

4.5　激光调频波干涉测量

由 4.1.1 节可知，如果两束相干光沿同一方向(z 轴方向)传播，由式(4.1.2)和式(4.1.3)可以得到两束光干涉的一般方程，即

$$I(z,t) = I_0\left\{1 + \cos\left[(\omega_2 - \omega_1)t - (k_2 - k_1)z + (\varphi_{02} - \varphi_{01})\right]\right\} \tag{4.5.1}$$

式中，ω_2 和 ω_1 分别是两束光的角频率；k_2 和 k_1 分别是两束光的波数；φ_{02} 和 φ_{01} 分别是两束光的初始相位。如果考虑条纹对比度，式(4.5.1)可以进一步修正为如下形式：

$$I(z,t)=I_0\left\{1+K\cos\left[\left(\omega_2-\omega_1\right)t-\left(k_2-k_1\right)z+\left(\varphi_{02}-\varphi_{01}\right)\right]\right\} \tag{4.5.2}$$

式中，K 为干涉条纹的对比度。

由式(4.5.2)可知，如果两束光的角频率相等，即 $\omega_1=\omega_2$，得到的就是单频激光干涉情况；如果两束光的角频率不相等，即 $\omega_1\neq\omega_2$，但两束光各自的频率不变，得到的就是 4.3 节中的激光外差干涉的情况。实际上，4.4 节介绍的合成波干涉测量也是激光外差干涉仪的一种特殊应用。如果两束光的角频率不相等，即 $\omega_1\neq\omega_2$，且两束光各自的频率按一定的规律变化，即 ω_2、ω_1 被特定的函数所调制，则有下面要介绍的调频连续波干涉。

4.5.1 调频连续波干涉

调频连续波(frequency-modulated continuous-wave, FMCW)，就是频率被连续调制的光波。虽然 FMCW 的频率不再是一个常数，但其电场仍可以由振幅和相位来描述，所不同的是其相位是时间的非线性函数。定义相位对时间的一阶导数为光波的角频率，即

$$\omega(t)=\frac{\mathrm{d}\varphi(t)}{\mathrm{d}t} \tag{4.5.3}$$

相位 $\varphi(t)$ 可以写为

$$\varphi(t)=\int_0^t\omega(t)\mathrm{d}t+\varphi_0 \tag{4.5.4}$$

式中，φ_0 为光波的初始相位。光波的初始电场可以表示为

$$E(t)=E_0\exp[\mathrm{j}\varphi(t)] \tag{4.5.5}$$

式中，E_0 为光波的振幅。

一般情况下，调制光波的频率远小于光波的频率，即 $\Delta\omega\ll\omega$，光在介质中传播的色散可以忽略不计，在空间任意观察点处的 FMCW 可以表示为

$$E(l,t)=E_0\exp\left[\mathrm{j}\varphi\left(t-\frac{l}{\upsilon}\right)\right] \tag{4.5.6}$$

式中，l 为光波从光源到观察点之间的传播距离；υ 为光波在传播介质中的速度。式(4.5.6)可以进一步表示为如下形式：

$$E(\tau,t)=E_0\exp[\mathrm{j}\varphi(t-\tau)] \tag{4.5.7}$$

式中，τ 为光波从光源到观察点之间的传播时间，即

$$\tau=\frac{l}{\upsilon}=\frac{nl}{c} \tag{4.5.8}$$

式中，n 为传播介质的折射率；c 为光在真空中的传播速度。

FMCW 在时域和空域的电场变化规律如图 4.5.1 所示。显然，无论在时域还是空域，每一个波的周期都是不同的，即不存在一个固定相同的频率或间隔。

如果两列 FMCW 平面波 $E_1(\tau_1,t)$ 和 $E_2(\tau_2,t)$ 产生干涉，其干涉场的强度仍可表示为

$$I(\tau_1,\tau_2,t)=\left|E_1(\tau_1,t)+E_2(\tau_2,t)\right|^2=E_{01}^2+E_{02}^2+2E_{01}E_{02}\cos[\varphi(t-\tau_1)-\varphi(t-\tau_2)] \tag{4.5.9}$$

如果将时间坐标原点移动 τ_1 到 E_1 观察点处，由于 $\varphi(t-\tau_1)-\varphi(t-\tau_2)=\varphi(t-\tau_1)-\varphi\left[\left(t-\tau_1\right)-\left(\tau_2-\tau_1\right)\right]$，式(4.5.9)可进一步表示为

$$I(\tau_1,\tau_2,t)=E_{01}^2+E_{02}^2+2E_{01}E_{02}\cos\left[\varphi(t)-\varphi(t-\tau)\right] \tag{4.5.10}$$

式中，$\tau=\tau_2-\tau_1$ 为第二列光波(信号光波或测量光波)相对于第一列光波(参考光波)的延时间隔。

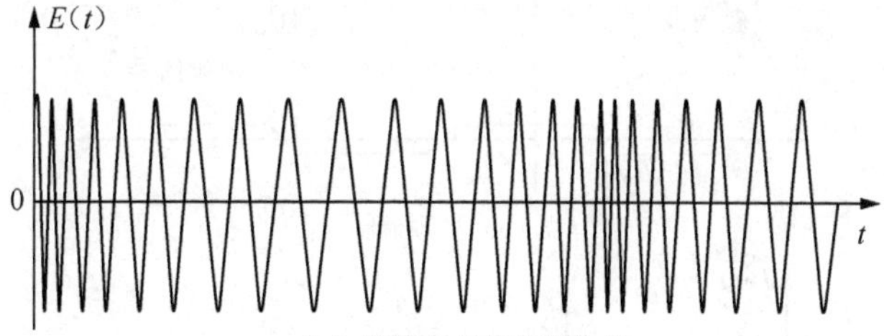

(a) 某固定点的电场分布

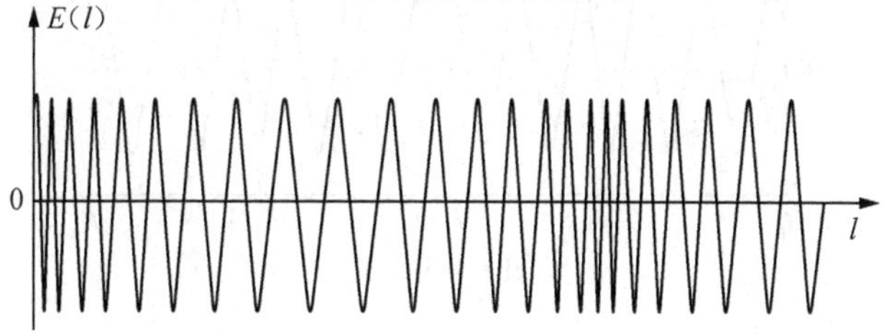

(b) 某一时刻的电场分布

图 4.5.1 FMCW 在时域和空域的电场变化规律

FMCW 干涉和外差干涉的相同点是干涉场的光强分布与时间和空间坐标有关，不同点是 FMCW 的拍波信号是复杂的周期函数，且拍波信号的频率与两束光的光程差和延时间隔 τ 均有关，而外差干涉的拍波信号是单一频率的正弦函数。

用于调制 FMCW 的信号多种多样，但必须是周期性的及容易实现的。通常用来调制 FMCW 的波形主要包括锯齿波、三角波和正弦波。由于半导体激光器容易调制，通常应用于这种调制方法的激光器主要是半导体激光器。

4.5.2 半导体激光器线性调频连续波绝对距离干涉测量

线性调频连续波绝对距离干涉测量通常以单纵模半导体激光器 LD 作为光源，由于 LD 体积小、寿命长、价格低，而且具有很好的线性调频特性，调制方式简便，因而这一测量技术更适合在工业现场中应用。

根据 LD 的直流调频特性，低调制频率区域(0～10MHz)光频移来自调制电流的热效应，调制电流的热效应造成谐振腔的热膨胀以及折射率变化，从而使光频受到调制。如果在 LD 的偏置电流上加小幅度的低频锯齿波调制电流，出射光的频率及光强将随调制电流的大小成线性变化关系。LD 线性调频连续波输出信号如图 4.5.2 所示，其中图 4.5.2(a)中的实线表示参考波的瞬时光频随时间呈三角波变化规律(频率调制幅度为 $\Delta\nu$)，上部虚线表示参考波经延时 τ 之后的光波(即信号波)频率随时间呈三角波变化规律，下部虚线表示参考光波与信号光波之间的拍频变化规律；参考光波与信号光波的干涉光强变化规律如图 4.5.2(b)所示。

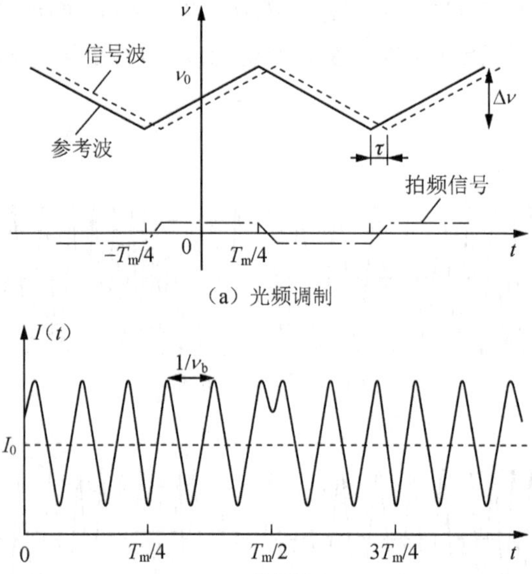

（a）光频调制

（b）拍频波形

图 4.5.2　LD 线性调频连续波输出信号

LD 线性调频连续波绝对距离干涉测量系统的基本结构为臂长差(光程差)不为零的迈克耳孙干涉仪，如图 4.5.3 所示。LD 线性调频输出 $\nu(t)=\nu_0\pm\beta t$，其中 ν_0 为调频激光中心频率，β为激光频率调制系数。该线性调频光波镜准直透镜 CL 准直后进入干涉仪，被分光镜 BS 分为反射光和透射光，二者分别由参考镜 CCP_1 和测量镜 CCP_2 返回至 BS 进行叠加，产生如图 4.5.2(b)所示的交变干涉信号，并由光探测器 PD 接收。

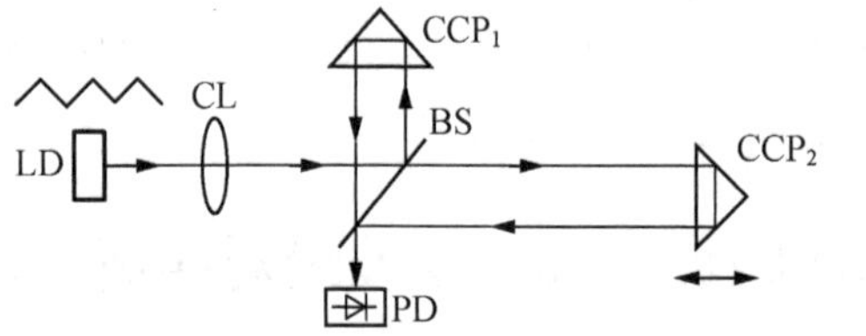

图 4.5.3　测量系统基本结构

LD：半导体激光器；CL：准直透镜；BS：分光镜；CCP：立方角锥棱镜；PD：光探测器

从参考镜 CCP_1 返回的参考光波与由测量镜 CCP_2 返回的测量光波叠加发生干涉，参考光波可以表示为

$$E_r = A_r \exp\left\{-j[2\pi(\nu_0 \pm \beta t)t + \int_0^{\tau_1} 2\pi(\nu_0 \pm \beta t)dt]\right\} \tag{4.5.11}$$

相应地，测量光波可以表示为

$$E_m = A_m \exp\left(-j\left\{2\pi\left[\nu_0 \pm \beta(t-\tau)\right]t + \int_0^{\tau_1+\tau} 2\pi(\nu_0 \pm \beta t)dt\right\}\right) \tag{4.5.12}$$

式中，A_r 和 A_m 分别为参考光波和测量光波的振幅；τ_1 为参考光波相位延迟时间；$\tau=2z/c$ 为测量光波比参考光波多(或少)延迟的时间，其中 z 为被测距离，c 为光速。

干涉信号光强可以近似表达为 $I \propto \cos(2\pi\beta\tau t \pm 2\pi\nu_0\tau)$，其中“+”对应于三角波调制信号的上升沿范围，“-”对应于三角波调制信号的下降沿范围。参考光波和测量光波的拍频可以表示为 $\nu_b = \beta\tau = 2\Delta\nu/T_m \cdot 2z/c$，其中 T_m 为半导体激光器注入电流的调制周期。通过测量干涉信号的拍频，即可得到被测距离 $z = c\nu_b T_m/(4\Delta\nu)$。

4.5.3 半导体激光器正弦调频连续波纳米测量干涉仪

除了对 LD 进行线性调频外，还可以采用正弦波调频技术。如图 4.5.4 所示，信号发生器 SG 产生一正弦电流信号作为 LD 的注入电流信号，使 LD 产生正弦调频连续波输出，其频率可以表示为

$$\nu(t) = \nu_0 + \Delta\nu\cos(2\pi f_m t + \varphi) \tag{4.5.13}$$

式中，ν_0 为 LD 的中心频率；$\Delta\nu$ 为 LD 频率调制幅度；f_m 电流调制频率；φ 为调制初始相位。经正弦调频的 LD 光波通过准直透镜 OL_1 和光隔离器 ISO 后被分光镜 BS_1 分为两束，其中一束光作为参考光，另一束光经驱动频率为 f_H 的声光调制器 AOM 移频后作为测量光进入测量臂。经被测物体 OBJ 反射的测量光与参考光汇合后产生干涉，并由光探测器 PD 接收其干涉信号，干涉光强可以表示为

$$I(z_{ref}, z_{obj}, t) = \left|E_{obj}(z_{obj}, t) + E_{ref}(z_{ref}, t)\right|^2 \tag{4.5.14}$$

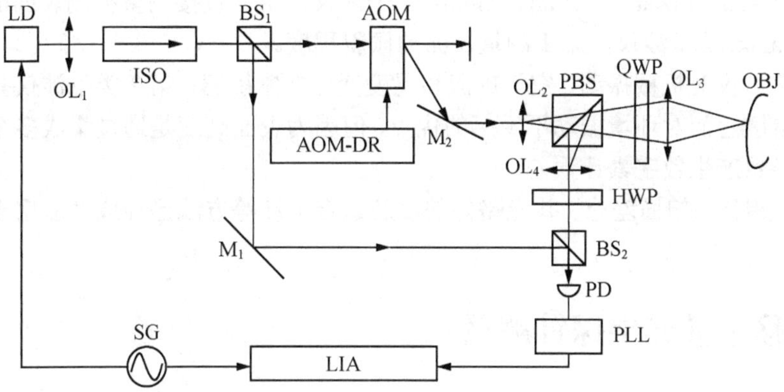

图 4.5.4 半导体激光器正弦调频干涉仪

LD：半导体激光器；OL：透镜；ISO：光隔离器；BS：分光镜；M：反射镜；AOM：声光调制器；AOM-DR：声光调制驱动器；PBS：偏振分光棱镜；QWP：四分之一波片；OBJ：被测物体；PD：光探测器；PLL：锁相环；LIA：锁相放大器；SG：信号发生器

如果 $2\pi f_m\tau \ll 1$（τ为参考臂与测量臂之间的时间延迟），即合成波长的频率（拍频 ω_b）远远小于 LD 的调频幅度 $\Delta\nu$，并令 $\Delta z = z_{ref} - z_{obj}$，则这时 PD 接收到的干涉信号可近似为

$$\begin{aligned} u(\Delta z, t) &= 2\alpha\beta I_0(t)\cos\left[2\pi f_H t + \frac{2\pi\Delta z}{\lambda_0} + \left(\frac{2\pi}{c}\right)\cdot\Delta\nu\Delta z\cos(\omega_m t + \varphi)\right] \\ &= U_0(t)\cos(2\pi f_H t + \varphi_1 + \varphi_2) \end{aligned} \tag{4.5.15}$$

式中，$U_0(t) = 2\alpha\beta I_0(t)$，其中$\alpha$、$\beta$为分光比；$\varphi_1 = 2\pi\Delta z/\lambda_0$；$\varphi_2 = (2\pi/c)\cdot\Delta\nu\Delta z\cos(\omega_m t + \varphi)$。显然，式(4.5.15)是一个相位调制信号，对该信号进行解调，得到的信号 $U_0(t)$ 正比于 $\partial\varphi_2/\partial t$，再与 SG 产生的 LD 调制信号进行锁相放大，得到与光程差 Δz 成正比的测量信号，进而实现对被测物体的精密测量。

4.6 激光干涉光学探针测量

近年来，物体表面微观形貌测量技术发展极其迅速，并在工业和科学研究等领域得到广泛的应用。物体表面的微观形貌特征不仅影响接触表面的机械及物理特性(如物体表面的磨损、摩擦、润滑、疲劳、焊接等)，还影响非接触元件的光学及镀膜特性(如反射等)。另外，生物器官、组织、细胞、地质化石、金相和非金相物质的微观表面形貌测量与分析也同样具有极其重要的意义。

物体表面微观形貌测量可以追溯到四百多年前第一台显微镜发明时期，通过显微镜可以观察到表面形貌特征，但无法得到表面的高度信息。将显微成像技术与光学干涉技术结合起来即构成光学干涉探针，成为自 20 世纪 80 年代以来的一种新型三维表面形貌测量技术，其纵向分辨率能达到纳米或亚纳米量级。

几乎所有的商业化三维微观表面形貌干涉测量仪都由一个干涉仪、一个显微镜和一台计算机组成，Michelson、Fizeau、Mirau、Linnik 以及 Nomarski 等干涉仪都可以用来建立三维微观表面形貌测量仪。根据形貌形成机理，这些干涉仪可以分为以下两大类。

(1) Michelson、Fizeau、Mirau、Linnik 等干涉仪，用于直接测量被测表面的高度。

(2) Nomarski 等干涉仪，用于测量表面的倾斜程度。

第 1 类干涉仪对机械振动、空气旋流和温度变化非常敏感；第 2 类干涉仪具有对表面高度的变化非常敏感而对环境振动不敏感的优点，但因为表面高度是通过集成多个斜面而获得的，因此会导致产生数字累计误差。

近年来，相移、扫描差分、共光路外差以及组合干涉等方法已经成功应用于微观表面形貌干涉测量。

4.6.1 相移干涉光学探针测量

采用相移干涉测量表面形貌的基本原理是：表面高度由从被测表面和参考表面反射回来的波前干涉图的对应点 (x, y) 的相位差决定。当从干涉场中获得相位 $\varphi(x, y)$ 时，对应点的高度就可以由如下方程得到：

$$h(x, y) = \frac{\lambda}{4\pi}\varphi(x, y) \tag{4.6.1}$$

显然，相移干涉技术的关键是决定相位 $\varphi(x, y)$，可以通过 3 或 4 幅干涉图样得到，每一幅干涉图都与被测表面或参考表面沿轴向的微小移动有关。这种情况下，每幅干涉图在位置 (x, y) 的强度是初始相位 $\varphi(x, y)$ 和相移 α_i $(i = 1, 2, \cdots, n)$ 的函数，即

$$I_i(x, y) = A + B\cos[\varphi(x, y) + \alpha_i] \tag{4.6.2}$$

其中，$B\cos[\varphi(x, y) + \alpha_i]$ 代表了相干项，如果相移 α_i 以 $i(2\pi/n)$ 的增量增加，那么可以得到如下关系：

$$\tan\varphi(x,y)=-\frac{\sum_{i=1}^{n}I_i(x,y)\sin\frac{2\pi(i-1)}{n}}{\sum_{i=1}^{n}I_i(x,y)\cos\frac{2\pi(i-1)}{n}} \tag{4.6.3}$$

为了实现相移，需要用一个驱动元件移动参考平面或被测表面。图 4.6.1 是这类干涉系统的一个原理图，干涉仪位于仪器的底部，参考平面固定在压电陶瓷管 PZT 上，通过来自计算机的 D/A 转换的电压驱动 PZT 实现移相，PZT 产生力使参考平面移动一个位移，从而得到一个相移。为了减小移相时产生的振动影响，采用整体移动参考平面的方式。相位 α_i 被调制成 $\alpha(t)$，它按照某一恒定速率变化。干涉仪上方的光学显微物镜放大了干涉仪产生的干涉图样，放大后的干涉图样由面型传感器探测。当采集到 3 幅或更多的干涉图时，可以通过计算机计算得到表面三维图样。

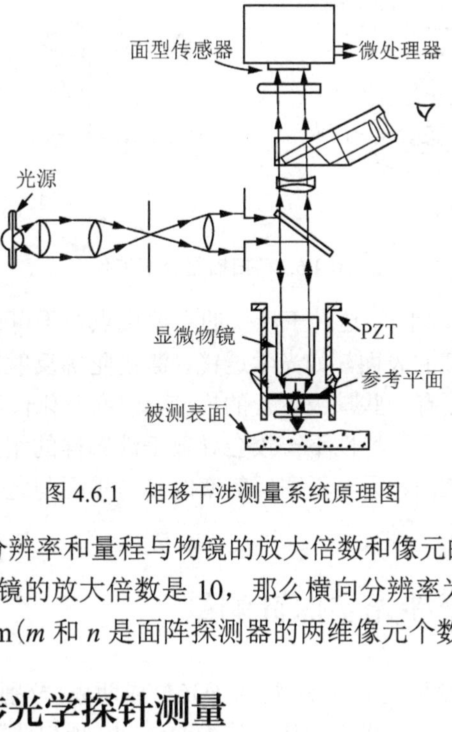

图 4.6.1 相移干涉测量系统原理图

相移型干涉仪的横向分辨率和量程与物镜的放大倍数和像元的空间距离有关。一般像元空间距离为 25μm，如果物镜的放大倍数是 10，那么横向分辨率为 2.5μm，被测表面的尺寸为 2.5(m−1)μm×2.5(n−1)μm(m 和 n 是面阵探测器的两维像元个数)。

4.6.2 扫描差分干涉光学探针测量

差分干涉仪通常用于表面形貌的质量评定。用差分干涉仪可以很容易地看到划伤、尘粒、指纹、细微结构以及具有中等到高等反射率表面的机械痕迹。

扫描差分干涉仪是基于聚焦在被测表面的相邻两束光的相位差与表面的高度差有关这一事实，而且相位差与高度差成正比，其原理如图 4.6.2 所示。该系统包括两部分：一部分是照明和相位探测，这部分位于图 4.6.2(a)的左半部分，主要包括激光器、消偏振分光镜、偏振分光镜和两个探测器；另一部分是干涉仪，位于图 4.6.2(a)的右半部分，置于调节架上，这部分主要元件包括：Nomarski 棱镜或可调渥拉斯顿棱镜、物镜和处于五角棱镜状态的两个反射镜，其中 Nomarski 棱镜由两个形状相似的双折射晶体楔形块组成。准直激光束经过反射镜反射到 Nomarski 棱镜上，该棱镜把入射光分成两束偏振态相互垂直的两束光(即 o 光和 e 光），如图 4.6.2(b)所示。这两束偏振光被聚焦在被测表面上，焦斑直径为 1～1.6μm，两焦斑分开的距离约为焦斑直径的四分之一。从被测表面反射回来的两束光在 Nomarski 棱镜汇合，并且在通过消偏振分光镜以前一直保持各自的偏振状态。共线的偏振光束最后由偏振分光镜分开，并由各自的探测器探测。两个探测器探测到的信号相位之差与被测表面的高度差或被测表面的倾斜角度成正比。移动调节架，可使偏振光的焦点扫描被测表面，得到扫描方向的一系列数据，通过计算得到表面轮廓。三维表面形貌可以通过增加一个与前次扫描方向垂直的扫描方向得到。

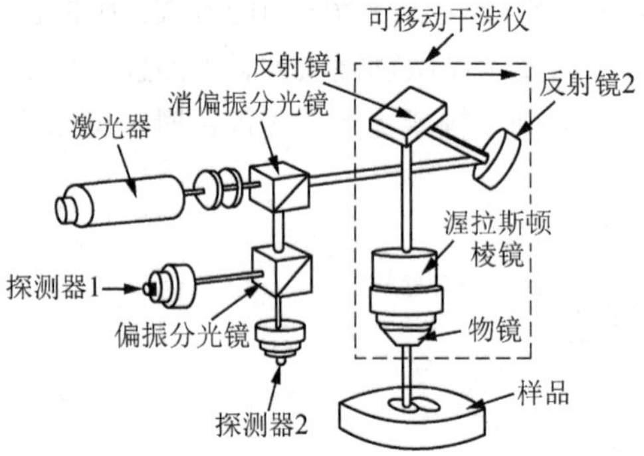

（a）仪器结构

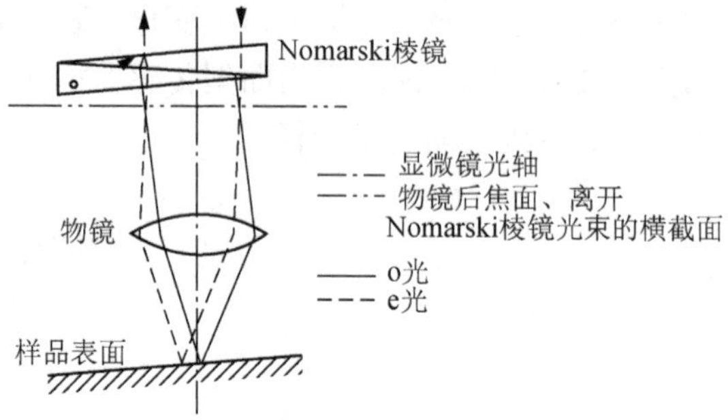

（b）测量光路

图 4.6.2　扫描差分干涉仪

与其他表面形貌测量仪相比，这种干涉仪的主要优点在于可以得到微米量级的纵向测量分辨率，可用来测量很精细的表面，如光学透镜、激光陀螺反射镜等，但它们的纵向量程受入射光波的波长限制。虽然有一些扩大量程的措施，但商业化仪器的量程仍然限制在几十微米以内。此外，被测表面的光学特性不一致会导致干涉图样的相位发生变化，从而产生测量误差；对于不同反射率的表面，需要不同反射率的参考平面与之对应，以提高干涉条纹的对比度，减小测量误差。

4.6.3　共光路外差干涉光学探针测量

光外差干涉表面粗糙度测量原理是：将相干光分成两束，分别经过频差为 2MHz 或 1MHz 的声光调制器而产生光拍，由于测量光从待测表面返回，所以光拍的相位正比于待测物体表面高度的起伏，通过相位测量而获得表面粗糙度信息，其测量系统如图 4.6.3 所示。

半导体激光器 LD 发出频率为 f_0 的光波，经光束准直器 BC 准直后被分光镜 BS_1 分成两束，并分别进入两个声光调制器 AOM_1 和 AOM_2 进行移频，从 AOM_1 出射的一级衍射光的频率为 f_0+f_1，频移 f_1=100MHz，依次通过针孔光阑 D_1、反射镜 M_1、扩束器 BE_1、偏振分光棱镜 PBS_1、分光镜 BS_2、四分之一波片 QWP 和汇聚物镜，在被测物体表面形成直径为 1.5μm 的光斑，形成干涉探针以获得测量信息；从 AOM_2 出射的一级衍射光的频率为 f_0+f_2，频移 f_2=101MHz，依次通过针孔光阑 D_2、扩束器 BE_2、反射镜 M_2 后，再通过由透镜 OL 和物镜构成的望远系统，形成直径约为 1mm 的平行光束照射在被测物体表面以获得参考信息，从而构成 M-Z 干涉系统。

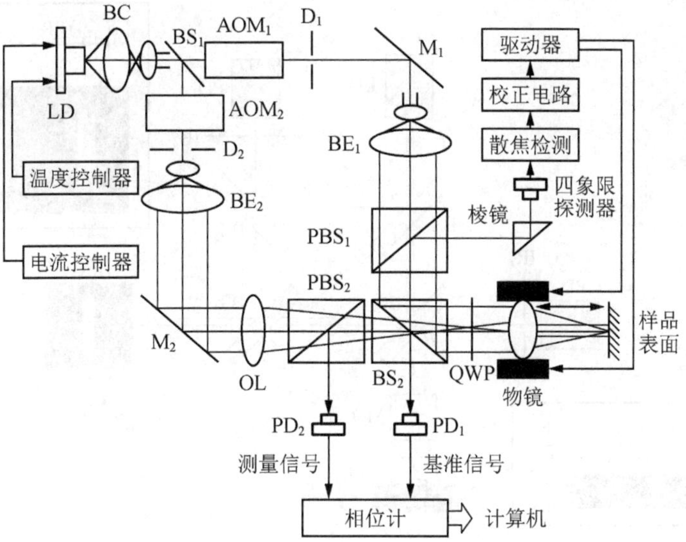

图 4.6.3　声光移频外差干涉表面粗糙度测量系统

LD：激光二极管；BC：光束准直器；BS：分光镜；AOM：声光调制器；D：光阑；M：反射镜；BE：扩束器；
OL：透镜；PBS：偏振分光棱镜；QWP：四分之一波片；PD：光探测器

由图 4.6.3 可以看出，直接通过 M-Z 干涉仪形成的干涉信号不含被测物体表面信息，由光探测器 PD_1 探测并作为参考信号；测量信号由光探测器 PD_2 探测，它包含着由被测物体表面反射光所形成的干涉信号。由于测量光路与参考光路几乎共路，因此能够消除外界因素对测量的影响。这两路干涉信号可分别表示为

$$I_r = A_1 + B_1\cos\left[2\pi(f_2 - f_1)t - \varphi_p - \Delta\varphi_p\right]$$

$$I_m = A_2 + B_2\cos\left[2\pi(f_2 - f_1)t - \varphi_p - \Delta\varphi_p - \varphi_h(x)\right] \tag{4.6.4}$$

式中，φ_p、$\Delta\varphi_p$ 分别为两路光的空间初相位及其随机相位。两路探测信号的相位差 $\varphi_h(x)$ 为

$$\varphi_h(x) = \frac{4\pi}{\lambda}\Delta h(x) \tag{4.6.5}$$

即两路信号的相位差与被测物体表面的高度变化成线性关系。通过相位计进行解调，就可直接得到被测物体表面的相对变化量。

4.6.4　组合干涉光学探针测量

图 4.6.4 所示为迈克耳孙干涉仪和 M-Z 干涉仪组合测量物体表面形貌的原理图。LD 发出的光束经 BS_2 分为到达物体表面的测量光和到达参考镜 RM 的参考光，构成迈克耳孙干涉仪，测量光和参考光汇合后产生干涉，并由光探测器 PD_1 接收干涉光强信号；同样，来自 LD 的光束经过 BS_1 和 BS_3 形成 M-Z 干涉仪的参考光，经 BS_1、BS_2、BS_4、RM、BS_3 后形成 M-Z 干涉仪的测量光，此测量光不包含被测物体表面的高度信息，但含有 PZT 扫描不同步的误差信息，干涉信号由光探测器 PD_2 接收。两个干涉仪的信号相减，就能消除此部分误差，提高测量精度和稳定性。

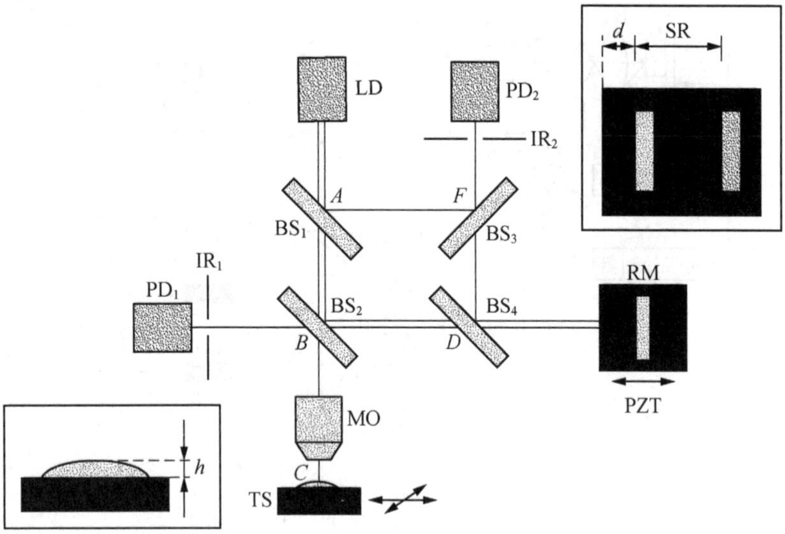

图 4.6.4　组合干涉测量原理

LD：半导体激光器；BS：分光镜；IR：光阑；PD：光探测器；
MO：显微物镜；TS：被测表面；PZT：压电陶瓷管；RM：参考镜

4.7　光学频率梳干涉测量

光学频率梳(optical frequency comb, OFC)简称光频梳，是 21 世纪初诞生的一种宽带相干光源，在光谱上可以看作由许多等频率间隔的单频激光的合成。作为一种精密的光学合成器，光频梳将相位和频率信息从高稳定性的射频基准(如铯-133 原子钟)传递到光学频率，成为科研和精密计量中最精密的“光尺”。2005 年，J. Hall 和 T. Hänsch 因在光频梳实现中的重要贡献获得了诺贝尔物理学奖。围绕光频梳的高频率稳定性、超短脉冲宽度、宽光谱、窄线宽等特性，多种基于光频梳的测量技术已经得到了研究开发。本节将依次介绍光频梳的数学描述、产生机制和几种典型的光频梳测距方法及应用。

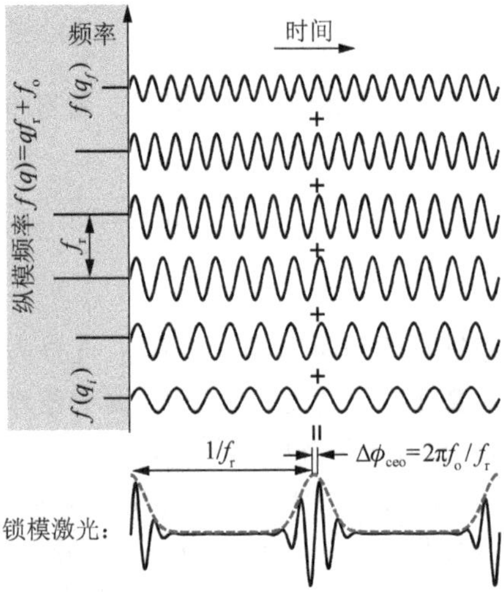

图 4.7.1　锁模光学频率梳的时频域表达

4.7.1　光学频率梳的数学描述

光频梳是一种特殊的多纵模激光器，传统意义上是相位稳定的锁模激光器。锁模是指采取一定措施，使激光器内多纵模之间的相位锁定，包括纵模频率间隔相等和相位关系确定，其输出光场如图 4.7.1 所示。记激光器的纵模序数为 q，对应的纵模频率为 $f(q)$、

振幅为 $A(q)$、初始相位为 $\varphi_0(q)$，则每个纵模的电场 $E_q(t)$ 可以表示为

$$E_q(t) = A(q)\exp\left\{\mathrm{j}\left[2\pi f(q)t + \varphi_0(q)\right]\right\} \tag{4.7.1}$$

锁模后，激光器内的多纵模间相位锁定，每个纵模间存在固定的频率差和相位差，即

$$\begin{cases} f(q+1) - f(q) = f_{\mathrm{r}} \\ \varphi_0(q+1) - \varphi_0(q) = \Delta\varphi_{\mathrm{ceo}} \end{cases} \tag{4.7.2}$$

式中，f_{r} 表示光频域中相邻两个纵模的频率间隔，由傅里叶变换关系可知，f_{r} 也是时域上周期性脉冲的产生频率，因此也常称其为重复频率；$\Delta\varphi_{\mathrm{ceo}}$ 为载波包络偏移相位，指相邻脉冲之间载波相位和包络位置之间的相位差(称为载波包络相位)的变化。由此可见，光学频率梳具备两个特点：①相邻纵模之间的频率差完全相等；②所有纵模之间都具有相干性，即它们的相对相位始终是稳定的。因此，只要确定光频梳中任一纵模的频率，就能得到所有纵模的绝对频率，其每个纵模的频率 $f(q)$ 通常以如下形式出现：

$$f(q) = q \cdot f_{\mathrm{r}} + f_{\mathrm{o}} \tag{4.7.3}$$

式中，f_{o} 为载波偏移频率，且 $f_{\mathrm{o}} < f_{\mathrm{r}}$，其存在导致了载波包络相位的偏移；特别是当 $f_{\mathrm{o}} = 0$ 时，每个光脉冲的载波包络相位是相同的。在锁模激光器中，纵模序数 q 的值通常在十万到百万数量级，从而将微波频率(f_{r}、f_{o})和光学频率(f_q)关联起来，这种精确的频率传递为光学测量技术带来了巨大提升。

重复频率和载波偏移频率反映了光频梳的基本特征，而在光学测量应用中，光频梳的光谱宽度、时域脉冲宽度、色散、相位噪声、时间抖动等参数对测量结果也有重要影响。由于篇幅限制，本节将主要从原理上对基于光频梳的干涉测量方法进行介绍，而不展开分析其中的技术细节，感兴趣的读者可以自行查阅相关资料。

4.7.2 光学频率梳的产生

1. 锁模飞秒激光频率梳

为了更好地理解锁模原理，可以假设多纵模激光器的各纵模具有相同振幅 A_{c}，工作物质的增益曲线中心纵模序数、频率和相位分别为 q_{c}、f_{c}、φ_{c}，增益带宽内共有 $2N+1$ 个纵模振荡，则输出光强是这 $2N+1$ 个纵模相干叠加的结果，根据式(4.7.1)和式(4.7.2)可推导得到总光场的表达式为

$$\begin{aligned} E(t) &= A_{\mathrm{c}}\sum_{m=-N}^{N}\exp\left\{\mathrm{j}\left[2\pi\left(f_{\mathrm{c}} + mf_{\mathrm{r}}\right)t + m\Delta\varphi_{\mathrm{ceo}}\right]\right\} \\ &= A_{\mathrm{c}}\exp\left[\mathrm{j}\left(2\pi f_{\mathrm{c}}t + \varphi_{\mathrm{c}}\right)\right]\sum_{m=-N}^{N}\exp[\mathrm{j}m(2\pi f_{\mathrm{r}}t + \Delta\varphi_{\mathrm{ceo}})] \\ &= A_{\mathrm{c}}\exp\left[\mathrm{j}\left(2\pi f_{\mathrm{c}}t + \varphi_{\mathrm{c}}\right)\right]\frac{\sin\left[\dfrac{2N+1}{2}(2\pi f_{\mathrm{r}}t + \Delta\varphi_{\mathrm{ceo}})\right]}{\sin\left[\dfrac{1}{2}(2\pi f_{\mathrm{r}}t + \Delta\varphi_{\mathrm{ceo}})\right]} \end{aligned} \tag{4.7.4}$$

由式(4.7.4)可知，多纵模相位锁定后叠加得到的总光场主要包含两项成分：一项是频率为 f_{c} 的光学载波；另一项是以 f_{r} 为周期的类脉冲函数(即狄利克雷核)，作为光场的振幅包络。

由于无法直接探测光学载波，因此锁模激光器的直接输出光强为

$$I(t)=\left\langle A(t)\cdot A^{*}(t)\right\rangle = A_{\mathrm{c}}^{2}\frac{\sin^{2}\left[\dfrac{2N+1}{2}(2\pi f_{\mathrm{r}}t+\Delta\varphi_{\mathrm{ceo}})\right]}{\sin^{2}\left[\dfrac{1}{2}(2\pi f_{\mathrm{r}}t+\Delta\varphi_{\mathrm{ceo}})\right]} \tag{4.7.5}$$

由式(4.7.5)可知，锁模激光光强 $I(t)$ 是一系列周期为 $1/f_{\mathrm{r}}$ 的脉冲序列。图 4.7.2 给出了实验中使用光探测器探测到的自由运转和锁模后的光纤激光器的输出信号，可见自由运转激光器输出的是无规则的连续光，只能探测到白噪声，而锁模激光器的输出则为周期性的脉冲序列。

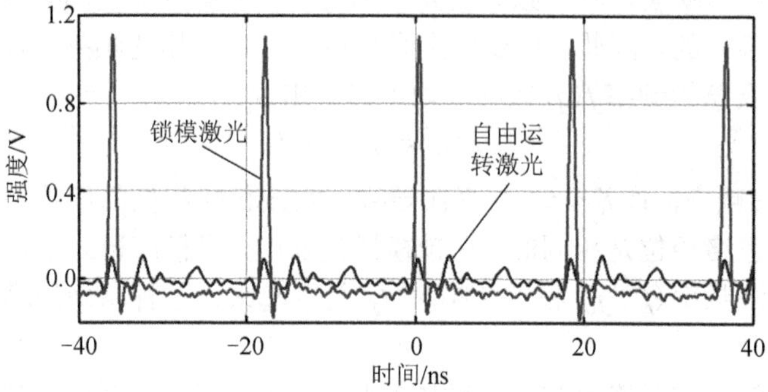

图 4.7.2　锁模光学频率梳的时域表达

虽然“锁模”一词源自频域上的描述，但其机制通常在时域上更易理解，即锁模可使激光器产生超短脉冲的方法。根据工作方式，锁模分为主动锁模和被动锁模。主动锁模通过在谐振腔内引入调制器(如声光、电光相位调制器等)，人为地对腔内纵模的振幅或相位进行周期性调制，从而实现纵模锁定，如图 4.7.3(a)所示。由于引入有源器件，主动锁模结构较为复杂，且输出的脉冲宽度受到调制器带宽的限制，难以产生皮秒量级以下的光脉冲。

被动锁模能够产生更短(飞秒)的光脉冲，这是利用无源器件的可饱和吸收效应来实现锁模脉冲输出，这种无源器件称为可饱和吸收体(saturable absorber, SA)，如图 4.7.3(b)所示。可饱和吸收体对光强的吸收程度随入射光强增加而减小，图 4.7.3(c)展示了其对激光的透过率随入射光强的变化，I_{s}' 为饱和光强，大于 I_{s}' 的光信号为强信号，透过率大、损耗小；否则为弱信号，透过率小、损耗大。光脉冲在腔内反复经过可饱和吸收体，其能量较高的中心部分被放大，能量较低的两翼被衰减，最终实现稳定的窄脉冲输出，其过程如图 4.7.3(d)所示。

常用的可饱和吸收体有半导体可饱和吸收镜(SESAM)、碳纳米管(CNT)、石墨烯等材料。此外，也有利用特殊的腔结构实现等效可饱和吸收效应的被动锁模方式，例如，利用光纤的克尔效应使偏振态与光强相关，将偏振调制转化为损耗调制，实现脉冲压缩的非线性偏振旋转(nonlinear polarization rotation, NPR)锁模；通过在环形腔内布置非对称增益，引入非互易性非线性相移差，从而对脉冲进行整形和调制的非线性放大环形镜(nonlinear amplifying loop mirror, NALM)锁模。相比于主动锁模，被动锁模能产生更窄的输出脉宽，是目前飞秒激光频率梳的常用技术，其中光纤飞秒激光频率梳由于结构紧凑简单、稳定性高、操作简单等优点，其研究和应用最为广泛成熟。

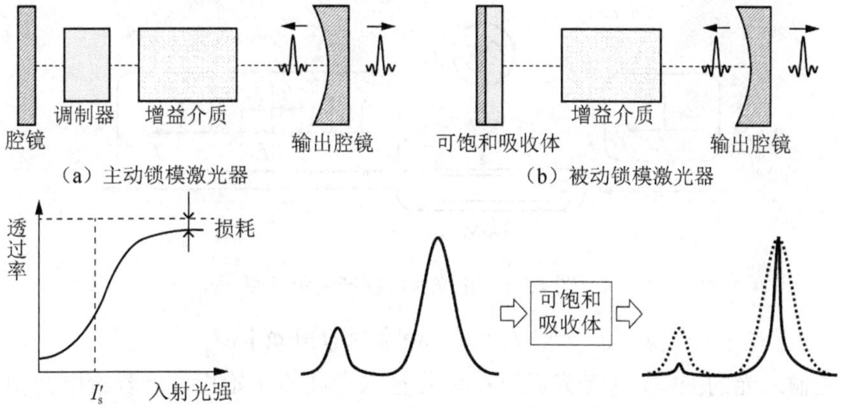

(a) 主动锁模激光器 (b) 被动锁模激光器

(c) 可饱和吸收体的吸收特性 (d) 脉冲经过可饱和吸收体后的变化

图 4.7.3 激光锁模示意图

为了实现精密测量应用，飞秒激光频率梳还需要确定每个纵模的绝对频率，根据式(4.7.3)，需要对光频梳的重复频率 f_r 和载波偏移频率 f_o 进行探测和稳定。光探测器可以容易地探测到重复频率 f_r，而载波偏移频率 f_o 的梳齿由于不在光频域而不携带能量，且偏频信号会在探测器外差拍频干涉过程中被抵消掉，从而无法直接探测得到，这个问题直到 1999 年 H. R. Telle 等提出了 f-$2f$ 自参考法才得到较好的解决。如图 4.7.4 所示，首先利用高非线性光纤或光子晶体光纤将激光器的光谱展宽到可以覆盖一个倍频程，然后利用非线性倍频技术，将倍频程内第 m 根梳齿频率进行倍频，之后与第 $2m$ 根梳齿进行外差拍频，探测到的差频信号就是 f_o，即 $f_o = 2f(m) - f(2m) = 2(mf_r + f_o) - (2mf_r + f_o)$。通过这种方法探测到的偏移频率位于射频波段，通过光探测器就可以探测到该信号，从而进行反馈控制。

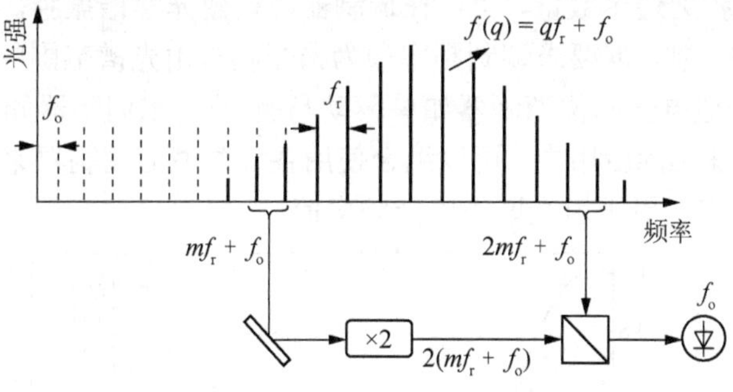

图 4.7.4 f-$2f$ 自参考法探测偏移频率

2. 电光调制频率梳

产生电光调制频率梳(电光梳)的核心器件是电光相位调制器，可以基于电光效应、等离子体色散效应或电吸收效应等原理实现，通常可实现吉赫兹量级以上的重复频率。其中，电光效应是指电光材料的折射率根据所施加的电场幅度而变化的现象，能够用于改变通过材料的光波相位，其响应时间可以短至飞秒量级，在电光相位调制器中最为常见。

基于电光相位调制器的电光频率梳产生原理如图 4.7.5 所示。输入到电光相位调制器的连续波激光光场为

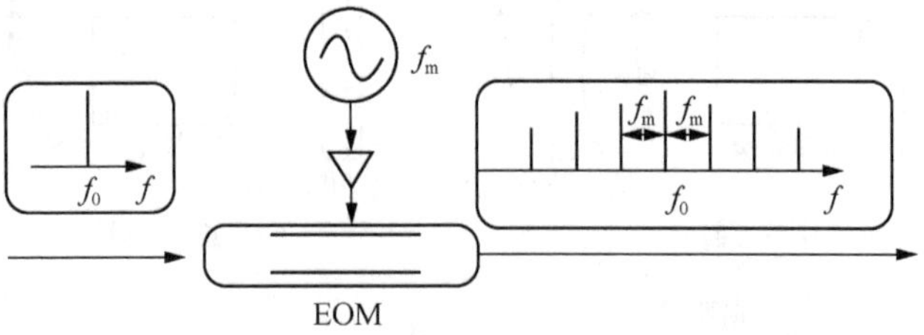

图 4.7.5 电光频率梳产生示意图

$$E_{in}(t) = E_0 \exp[j(2\pi f_0 t) + \varphi_0] \tag{4.7.6}$$

式中，E_0 是输入光的振幅；f_0 是光频率；φ_0 是输入光波的初始相位。若给电光相位调制器加载一个频率为 f_m 的余弦调制信号，则输出光场可以表示为

$$\begin{aligned} E_{out}(t) &= E_{in}(t)\exp\left[ja\cos\left(2\pi f_m t + \varphi_m\right)\right] \\ &= E_0 \exp\left\{j\left[2\pi f_0 t + \varphi_0 + a\cos\left(2\pi f_m t + \varphi_m\right)\right]\right\} \end{aligned} \tag{4.7.7}$$

式中，a 是相位调制信号的振幅；φ_m 是调制信号的初始相位。式(4.6.7)可进一步展开为贝塞尔级数形式，即

$$\begin{aligned} E_{out}(t) = E_0 \Bigg\{ & J_0(a)\cos\left(2\pi f_0 t + \varphi_0\right) + (-1)^n \sum_{n=1}^{\infty} J_n(a)\cos\left[2\pi\left(f_0 + nf_m\right)t + n\varphi_m + \varphi_0\right] \\ & + \sum_{n=1}^{\infty} J_n(a)\cos\left[2\pi\left(f_0 - nf_m\right)t + n\varphi_m + \varphi_0\right] \Bigg\} \end{aligned} \tag{4.7.8}$$

式中，J_n 表示贝塞尔级数。每个贝塞尔级数项对应一个边带，其振幅在载波频率的两侧对称分布，其幅度与调制信号的振幅有关，如图 4.7.6 所示。这种采用直接相位调制方式产生的边带相对较少，为了扩展边带数量，可以在调制器内构建光学谐振腔，使得被调制的输出光回到输入端并再次被调制，但要求调制频率须为谐振腔自由光谱范围的整数倍才能实现。除了相位调制器外，其他电光相位调制器如单驱动马赫-曾德尔调制器和偏振调制器等也可用于产生电光频率梳。在实际应用中，可以组合使用各种类型的调制器来设计电光调制的自由度，从而产生具有更宽、更平坦光谱的电光频率梳。

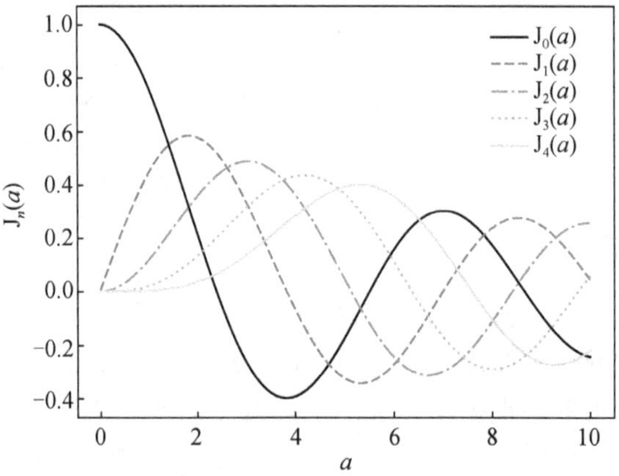

图 4.7.6 贝塞尔级数与相位调制信号振幅的关系

3. 微腔光频梳

微腔光频梳是近年来新兴起的一种光频梳，其重复频率一般在几十吉赫兹至几十太赫兹范围内，由于光频梳的重复频率与腔长成反比，因此微腔光频梳高重复频率的特点使其尺度更为小巧，且集成微腔的制备也与现有的 CMOS 工艺相兼容，这使得微腔光频梳具有很大的应用潜力和市场前景。

微腔光频梳的产生原理如图 4.7.7 所示，主要是利用连续激光泵浦高品质因子的微环腔，由于强的非线性作用使得注入的单频光发生四波混频过程，故产生等间隔的多纵模梳齿。微腔光频梳产生的过程可用 Lugiato-Lefever 方程(LLE)来描述，即

$$\frac{\partial A(\varphi,T)}{\partial T}=\frac{\mathrm{j}D_2}{2}\cdot\frac{\partial^2 A}{\partial\varphi^2}+\mathrm{j}g|A|^2A-\mathrm{j}2\pi A\varDelta-\frac{\kappa}{2}A+\sqrt{\kappa_{\mathrm{p}}^{\mathrm{ext}}P_{\mathrm{in}}} \tag{4.7.9}$$

式中，A 为脉冲包络；D_2 为腔内二阶色散；g 为非线性系数；$\varDelta$ 为腔模式和泵浦光频率之间的失谐；κ 为腔损耗；P_{in} 为泵浦光功率；$\kappa_{\mathrm{p}}^{\mathrm{ext}}$ 为泵浦耦合的速率。方程式(4.7.9)考虑了腔内色散、非线性、增益和损耗四种主要的作用机制，其解析解可以用孤子脉冲 sech 函数表示，同时数值求解该方程也有助于了解孤子产生的过程。

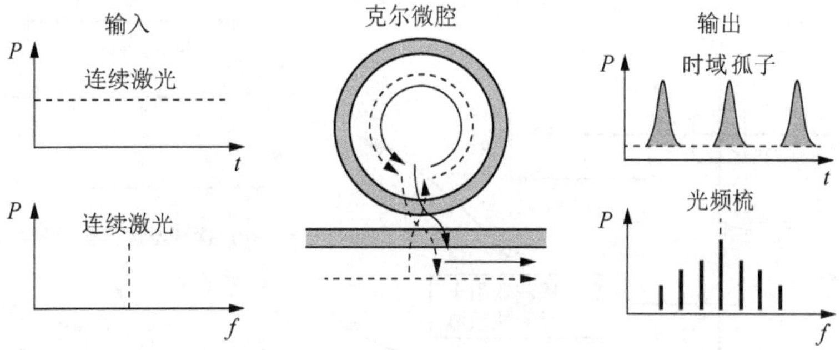

图 4.7.7 微腔光频梳产生原理

孤子的产生由几个主要过程组成，一般来说，通过连续调谐输入的泵浦激光器的频率，使得腔内的脉冲依次经过调制不稳定状态、呼吸孤子态，最后到单孤子态。因为扫频过程中还存在泵浦光的高功率导致腔内材料的折射率变化，该过程的热效应会影响实际扫频过程泵浦光的频率相对于腔谐振峰的变化，这使得实际实验中产生单孤子态较为困难。为了克服扫频泵浦激光器中热效应的影响，研究人员提出了快速扫频、热辅助激光补偿、电光调制边带补偿等方法，这些方法也使得微腔光梳的产生变得更为简单和稳定。

通过扫频方法，人们已经在多种材料平台产生微腔光频梳，如氮化硅(Si_3N_4)、二氧化硅(SiO_2)、硅(Si)、铌酸锂($LiNbO_3$)、氧化铝(Al_2O_3)、氟化镁(MgF_2)等，这些平台都有其各自的优势，其中最受到关注的是氮化硅，其与集成光子学兼容，允许在单个芯片上集成多个组件，也方便进行色散设计，目前已经成为最主流的微腔光梳材料平台之一。

光频梳诞生以来，研究人员已经提出了多种基于光频梳的绝对距离测量方法，主要包括脉冲干涉绝对测距、模间拍频绝对测距、光谱干涉绝对测距等方法，下面依次予以介绍。

4.7.3 光频梳脉冲干涉绝对距离测量

1. 脉冲对准法

传统的脉冲测距方法是对脉冲进行非相干检测，将飞行时间信息转换为距离，这种方法的精度通常只有毫米量级。光频梳在时域上输出等间隔的相干脉冲序列，稳定的脉冲周期性提供了一种更高精度的绝对测距方法，即脉冲对准法。其原理是当相位稳定的飞秒脉冲序列在干涉仪中合束后，通过微调光频梳的重复频率使脉冲在时间上重叠，此时也会发生干涉，可以利用干涉条纹实现更精确的脉冲对准。光频梳脉冲对准法原理图如图 4.7.8 所示，以重复频率和偏移频率均锁定的锁模飞秒光频梳作光源，发出的相干脉冲序列，其相邻脉冲的空间距离为 L_{pp}，且满足 $L_{pp}=c/f_r$，其中 c 为真空中的光速，f_r 为光频梳的重复频率。主体结构为非等臂的迈克耳孙装置，经分光镜 BS 分束后分为两路，参考臂与测量臂的臂长差为被测绝对距离 D。合光后的信号被分为两路探测，一路由高速光探测器探测用于直接测量脉冲的飞行时间，另一路由光学互相关器接收用于在脉冲对准时分析干涉条纹。

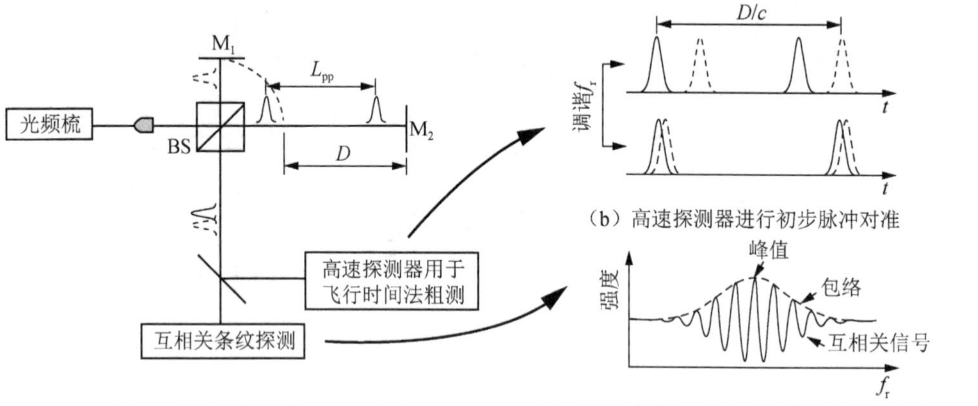

（a）测量光路　　（c）通过互相关干涉条纹峰值进行精密脉冲对准

图 4.7.8 光频梳脉冲对准法原理图

当两臂的臂长差为 $L_{pp}/2$ 的整数倍(即 $D=N\cdot L_{pp}/2$)时，参考臂和测量臂反射的脉冲重叠并发生干涉，脉冲的整数倍可以通过两次微调重复频率得到，利用高速探测器获取每次重复频率移动下的时间差，而每次的绝对距离不变，因此可以确定唯一整数倍脉冲间隔。为了过渡到条纹分辨的精测值，需要继续调谐飞秒激光的重复频率 f_r，当脉冲接近重合时，扫描 f_r 可以获得完整的一阶互相关相干信号。当光频梳的偏移频率 $f_0=0$ 时，干涉条纹峰值始终与包络顶点对齐，此时通过记录信号峰值处的重复频率值，即可得到绝对距离精测值。

结合飞行时间粗测和条纹辨析精测的脉冲对准法，可以实现大量程、高精度绝对距离测量，但由于光频梳的重复频率调节范围有限，这种方法在短距离测量时存在较大的测量死区。被测距离越大，脉冲对准时 D 与 $L_{pp}/2$ 的倍数 N 就越大，这种“杠杆效应”使得系统在被测目标足够远时才能实现无死区测量。通常，可以在光路设计时预置一段长测量臂或直接增加重复频率扫描范围来改善这一缺陷。

2. 双光梳异步采样法

上述脉冲对准法的高精度是基于扫描重复频率的条纹辨析实现的，这一过程限制了绝对测距的速度。为了实现无须扫描的高精度测距，衍生了一种基于微小重频差双光频梳的脉冲异步采样测距方法，简称双光梳测距，该方法通过异步采样提高了飞行时间法的时间分辨力，从而实现高精度、高测速的飞行时间测距。传统的飞行时间法通过测量光脉冲从出射到返回的时间 t，即可测算目标物的距离 $D = c\cdot t/2$，其中 c 为光速。然而，其测距精度受限于光探测器的带宽和时间抖动，光探测器的带宽决定其是否能对超短脉冲产生精确响应，光探测器的时间抖动最小可达几皮秒，对应着毫米量级的测距误差，这也是传统飞行时间法的测距精度极限。

双光梳测距法巧妙地将飞行时间法的光脉冲在时域上“展宽”后再用光探测器接收，从而放宽了对光探测器带宽和时间抖动的苛刻要求。典型的双光频梳测距原理如图 4.7.9 所示，OFC_1 为信号光频梳，其重复频率为 f_{r1}；OFC_2 为本振光频梳，其重复频率为 $f_{r2} = f_{r1} + \Delta f_r$，$\Delta f_r$ 为两台光频梳重复频率之差(简称重频差)。如图 4.7.10 上部所示，每经过一个脉冲时间周期，本振光频梳 OFC_2 发出的脉冲和信号光频梳 OFC_1 发出的脉冲会产生时间滑移 $\Delta T = \Delta f_r/(f_{r1}\cdot f_{r2})$，两脉冲在时域上发生周期性的重叠与错位，在每个测量周期($T_{update} = 1/\Delta f_r$)内将产生一个如图 4.7.10 下部所示的降采样信号，从而能够以重频差 Δf_r 的速率进行距离探测。

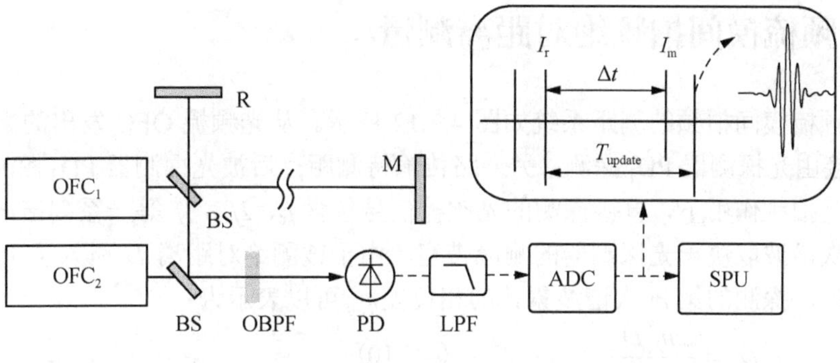

图 4.7.9　双光频梳测距原理

OFC：光频梳；R：参考镜；M：测量镜；BS：分光镜；OBPF：光学带通滤光片；PD：光探测器；LPF：低通滤波器；ADC：模-数转换器；SPU：信号处理单元

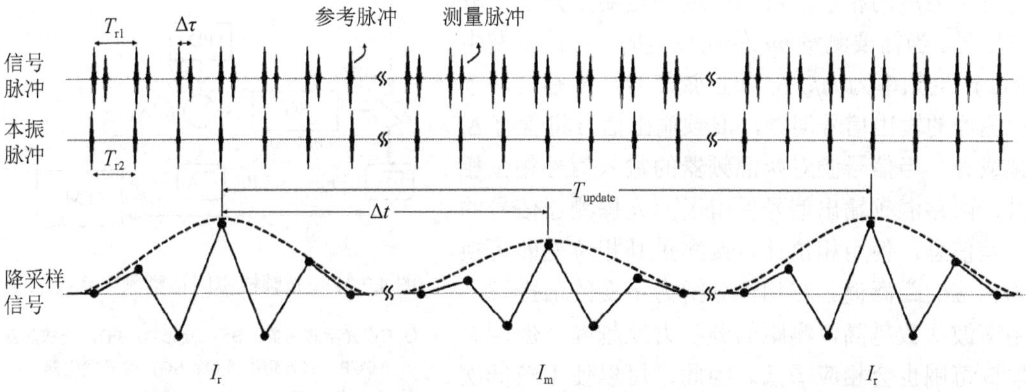

图 4.7.10　双光梳测距系统的时域线性光采样原理

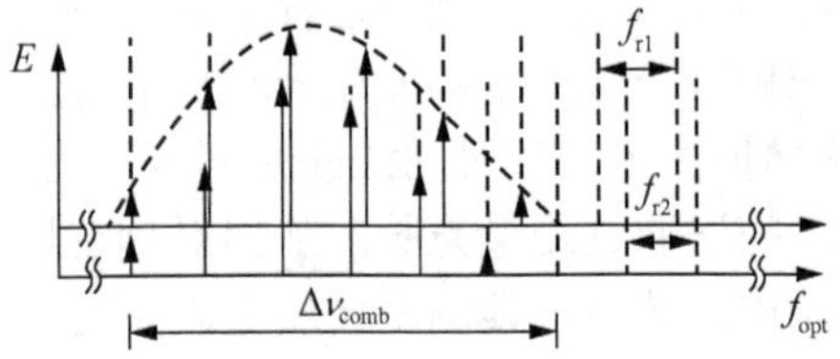

（a）双光频梳

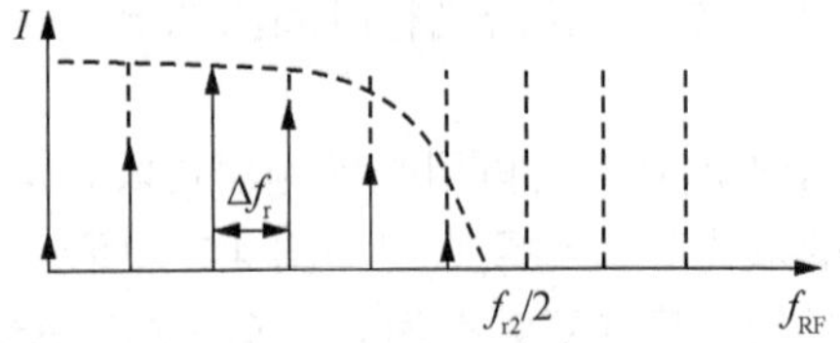

（b）子频率梳

图 4.7.11 双光梳的频域多模外差干涉

从频域角度分析，这一过程可理解为两台光频梳各梳齿间发生的多外差干涉，如图 4.7.11(a)所示，$\Delta\nu_{comb}$是光学带通滤光片的带宽。光频域的信号传递到射频域，外差信号通过一个 $0\sim f_{r2}/2$ 的低通滤波器后，忽略直流信号的影响，将产生图 4.7.11(b)实线箭头所示的子频率梳，其梳齿间隔为 Δf_r。

双光频梳系统将光频域的信息映射至射频域，子频率梳的间隔相对于光频梳的间隔缩小了 $\Delta f_r/f_{r1}$，而时域上干涉信号的周期则被放大了 $f_{r1}/\Delta f_r$ 倍。由于这一放大效应，通过提取脉冲中心位置，计算飞行时间的精度可得到显著提高。除此之外，还可以利用双光频梳的梳齿相位信息进行更精确的测量。总而言之，双光频梳系统以一种低频探测的方式实现了对高速高频光信号的测量，显著提高了测量精度，极大地降低了对探测器频带宽度的依赖，实现动态高精度的绝对距离测量。

4.7.4 光频梳模间拍频绝对距离测量

基于光频梳模间拍频的测距系统如图 4.7.12 所示。从光频梳 OFC 发出的激光被分为两路：一路直接由光探测器 PD_1 探测；另一路传输待测距离后被光探测器 PD_2 探测。在各个纵模之间的相互拍频作用下，直接探测的光频梳信号包含 f_r、$2f_r$、$3f_r$ 等一系列谐波成分，能探测到的最高次谐波取决于光探测器的响应带宽。由于被测绝对距离 D 引入了 PD_1 和 PD_2 之间的光学延迟，探测的第 m 次谐波累计的相位差 φ_m 可以表示为

$$\varphi_m = \frac{2mf_r D}{c} \tag{4.7.10}$$

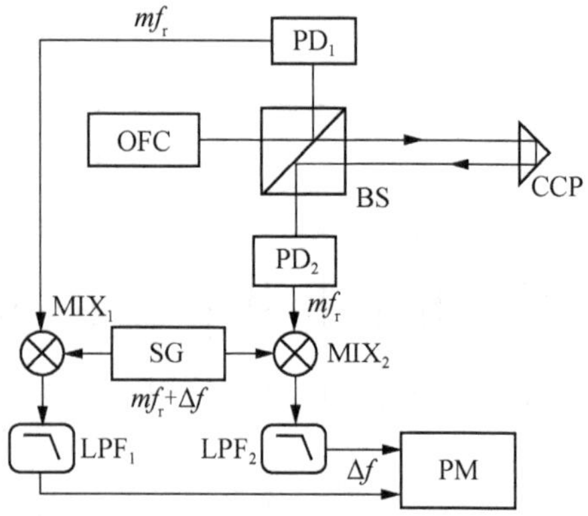

图 4.7.12 光频梳模间拍频测距系统示意图

OFC：光学频率梳；BS：分光器；PD：光探测器；CCP：立方角锥棱镜；SG：信号发生器；MIX：混频器；LPF：低通滤波器；PM：相位计

根据关系式(4.7.10)，只需要测得两光探测器特定谐波之间的相位差，即可得到待测距离值。为了测得特定谐波的相位，可以采用外差测量方法提取谐波信号。当需要测量 mf_r 的相位差时，令信号发生器 SG 产生频率为 $mf_r+\Delta f$ 的正弦信号，分别与两个光探测器的输出信号混频，混频输出信号将含有 Δf 低频成分。当信号源对两混频器的输入信号相位相等时，两路混频输出信号保留了两光探测器信号的相位差信息，使用相位计直接测量其相位差即可换算为相应的距离值。在相位分辨力不变的前提下，所用谐波次数越高，测距的分辨力就越高，但同时其模糊范围也会相应降低。因此，可以使用较低次数的谐波进行粗测，再使用高次谐波进行精测，从

而兼顾模糊范围与测量分辨力。此外，对于重复频率可调谐的光频梳光源，可以将变化的微波频率扩展为更大的合成波长，理论上能够实现千米量级乃至更大的测量范围。

4.7.5　光频梳光谱干涉绝对距离测量

为了充分利用光频梳的宽光谱和多纵模特性，光谱干涉技术被用于光频梳绝对距离测量，并被广泛应用于线场固体平板厚度和折射率测量、空气折射率修正、高速振动测量、面型测量、距离传感，其测量范围覆盖微纳尺度到千米量级长距离测量。图 4.7.13 示意了一种基于迈克耳孙结构的光谱干涉绝对距离测量光路，锁模飞秒光频梳以 $T = 1/f_r$ 的重复周期发射脉冲，脉冲光经过分光镜 BS 分光后分为两路，二者的光程差为被测绝对距离，利用光谱仪 OSA 可以获得蕴含光程差信息的周期性调制的光谱信号。光谱调制周期与光程相关的时间延迟有关，通过确定周期频率和整数倍脉冲间隔可以确定绝对距离。

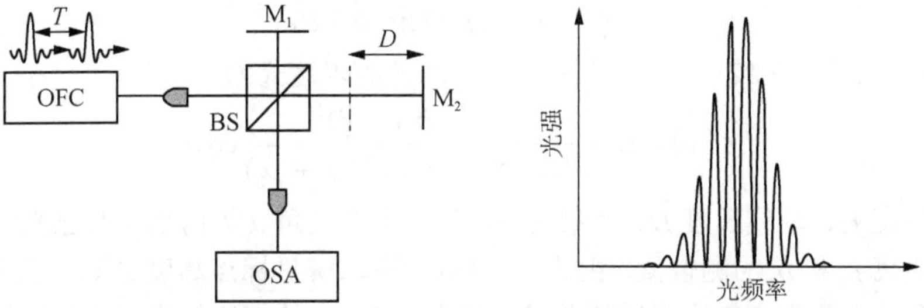

（a）测量光路　　（b）光谱仪接收信号

图 4.7.13　光频梳光谱干涉光路

OSA 接收到的光谱信号的强度可以表示为

$$I(f)=P(f)\left[1+\cos\left(\frac{4\pi f}{c}nD\right)\right] \tag{4.7.11}$$

式中，$P(f)$为光源的光谱强度；c 为真空中的光速；n 为介质的折射率；D 为脉冲间隔内的被测绝对距离。通过傅里叶变换可将光频域信息转化为伪时域谱、拟合峰值或利用相频斜率等方式，可以获得脉冲间隔内的被测距离，最终结合脉冲间隔的整数级次求解绝对距离。

由于光谱分析仪的光谱分辨率有限，通常无法分辨光纤飞秒激光器的每根梳齿，这会导致光谱调制频率较高时出现不可测的“测量死区”。为了消除测量死区，通常采用 F-P 标准具或虚像相位阵列(VIPA)实现单梳齿分辨。此外，微腔孤子光梳和电光梳的梳齿间隔稀疏，降低了对光谱仪分辨率的要求，有效地避免了测量死区。另一种有望突破光谱分辨率限制的方式为时间拉伸技术，即利用高色散元件将频域映射到时域，通过高带宽示波器记录实时的光谱，从而实现以重频为更新率的高速测量。高色散元件也可用于脉冲啁啾，使啁啾的脉冲与无啁啾的脉冲产生干涉，从而产生非周期性调制频率的啁啾光谱干涉信号，当啁啾量扩大至覆盖整个脉冲间隔时也可以消除死区。

4.7.6　光频梳绝对距离测量应用

1. 干涉合成孔径雷达基线长度测量

干涉合成孔径雷达(InSAR)是一种用于地形测绘的遥感技术，它通过两副天线获得同一观测区域的两幅 SAR 图像，由于两副天线与观测目标之间的几何关系，两幅图像中同一目标对应的回波信号存在相位差，反映了该点与两副天线之间的距离差。因此，利用传感器高度、雷达波长、波束视向及基线长度之间的几何关系，可以精确地测量出图像上每一点的三维位置和变化信息。

InSAR 测高的几何原理如图 4.7.14 所示，其中两副天线 A_1、A_2 沿 y 轴方向飞行，其基线长度为 D，天线 A_1 的轨道高度为 H，入射角为 θ，到目标点 $P(x,y,z)$ 的距离为 ρ_1，天线 A_2 到目标点 $P(x,y,z)$ 的距离为 ρ_2，基线与水平方向(即 y 轴方向)的夹角为 α。根据天线 A_1 与目标点 $P(x,y,z)$ 的几何关系，目标点高度 $Z(y)$ 可以表示为

$$Z(y) = H - \rho_1 \cos\theta \tag{4.7.12}$$

另外，由余弦定理可得

$$\begin{aligned}\rho_2^2 &= \rho_1^2 + D^2 - 2\rho_1 D\cos\left(\frac{\pi}{2} - \theta + \alpha\right) \\ &= \rho_1^2 + D^2 + 2\rho_1 D\sin(\alpha - \theta)\end{aligned} \tag{4.7.13}$$

将式(4.7.13)代入式(4.7.12)，可得目标点高度 $Z(y)$ 的表达式为

$$Z(y) = H - \frac{(\rho_2 - \rho_1)^2 - D^2}{2D\sin(\alpha - \theta) - 2(\rho_2 - \rho_1)}\cos\theta \tag{4.7.14}$$

当轨道高度 H、基线长度 D、入射角 θ、基线水平夹角 α 等内部参数已知时，根据双天线干涉得到距离 ρ_1 和 ρ_2 的测量值，由式(4.7.14)即可求解目标点高度 $Z(y)$。在此期间，获取准确的内部参数是实现高精度遥感的关键，其中 InSAR 的基线长度往往长达几十米，受应力、热膨胀等因素影响，其实际长度存在长期漂移，必须进行在轨标定。基于双光频梳测距仪的 InSAR 基线长度标定方案如图 4.7.15 所示，光频梳测距仪安装在天线发射端，对天线接收端的测量靶标进行跟踪测距，根据其机械坐标和测距结果即可求得基线的实际长度。光频梳测距技术能够实现高测速、高精度、可溯源的绝对距离测量，为高分辨率 InSAR 基线长度提供可靠的实时校准。

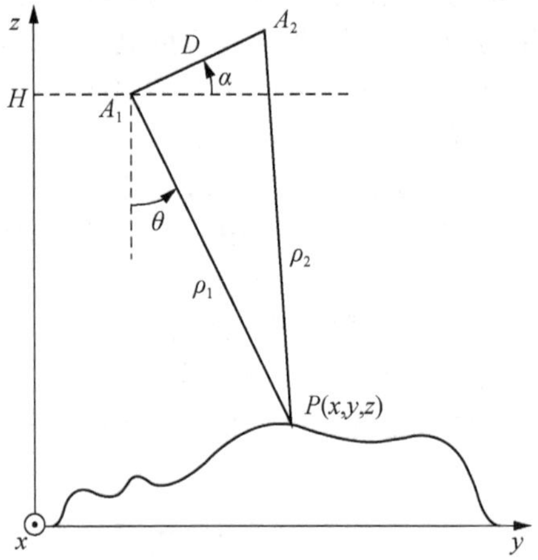

图 4.7.14　干涉合成孔径雷达测高示意图

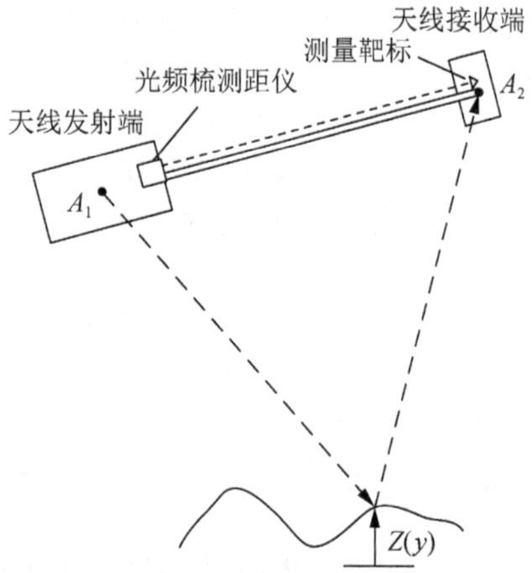

图 4.7.15　光频梳测距仪在 InSAR 的布置示意图

2. 离心机转臂伸长量测量

大型离心机是高精度惯性导航仪表的关键检测校准设备。离心机在高速旋转时，其转臂长度会随旋转速度增大而伸长，这种动态半径是影响离心机输出加速度精度的重要分量，必须进行准确测量，并将其作为分量补偿到精密离心机加速度输出模型中，使精密离心机输出高精度的加速度信号。面向大型离心机变形测量需求，传统的激光干涉仪增量式测量无法测量绝对变形量，限制了惯性仪表系统测试的精度。

利用光频梳测距的高测速、高精度、绝对测距的特点，可实现对离心机转臂长度变化的动态高精度测量，系统组成如图 4.7.16(a)所示。离心机安装在圆形房间内，绕中间的转轴旋转，导致两侧的转臂长度受离心力伸长。为了测量离心机转臂伸长量，在其末端安装一反射目标作为测量靶标，光频梳测距仪测量到反射目标之间的绝对距离。

在离心机转臂转动期间，仅当测量光束照在柱面镜时才能输出测距信号，而在其他时刻则没有测距值输出，如图 4.7.16(b)所示。当离心机匀速运转时，可以根据测距值输出频率计算其角速度，根据测距结果计算其伸长量。光频梳测距技术以外基准的方式实现对转臂伸长量的动态测量，具有测量精度高、安装维修方便等优点。

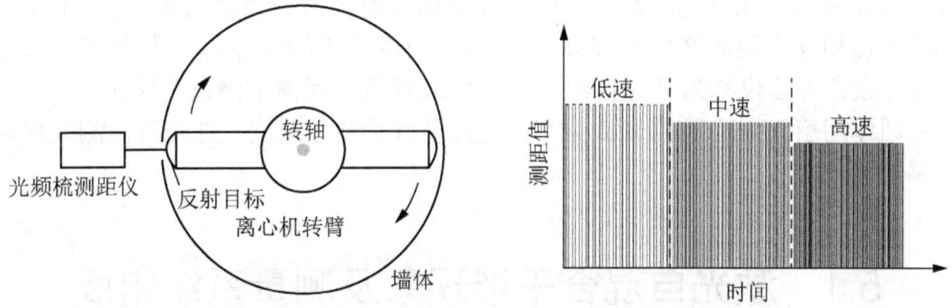

（a）系统组成　　（b）测距信号

图 4.7.16　离心机转臂伸长量测量示意图

习题与思考题

1. 激光外差干涉仪的常用光源有哪些？各有什么特点？其适用条件和范围如何？
2. 激光外差干涉仪与普通干涉仪相比具有什么优点？
3. 如何提高塞曼双频激光外差干涉仪的测量分辨率？
4. 如何实现干涉条纹的方向判别与计数？
5. 试以迈克尔孙干涉仪为基础，设计一种测量凸透镜前曲面曲率半径的光路系统。
6. 试分析图 4.2.9 所示的微透镜表面特性和透射特性测量原理，并说明是否能测量微透镜的曲率半径。
7. 试分析影响合成波绝对距离干涉测量精度的主要误差来源；如何提高合成波绝对距离干涉测量的精度？
8. 在光频梳模间拍频法测距系统中，飞秒光频梳的重复频率为 100MHz，光探测器的带宽为 10GHz，假设相位测量精度为 1°，空气折射率为 1，试计算确定该系统能测量的最大非模糊距离和理论测距精度，并写出详细计算步骤。

第 5 章

激光自混合干涉测量

过去，人们对激光的应用基本上是利用激光的外部特性，即激光器输出光束的高亮度、很好的相干性和方向性，这样的应用仅仅把激光器看作一个光源，应用中并不引起激光器内部光束特性的改变。因此，在传统的激光干涉仪中，激光器用作干涉仪的外部光源，当参考光和测量光在空间相遇产生干涉时，可以得到一个正比于两束光相位差的余弦光强信号，该信号的相位携带了测量信息。

当激光器发出的一部分光波经激光器外部目标反射之后回馈进入激光腔内时，回馈光场与腔内振荡光场相互作用而产生干涉现象(即激光自混合干涉现象)，这与传统的激光干涉仪不同，将这种激光干涉仪称为激光自混合干涉仪或者激光回馈干涉仪。显然，利用被测对象对激光的反馈作用引起激光腔内光波频率、光强等特性发生改变，进而对被测几何量或物理量进行传感与测量。

5.1　激光自混合干涉现象及测量系统组成

5.1.1　激光自混合干涉现象

激光自混合干涉现象可以追溯为激光器外部光反馈效应。由于光反馈作用对激光器的工作特性会产生不良影响，特别是光反馈引起的光噪声谱线展宽和相干猝灭现象，会使激光系统遭受致命性的破坏而无法正常工作，因此人们以往总是试图减弱甚至消除光反馈对激光系统的影响。随着研究工作的逐步深入，人们逐渐由消减光反馈的不利影响到主动地利用光反馈现象开展几何量、物理量传感与测量等应用，从而发展成为激光自混合干涉技术。

5.1.2　三镜腔模型及理论分析

当被测物与激光器的距离小于激光相干长度的一半时，自混合干涉系统可看作复合腔激光器，其三镜腔等效模型如图 5.1.1 所示，这里忽略了光在外腔中的多次反馈效应。l 为激光器腔长，L_{ext} 为激光外腔长度，r_1、r_2 为激光腔反射镜 M_1、M_2 的幅值反射率，r_3 为外部反射镜 M_3 的幅值反射率。通常，在一个无外部光反馈的双镜腔激光系统中，当驻波建立时便产生激光振荡，振荡条件为激光器腔内的光波与其在腔内经历一次往返传播后的光波具有相同的相位和幅值。对于含光反馈的激光系统，可采用类似的方法进行分析。假设腔内光波从腔镜 M_1 开始向右传播，光波电场可表示为

$$E(t) = E_0 \exp\left[\mathrm{j}(\omega t + kx + \varphi)\right] \tag{5.1.1}$$

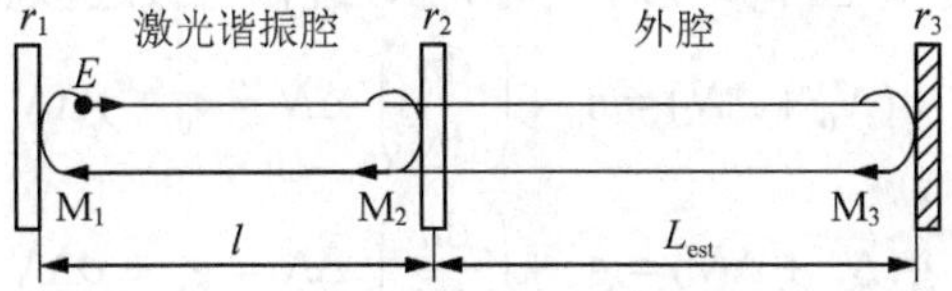

图 5.1.1　自混合干涉系统的三镜腔等效模型

式中，E_0 为光波电场的振幅；ω 为光波角频率；k 为波矢量的模(即波数)；φ 为初相位。光波到达腔镜 M_2 后被分为两束，其中一束光在内腔经历一次往返传播，另一束光透过 M_2 再被 M_3 反射后耦合至内腔，两束光最终在 M_1 处汇合并叠加。当系统达到稳定状态时，叠加的光波与初始光波同相，并有如下关系式成立：

$$\begin{aligned} E_0 \exp[\mathrm{j}(\omega t + \varphi)] &= r_1 r_2 \exp[\mathrm{j}(\omega t + \varphi + 2n_\mathrm{c} kl)] E_0 \\ &+ r_1 t_2 r_3 t_2' \exp[\mathrm{j}(\omega t + \varphi + 2n_\mathrm{c} kl + 2kL_\mathrm{ext})] E_0 \end{aligned} \tag{5.1.2}$$

式中，t_2 是镜面 M_2 由内腔到外腔的透射系数；t_2' 是镜面 M_2 由外腔到内腔的透射系数；n_c 是激光增益介质的复折射率，其实部表示光传播的相位滞后因子，虚部表示腔损耗和受激辐射增益。令 $\eta = t_2 t_2' r_3 / r_2$，式(5.1.2)可化为

$$1 = r_1 r_2 \exp\left[\mathrm{j}(2n_\mathrm{c} kl)\right]\left[1 + \eta \exp\left(\mathrm{j}2kL_\mathrm{ext}\right)\right] \tag{5.1.3}$$

将复折射率 $n_c = n - \mathrm{j}g$ 代入式(5.1.3)，可得

$$1 = r_1 r_2 \exp\left(2gkl\right)\left[1 + \eta\cos\left(2kL_\mathrm{ext}\right)\right]\exp\left\{\mathrm{j}\left[2nkl + \eta\sin\left(2kL_\mathrm{ext}\right)\right]\right\} \tag{5.1.4}$$

$$\tan\theta = \frac{\eta\sin(2kL_\mathrm{ext})}{1 + \eta\cos(2kL_\mathrm{ext})} \tag{5.1.5}$$

由于 η 很小，所以有

$$\theta \approx \eta\sin(2kL_\mathrm{ext}) \tag{5.1.6}$$

$$\sqrt{\left[1 + \eta\cos(2kL_\mathrm{ext})\right]^2 + \eta^2 \sin^2(2kL_\mathrm{ext})} \approx 1 + \eta\cos(2kL_\mathrm{ext}) \tag{5.1.7}$$

将式(5.1.7)代入式(5.1.4)，可得

$$1 = r_1 r_2 \exp\left(2gkl\right)\left[1 + \eta\cos\left(2kL_\mathrm{ext}\right)\right]\exp\left\{\mathrm{j}\left[2nkl + \eta\sin\left(2kL_\mathrm{ext}\right)\right]\right\} \tag{5.1.8}$$

因 $\eta\cos(2kL_\mathrm{ext})$ 很小，故有

$$\ln\left[1 + \eta\cos(2kL_\mathrm{ext})\right] \approx \eta\cos(2kL_\mathrm{ext}) \tag{5.1.9}$$

将式(5.1.9)代入式(5.1.8)，可得有反馈时激光系统的振荡条件，即

$$gk = -\frac{1}{2l}\left[\ln(r_1 r_2) + \eta\cos(2kL_\mathrm{ext})\right] \tag{5.1.10}$$

$$2nkl + \eta\sin(2kL_\mathrm{ext}) = 2m\pi \tag{5.1.11}$$

式中，m 为整数。当反馈光不存在时，式(5.1.10)和式(5.1.11)简化为

$$g_0 k_0 = -\frac{1}{2l}\left[\ln(r_1 r_2)\right] \tag{5.1.12}$$

$$2n_0 k_0 l = 2m\pi \tag{5.1.13}$$

式(5.1.12)和式(5.1.13)是单个激光器的振荡条件。当外部反射镜 M_3 靠近(或远离)激光器时，反馈光的相位发生改变，腔内载流子密度 N 将发生相应变化，同时折射率 n_c 也将改变，因此引起波矢的变化($k \rightarrow k_0 + \Delta k$)。在 $r_3 = 0$ 处对 n、g 进行线性化处理，令 N_0 为对应的

载流子数，n_0 和 g_0 分别为对应的激光工作物质的有效折射率和激光腔单位长度的线性增益，记为 $n_0=n(N_0)$，$g_0=g(N_0)$。当 $r_3\geqslant 0$ 时，对 $n(N)$ 进行一级近似展开，可得

$$n(N_0+\Delta N)=n_0+\left(\frac{\mathrm{d}n}{\mathrm{d}N}\right)_0\Delta N=n_0+\chi\Delta N \tag{5.1.14}$$

$$g(N_0+\Delta N)=g_0+\left(\frac{\mathrm{d}n}{\mathrm{d}N}\right)_0\Delta N=g_0+\rho\Delta N \tag{5.1.15}$$

式中，χ 和 ρ 分别为复折射率 n_c 的实部和虚部随载流子密度 N 的变化率，将式(5.1.14)和式(5.1.15)代入式(5.1.10)和式(5.1.11)，并以 $k_0+\Delta k$ 代替 k，有

$$(g_0+\rho\Delta N)(k_0+\Delta k)=-\frac{1}{2l}\left[\ln(r_1r_2)+\eta\cos(2kL_{\mathrm{ext}})\right] \tag{5.1.16}$$

$$2(n_0+\chi\Delta N)(k_0+\Delta k)l+\eta\sin(2kL_{\mathrm{ext}})=2m\pi \tag{5.1.17}$$

只考虑基模，取 $m=0$，式(5.1.16)和式(5.1.17)中将 ΔN、Δk 作为独立变量，并消去 ΔN 项，可得

$$c\Delta k=-\frac{c\eta\sqrt{1+\left(\dfrac{\chi}{\rho}\right)^2}}{2n_0l\left(1-\dfrac{g\chi}{n_0\rho}\right)}\sin[2kL_{\mathrm{ext}}+\arctan(\chi/\rho)] \tag{5.1.18}$$

令 $\alpha_{\mathrm{b}}=\chi/\rho$（称为线宽展宽因子），$\tau_0=2n_0l/c$（激光在内腔的往返时间，$c$ 为光速），$\tau=2L_{\mathrm{ext}}/c$（激光在外腔的往返时间），当 $g\chi/(n_0\rho)\ll 1$ 时，式(5.1.18)可简化为

$$\omega_0\tau=\omega_{\mathrm{F}}\tau+C\sin\left[\omega_{\mathrm{F}}\tau+\arctan\alpha_{\mathrm{b}}\right] \tag{5.1.19}$$

式中

$$C=\eta\frac{\tau}{\tau_0}\cdot\sqrt{1+\alpha_{\mathrm{b}}^2}=\frac{t_2t_2'r_3}{r_2}\cdot\frac{\tau}{\tau_0}\cdot\sqrt{1+\alpha_{\mathrm{b}}^2} \tag{5.1.20}$$

表示自混合干涉系统外部光反馈强弱的一个参数，它与外腔反射面的反射率成正比。式(5.1.19)即为激光自混合干涉系统的频率方程。将式(5.1.12)代入式(5.1.10)，并结合式(5.1.20)，可得激光自混合干涉系统的阈值增益变化量，即

$$\Delta G=gk-g_0k_0=-\frac{\eta}{2l}\cos(2kL_{\mathrm{ext}})=-\mu C\cos(\omega\tau) \tag{5.1.21}$$

式中，$\mu=n/(\tau c\sqrt{1+\alpha_{\mathrm{b}}^2})$，当外腔长度的变化量与初始外腔长之比远远小于 1 时，μ 近似为常数。根据一般 F-P 腔激光器的光强公式，可得激光自混合干涉系统的功率方程为

$$\begin{aligned}P&=P_0(1-K'\Delta G)\\&=P_0\left[1+\mu CK\cos(\omega\tau)\right]\\&=P_0\left[1+K_{\mathrm{s}}\cos(\omega\tau)\right]\end{aligned} \tag{5.1.22}$$

式中，K' 是仅与激光器本身有关的常数；P_0 是无光反馈时的初始光功率；$K_{\mathrm{s}}=\mu CK'$，是自混合干涉的条纹可见度。

5.1.3 影响自混合干涉条纹特性的几个参数

根据自混合干涉的理论模型，研究($C,\alpha_{\mathrm{b}},\varphi_0,A$)这几个参数对自混合干涉条纹的影响

规律，其中 C 为光反馈强度参数，并由式(5.1.20)定义，α_b 为激光器的线宽展开因子，φ_0 为外腔初始相位，A 为外部反射面的振动幅度。下面分别介绍这几个参数对自混合干涉特性的影响规律。

1. 光反馈强度 C 的影响

取 $\alpha_b = 4, A = 10, \varphi_0 = \pi$，改变光反馈强度参数 C，可得自混合干涉信号波形的变化规律如图 5.1.2 所示，图中横坐标是采样点数 N，纵坐标 $\omega_0 N$ 是外腔相位变化(单位为 rad)，纵坐标 G 为干涉函数，并且 $G = \cos\varphi_F(\tau) = \cos\omega_F\tau$，其中 $\varphi_F(\tau) = \omega_F\tau$ 为有光反馈时外腔的光相位。由图 5.1.2 可以看出以下几点。

(1) 当 $C \ll 1$ (即弱光反馈)时，自混合干涉信号为正弦波，如图 5.1.2(b)所示，与传统的干涉信号类似。

(2) 当 $1 < C < 4.6$ (即适度光反馈)时，自混合干涉信号为类锯齿波，但由于该反馈机制下激光器处于双稳态，波动的正反行程所对应的自混合干涉信号出现跳变现象，如图 5.1.2(c)所示。

(3) 当 $C > 4.6$ 时，某些干涉条纹消失，一个波动周期对应于半个光波波长的关系已不成立，系统进入一个较复杂的状态，但仍然能够反映外腔的基本波动规律，如图 5.1.2(d)所示。

由图 5.1.2 可以看出，随着反馈强度 C 的增加，外腔振动一个周期正反行程对应自混合干涉信号的正(负)峰值差越来越大，因此可以利用这个峰值差来测量光反馈水平因子。

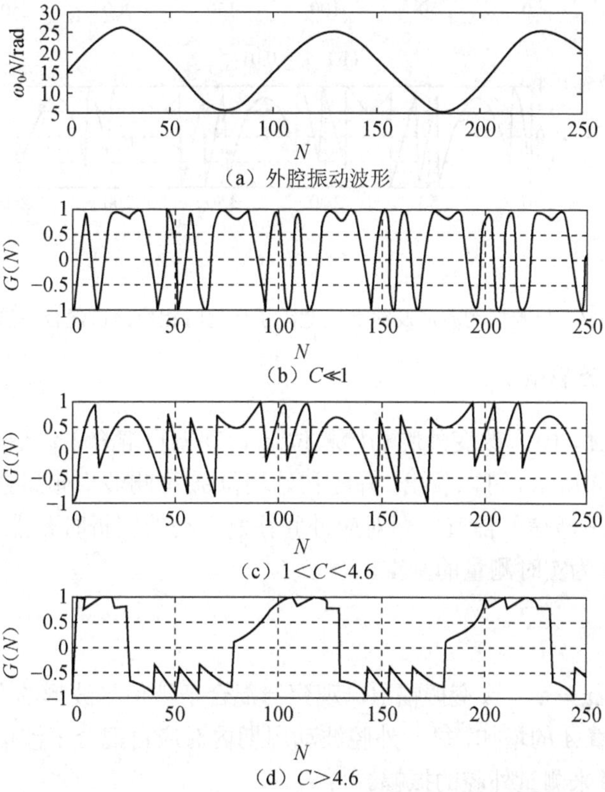

图 5.1.2　外腔振动波形及光反馈强度变化时相应的自混合干涉波形

2. 线宽展宽因子 α_b 的影响

取 $C=2, A=10, \varphi_0=\pi$，改变线宽展开因子 α_b，可得自混合干涉信号波形的变化规律，如图 5.1.3 所示，可以看出以下几点。

(1)当 α_b 较小(接近于 0)时，无论外部物体如何，运动自混合干涉信号波形都不会发生倾斜，如图 5.1.3(b)所示。

(2)随着 α_b 的增大，自混合干涉信号的条纹开始倾斜，经研究发现条纹的倾斜方向与外部目标体的振动方向有关，即当外部目标体正向运动时，条纹向右倾斜，当外部目标体反向运动时，条纹向左倾斜，如图 5.1.3(c)所示，这就说明了利用自混合干涉信号可辨识外部目标体运动方向。研究发现，α_b 决定了自混合干涉信号条纹的倾斜程度，因此可以根据自混合干涉信号条纹形状测量线宽展宽因子。

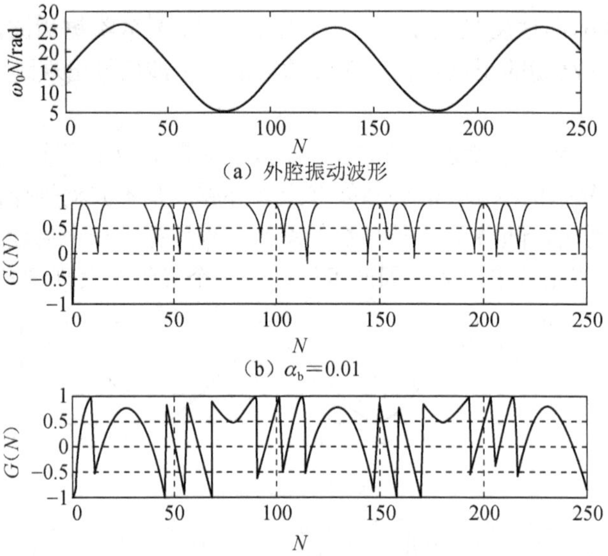

(a) 外腔振动波形

(b) $\alpha_b=0.01$

(c) $\alpha_b=5$

图 5.1.3 外腔振动波形及线宽展宽因子变化时相应的自混合干涉波形

3. 初始相位 φ_0 的影响

取 $\alpha_b=4, C=2, A=10$，改变外腔初始相位 φ_0，观察自混合干涉信号波形的变化规律，得到的波形如图 5.1.4 所示。可以看出，外腔初始相位 φ_0 影响波形倾斜方向发生变化时刻(如图中点 P)的自混合干涉信号幅值，即对应外腔往复运动的转折时刻点，但并不影响条纹数目，因此此点可以作为实时测量的基准。

4. 振幅 A 的影响

取 $\alpha_b=4, C=2, \varphi_0=\pi$，改变振幅 A，观察自混合干涉信号波形的变化规律，如图 5.1.5 所示。可以看出，随着 A 的增加，每一外腔波动周期内对应自混合干涉信号的条纹数也增加，因此可根据条纹数目来测量外腔的振幅。

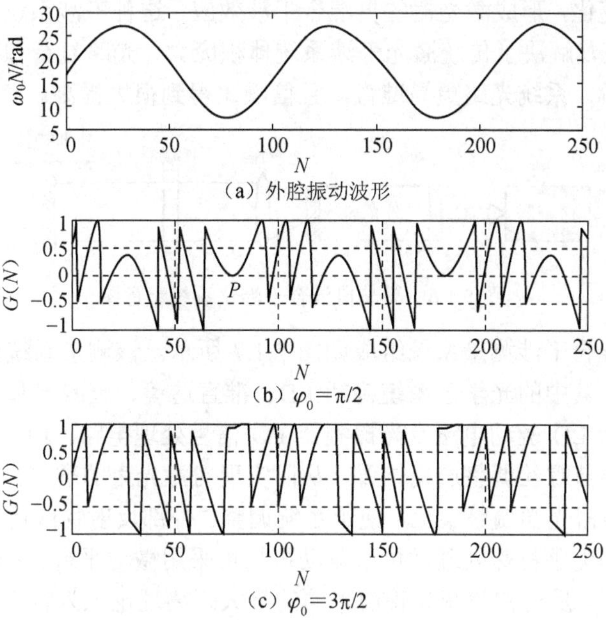

图 5.1.4　外腔振动波形及初始相位变化时相应的自混合干涉波形

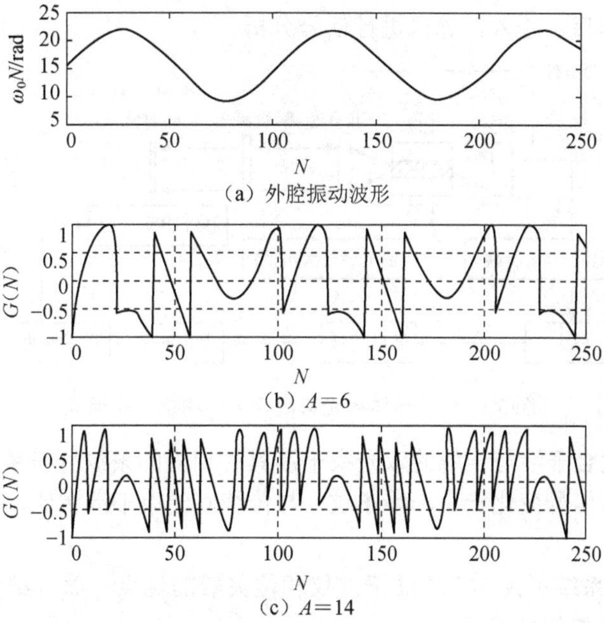

图 5.1.5　外腔振动波形及振幅变化时相应的自混合干涉波形

5.1.4　激光自混合干涉测量系统组成

激光自混合干涉测量系统组成如图 5.1.6 所示，激光器输出光被外部物体反射或散射后，其中一部分光又被反馈，并耦合进入激光腔内。重新注入的激光与激光腔内的光混合，引起输出功率和频率的变化，形成激光器的自混合干涉效应。这种干涉系统只需一个通道，结构简单、紧凑且易准直，解决了传统激光干涉系统体积庞大、光路复杂和准直困难等问题，尤其是引入光纤耦合后，系统光路更易准直，且信噪比得到很大提高。

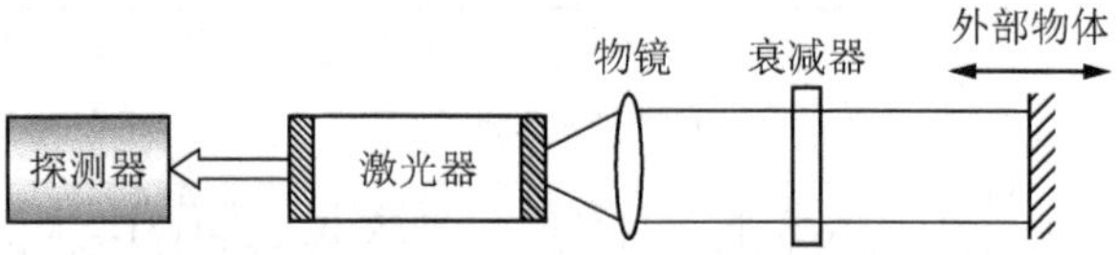

图 5.1.6　激光自混合干涉仪系统示意图

半导体激光自混合干涉测量系统组成如图 5.1.7 所示。该测量系统由光学子系统和电路子系统两部分组成，其中的光学子系统包括 LD、准直透镜、衰减器和外部反射物体或反射镜，电路子系统包括 LD 驱动电路及光探测器 PD 信号处理电路。LD 和准直透镜安装在激光准直管上，通过调节螺丝调整透镜位置，从而实现对激光束的准直，构成 LD 自混合传感头。传感头安装在精密光学调整架上，便于系统调整。外部反射物或反射镜安装在位移驱动机构上，反射物表面无须特殊处理，位移驱动机构可采用微动平台、扬声器、压电陶瓷管、扫描驱动系统等装置。反射物与激光管前表面的最大距离理论上为相干长度。激光管和外腔之间插入一个连续可调衰减器，用于调整系统光反馈水平。自混合干涉信号由 PD 探测，PD 可以是封装在 LD 内部的光二极管，也可以是外加的光探测器。PD 探测的自混合干涉信号经信号处理电路处理后，送入计算机进行信号分析。

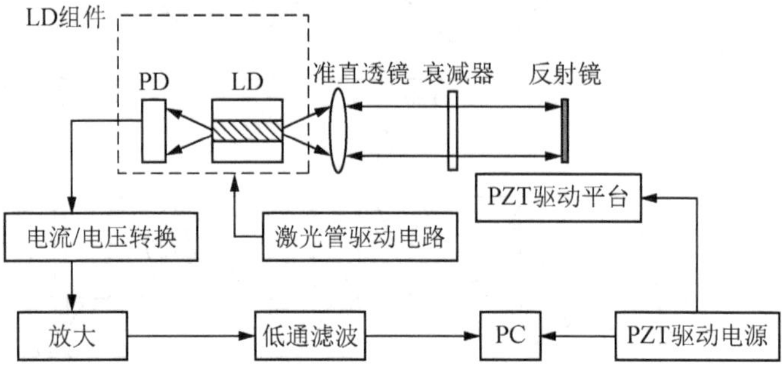

图 5.1.7　半导体激光自混合干涉测量系统组成

研究表明：自混合干涉与传统的双光束干涉具有相同的条纹分辨率，即外腔长度变化半波长时，自混合干涉信号变化一个干涉条纹。与传统双光束干涉相比，自混合干涉具有以下主要特点。

(1) 自混合干涉系统不仅具有传统干涉仪相位灵敏的优点，而且结构简单、紧凑、易准直，在很多场合可以取代传统干涉仪。

(2) 自混合干涉不依赖于光源的相干长度，比传统干涉仪有较大的测量范围。

(3) 自混合干涉技术具有识别目标靶的运动方向的功能。在适度光反馈强度下，光反馈自混合干涉信号为非对称的类锯齿波形，倾斜方向敏感于目标靶的运动方向，所以无需任何附加元件，自混合干涉信号本身就含有方向信息，为速度、位移的方向识别提供了新的方案。传统的关于激光多普勒测速仪的方向识别方案，通常采用入射光束频率偏移，利用极化光束或散射信号的空间分布等，这些措施所需的系统附加元件使实验设备变得复杂、昂贵。

(4) 自混合干涉不受系统所用光纤的模式影响，这样不仅解决了反馈光的耦合问题，使光路容易准直，系统造价低，而且可获得较高的信噪比。

(5) 自混合干涉不依赖于激光器类型，因此系统可采用价格低廉的激光器。

5.2　常用激光器的自混合干涉特性

5.2.1　He-Ne 激光器自混合干涉特性

He-Ne 激光器是干涉测量仪器中非常重要的光源，它具有谱线窄和相干长度长等优点，与 DFB、DBR、VCSEL 型 LD 以及 Nd:YAG 等固体激光器相比，He-Ne 激光器的谐振腔最长，在相同的外部反馈条件下，He-Ne 激光器的光反馈水平最低，自混合干涉曲线的锯齿现象不明显甚至不会出现，因此非常适合工作于弱反馈的情形。

在单纵模 He-Ne 激光器的谐振腔内设置双折射元件，使 He-Ne 激光纵模分裂为 o 模和 e 模，从而获得正交偏振双频激光输出。利用偏振分束器件将 o 模和 e 模进行分离，并分别探测相应的自混合干涉信号，采用 PZT 驱动腔外被测物体反射靶镜，可以得到典型正交偏振双频 He-Ne 激光器的自混合干涉信号，如图 5.2.1 所示。采用这种正交偏振双频 He-Ne 激光自混合干涉技术，可将位移测量分辨率提高到激光波长的八分之一，并且通过两种频率光的偏振特性可以对位移进行辨向，详见 5.4.1 节。

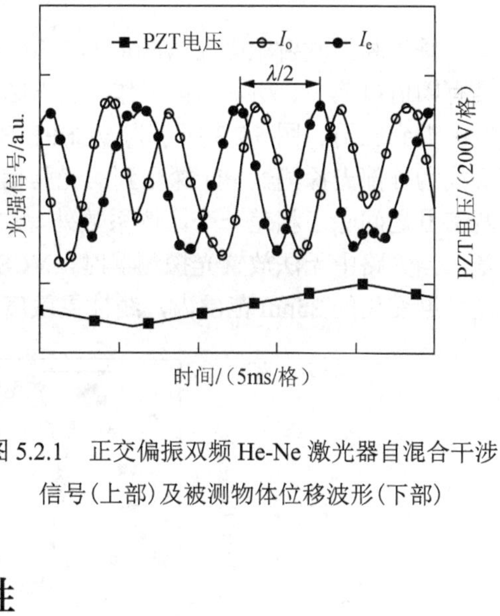

图 5.2.1　正交偏振双频 He-Ne 激光器自混合干涉信号(上部)及被测物体位移波形(下部)

5.2.2　Nd:YAG 激光器自混合干涉特性

研究结果表明，全固态 Nd:YAG 微片激光器具有体积小、发散角较小、频率稳定性好等优点，并对光反馈具有非常高的灵敏度，比 LD 至少高两个数量级，已应用于激光回馈层析研究。

在激光回馈层析成像系统中，散射光信号被反馈回激光谐振腔中，通过探测激光器功率的调制幅度来确定散射光的强弱。图 5.2.2(a) 为采用 Nd:YAG 激光自混合干涉层析成像系统探测浸没在悬浊液 1cm 深处的硬币形貌所得到的图像，纵向分辨率达到 6μm。此外，通过对 Nd:YAG 微片激光器施加横向作用力，利用晶体的应力双折射效应使 Nd:YAG 微片激光器产生纵模分裂，在激光器外腔长度一定的情况下，通过线性改变双频激光的频差大小，可以获得两正交偏振双频激光的输出光强信号，如图 5.2.2(b) 所示。显然，光强调制信号随正交偏振双频激光频差的改变而呈周期性变化，利用这一特性可以实现静态或动态力的传感与测量，测量灵敏度可达 5.472MHz/kPa。

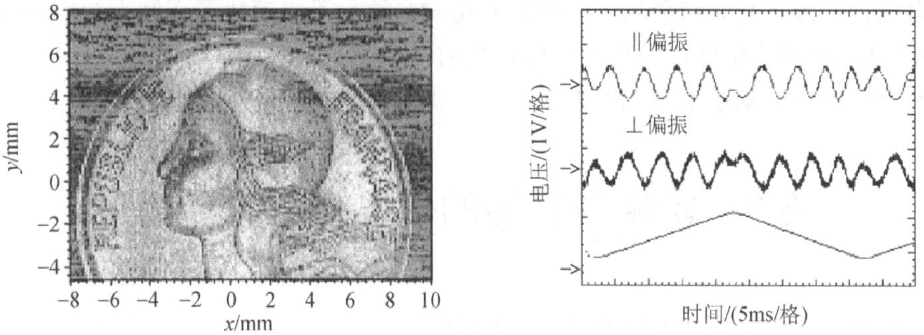

（a）激光自混合干涉层析成像硬币二维图像

（b）双频Nd:YAG微片激光器输出光强随两束光频差的变化关系曲线

图 5.2.2 Nd:YAG 激光器自混合干涉效应实验结果

5.2.3 半导体激光器自混合干涉特性

垂直腔面发射激光器(vertical cavity surface emitting laser，VCSEL)作为一种新型的 LD，具有阈值电流小、动态单模工作、输出圆形对称光束等优点，近年来也开始在自混合干涉系统中得到应用。图 5.2.3 所示为 VCSEL 在外腔长度改变 1200nm 过程中的自混合干涉信号，实线为外部光探测器 PD 探测到的光强信号，虚线为激光器的 PN 结电压信号，可以看出，两信号之间除了相差一个比例系数外，二者的相位相差 180°(即反相位变化)。值得注意的是，当光路中无法放置光探测器时，VCSEL 的结电压可以作为有效输出量。在光强信号出现急剧变化的 25nm 范围内，线性灵敏度达 45mV/nm。

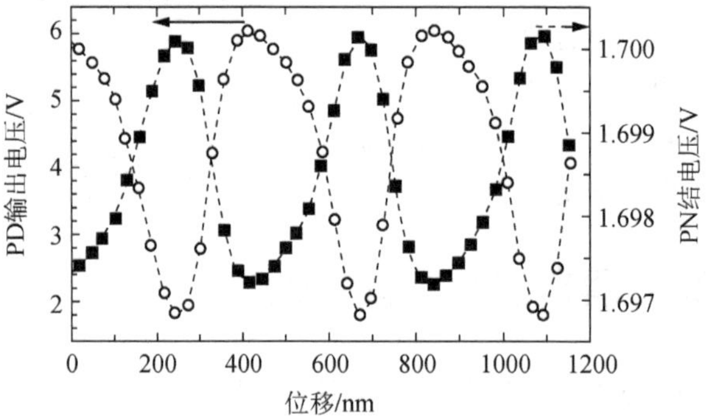

图 5.2.3 VCSEL 半导体激光器自混合干涉光强信号和 PN 结电压信号

分布反馈(distributed feedback，DFB)式半导体激光器(DFB-LD)中的光栅分布于整个谐振腔中，由于介质光栅的锐选频效应，DFB-LD 在单色性和稳定性方面优于一般的 F-P 腔 LD(FP-LD)；此外，DFB-LD 可以与光纤技术相结合，扩展了激光自混合干涉仪的应用范围。图 5.2.4(a)给出了 $\lambda/4$ 相移型和增益耦合型 DFB-LD 以及 FP-LD 的阈值增益改变与外腔相位的关系曲线，可以看出，在相同光反馈水平下，DFB-LD 所得到的自混合干涉信号的调制深度远大于 FP-LD 所得到的自混合干涉信号的信号强度，可见 DFB-LD 具有很高的光学反馈灵敏度。此外，图 5.2.4(b)给出了待测物体做正弦位移时，在不同光反馈水平下 DFB-LD 的自混合干涉信号曲线，曲线自上而下反馈强度依次增加，可以看出，随着反馈强度的增加，干涉条纹的倾斜程度逐渐加强，当反馈水平增加到一定程度时，由于光束在外腔中的多重反馈效应，自混合干涉信号出现了倍频现象。

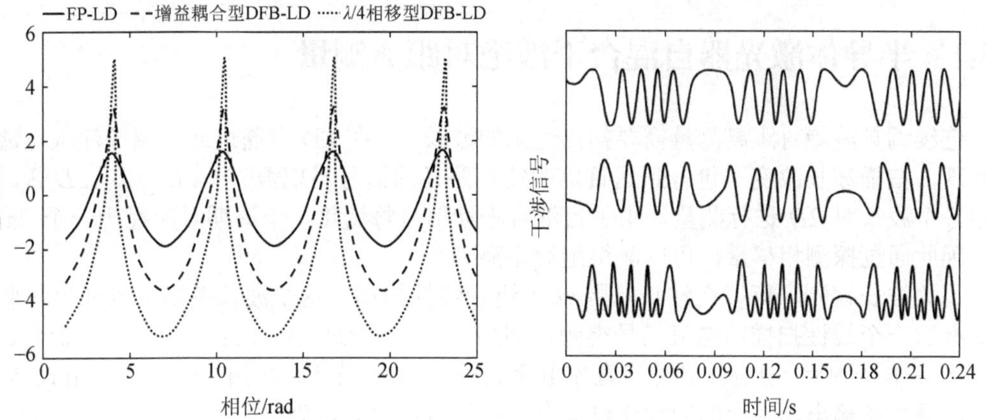

（a）LD阈值增益改变量与外腔相位的关系曲线　（b）不同光反馈强度下DFB-LD的自混合干涉信号

图 5.2.4　DFB-LD 自混合干涉特性曲线

分布布拉格反射(distributed Bragg reflector，DBR)式半导体激光器(DBR-LD)是将FP-LD 的一端或两端的晶面反射镜换成 DBR 光栅而构成的，在 DBR-LD 结构中，光栅反射器的反射率有强烈的波长选择性。因此，DBR-LD 比 DFB-LD 更易于形成单纵模振荡输出，并有较宽的波长调谐范围，这是一个有利于激光传感与测量应用的显著优点。

图 5.2.5(a)所示为不同目标反射率 r_{obj} 条件下，系统的输出光强随外腔相位的变化曲线，可以看出，激光系统输出信号的调制深度随目标物体反射率 r_{obj} 的增大而变深，输出信号的形状由类余弦信号逐渐变化为锯齿波信号。图 5.2.5(b)所示为不同初始外腔长度条件下，激光器输出光强随外腔相位的变化曲线，可以看出，输出光强的调制深度不随初始外腔长度而变化，但条纹的倾斜程度会随着初始外腔长度的增加而增大。

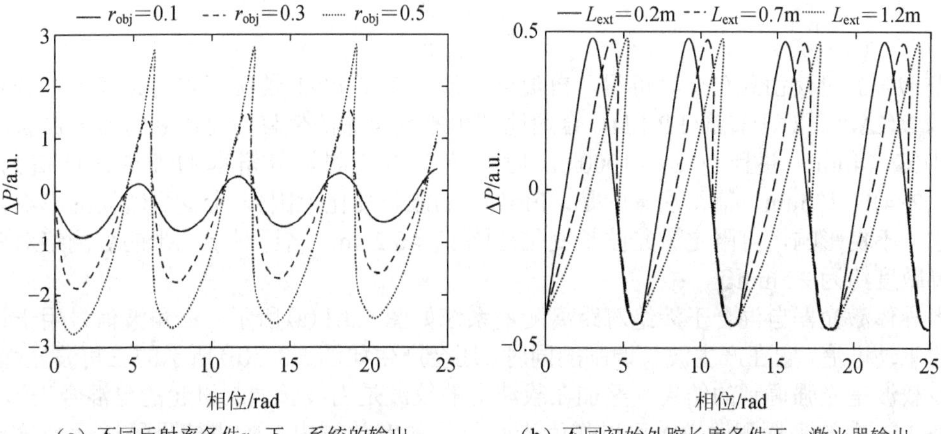

（a）不同反射率条件 r_{obj} 下，系统的输出光强随外腔相位的变化曲线　（b）不同初始外腔长度条件下，激光器输出光强随外腔相位的变化曲线

图 5.2.5　DBR-LD 自混合干涉特性曲线

5.3 激光自混合干涉绝对距离测量

5.3.1 半导体激光器自混合干涉绝对距离测量

连续调频波绝对距离测量需要扫描光源的波长，这在 LD 中通过连续调节注入电流很容易实现，扫描波长改变了包含到达目标的往返路径的信号周期数 $N=2L_{\text{ext}}/\lambda=2D/\lambda$，每一次用多个波长对 $2D$ 进行测量，由于自混合干涉信号每变化一个周期对应经历一个 2π 的相移，因此通过探测相移量，可以测得绝对距离 D。

作为波长调制，可以在波长范围$\Delta\lambda$ 内进行线性扫描，这个波长调制可以通过在驱动电流上叠加一个线性扫描的电流信号得到，即用一个振幅为$\Delta I=\Delta\lambda/\alpha_1$ 的三角波电流(其中 α_1 为电流-波长调制系数)叠加到静态直流电流 I_{dc} 上。在扫描开始和扫描结束时，由式(5.1.22)可知，叠加在输出功率上的归一化自混合干涉信号可以表示为

$$\frac{P}{P_0}=1+K_{\text{s}}\cos\left(\frac{4\pi D}{\lambda_0}\right) \tag{5.3.1}$$

$$\frac{P}{P_0}=1+K_{\text{s}}\cos\left(\frac{4\pi D}{\lambda_0+\Delta\lambda}\right)\approx 1+K_{\text{s}}\cos\left[\frac{4\pi D(1-\Delta\lambda/\lambda_0)}{\lambda_0}\right] \tag{5.3.2}$$

那么，扫描产生的相位变化$\Delta\varphi$可以表示为

$$\Delta\varphi=\frac{4\pi D\left(1-\dfrac{\Delta\lambda}{\lambda_0}\right)}{\lambda_0}-\frac{4\pi D}{\lambda_0}=\frac{-4\pi D\Delta\lambda}{\lambda_0^2} \tag{5.3.3}$$

通过光探测器输出电流获得自混合干涉信号的周期数 $N=2D\cdot\Delta\lambda/\lambda_0^2$，若系统工作于 $C>1$ 的情况，那么 N 就是用于计数的跳变数(外腔相位每改变 2π 会使自混合干涉系统的输出出现一次跳变)，根据 N 可以得到被测距离，即

$$D=\frac{N\lambda_0^2}{2\Delta\lambda} \tag{5.3.4}$$

当 $N=1$ 时，由式(5.3.4)可得，自混合干涉系统在 $C>1$ 情况下绝对距离测量分辨率为 $\delta D=\lambda_0^2/(2\Delta\lambda)$。对于普通 FP-LD，合理地利用驱动电流的偏移，可以获得激光波长的变化范围为$\Delta\lambda\approx 4\text{nm}$，并且当 $\lambda_0=1000\text{nm}$ 时，绝对距离测量分辨率的理论估计值为$\delta D=1000^2/(2\times 4)=125\mu\text{m}$。值得注意的是，FP-LD 的波长变化范围$\Delta\lambda$ 会受到跳模的影响，为了避免这一不良影响，可限定激光波长变化范围$\Delta\lambda\approx 0.2\text{nm}$，这样对于几米的被测绝对距离，测量灵敏度约为 2.5mm。

半导体激光器自混合干涉绝对距离测量系统如图 5.3.1(a)所示。三角波信号用于调制激光器的驱动电流，它在产生波长调制的同时，还会产生如图 5.3.1(b)所示的三角波光强调制，三角波载波是光强调制的结果，叠加在载波上的纹波是由波长调制引起的自混合干涉信号。封装在 LD 中的光探测器 PD 可以作为光强信号的有效输出，输出信号经过适当倍数的放大器放大后输入到滤波电路，通过对微分器的输出脉冲序列进行计数，可以获得每个波长调制周期内自混合干涉信号的变化周期数 N，再根据式(5.3.4)中的比例因子可以确定被测距离 D。

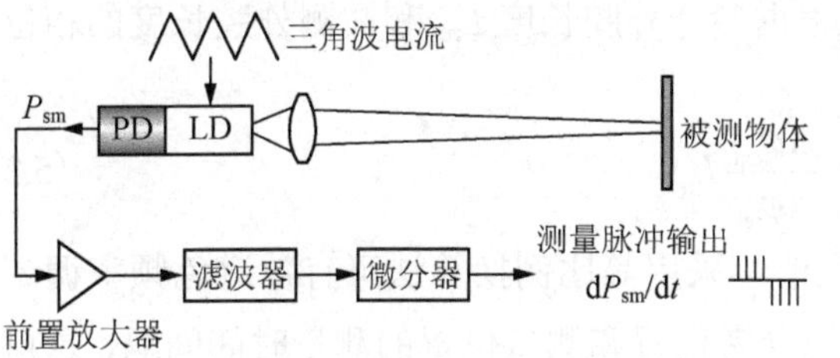

(a) 半导体激光器自混合干涉绝对距离测量系统

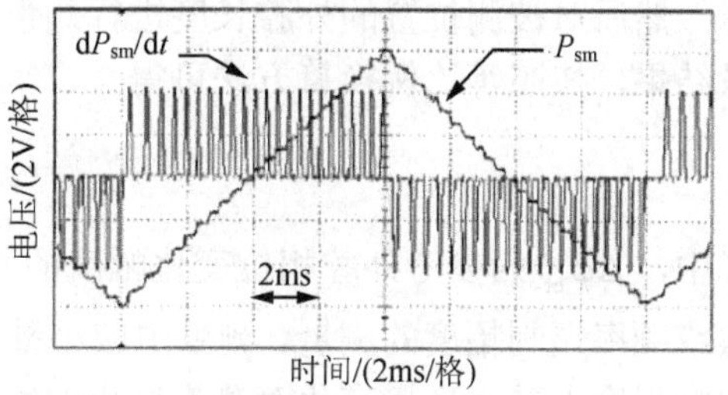

(b) 典型输出信号

图 5.3.1 半导体激光器自混合干涉绝对距离测量系统及典型输出信号

5.3.2 固体激光器自混合干涉绝对距离测量

Nd:YAG 微片激光器对光反馈具有非常高的灵敏度，对被测物体表面的反射率要求很低，特别适合非合作目标物体的绝对距离测量。在进行绝对距离测量时，通过调制 LD 的注入电流，实现对 Nd:YAG 微片激光器的频率调制，这种基于泵浦调制的调频方法，属于温度-频率调制方法。

LD 泵浦 Nd:YAG 微片激光器自混合干涉绝对测距系统组成如图 5.3.2(a)所示，LD 注入电流可以是恒定值，以便用于目标位移的测量；也可以对 LD 进行正弦或三角波电流调制，以用于绝对距离测量。Nd:YAG 微片激光器的输出光经声光调制器 AOM_1、AOM_2 后照射在被测物体表面上，部分反射光再次经过 AOM_2、AOM_1 后，作为反馈光入射到 Nd:YAG 微片激光器的谐振腔内，引起激光器输出光强的调制。通过分光镜分出一部分光用于 PD 探测。声光调制器 AOM_1 和 AOM_2 的移频量分别为 70MHz 和 70MHz+41.9kHz，差分移频后得到系统的最终频移量为 83.8kHz。光功率信号经光电转换和电路预处理后作为测量信号送入锁相放大器；两个声光调制器的射频驱动信号经混频和倍频处理后作为参考信号送入锁相放大器。由锁相放大器解调输出的相位信号由数据采集卡采集并送入计算机进行处理，可以得到被测物体位移或绝对距离的测量值。

Nd:YAG 微片激光器的谐振频率随 LD 注入电流线性变化，在一定条件下，激光频率随电流的调制系数为一常数。若对 LD 注入电流进行正弦连续波调制，则式(5.1.19)中的相位项可以表示为如下形式：

$$\omega\tau = \omega_0\tau + \Delta\omega\tau\sin\left(\frac{2\pi t}{T_m}\right) \tag{5.3.5}$$

式中，ω_0 为激光器无光反馈下的激光频率；$\Delta\omega$ 为光频调制幅度；T_m 为调制周期；$\tau = 2L_{ext}/c$ 为光束在外腔中的往返时间。通过解调可以获得外腔相位的变化幅度$\Delta\omega\tau$，外腔相位波形如图 5.3.2(b)所示，由式(5.3.5)可以得到外腔长度(即被测绝对距离)为

$$L_{ext} = \frac{\Delta\varphi_{ext}c}{2\Delta\omega} \tag{5.3.6}$$

式中，$\Delta\varphi_{ext}$ 为外腔相位变化幅度$\Delta\omega\tau$的测量值。在不同的工作条件下，激光器的频率调制系数是会发生变化的，因此频率调制幅度$\Delta\omega$ 也会有起伏。在短时间内，激光器工作参数不变的情况下，激光器的频率调制系数为恒定值。因此，可以设定一个已知外腔长度 L_{ref} 作为参

考，然后对被测位置的外腔长度进行测量，根据参考外腔长度 L_{ref} 和被测外腔长度的相位测量结果，按照等比例换算方法可得

$$L_{ext} = \frac{\Delta\varphi_{ext}}{\Delta\varphi_{ref}} L_{ref} \tag{5.3.7}$$

式中，$\Delta\varphi_{ref}$ 为参考外腔相位变化幅度的测量值。采用等比例换算法可有效避免频率调制系数或频率调制幅度的测量。测量中应尽量缩短参考位置和测量位置的测量时间间隔，这可在一定程度上减小环境变化对测量结果的影响。测量分辨率主要受限于相敏检波的精度、测量环境的干扰以及激光器的稳定性。

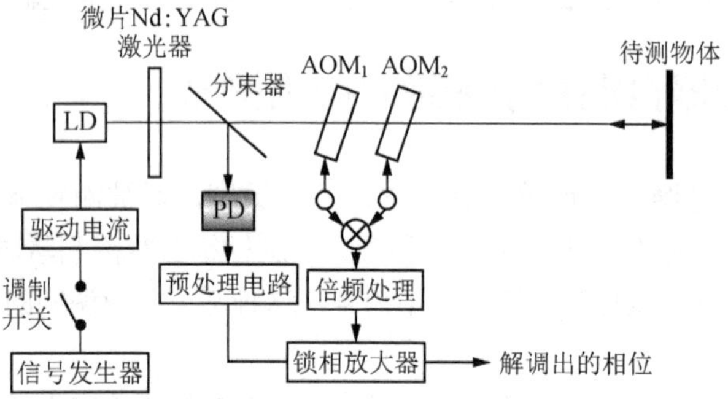

（a）LD泵浦Nd:YAG微片激光器自混合干涉绝对距离测量系统

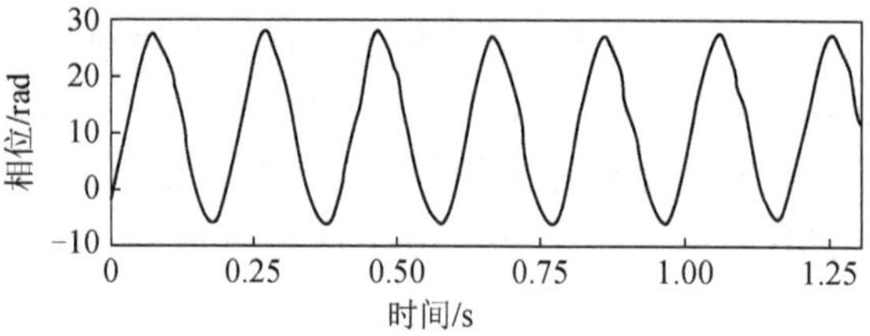

（b）自混合干涉信号相位

图 5.3.2 LD 泵浦 Nd:YAG 微片激光器自混合干涉绝对距离测量系统及自混合干涉信号相位

5.3.3 光纤激光器自混合干涉绝对距离测量

一种可调谐掺铒光纤环形激光器自混合干涉绝对距离测量系统如图 5.3.3 所示，其中光纤激光器由 LD 泵浦源、980nm/1550nm 波分复用器 WDM、增益掺铒光纤 EDF、光循环器 OC、未泵浦掺铒光纤 UPEDF、双耦合器模块 DDC 和光纤 F-P 腔可调谐滤波器 FFP-TF 组成，双耦合器模块起到反射和透射激光的作用；由 LD 泵浦源出射的 980nm 泵浦光通过 WDM 耦合进入 EDF 中，对 Er^{3+} 进行泵浦以实现粒子数反转分布与光放大，1550nm 波段振荡激光由 FFP-TF 进行波长选择及调谐，腔内 UPEDF 用作可饱和吸收体以实现激光单纵模选择，通过给 FFP-TF 施加周期性三角波电压调制信号，可以线性调谐激光波长，从而获得 1550nm 波段线性调谐单纵模激光振荡输出。输出激光经光纤定向耦合器 DC 分成两路，其中一路光由端口 1 输出，并依次经过光衰减器 OA 和准直透镜 CL 后投射到被测目标靶 TA 上，被 TA 反射的光波回馈进入激光腔内形成自混合干涉效应；另一路光由 DC 的端口 2 输出，由光探

测器 PD 接收自混合干涉信号并通过示波器 OSC 进行观察，也可通过数据采集卡 DAC 对自混合干涉信号进行采集，再由计算机 PC 进行处理。

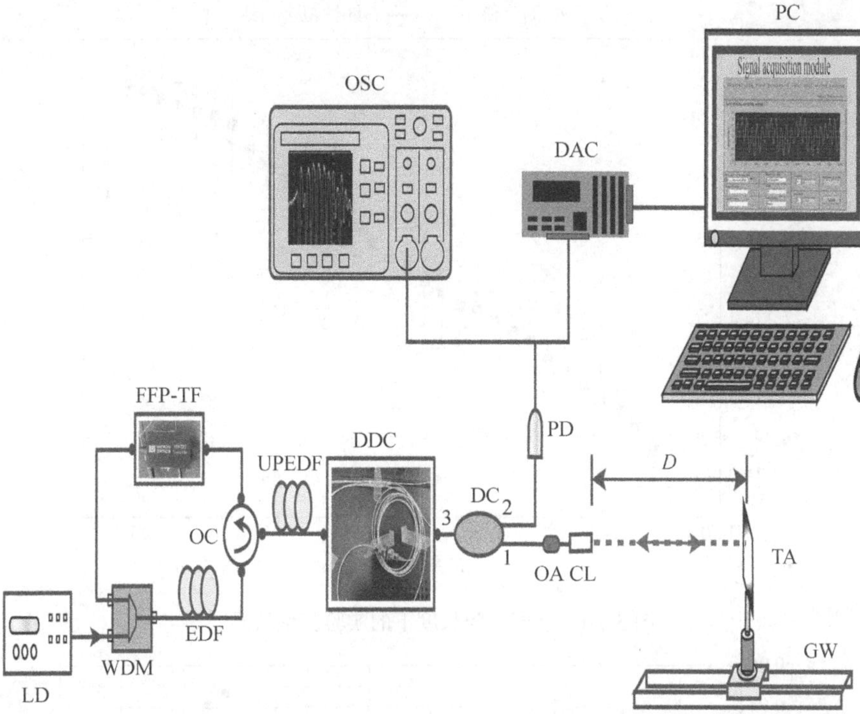

图 5.3.3　可调谐掺铒光纤环形激光器自混合干涉绝对距离测量系统组成

LD：激光二极管；WDM：波分复用器；EDF：掺铒光纤；OC：光循环器；FFP-TF：光纤 F-P 腔可调谐滤波器；UPEDF：未泵浦掺铒光纤；DDC：双耦合器模块；DC：定向耦合器；OA：光衰减器；CL：准直透镜；TA：被测目标；GW：导轨；PD：光探测器；OSC：示波器；DAC：数据采集卡；PC：计算机

建立图 5.3.3 所示的光纤环形激光器自混合干涉绝对距离测量实验系统，光纤激光器的阈值泵浦功率为29.7mW，当泵浦功率为165mW时，1550nm 单纵模激光输出功率为3.25mW。通过导轨 GW 移动 TA 靶面位置，从而改变 TA 靶面与 CL 右端面之间的距离 D，同时也改变了自混合干涉系统的外腔长度 L_{ext}(即 TA 靶面与 DDC 右端面之间的长度)。在不同被测距离或外腔长度下，当给 FFP-TF 施加一定频率和幅值的三角波调制电压时，可以得到周期性变化的自混合干涉测距信号，对单个调制周期内的自混合干涉测距信号进行采集与处理以实现条纹计数，从而得到绝对距离或外腔长度的测量值。当 FFP-TF 所加三角波调制电压信号的幅值和频率分别为 50mV 和 50Hz 时，在不同外腔长度下的实验测量结果如图 5.3.4 所示，图中方点反映了单个调制周期内自混合干涉条纹数的测量平均值，误差棒表示相应测量值在其平均值附近的波动范围。可以看出，单个调制周期内自混合干涉条纹数测量值相对其平均值的波动小于 0.93%，并且外腔长度的测量值与其设定值线性相关，相关系数为 0.99668，拟合直线的斜率为 1.00824，说明外腔长度测量值与其设定值具有很好的一致性。研究结果表明：当外腔长度在 14.1～15m 范围内变化时，测量分辨率也相应地发生变化，变化范围为 1.622～1.633mm，其平均测量分辨率为 1.628mm；外腔长度测量误差的实验变化规律如

图 5.3.5 所示，可以看出，外腔长度的绝对测量误差小于±0.047m，对应的相对测量误差小于 0.32%。

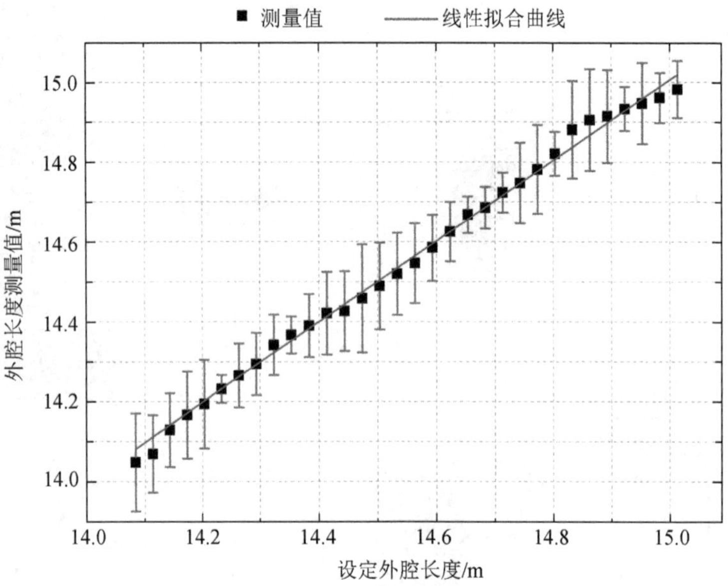

图 5.3.4　不同外腔长度下的实验测量结果

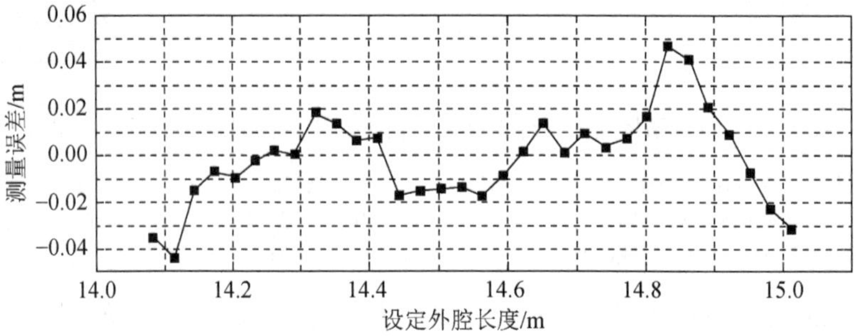

图 5.3.5　测量误差随外腔长度的实验变化规律

5.4　激光自混合干涉位移测量

位移测量是激光自混合干涉技术最直接的应用领域之一，许多其他几何量和物理量的变化(如机械梁的变形、工件厚度的变化、液位的变化等)都可以转换成位移来进行测量，因此在航空、汽车、纳米技术、半导体(芯片制造)、现代制造以及医疗等领域有广泛的应用。高精度、高分辨力、大测量范围的位移测量技术一直都是国内外测量技术人员研究的重点，研究结果表明：当激光外腔长度改变半个波长时，激光强度变化一个周期。因此，通过记录激光强度波动的条纹数，就可以得到被测物体的位移，这是激光自混合干涉系统中最简单的信号处理方法。随着自混合干涉位移测量技术的不断完善，位移测量精度已经远远超越了激光半波长的限制。

5.4.1　双折射双频 He-Ne 激光器自混合干涉位移测量

双折射双频 He-Ne 激光器自混合干涉位移传感与测量系统组成如图 5.4.1 所示，M_1 和 M_2 是单纵模 He-Ne 激光器的腔镜，其中 M_2 的右表面和左表面分别蒸镀反射膜和增透膜，并沿 M_2 径向施加外力 F_t，在 M_2 内部产生应力双折射，使激光纵模产生分裂，从而输出正交线偏振双频激光(o 光和 e 光)。从腔镜 M_2 输出的正交线偏振双频激光由被测目标 TA 的反射面 M_3 反射回激光谐振腔，并与激光腔内的光场相互作用而产生自混合干涉效应。从腔镜 M_1 输出的双频激光经偏振分光棱镜 PBS 分光，并分别由光探测器 PD_1 和 PD_2 探测，经信号处理电路 SPC_1 和 SPC_2 处理后，由显示单元 DU 给出 TA 的位移结果。TA 由压电陶瓷管 PZT 驱动，以实现 TA 反射面 M_3 左右移动。

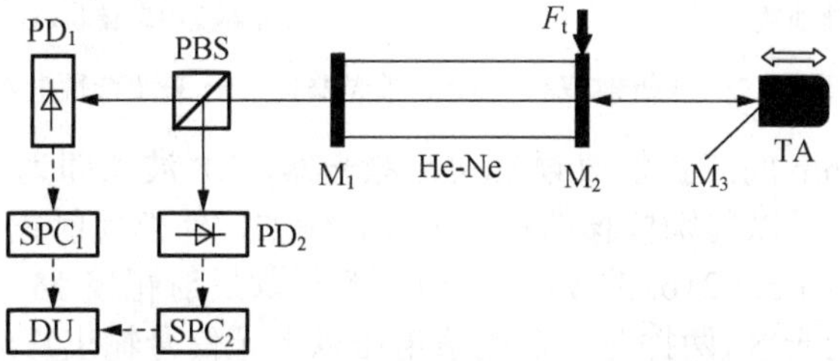

图 5.4.1　双折射双频 He-Ne 激光器自混合干涉位移传感与测量系统

M_1，M_2：激光腔镜；F_t：腔外作用力；M_3：被测目标反射面；TA：被测目标；PBS：偏振分光棱镜；PD：光探测器；SPC：信号处理电路；DU：显示单元

图 5.4.2(a)给出了正交线偏振双频激光器功率经 PD 探测后输出电压随外反射镜位移的变化规律，任意两相邻峰值点分别对应于 o 光和 e 光或者相反。两相邻峰值中间为 o 光和 e 光的光强转移区。两相邻峰值点正中间有一个 o 光和 e 光的等光强点(即 PD_1 和 PD_2 输出电压相等)。当给光探测器 PD_1 和 PD_2 输出电压信号设定一个阈值电压 U_{th}(图 5.4.2(b)中的水平线)时，无论是 o 光的功率回馈曲线，还是 e 光的功率回馈曲线，阈值电压以上的部分都是周期变化的。o 光和 e 光两曲线的合成曲线也是周期变化的，并且一种偏振光的功率增大必然会引起另一偏振光的功率减小，当其中一种偏振光的功率达到最大时，另一种偏振光的功率趋近于零。

由图 5.4.2(b)可以看出，从 A 到 E 为一个变化周期，按顺序先是 o 光或者 e 光中的一个被照亮，相应的另一个为暗场，其次是 o 光和 e 光同时被照亮，然后是之前单独被照亮的光处于暗场，另外一种光被单独照亮，最后是 o 光、e 光都为暗场。上述四种偏振态的变化重复出现，就产生了如图 5.4.2(b)所示的周期性连续出现的循环状态。激光纵模频率从图 5.4.2(b)中 A 移到 E 时恰好改变了一个纵模间隔，相应地移动半个激光波长，而激光纵模频率改变四个不同偏振区域之一时，激光器外腔反射靶镜就相应地移动了 $\lambda/8$。因此，通过光探测器 PD_1、PD_2 和信号处理电路 SPC_1、SPC_2，可以得到两正交偏振激光频率移过的区域个数(N_+-N_-)，进而可以确定激光器外腔反射靶镜的位移量，即

$$\Delta L_{ext} = \frac{1}{8}(N_+ - N_-)\lambda \tag{5.4.1}$$

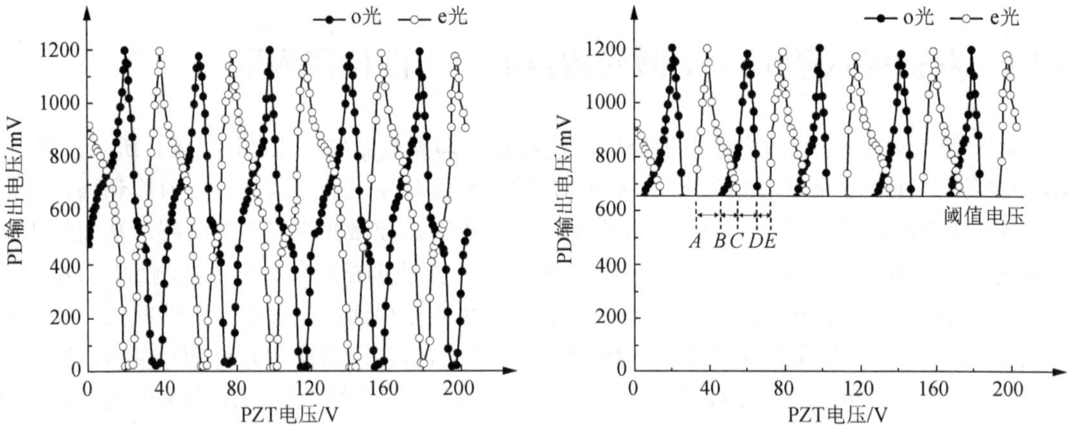

（a）PD输出电压随外部反射靶镜位移（PZT电压）的变化曲线

（b）阈值电压以上o光和e光对应的PD输出电压随外部反射靶镜位移（PZT电压）的变化曲线

图 5.4.2 双折射双频 He-Ne 激光器自混合干涉特性曲线

对于波长为 632.8nm 的双折射双频 He-Ne 激光器，1/8 波长即为 79.1nm。根据四个偏振区域中光的不同特性，可以判别位移的移动方向，例如，外部反射靶镜刚开始移动时，两偏振频率正处在 o 光区(图 5.4.2(b)的 *CD* 区间)。若外部反射靶镜 M_3 远离激光器运动，两偏振光频率向右便进入无光区(两探测器在阈值电压以上无信号输出)，若 M_3 靠近激光器运动，两偏振光频率向左移便进入 o 光、e 光共存区(两探测器在阈值电压以上均有信号输出)。

双折射双频 He-Ne 激光器从模式竞争的角度出发，从物理本质上对半波长以下的条纹进行了细分，即使在外部光反馈不足以产生“类锯齿波”的情况下，依然可以从自混合干涉信号偏振区域的特征对位移方向进行准确判断。

5.4.2 Nd:YAG 激光器自混合干涉位移测量

图 5.4.3 所示为一种调频 Nd:YAG 激光器自混合干涉位移测量系统，与通常改变外腔光程的光反馈方式不同，该系统采用带光反馈外腔环的内腔调谐实现调频。从 LD 耦合光纤 OF 输出的 808nm 泵浦光经透镜 OL_1 准直后，再由透镜 OL_2 汇聚于 Nd:YAG 晶体中，Nd:YAG 晶体左端面(即泵浦端面)与输出耦合镜 OC 构成半外腔结构，其光学腔长 $L' \approx 40\text{mm}$ 。在没有光反馈的情况下，激光器以基横模、单纵模振荡输出。OC 与外部反射镜 M 构成无源外腔(其光学腔长为 L'_{ext})，并且 OC 与 PZT 粘接在一起，通过改变加在 PZT 内外壁电极之间的电压大小，可以调节 Nd:YAG 激光器的内腔光学长度 L' 和外腔光学长度 L'_{ext} ；由光探测器 PD 接收激光光强信号，并通过示波器 OSC 进行观察。

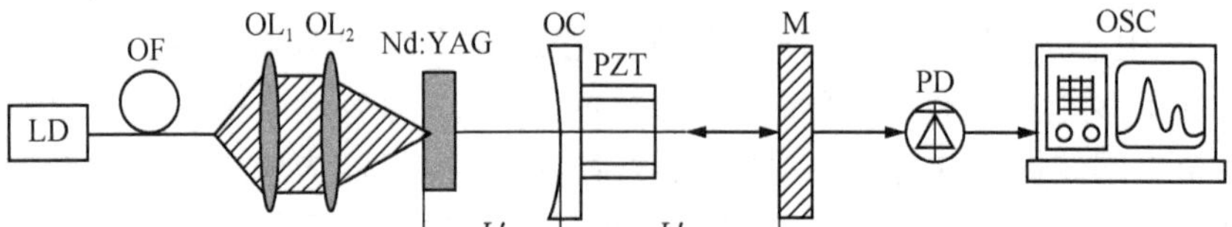

图 5.4.3 调频 Nd:YAG 微片激光器自混合干涉位移测量系统

LD：激光二极管；OF：光纤；OL：透镜；Nd:YAG：掺钕钇铝石榴石；OC：输出耦合镜；PZT：压电陶瓷管；M：外部反射镜；PD：光探测器；OSC：示波器

在无光反馈(不放入 M)情况下，通过给 PZT 施加三角波电压以连续改变激光谐振频率，观察到的激光器输出光强变化规律如图 5.4.4(a)所示。可以看出，激光光强随着振荡纵模在增益曲线频率轴上移动而变化，当激光纵模频率位于增益曲线中心频率时，输出光强最大。由激光原理可知，激光频率每改变一个纵模间隔，即内腔长每改变 $\lambda/2$，输出光强变化一个周期。当在激光器输出光路中放入 M 时，由于存在光反馈，激光器的输出光强发生相应变化，图 5.4.4(b)给出了激光器输出光强与内腔长变化的关系曲线。为了观察方便，图中仅给出了一个周期(即内腔长改变半波长)的自混合干涉信号，该信号是无光反馈时内腔调频特性曲线(包络曲线)和高频自混合干涉信号的叠加。

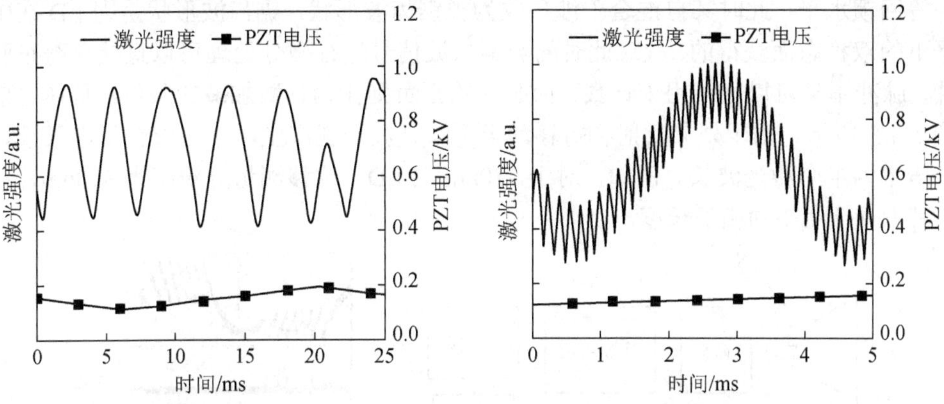

(a) 无光反馈　　(b) 有光反馈

图 5.4.4　调频 Nd:YAG 微片激光器自混合干涉特性曲线

由式(5.1.22)可知，激光自混合干涉信号是外腔相位的函数，驱动 PZT 可同时改变内腔和外腔的长度，外腔的相位变化可以表示为

$$\mathrm{d}\varphi = \mathrm{d}(\omega_0\tau) = \tau\mathrm{d}\omega_0 + \omega_0\mathrm{d}\tau \tag{5.4.2}$$

式中，$\mathrm{d}\omega_0$ 和 $\mathrm{d}\tau$ 分别表示由于内腔光学长度 L' 和外腔光学长度 L'_{ext} 变化所引起的激光频率和外腔往返时间的变化量，并有如下关系：

$$\mathrm{d}\omega_0 = 2\pi\mathrm{d}\nu = 2\pi\frac{c}{2L'} \tag{5.4.3a}$$

$$\mathrm{d}\tau = 2\frac{\mathrm{d}L'_{\mathrm{ext}}}{c} = 2\frac{\frac{\lambda}{2}}{c} = \frac{\lambda}{c} \tag{5.4.3b}$$

通过 PZT 驱动 OC 移动，以使 L' 改变半个波长，这时 L'_{ext} 也反向改变半个波长，激光频率相应地改变一个纵模间隔。将式(5.4.3a)和式(5.4.3b)代入式(5.4.2)，可得

$$\mathrm{d}\varphi = 2\pi(1 + L'_{\mathrm{ext}}/L') \tag{5.4.4}$$

即外腔相位呈周期性变化，变化周期为 $1 + L'_{\mathrm{ext}}/L'$，并与外腔长度和内腔长度之比成线性关系。实验获得了 46 个周期的自混合干涉条纹，每个条纹对应的腔长改变量为 $\lambda/92$(即 11.6nm)，显著提高了自混合干涉位移传感与测量系统的分辨率。

5.4.3 半导体激光器自混合干涉位移测量

1. 半导体激光器自混合干涉位移测量方法

目前，半导体激光器自混合干涉位移测量方法主要有条纹计数法、拍频测量法、光回馈水平差异测量法、相位锁定法、相位测量法等，下面分别予以简要介绍。

1) 条纹计数法

自混合干涉现象应用于位移测量最直接和简单的方法就是条纹计数法。首先使得 LD 工作于中等回馈水平，此时其自混合干涉条纹为类锯齿波形状，锯齿波形状是因 LD 在中等回馈水平下的双稳态而获得的，故对此时的类锯齿波信号进行微分处理可以直接获得正脉冲和负脉冲，脉冲本身可以直接用于计数，而脉冲的正负则作为计数加减的条件，具体的信号处理如图 5.4.5 所示。由于外界反射物每移动半个激光波长就产生一个自混合干涉条纹，故系统的分辨率为半个激光波长。例如，对于 780nm 的 LD，位移测量分辨率为 390nm，可测的最大位移取决于 LD 的相干长度。

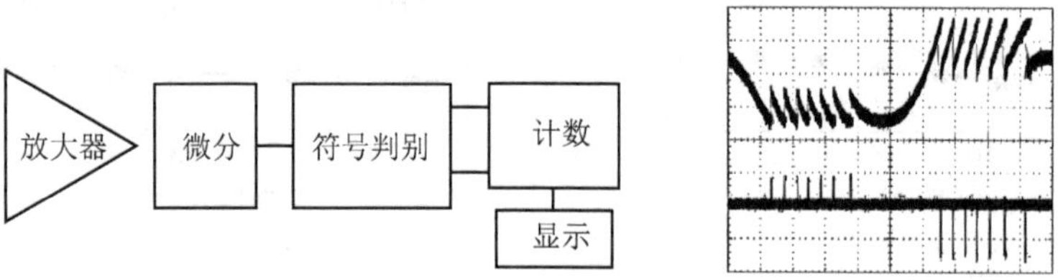

（a）信号处理框图

（b）自混合干涉信号（上部）和微分后的脉冲信号（下部）

图 5.4.5 条纹计数法信号处理

2) 拍频测量法

光回馈效应能引起激光器输出光频率发生变化，激光频率随外腔相位的变化如图 5.4.6 所示，图中 C 为光反馈参数，并由式(5.1.20)表示。C 值越小，激光频率波动就越小，频率随外腔相位变化呈余弦曲线，随着 C 值变大，激光频率波动变大，并且频率随着外腔相位变化呈类锯齿波曲线，在一定范围内，频率变化和外腔相位变化成线性关系。因此，只要测出激光的频率变化量就可以得到物体的位移量。由于光频过高，难以直接测量，因此可采用拍频的方式对频率的变化量进行测量，实验系统如图 5.4.7 所示，其中 LD_1 用作参考激光器，LD_2 用作测量激光器。这种方法的测量分辨率主要由拍频信号的稳定性决定，但测量范围有限，一般不超过半个波长。

3) 光回馈水平差异测量法

从图 5.4.6 可以看出，不同的光反馈系数对应的频移量是不同的，因此可以由外腔反射镜因偏离透镜焦平面而使得反馈光减弱的原理进行位移测量。实验装置如图 5.4.8 所示，分光镜 BS 将激光器 LS 输出的光分为两束，其中反射光束由光谱仪 OSA 接收用于光谱分析和测量，透射光束先经过透镜 OL_1 和 OL_2 进行扩束和准直，然后经过透镜 OL_3 汇聚到外部反射目标物 TA 上，当 TA 处于透镜 OL_3 焦平面上时，反馈光最强，引起的激光器频移量最大；当 TA 偏离焦平面时，反馈光逐渐减弱，相应的激光频移量也逐渐变小。

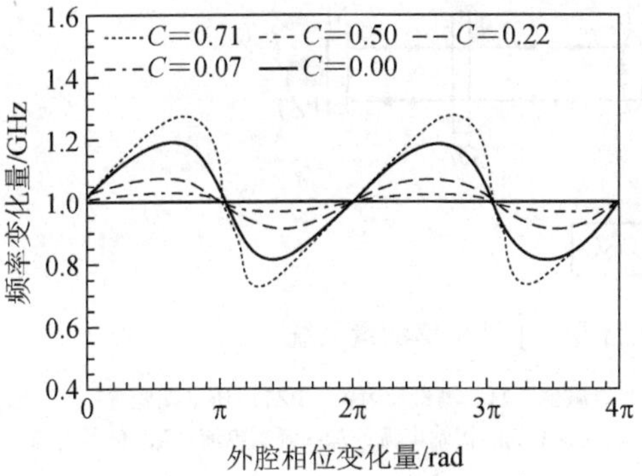

图 5.4.6 不同反馈强度下光频随外腔相位变化

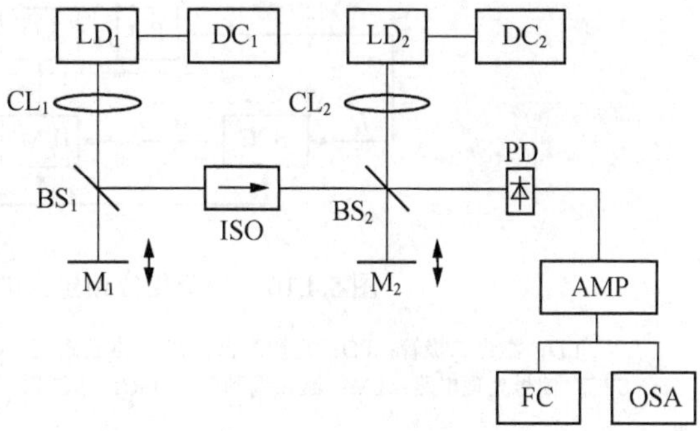

图 5.4.7 拍频测量法实验系统

LD：激光二极管；DC：直流源；CL：准直透镜；BS：分光镜；ISO：光隔离器；M：反射镜；PD：光探测器；AMP：放大器；FC：计数器；OSA：光谱仪

图 5.4.9 所示为 LD 波长随外腔镜位移变化的实验曲线，可以看出，采用不同倍率的物镜，可以获得不同的测量范围及灵敏度，测量范围由所用物镜的数值孔径 NA 所决定；系统的测量分辨率可达 20nm，主要由外界机械振动、激光器温度变化等因素决定。

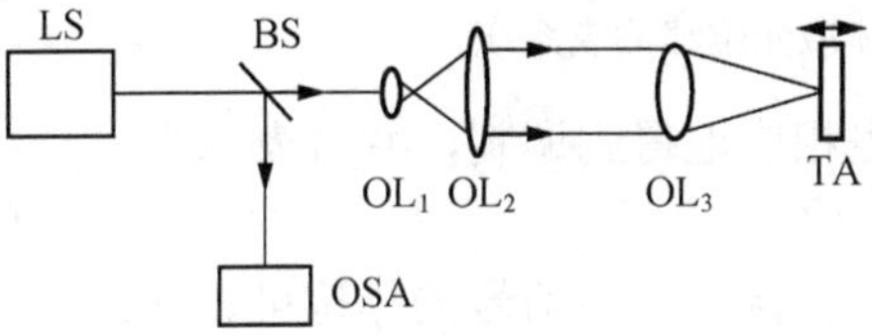

图 5.4.8 光回馈水平差异测量原理示意图

LS：激光器；BS：分光镜；OL：透镜；TA：目标物；OSA：光谱仪

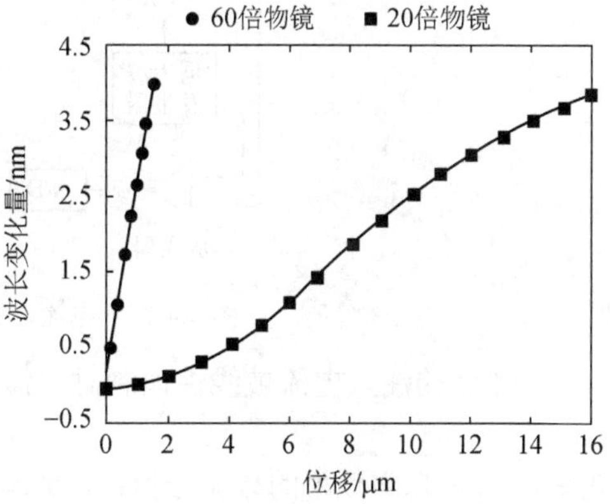

图5.4.9 半导体激光波长随外腔镜位移变化规律

4) 相位锁定法

利用相位锁定技术可以锁定信号相位，减小甚至消除机械振动的影响，从而实现稳态测量。相位锁定自混合干涉结构紧凑、方法简单，无需后续的信号处理，可进行位移的实时测量，测量原理如图 5.4.10 所示。当 PZT 带动测量反射镜 M 移动时，光的相位随之变化，由光探测器 PD 探测激光器输出光强信号，并与系统设定的参考信号进行比较，所得误差信号用于反馈调节 LD 的注入电流，引起激光频率变化，以补偿位移引起的信号相移。当系统稳定时，注入电流代表 PZT 的位移大小。

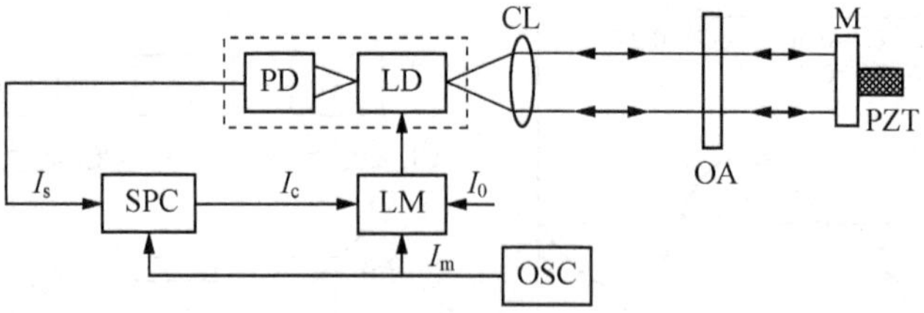

图 5.4.10　基于相位锁定法的激光自混合干涉位移测量系统

LD：激光二极管；PD：光探测器；CL：准直透镜；OA：光衰减器；M：测量反射镜；PZT：压电陶瓷管；SPC：信号处理电路；LM：激光调制器；OSC：示波器；I_c：控制电流；I_0：初始电流；I_m：调制电流；I_s：信号电流

5）相位测量法

将相位测量法引入自混合干涉中，可以显著提高自混合干涉位移测量的精度。注入电流调制是 LD 自混合干涉仪最常用的一种调制方法，通过改变 LD 的注入电流，可以调制单纵模 LD 的谐振频率，采用快速傅里叶变换（FFT）方法进行相位解调，测量系统如图 5.4.11 所示。

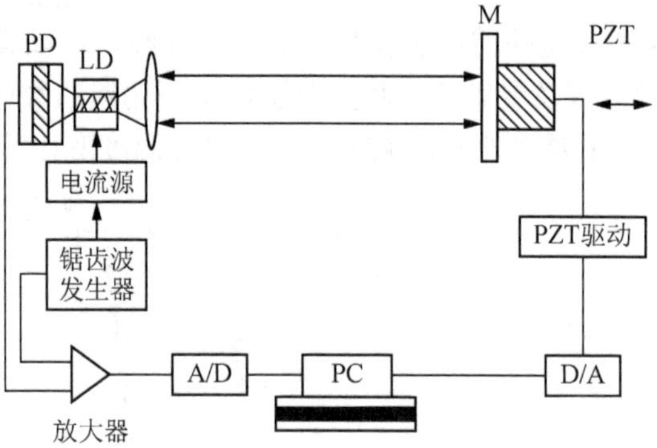

图 5.4.11　电流调制法半导体激光位移测量系统

当 LD 的注入电流被线性调制时，激光频率也相应地得到调制，并可表示为

$$\nu(t)=\nu_0+\beta t \tag{5.4.5}$$

式中，ν_0 是光学频率的直流分量；β 是调制系数。自混合干涉信号的相位可表示为

$$\varphi=\frac{4\pi\nu_0 L_{\text{ext}}^0}{c}+\frac{4\pi\beta L_{\text{ext}}^0 t}{c}=2\pi ft+\varphi_0 \tag{5.4.6}$$

式中，$f=2\beta L_{\text{ext}}^0/c$ 为信号基本频率，由光频调制系数 β 和初始外腔长度 L_{ext}^0 确定；$\varphi_0=4\pi\nu_0 L_{\text{ext}}^0/c$ 为初始相位，由光频 ν_0 和初始外腔长度 L_{ext}^0 确定。如果外腔长度从 L_{ext}^0 偏移到 $L_{\text{ext}}=L_{\text{ext}}^0+\Delta L_{\text{ext}}$，那么相位变为

$$\varphi'=\frac{4\pi\nu_0(t)L_{\text{ext}}}{c}\approx 2\pi ft+\varphi+\varphi_0 \tag{5.4.7}$$

其中

$$\varphi=\frac{4\pi\nu_0\Delta L_{\text{ext}}}{c} \tag{5.4.8}$$

用 FFT 方法提取频率，以确定信号的相位，即

$$\varphi=\arctan\frac{\text{Im}[I(f)]}{\text{Re}[I(f)]}-\varphi_0 \tag{5.4.9}$$

式中，$I(f)$ 为自混合干涉信号的一级谱峰所对应的傅里叶系数。利用这种线性电流调制及 FFT 分析方法处理自混合干涉信号，位移测量的分辨率可以达到 $\lambda/50$。

2. 半导体激光器自混合干涉位移测量系统

一种正弦相位调制 DFB-LD 自混合干涉位移传感与测量系统如图 5.4.12 所示，该系统主要包括 1550nm 波段 DFB-LD、保偏光纤定向耦合器 DC、线内起偏器 POL、电光相位调制器 EOM 及其驱动器 EOM-DR、光探测器 PD、目标靶镜 M、压电陶瓷管 PZT 及其驱动器 PZT-DR、信号采集与控制单元等。由 DFB-LD 发出的单纵模激光通过 3dB DC 分为两路，其中一路光经由 POL 输出偏振方向与 EOM 电光晶体感应主轴方向相一致的线偏振光，实现 EOM 对入射线偏振光的相位调制，该调制光波再由 M 反馈回激光腔内产生自混合干涉。DC 的另一端连接至 PD，自混合干涉信号经 A/D 转换后送入计算机 PC 进行分析处理。

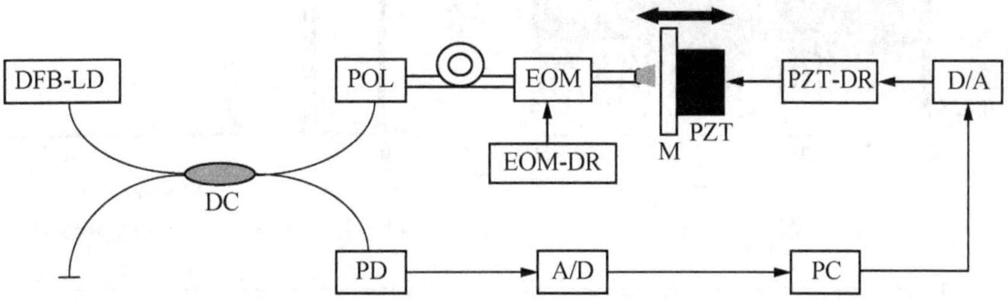

图 5.4.12　正弦相位调制 DFB-LD 自混合干涉位移传感与测量系统

DFB-LD：分布反馈式激光二极管；DC：定向耦合器；POL：起偏器；EOM：电光相位调制器；EOM-DR：电光调制驱动器；M：目标靶镜；PD：光探测器；A/D：模拟-数字转换器；PC：计算机；D/A：数字-模拟转换器；PZT-DR：压电陶瓷驱动器；PZT：压电陶瓷管

在弱光反馈情况下，由于 EOM 的正弦相位调制作用，激光自混合干涉光强可以表示为

$$I(t)=I_0\left\{1+K_s\cos\left[\varphi(t)+2a\sin(2\pi f_m t+\beta)\right]\right\} \tag{5.4.10}$$

式中，I_0 为无光反馈时的初始光强；K_s 为条纹可见度；$\varphi(t)$ 为光束在外腔中的相位延迟；a 为调制深度；f_m 为调制频率；β 为调制信号的初始相位。考虑到光在外腔中两次经过电光晶体，所以正弦调制相位要乘以系数 2。将式(5.4.10)按照贝塞尔函数展开，可得

$$\begin{aligned}I(t)=I_0+K_sI_0\cos\varphi(t)\mathrm{J}_0(2a)+2K_sI_0\cos\varphi(t)\sum_{n=1}^{\infty}\mathrm{J}_{2n}(2a)\cos(2n)(2\pi f_m t+\beta)\\ -2K_sI_0\sin\varphi(t)\sum_{n=1}^{\infty}\mathrm{J}_{2n-1}(2a)\cos[(2n+1)(2\pi f_m t+\beta)]\}\end{aligned} \tag{5.4.11}$$

式中，$\mathrm{J}_n(2a)$ 表示自变量为 $2a$ 的 n 阶第一类贝塞尔函数值。由式(5.4.11)可知，正弦相位调制的自混合干涉信号的频谱是由调制频率及其高次谐波构成的，并且一次谐波和二次谐波的振幅 $A_1(t)$ 和 $A_2(t)$ 分别受到外腔相位 $\varphi(t)$ 的正弦和余弦函数的调制，二者满足如下关系：

$$\tan[\varphi(t)]=\frac{A_1(t)}{A_2(t)}\cdot\frac{\mathrm{J}_2(2a)}{\mathrm{J}_1(2a)} \tag{5.4.12}$$

采用傅里叶分析方法可以解调外腔的相位，图 5.4.13 给出了正弦相位调制 DFB-LD 自混合干涉位移测量结果。图 5.4.13(a)为实时采集到的 DFB-LD 自混合干涉信号，图 5.4.13(b)为通过傅里叶变换得到的自混合干涉信号的傅里叶频谱，选取合适的窗函数提取一次谐波和二次谐波，并将提取到的谐波成分反变换到时域空间即可得到 $A_1(t)$ 和 $A_2(t)$，再根据

式(5.4.12)计算可得包裹在[−π, π]之间的外腔相位，如图 5.5.13(c)所示。已知外腔相位 φ 与外腔长度 L_{ext} 之间具有如下关系：

$$\varphi=\frac{4\pi L_{ext}}{\lambda}-\arg(C_r)-\arg(r_{ext}) \tag{5.4.13}$$

式中，C_r 为复反馈灵敏度系数，取决于 DFB-LD 的特性；r_{ext} 为目标靶镜反射率系数。经过相位解包裹处理，并根据式(5.4.13)可以恢复出外腔反射镜的位移变化规律，如图 5.4.13(d)所示。

这种正弦相位调制 DFB-LD 自混合干涉位移测量精度可达 $\lambda/10$，与光纤技术相结合，可使测量系统具有可绕性和小型化及更好的鲁棒性，拓展了激光自混合干涉测量的应用范围。

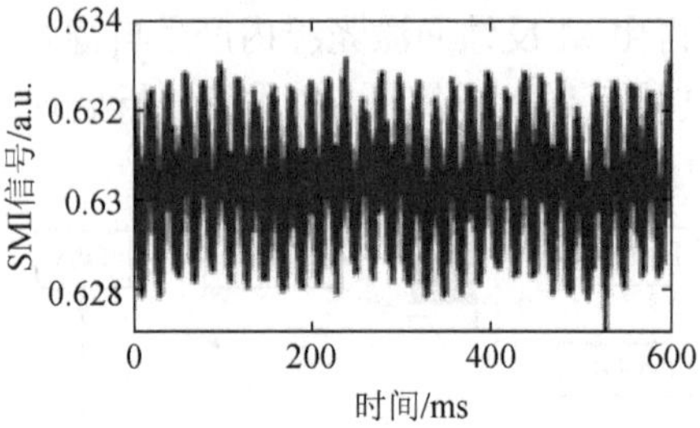

（a）自混合干涉信号

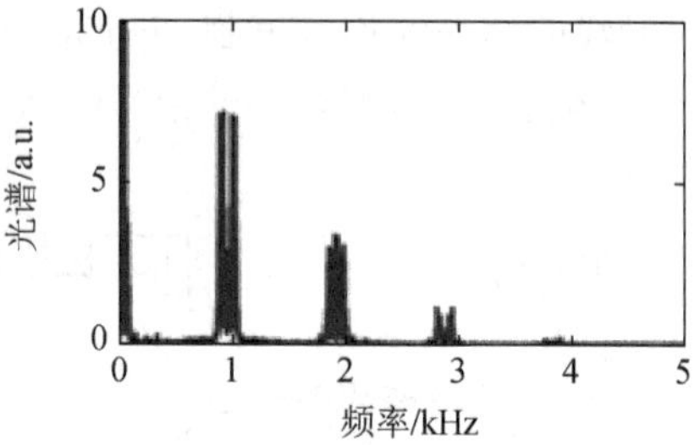

（b）自混合干涉信号的傅里叶频谱

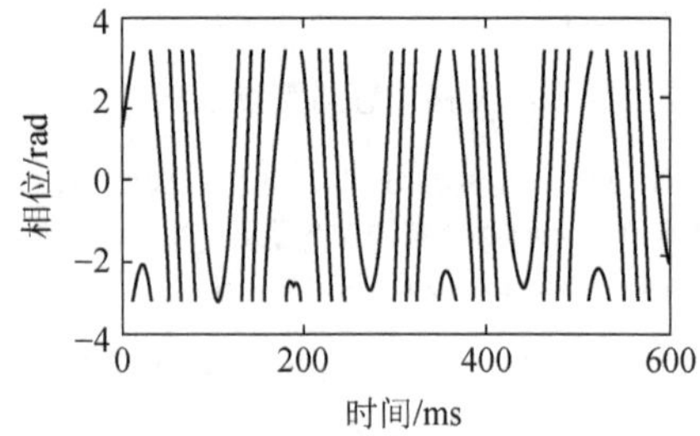

（c）未去包裹的相位解调结果

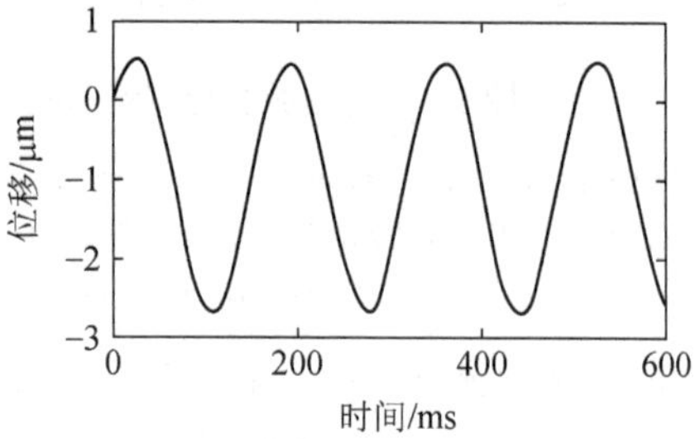

（d）重构的PZT微位移变化规律

图 5.4.13　正弦相位调制 DFB-LD 自混合干涉位移测量结果

5.5　激光自混合干涉速度测量

5.5.1　双频 Nd:YAG 激光器自混合干涉速度测量

激光器自混合干涉多普勒测速技术以其结构紧凑、成本较低、非接触测量、灵敏度高等优点而得到深入研究和迅速发展。正交偏振双频固体激光器自混合干涉多普勒测速方法，既有传统的双光束激光多普勒测速的优点，又有激光自混合干涉测量的优点，因此具有重要的研究价值和广阔的应用前景。

LD 泵浦双频 Nd:YAG 微片激光器自混合干涉多普勒测速系统如图 5.5.1 所示，Nd:YAG 微片的两个端面分别作为谐振腔的全反镜和输出镜，在微片的侧壁施加横向作用力 F_t 形成应力双折射，从而使 1064nm 激光纵模产生分裂，输出正交线偏振双频激光，激光频率分别为ν_1和ν_2。在双频 Nd:YAG 微片激光器与被测物体之间放置一个四分之一波片 QWP，其快轴和慢轴分别与双频激光的两个正交偏振方向的夹角成45°，因此当双频激光往返通过 QWP 后，其偏振方向改变 90°，即正交偏振双频激光的偏振方向发生了互换。于是，携带有多普勒频移量$\Delta\nu_D$的反射光返回腔内后，原先频率为ν_1的光与频率$\nu_2+\Delta\nu_D$的回馈光偏振方向一致，它们混合后形成光拍，其拍频ν_{b1}可以表示为

$$\nu_{b1}=(\nu_2+\Delta\nu_D)-\nu_1=\Delta\nu+\Delta\nu_D \tag{5.5.1}$$

式中，$\Delta\nu=\nu_2-\nu_1$为双频激光的频差。同理，原先频率为ν_2的激光与频率为$\nu_1+\Delta\nu_D$的回馈光偏振方向一致，它们混合后形成光拍，其拍频ν_{b2}可以表示为

$$\nu_{b2}=\nu_2-(\nu_1+\Delta\nu_D)=\Delta\nu-\Delta\nu_D \tag{5.5.2}$$

由式(5.5.1)和式(5.5.2)可以看出，ν_{b2}和ν_{b1}相对于双频激光的频差$\Delta\nu$对称分布。式(5.5.1)减去式(5.5.2)，可得

$$\Delta\nu_D=\frac{\nu_{b1}-\nu_{b2}}{2} \tag{5.5.3}$$

因此，只要分别测出拍频ν_{b1}和ν_{b2}，根据式(5.5.3)就可以得到多普勒频移量$\Delta\nu_D$。当被测物体静止不动时，正交偏振双频激光回馈后形成的拍频即是频差；当被测物体运动时，在拍频$\Delta\nu$两侧将各出现一个拍频分量，即ν_{b1}和ν_{b2}。由式(5.5.3)可以计算得到多普勒频移量$\Delta\nu_D$的大小，进而得到被测物体的运动速度υ，即

$$\upsilon=\Delta\nu_D\cdot\frac{\lambda}{2} \tag{5.5.4}$$

另外，根据两拍频分量ν_{b1}和ν_{b2}相对于$\Delta\nu$的位置关系，可以判定被测物体的运动方向。

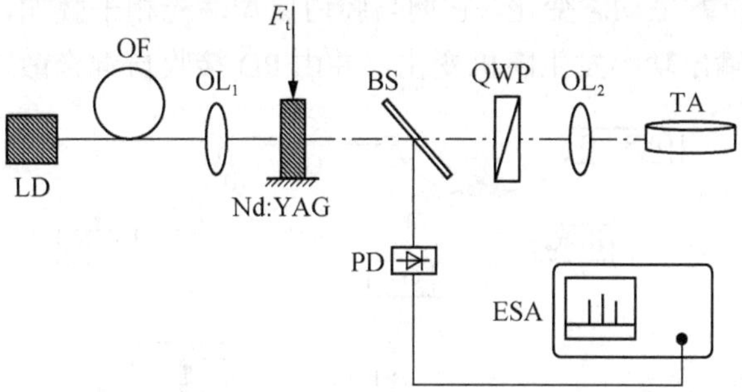

图 5.5.1 LD 泵浦双频 Nd:YAG 微片激光器自混合干涉多普勒测速系统

LD：激光二极管；OF：光纤；OL：透镜；BS：分光镜；QWP：四分之一波片；
TA：被测目标物；PD：光探测器；ESA：电频谱仪

这种双频固体激光器自混合干涉速度测量系统通过两个正交偏振激光频率的互换，由两拍频分量之差求解多普勒频移量，可以部分消除环境误差的影响；同时，由式(5.5.3)可知，两拍频分量之差是多普勒频移量的两倍，从而提高了系统的测量分辨力。

由测量原理可知，影响速度测量范围和测量精度的主要因素有：①四分之一波片的快慢轴与双频激光偏振方向的夹角；②四分之一波片的相位延迟误差；③被测物体的运动方式；④双频固体激光器的频差大小及其稳定性。

5.5.2 半导体激光器自混合散斑干涉速度测量

散斑是由被测随机表面各散射元散射回的光波之间的干涉形成的，因而是随机表面某些信息的携带者，这样借助于散斑不仅可以研究粗糙表面本身，还可以研究其形状和位置的变化。当随机散射平面移动时，散斑场的空间分布也将随之变化，这就是动态散斑。动态散斑的统计特性已用于测量运动物体的速度。

将自混合干涉和散斑原理相结合，使散斑现象引入激光器自混合干涉，让 LD 的光反馈来自垂直照射的粗糙表面，把光强调制成随机的散斑信号。封装在 LD 管内另一侧的光电二极管，检测光反馈产生的散斑信号以确定物体的状态，不需要另外的探测器。LD 输出光的振幅和频谱主要由外腔长度和表面特征来决定，当 LD 光束照射运动的粗糙表面时，外腔长度和反射率随时间随机地改变。与传统的干涉测量光路相比较，LD 自混合散斑干涉测量系统只有一个光轴，简单紧凑，易于调节。

DFB-LD 自混合散斑干涉速度测量系统如图 5.5.2 所示。1550nm 波段 DFB-LD 的输出光通过一个 3dB 光纤定向耦合器 DC 分成两路，其中一路光经过衰减器 OA 和光纤自聚焦透镜 FGL 后照射到被测粗糙表面上，另一路光则耦合到一个光探测器(PD)，由 PD 将光强信号转换成电信号，并经过放大器 AMP 放大后送到存储示波器 OSC。将被测铝质圆盘固定在一个由直流电机驱动的精密转台 RT 上，当激光照射铝盘粗糙表面时，部分散射光被 FGL 收集，经原路后向传播反馈进入 DFB-LD 腔内。铝质圆盘与 RT 一起以一定速度转动，反馈进入激光腔内的光振幅和相位发生动态变化，它们与腔内原振荡光相干叠加，形成自混合散斑干涉效应，引起 DFB-LD 输出功率发生随机变化，并由 PD 接收自混合散斑干涉信号。

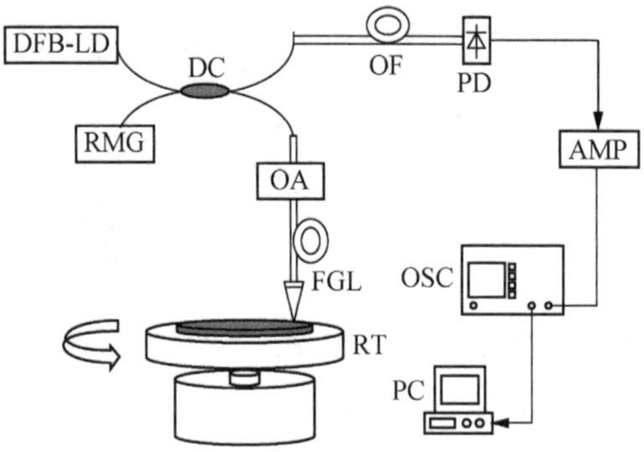

图 5.5.2 DFB-LD 自混合散斑干涉速度测量系统

DFB-LD：分布反馈式激光二极管；DC：定向耦合器；OA：光衰减器；FGL：光纤自聚集透镜；RT：转台；OF：光纤；PD：光探测器；AMP：放大器，OSC：示波器；PC：计算机；RMG：折射率匹配液

自混合散斑干涉信号是动态随机的光强分布，强度波动的快慢反映散斑信号的频率。自混合散斑干涉信号强度的波动频率与被测粗糙表面的移动速度有直接的关系，当速度较快时，在相同时间内的波动次数较多；反之，当速度较慢时，在相同时间内的波动次数较少。定义单位时间内强度波动的平均次数为平均散斑频率，用于评价散斑信号的波动频率。为了研究 DFB-LD 自混合散斑干涉在速度测量中的应用，需要探寻物体运动速度与平均散斑频率

之间的关系。对散斑信号进行傅里叶变换，可以分析平均散斑频率，为此引入傅里叶变换的频谱平均频率，并定义如下：

$$\overline{f}=\frac{\sum f_i F_i}{\sum F_i} \tag{5.5.5}$$

式中，F_i为在频率f_i处傅里叶频谱的模。

将一组不同表面移动速度(50mm/s、100mm/s、150mm/s、200mm/s、250mm/s、300mm/s、350mm/s、400mm/s)产生的自混合散斑干涉信号进行傅里叶变换，并利用式(5.5.5)计算不同速度下信号的频谱平均频率。模拟得到的散斑信号频谱平均频率随被测物体表面移动速度的变化关系如图 5.5.3 所示，可以看出，频谱平均频率与物体移动速度之间近似为线性变化关系，拟合直线线性方程为

$$\overline{f}=1.06\upsilon-27.26 \tag{5.5.6}$$

式中，$\overline{f}$为频谱平均频率，反映了平均散斑频率；υ为被测表面的移动速度。式(5.5.6)可用于移动目标的速度测量。

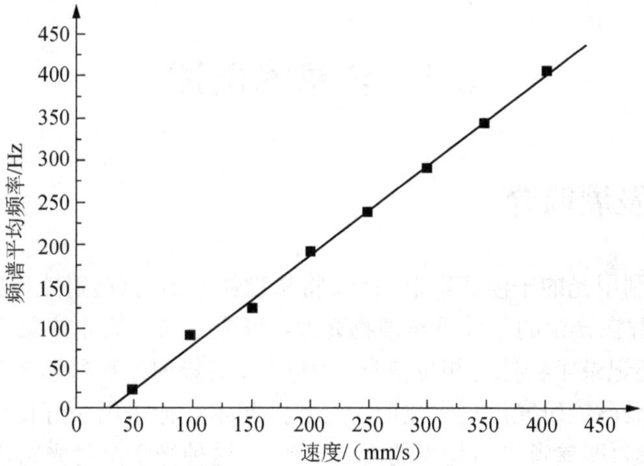

图 5.5.3　模拟得到的散斑信号频谱平均频率随被测物体表面移动速度的变化关系

DFB-LD 自混合散斑干涉与光纤技术相结合，能满足传感器的微小型化和光纤询问功能的使用要求，有望形成一种新型的光纤有源传感测量网络。

习题与思考题

1. 什么是激光自混合干涉？与传统的双光束干涉相比，自混合干涉主要有哪些特点？
2. 外腔反馈强度对激光自混合干涉条纹有哪些影响？
3. 简述连续调频半导体激光器自混合干涉绝对距离测量原理。
4. 简述全固态 Nd:YAG 微片激光器自混合干涉绝对距离测量原理。
5. 半导体激光器自混合干涉位移测量有哪几种方法？分别能达到何种测量精度？
6. 简述半导体激光器光回馈水平差异法的位移测量原理。

第 6 章

激光数字全息干涉测量

激光数字全息技术是指以激光器作为光源、CCD 等光电成像器件作为记录介质记录全息图，然后用计算机模拟光场对全息图进行数字再现。本章在介绍数字全息记录及再现基本原理的基础上，介绍几种再现像质量优化方法，最后介绍激光数字全息干涉测量的典型应用。

6.1 全息术概述

6.1.1 全息术发展简介

光学全息术是利用光的干涉和衍射原理，将从物体发出的(透射或反射)光波以干涉条纹的形式记录下来，并在一定的条件下再现物光波，形成原物体的立体象。全息图不仅记录了物体的振幅信息，还记录了物体的相位信息。1947 年，英籍匈牙利科学家丹尼斯·盖博(Dennis Gabor)在从事电子显微镜研究过程中发明了全息照相术，他采用汞灯作为全息照相的光源，并采用同轴记录光路(即参考光与物光的方向一致)。这种光学全息光路简单、操作容易，但存在“孪生像”的问题，即全息图±1 级衍射波无法分开，因而获得的再现像质量差。盖博全息图为第一代全息图，是光学全息术的萌芽时期。

1960 年激光的成功发明，极大地推动了光学全息术的迅速发展。1962 年，美国科学家利思(E. N. Leith)和乌帕特尼克斯(J.Upatnieks)将通信理论中的载频概念推广到空间域，提出了离轴全息的概念。利用参考光波与物光波之间存在一定的夹角，将全息图的三个衍射分量在空间上分离开，获得了清晰的再现像。离轴全息从根本上解决了第一代全息图存在的光源相干性差和共轭像与原始像无法分离的两大难题，从而产生了以激光记录和激光再现的第二代全息图。

由于激光为单色光，以其作为光源所再现的全息图失去了颜色信息，于是研究人员采用激光记录和白光再现的方法，研究开发了第三代全息图，如反射全息、像全息、彩虹全息及模压全息等，在一定条件下赋予全息图鲜艳的色彩。

在采用激光器作为光源进行全息拍摄的过程中，要求实验元件之间的相对位置保持不变，而且还会产生比较严重的散斑噪声，于是研究人员尝试采用白光进行记录和再现的第四代全息图，使全息术能够走出实验室。

然而，采用传统全息干板记录全息图时，需要做显影及定影处理，在实际应用中并不方便。20世纪70年代，人们便已经开始用CCD记录干涉图，并用计算机进行物体重建。1971年，T. Huang首次提出了数字全息的概念。数字全息技术采用CCD等光电成像器件记录物光和参考光的干涉图，然后在计算机中通过数字重建获得全息像。CCD和CMOS等光电成像器件分辨率的不断提高及计算机技术的快速发展，极大地推动了数字全息技术发展，在干涉测量、信息存储、三维显示等领域必将获得广泛应用。

6.1.2 全息过程

全息术不仅能记录物体光波的振幅，而且能把物体光波的相位信息记录下来。波前记录是一种通过干涉效应，使振幅和相位信息以干涉图的形式变成强度调制信息，经过一定条件下的衍射过程，又使全息图上的强度调制信息还原成波前的振幅和相位，即完成再现过程。因此，全息过程可以分为两步。

第一步是记录过程，即将物光波和参考光波形成的干涉图样记录在全息图上，如图6.1.1所示。

第二步是再现过程，即在一定条件下照明全息图以再现物光波，如图6.1.2所示。

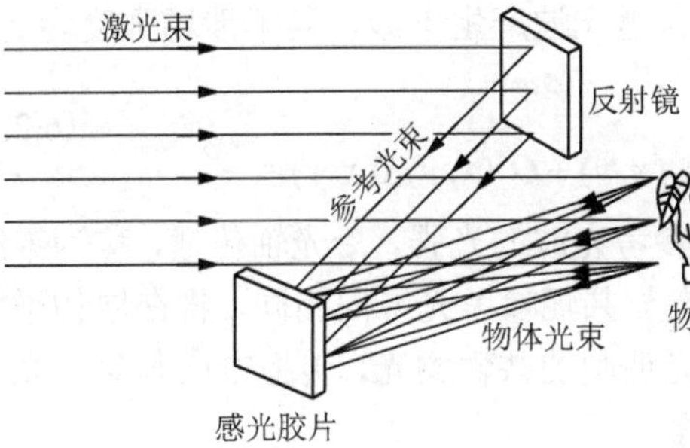

图6.1.1 全息图记录光路示意图

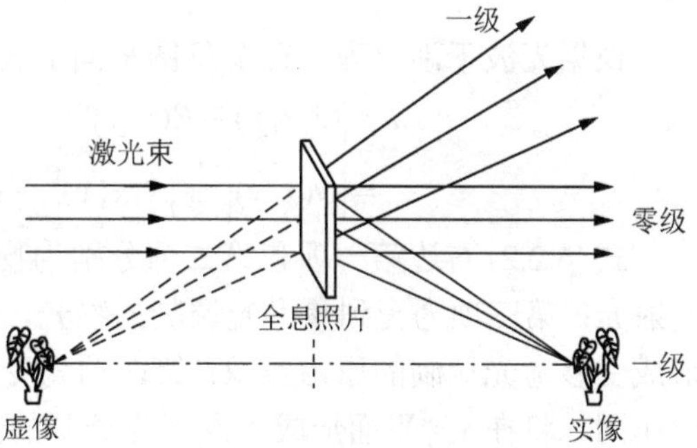

图6.1.2 全息图再现光路示意图

6.2 激光数字全息记录与再现

6.2.1 全息图记录

数字全息图记录和再现的坐标系统示意图如图6.2.1所示，图中物平面和全息平面分别用x_0y_0和xy表示，两平面间距为d_0。再现平面用x_iy_i表示，位于全息平面右边距离d位置处。一束激光照明物体，从物体透射的光波称为物光波O，参考光波为R。物光波和参考光波相互干涉，形成明暗相间的干涉条纹并被CCD记录，干涉图样的形状记录了物光波与参考光波之间的相位关系，而其明暗对比程度反映了光波的强度(振幅)关系，因而物体的全部信息被记录下来。

设在全息图平面上物光波和平面参考光波的复振幅分别表示为

$$O(x,y)=o(x,y)\exp[\mathrm{j}\varphi_{\mathrm{O}}(x,y)] \tag{6.2.1a}$$

$$R(x,y)=r(x,y)\exp[\mathrm{j}\varphi_{\mathrm{R}}(x,y)] \tag{6.2.1b}$$

式中，$o(x,y)$ 和 $\varphi_{\mathrm{O}}(x,y)$ 分别表示物光波的振幅和相位；$r(x,y)$ 和 $\varphi_{\mathrm{R}}(x,y)$ 分别表示参考光波的振幅和相位。

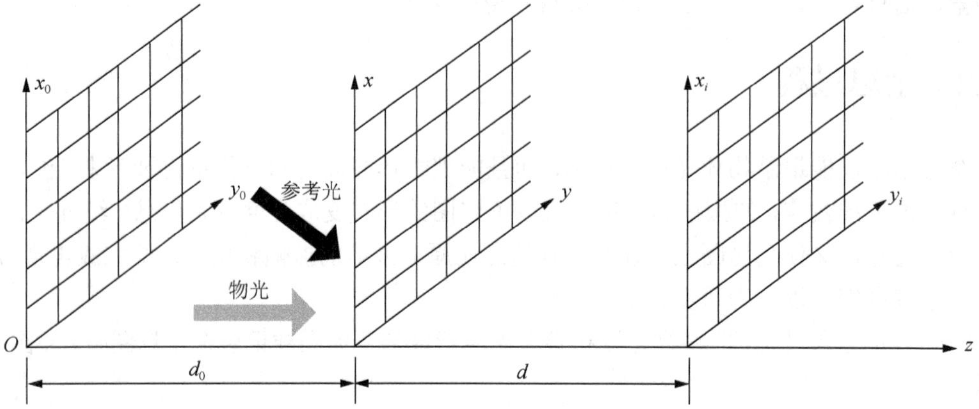

图 6.2.1 数字全息图记录和再现的坐标系统示意图

根据光波干涉原理，在全息图平面上物光波和参考光波产生干涉，其干涉场强度为

$$\begin{aligned}I&=\left|O(x,y)+R(x,y)\right|^2\\&=\left|O(x,y)\right|^2+\left|R(x,y)\right|^2+O(x,y)R^*(x,y)+O^*(x,y)R(x,y)\end{aligned} \tag{6.2.2}$$

式(6.2.2)右边第一项和第二项分别为物光波和参考光波的光强，沿光轴传播，称为零级衍射光；第三项为受到参考光调制的物光，传播方向与共轭参考光方向相同，将在原物平面形成受参考光调制的原始虚像；第四项为受到参考光调制的共轭物光，传播方向与参考光方向相同，将在 x_iy_i 平面形成受参考光调制的共轭实像。

按物光波和参考光波的主光线方向，可将全息图分为同轴全息图和离轴全息图。同轴全息图在记录时物体中心、参考光中心和全息图中心三点共线，当同轴全息图再现时，原始像和共轭像都在同一个方向传播，互相干扰，无法观察到清晰的原始像，需要引入相移等技术，如图 6.2.2 所示。离轴全息图在记录时物体中心、参考光中心和全息图中心三点不共线，当物光和参考光的夹角满足一定条件时，零级像、原始像和共轭像没有相互干扰，是一种常用的记录光路，如图 6.2.3 所示。

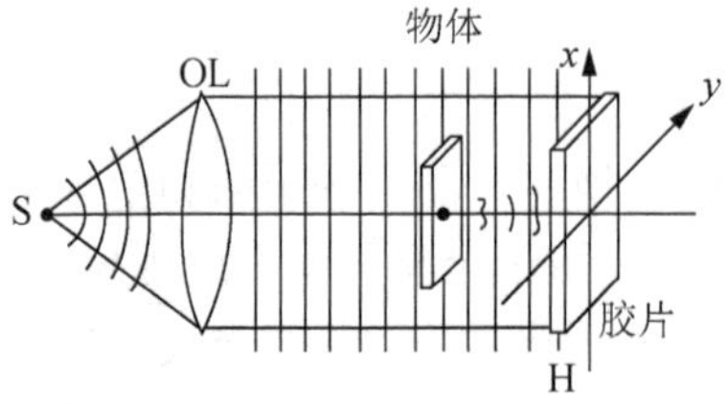

（a）波前记录

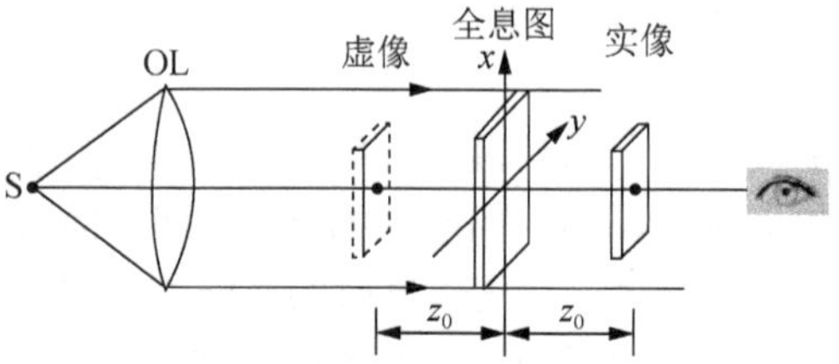

（b）波前再现

图 6.2.2 同轴全息图记录和再现

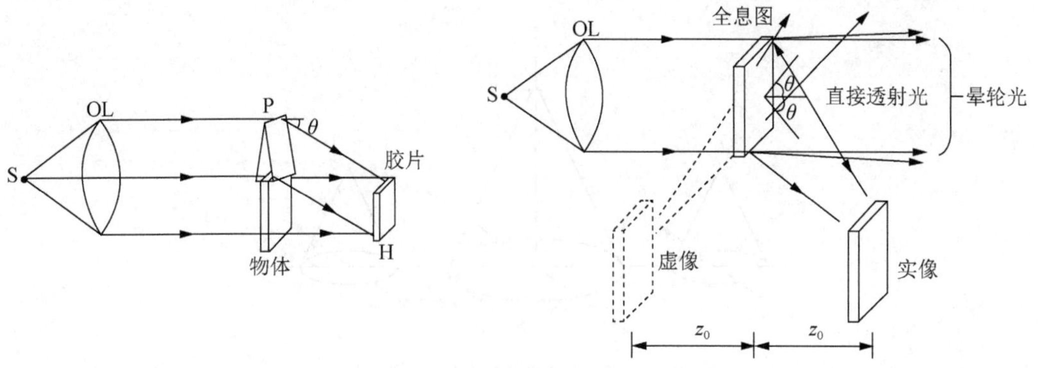

（a）波前记录　　（b）波前再现

图 6.2.3　离轴全息图记录和再现

6.2.2　离轴全息图记录条件

离轴全息图的参考光波与物光波之间存在一定夹角，可表示为

$$R(x,y)=r\exp(\mathrm{j}\varphi_{\mathrm{R}})=r\exp[\mathrm{j}k(x\cos\alpha_1+x\cos\beta_1)] \tag{6.2.3}$$

式中，r 是参考光波的振幅；α_1 和β_1 分别代表参考光沿 x 轴和 y 轴的倾斜角；$k=2\pi/\lambda$是波数，其中λ是激光波长。

对全息图光强分布的四个分量进行傅里叶变换，它们的空间频谱分别为

$$G_1\left(f_x,f_y\right)=\Im\left(O\cdot O^*\right)=G_0\left(f_x,f_y\right)\Theta G_0\left(f_x,f_y\right) \tag{6.2.4a}$$

$$G_2\left(f_x,f_y\right)=\Im\left(R\cdot R^*\right)=r^2\delta\left(f_x,f_y\right) \tag{6.2.4b}$$

$$G_3\left(f_x,f_y\right)=\Im\left(O\cdot R^*\right)=rG_0\left(f_x-f_a,f_y-f_b\right) \tag{6.2.4c}$$

$$G_4\left(f_x,f_y\right)=\Im\left(O^*\cdot R\right)=rG_0\left(f_x+f_a,f_y+f_b\right) \tag{6.2.4d}$$

式中，f_x 和 f_y 分别是 x 空间和 y 空间的频率；$\Im$ 是傅里叶变换；G_0 是物光波的傅里叶变换；Θ 是自相关运算；$f_a=\cos\alpha_1/\lambda$，$f_b=\cos\beta_1/\lambda$。

G_1 和 G_2 构成零级频谱，G_3 为正一级频谱，G_4 为负一级频谱，虽然离轴结构使它们实现了空间分离，但是如果相互重叠，就会影响再现像质量。设物光频谱分布为有限带宽，其最高频率为 B，带宽为 $2B$。G_1 为 G_0 的自相关函数，以原点为中心，带宽为物光的两倍，而 G_2 为位于频谱原点的 δ 函数。G_3 和 G_4 中心分别位于(f_a, f_b)和$(-f_a, -f_b)$处，带宽为 $2B$，如图 6.2.4 所示。为使零级谱和正、负一级谱完全分开，必须满足以下条件：

$$\frac{\sin\theta}{\lambda}\geqslant 3B \tag{6.2.5}$$

式中，θ是物光波和参考光波之间的夹角，其最小夹角可表示为

$$\theta_{\min}=\arcsin\left(3B\lambda\right) \tag{6.2.6}$$

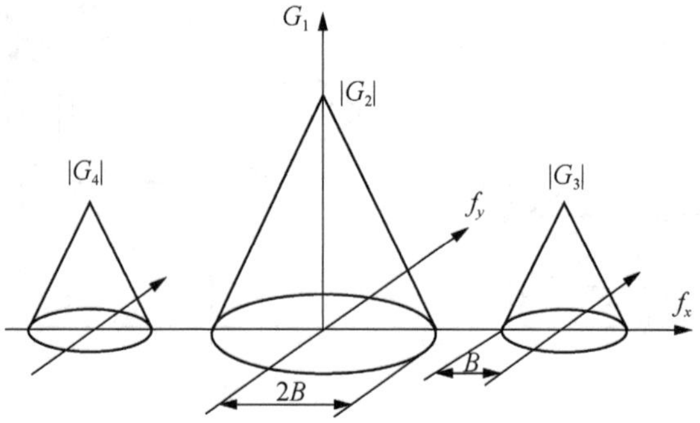

图 6.2.4　全息图透射光波的频谱

由于使用 CCD 作为记录介质，如果想获得高质量的数字全息图，并完好重现物光光波，必须保证全息图表面上光波的空间频率与记录介质的空间频率之间满足奈奎斯特采样定理，即记录介质的空间频率必须是全息图表面上光波的空间频率的两倍以上。设物光波和参考光波在全息图平面上的最大夹角为$\theta_{\max}$，那么 CCD 平面上形成的最小条纹间距可表示为

$$\Delta e_{\min} = \frac{\lambda}{2\sin\left(\frac{\theta_{\max}}{2}\right)} \tag{6.2.7}$$

全息图表面上光波的最大空间频率为

$$f_{\max} = \frac{2\sin\left(\frac{\theta_{\max}}{2}\right)}{\lambda} \tag{6.2.8}$$

根据采样定理，一个条纹周期至少要大于等于 2 倍的像素周期，记录信息才不会失真，即

$$\theta \leqslant 2\arcsin\left(\frac{\lambda}{4\Delta x}\right) \tag{6.2.9}$$

式中，Δx 是 CCD 的像元尺寸。可以看出，参考光波和物光波之间的夹角θ应该满足的条件为

$$\arcsin(3B\lambda) \leqslant \theta \leqslant 2\arcsin\left(\frac{\lambda}{4\Delta x}\right) \tag{6.2.10}$$

在数字全息图的记录光路中，参考光波与物光波之间的夹角范围会受到 CCD 分辨率的限制，只有满足条件式(6.2.10)时，才能保证携带物体信息的物光振幅和相位被全息图完整记录下来。

6.2.3　激光数字全息再现方法

全息图的数字再现就是利用数值方法模拟光学衍射的过程，可称为数字衍射。根据数字全息图成像方式的不同，可以选择不同的再现系统。再现算法主要有菲涅耳再现法、卷积再现法和角谱再现法。

1. 菲涅耳再现法

如图 6.2.1 所示，再现平面 $x_i y_i$ 与全息平面距离为 d，也称为再现距离。菲涅耳数字全息图再现就是一个菲涅耳衍射过程，假设被记录物体的透过率函数为$C(x,y)$，用光强为$I(x,y)$

的垂直光波照明，透过物体后物平面的复振幅分布为$I(x,y)C(x,y)$，则在相距为 d 的记录介质平面上，根据衍射原理可获得再现平面上的光场分布，即

$$U(x_i,y_i)=\frac{\exp(\mathrm{j}kd)}{\mathrm{j}\lambda d}\iint_{-\infty}^{\infty}I(x,y)C(x,y)\exp\left\{\frac{\mathrm{j}k}{2d}\left[(x_i-x)^2+(y_i-y)^2\right]\right\}\mathrm{d}x\mathrm{d}y \tag{6.2.11}$$

式中，$C(x,y)$是计算机模拟的再现光波复振幅分布。将式(6.2.11)展开为

$$\begin{aligned}U(x_i,y_i)=&\frac{\exp(\mathrm{j}kd)}{\mathrm{j}\lambda d}\exp\left[\frac{\mathrm{j}k}{2d}(x_i^2+y_i^2)\right]\iint_{-\infty}^{\infty}I(x,y)C(x,y)\\&\cdot\exp\left[\frac{\mathrm{j}k}{2d}(x^2+y^2)\right]\exp\left[-\frac{\mathrm{j}k}{d}(x_ix+y_iy)\right]\mathrm{d}x\mathrm{d}y\end{aligned} \tag{6.2.12}$$

根据傅里叶变换，可将全息平面作为空间域，再现平面作为空间频域，$U(x_i,y_i)$可以由$I(x,y)C(x,y)\exp\left[\frac{\mathrm{j}k}{2d}(x^2+y^2)\right]$的傅里叶变换获得，即

$$U(x_i,y_i)=\frac{\exp(\mathrm{j}kd)}{\mathrm{j}\lambda d}\exp\left[\frac{\mathrm{j}k}{2d}({x_i}^2+{y_i}^2)\right]\Im\left\{I(x,y)C(x,y)\exp\left[\frac{\mathrm{j}k}{2d}(x^2+y^2)\right]\right\} \tag{6.2.13}$$

对应的傅里叶变换频率为

$$f_x=\frac{x_i}{\lambda d},\quad f_y=\frac{y_i}{\lambda d} \tag{6.2.14}$$

空域与频域像素尺寸的关系为

$$\Delta f_x=\frac{1}{M_x\Delta x},\quad \Delta f_y=\frac{1}{N_y\Delta y} \tag{6.2.15}$$

式中，Δf_x和Δf_y分别是频域中 x 轴方向和 y 轴方向的像素尺寸；M_x和 N_y分别是尺寸为$L_x\times L_y$的 CCD 在 x 轴方向和 y 轴方向的像素数；Δx 和Δy 分别是 x 轴方向和 y 轴方向的采样间隔，$\Delta x=L_x/M_x$，$\Delta y=L_y/N_y$。

在菲涅耳再现中，再现面的像素尺寸为

$$\Delta x_i=\frac{\lambda d}{M\Delta x},\quad \Delta y_i=\frac{\lambda d}{N\Delta y} \tag{6.2.16}$$

菲涅耳再现算法经过一次傅里叶变换，再现结果是在空间频域表示的，再现面的像素尺寸大小不仅与波长λ、CCD 像素尺寸Δx、Δy 和像素数 M_x、N_y有关，还与记录距离 d 有关。

2. 卷积再现法

依据傅里叶变换的卷积定理，菲涅耳衍射过程可以用卷积形式表示为

$$U(x_i,y_i)=I(x,y)C(x,y)*h(x,y) \tag{6.2.17}$$

式中，h 是衍射过程的脉冲响应函数，即

$$h(x,y)=\frac{\exp(\mathrm{j}kd)}{\mathrm{j}\lambda d}\exp\left[\frac{\mathrm{j}k}{2d}(x^2+y^2)\right] \tag{6.2.18}$$

根据卷积定理，式(6.2.17)可以表示为

$$U(x_i,y_i)=\Im^{-1}\left\{\Im\left[I(x,y)C(x,y)\right]\cdot\Im\left[h(x,y)\right]\right\} \tag{6.2.19}$$

式中，$\Im^{-1}$是傅里叶逆变换。CCD 面在空间域经过傅里叶变换和傅里叶逆变换后，再现像面

仍在空间域，所以通过卷积再现算法得到的再现像面的像素大小与 CCD 面像素大小相同，即

$$\Delta x_i = \Delta x, \quad \Delta y_i = \Delta y \tag{6.2.20}$$

在卷积再现算法中，CCD 面和再现像面的大小相同，不受波长和记录距离影响，可以适用于多波长和多个记录距离再现的情况，但是再现过程包含了三次傅里叶变换，计算量较大。

3. 角谱再现法

CCD 平面和再现像平面上的复振幅分别为 $I(x,y,0)\,C(x,y,0)$ 和 $U(x_i,y_i,d)$，两平面之间的距离为 d，这两个平面对应频域上的频谱函数分别为 $A_0(f_x,f_y)$ 和 $A(f_x,f_y)$。根据角谱理论，光波在自由空间传播的角谱关系式为

$$A\left(f_x,f_y\right)=A_0\left(f_x,f_y\right)H\left(f_x,f_y\right) \tag{6.2.21}$$

式中，$H(f_x,f_y)$ 是衍射的传递函数，可以表示为

$$H\left(f_x,f_y\right)=\begin{cases}\exp\left[\mathrm{j}kd\sqrt{1-\left(\lambda f_x\right)^2-\left(\lambda f_y\right)^2}\right], & f_x^{\,2}+f_y^{\,2}<\dfrac{1}{\lambda^2}\\ 0, & \text{其他}\end{cases} \tag{6.2.22}$$

角谱再现法用傅里叶变换形式表示为

$$U\left(x_i,y_i\right)=\Im^{-1}\left\{\Im\left[I(x,y)C(x,y)\right]\cdot H\left(f_x,f_y\right)\right\} \tag{6.2.23}$$

角谱再现法先对全息图傅里叶变换到空间频域，与传递函数相乘后，再傅里叶逆变换回空间域，因此再现像平面的像素大小与 CCD 平面像素大小相同，即

$$\Delta x_i = \Delta x, \quad \Delta y_i = \Delta y \tag{6.2.24}$$

在角谱再现法中，CCD 平面和像平面的大小相同，再现过程包含了两次傅里叶变换，对最小记录距离没有限制。

总之，通过上面三种数字全息再现方法，可以获得再现像的复振幅，在此基础上可以进一步计算得到再现像的强度分布和相位分布，分别表示为

$$I_i\left(x_i,y_i\right)=U\left(x_i,y_i\right)U^*\left(x_i,y_i\right) \tag{6.2.25a}$$

$$\varphi_i\left(x_i,y_i\right)=\arctan\frac{\mathrm{Im}\left[U\left(x_i,y_i\right)\right]}{\mathrm{Re}\left[U\left(x_i,y_i\right)\right]} \tag{6.2.25b}$$

式中，Im[·]和 Re[·]分别表示取复振幅的虚部和实部。

由式(6.2.25b)计算得到的相位在[−π, π]范围内变化，需要进一步通过解包裹操作才能获得物体的真实相位信息。

6.3 激光数字全息再现像质量优化方法

6.3.1 频域滤波法

离轴光路中零级像、原始像和共轭像实现了空间分离，零级像的强度明显高于原始像和共轭像的强度，降低了再现像的图像质量。因此，抑制零级像和共轭像是提高再现像图像质

量的关键。频域滤波方法是将全息图进行傅里叶变换得到其空间频谱分布，利用设置滤波窗口滤除零级谱和共轭谱，然后再进行傅里叶逆变换，得到只有原始像的再现全息图。根据式(6.2.4)，对全息图光强进行傅里叶变换，可得

$$\Im(I)=G_1\left(f_x,f_y\right)+G_2\left(f_x,f_y\right)+G_3\left(f_x,f_y\right)+G_4\left(f_x,f_y\right) \tag{6.3.1}$$

只要在二维频率空间中 f_x 和 f_y 足够大，通过适当滤波就能选出 G_3，于是有

$$O\cdot R^*=\Im^{-1}\left\{G_3\left(f_x,f_y\right)\right\} \tag{6.3.2}$$

式中，f_x 和 f_y 是频域坐标。图 6.3.1 是零级光、物光和共轭光频谱在频域的分布示意图，其中大圆环表示零级光频谱范围，小圆环表示物光及共轭光频谱范围。可以看出，只要物光频谱宽度有界，参考光与光轴夹角选择适当，就可以将物光频谱从 CCD 探测图像的频谱中分离出来。

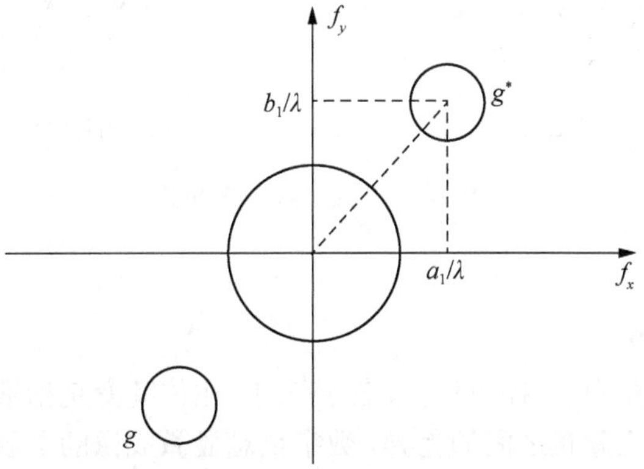

图 6.3.1　频谱分布示意图

由于此全息图中去除了直透光和共轭像的频谱，所以再现结果中也只出现物体再现像。虽然通过傅里叶变换和傅里叶逆变换两次变换易造成有用信息的丢失，但该方法只需一幅全息图，适用于实时处理，成为应用最广泛的一种滤波方法。

6.3.2　数字参考波法

在数字全息显微离轴结构中，物光波和参考光波之间存在夹角，使得零级像、原始像和共轭像在空间频域实现了分离，同时该结构也使得再现像的相位发生倾斜，引入倾斜相位误差，影响了成像的质量。

数字参考波法是将记录的全息图频域滤波后，得到只包含原始像信息的新全息图：

$$I'=O(x,y)R^*(x,y) \tag{6.3.3}$$

引入一个与物理参考波相同的数字参考波，并与新全息图相乘，如图 6.3.2 所示，这相当于一个平面参考光波 C 照射到滤波后的 CCD 平面上，消除了倾斜相位误差的影响，即

$$U(x,y)=O(x,y)R^*(x,y)\cdot C(x,y) \tag{6.3.4}$$

其中

$$C(x,y)=\exp[-\mathrm{j}k\left(\alpha_{\mathrm{r}}x+\beta_{\mathrm{r}}y\right)] \tag{6.3.5}$$

式中，α_{r} 和 β_{r} 分别是数字参考波沿 x 轴和 y 轴方向的空间频率，由滤波后物体频谱的中心位

置与空间频域坐标中心之间的距离确定，可以表示为

$$\alpha_{\rm r} = \frac{p - p_0}{M_x \Delta x} \tag{6.3.6a}$$

$$\beta_{\rm r} = \frac{q - q_0}{N_y \Delta y} \tag{6.3.6b}$$

式中，(p_0, q_0)是全息图空间频域的坐标中心；(p, q)是全息图正一级谱的中心坐标。

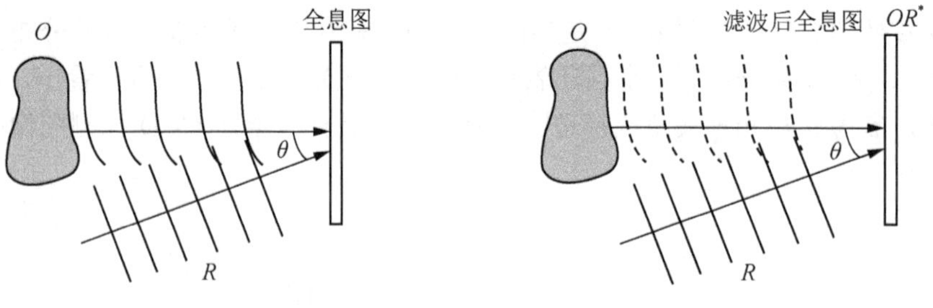

（a）全息图记录　（b）用数字参考波$C=R$重构

图 6.3.2　数字参考波再现

6.3.3　双曝光法

在数字全息显微光路中，相位畸变总是存在的。相位畸变是指数字全息再现像的相位分布与实际被测样本的相位分布之间的差异，数字全息显微成像的主要相位畸变包括一次相位畸变和二次相位畸变。一次相位畸变是由离轴结构中物光波和参考光波不同轴所引起的相位倾斜，即倾斜相位误差；二次相位畸变是由显微物镜引起的相位弯曲，即二次相位误差。这两种相位误差都会影响测量结果的精度，需要采用适当方法进行补偿或消除。

双曝光法补偿相位畸变需要记录两幅全息图，一幅是包含样本信息的物全息图，另一幅是不包含样本信息但包含整个相位畸变的参考全息图，重构后两者相位相减，可以补偿光学元件带来的相位畸变。

频域滤波后的参考全息图可以表示为

$$I_{\rm b}' = O_{\rm b}(x,y)R^*(x,y) = o_{\rm b}(x,y)\exp[{\rm j}\varphi_{\rm b}(x,y)]\cdot r(x,y)\exp[{\rm j}\varphi_{\rm R}(x,y)] \tag{6.3.7}$$

式中，$O_{\rm b}(x,y)$是参考全息图对应的无样本物光波复振幅；$o_{\rm b}(x,y)$和$\varphi_{\rm b}(x,y)$分别是无样本物光波的振幅和相位。频域滤波后的物全息图可以表示为

$$I' = O(x,y)R^*(x,y) = o(x,y)\exp\{{\rm j}[\varphi_{\rm O}(x,y)+\varphi_{\rm b}(x,y)]\}\cdot r(x,y)\exp[{\rm j}\varphi_{\rm R}(x,y)] \tag{6.3.8}$$

式中，$\varphi_{\rm O}(x,y)$是有样本物光波的相位。经数值再现后，物全息图的再现像比参考全息图的再现像相位上多了一个样本引起的相位变化$\varphi_{\rm O}(x,y)$，对应的解包裹相位分别表示为

$$\varphi(x,y) = \varphi_{\rm O}(x,y) + \varphi_{\rm b}(x,y) + \varphi_{\rm R}(x,y) \tag{6.3.9a}$$

$$\varphi'(x,y) = \varphi_{\rm b}(x,y) + \varphi_{\rm R}(x,y) \tag{6.3.9b}$$

两者解包裹相位相减，得到消除了相位畸变的样本相位，即

$$\varphi_{\rm O}(x,y) = \varphi(x,y) + \varphi'(x,y) \tag{6.3.10}$$

6.3.4 相移法

同轴光路利用全像素产生全息像，但零级像和共轭像会在重构像上重叠，采用相移技术可有效去除这些干扰项。相移技术是通过给参考光引入特定的相位变化，得到几幅有固定相位差的全息图，再将其进行叠加，可以使直透光和共轭像相互抵消而去除。物光波和平面参考光波的干涉光强可表示为

$$\begin{aligned} I &= \left|O(x,y)+R(x,y)\right|^2 \\ &= o(x,y)^2 + r^2 + 2ro(x,y)\cos\left[\varphi_{\mathrm{O}}(x,y)+\varphi_{\mathrm{R}}\right] \end{aligned} \tag{6.3.11}$$

相移技术中最常用的是四步相移，通过压电陶瓷驱动器可对参考光相位实现精密位移，并分时记录下参考光进行 0、π/2、π、3π/2 相移后的四幅全息图，即

$$I_0 = o(x,y)^2 + r^2 + 2ro(x,y)\cos\left[\varphi_{\mathrm{O}}(x,y)\right] \tag{6.3.12a}$$

$$I_{\pi/2} = o(x,y)^2 + r^2 - 2ro(x,y)\sin\left[\varphi_{\mathrm{O}}(x,y)\right] \tag{6.3.12b}$$

$$I_{\pi} = o(x,y)^2 + r^2 - 2ro(x,y)\cos\left[\varphi_{\mathrm{O}}(x,y)\right] \tag{6.3.12c}$$

$$I_{3\pi/2} = o(x,y)^2 + r^2 + 2ro(x,y)\sin\left[\varphi_{\mathrm{O}}(x,y)\right] \tag{6.3.12d}$$

通过计算，可得到物光波的振幅和相位分布如下：

$$o(x,y) = \frac{1}{4r}\left[\left(I_0 - I_{\pi}\right) + \mathrm{j}\left(I_{3\pi/2} - I_{\pi/2}\right)\right] \tag{6.3.13a}$$

$$\varphi_{\mathrm{O}}(x,y) = \arctan\left(\frac{I_{3\pi/2} - I_{\pi/2}}{I_0 - I_{\pi}}\right) \tag{6.3.13b}$$

这种方法可以消除直透光和共轭像的影响。除四步相移外，还有两步法、三步法或随机相移等不同方法，这些方法对实验设备和环境稳定性有较高要求，并且只能用于静止物体的记录，在显微技术、面形测量、散斑测量等许多领域得到广泛应用。

6.4 激光数字全息干涉测量应用

激光数字全息干涉测量技术可广泛应用于长度、位移、振动、温度等几何量与物理量的精密测量，目前已在空气动力学、气动传输、汽轮机测试、雾场水滴微粒尺寸分布、透明物体均匀性分布、温度分布、流速分布等方面获得了成功应用。下面简要介绍数字全息干涉在三维面形测量、温度场测量、粒子场测量和生物组织动态监测方面的应用。

6.4.1 三维面形测量

随着超精密制造技术的发展，对玻璃微加工中微结构的质量提出了更高的要求，如微结构尺寸、轮廓误差等特征参数都会直接影响微光学系统的功能特性。

1. 微透镜阵列测量

微透镜阵列三维面形测量系统如图 6.4.1 所示，该系统基于马赫-曾德尔离轴干涉仪结构，从激光器输出的单纵模激光经衰减片后由分光镜 BS_1 分成两束光，其中一束光被反射镜 M_1 反射作为参考光，另一束光由反射镜 M_2 反射后作为物光(即测量光)透过被测样品 SP，物光和参考光分别由 10 倍显微物镜 MO_1 和 MO_2 放大，再经分光镜 BS_2 后同轴输出，在 CCD 面上发生干涉。分别记录放置样品和未放置样品时的全息图，提取两幅全息图中的相位分布，并通过相位相减消除相位误差。

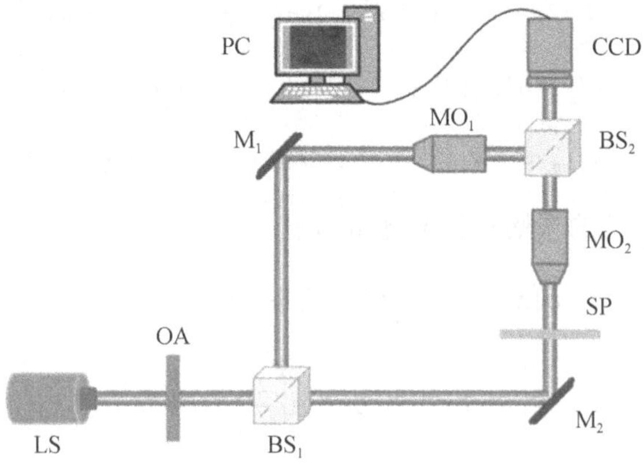

图 6.4.1　微透镜阵列三维面形测量系统原理图

LS：激光器；OA：衰减片；BS：分光镜；MO：显微物镜；SP：被测样品(微透镜阵列)；
M：反射镜；CCD：相机；PC：计算机

物光透过不同微结构时，干涉仪两臂的光程差 OPD 会发生变化，进而引起相位差发生改变，即

$$\begin{aligned}\Delta\varphi(x,y)&=\frac{2\pi}{\lambda}\cdot\mathrm{OPD}(x,y)=\frac{2\pi}{\lambda}\cdot\int_{h_1(x,y)}^{h_2(x,y)}\left[n(x,y)-n_0\right]d_z\\&=\frac{2\pi}{\lambda}\cdot(n_{\mathrm{m}}-1)\cdot h(x,y)\end{aligned}\tag{6.4.1}$$

式中，$n(x,y)$ 是微结构的折射率分布；$n_{\mathrm{m}}=1.461$ 是普通玻璃折射率；$n_0=1$ 是空气折射率；$h(x,y)=h_2(x,y)-h_1(x,y)$ 是沿 z 轴方向微结构的深度。当微结构为平凹或平凸时，有临界值 $h_1(x,y)=0$，相应地，$h(x,y)=h_2(x,y)$ 为微结构的形貌分布，由式(6.4.1)可得

$$h(x,y)=\frac{\lambda}{2\pi(n_{\mathrm{m}}-1)}\cdot\Delta\varphi(x,y)\tag{6.4.2}$$

实验测试了平凸熔融石英微透镜阵列，图 6.4.2 为微透镜阵列的相位差轮廓曲线，通过计算轮廓峰值与谷值之间的高度差，即可得到微透镜阵列的深度。同时，用 Sensofar S Neox 3D 光学轮廓仪(分辨率为 0.001nm)对微透镜进行轮廓测量，两者测量得到的 6 个微透镜结果如表 6.4.1 所示，本方法的测量结果与轮廓仪的测量结果基本一致，测量精度达到 10^{-3}μm。

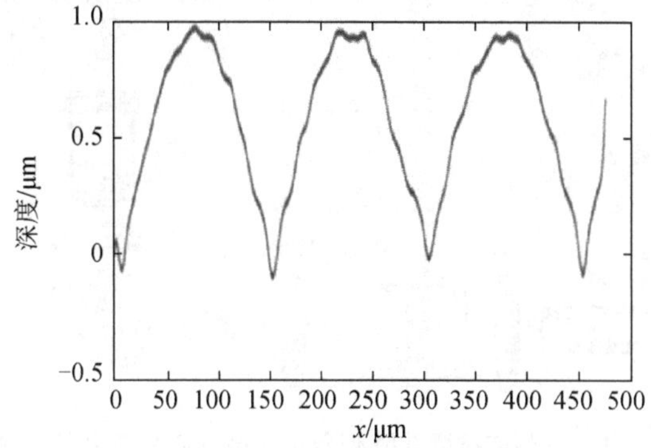

图 6.4.2　平凸微透镜阵列的形貌测量结果

表 6.4.1　平凸微透镜阵列深度

样本编号	本方法测量深度/μm	光学轮廓仪测量深度/μm
1	0.994	0.991
2	0.978	0.981
3	0.960	0.960
4	0.964	0.964
5	0.963	0.963
6	0.970	0.965

2. 微孔阵列测量

石英玻璃微孔阵列全息显微远心测量系统原理图如图 6.4.3 所示，该系统基于马赫-曾德尔离轴干涉仪结构，从 He-Ne 激光器(LS)输出的线偏振激光经半波片 HWP_1 后由偏振分光棱镜 PBS 分成两束正交线偏振光，其中一束光被反射镜 M_1 反射后由扩束镜 BE 扩束作为参考光，另一束光透过半波片 HWP_2 由反射镜 M_2 反射后经过一个远心结构，透过被测样品 SP 作为物光。远心结构由放大倍率为 10 的显微物镜 MO 和焦距为 150mm 的透镜 OL 构成，消除二次相位畸变的影响。物光和参考光通过分光镜 BS 合束，在 CCD 面上发生干涉。光路中两个半波片用于控制发生干涉的两路光的光强比。

微孔阵列是石英玻璃材质，孔径为 15μm，孔间距为 80μm。实验测试得到微孔阵列的形貌轮廓，如图 6.4.4 所示。图 6.4.4(a)所示为微孔阵列的形貌三维分布，图 6.4.4(b)所示为其高度轮廓曲线。通过相位与高度之间的关系，可得微孔阵列的平均高度为 550nm，其标准差为 19nm。

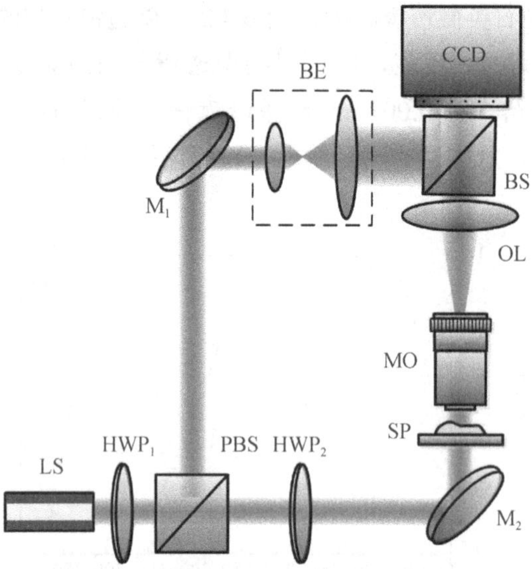

图 6.4.3　石英玻璃微孔阵列全息显微远心测量系统原理图

LS：激光器；HWP：半波片；PBS：偏振分光棱镜；SP：被测样品；MO：显微物镜；OL：透镜；BS：分光镜；M：反射镜；BE：扩束镜；CCD：相机

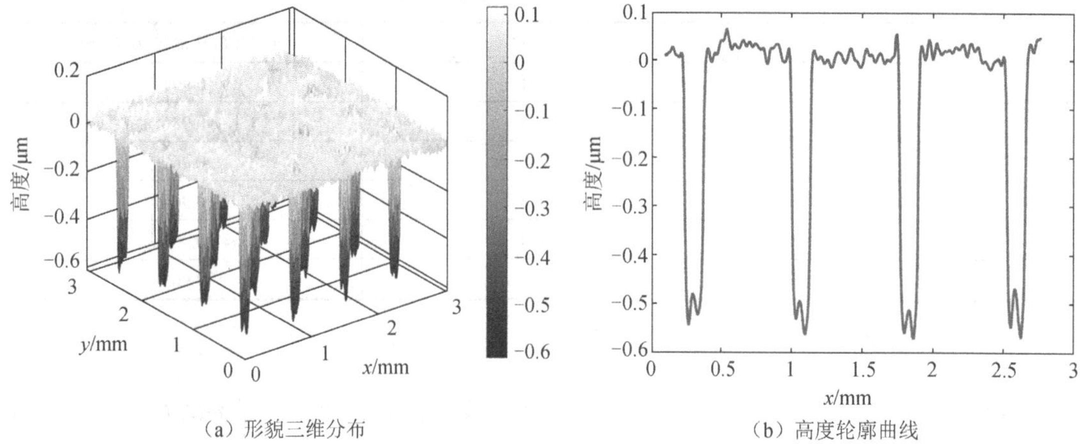

图 6.4.4　微孔阵列形貌测量结果

6.4.2　温度场测量

温度场分布特性是燃烧学领域的重要研究内容之一，通过数字全息技术可以可视化整个区域的温度分布。当物光穿过有温度变化的空气时，其光程及相位就会发生变化，从而改变接收屏上的干涉条纹，干涉条纹的变化反映了温度变化信息。

数字全息蜡烛温度场测量系统如图 6.4.5 所示，该系统采用迈克耳孙干涉仪结构，激光器发出的激光束经扩束准直后得到平行光，在分光镜 BS 上被分成反射光和透射光，其中反射光作为参考光，经由全反镜 M_2 反射回来并透过分光镜到达 CCD；透过 BS 的光束作为物光(即测量光)，经过待测温度场后被全反镜 M_1 反射回来，再次经过待测温度场，由 BS 反射后与参考光在 CCD 接收面上叠加而产生干涉，干涉图被 CCD 接收并由计算机进行处理。由于蜡烛温度场分布变化过程缓慢，采用迈克耳孙干涉仪使物光两次通过被测温度场区域，从而可将温度变化(空气折射率变化)导致的干涉仪两臂光程差的改变量加倍，以提高测量灵敏度。若被测区域的温度变化很快，则采用马赫-曾德尔干涉系统，测量效果会更好。

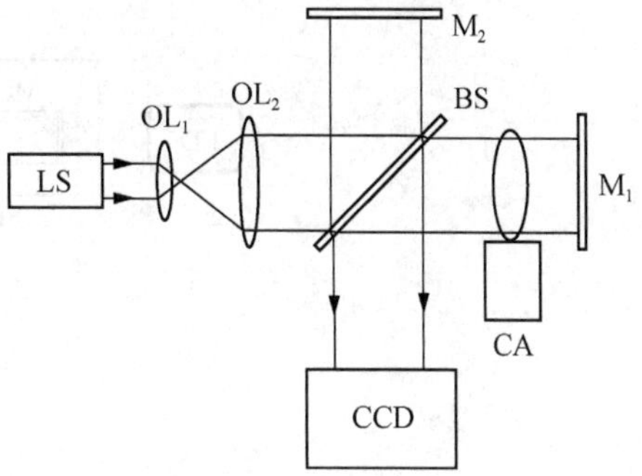

图 6.4.5 数字全息蜡烛温度场测量系统

LS：激光器；BS：分光镜；OL：透镜；M：反射镜；CA：蜡烛；CCD：相机

通过干涉仪光路中各个位置处的相位变化，可以获得温度场内折射率的变化，进而根据 Gladstone-Dale 定律和理想气体状态方程计算出空间中任一点的温度，即

$$\frac{1}{T}-\frac{1}{T_0}=\frac{R'}{pC_{\text{gd}}\mu}(n-1) \tag{6.4.3}$$

式中，T 是气体温度；T_0 是初始温度；R' 是普适气体常数；p 是气体压强；C_{gd} 是 Gladstone-Dale 常数；μ是空气摩尔质量。已知折射率 n 和相位 φ 之间的关系为

$$\frac{2\pi}{\varphi}=\frac{\lambda}{nl} \tag{6.4.4}$$

式中，l 是蜡烛火焰的宽度。将式(6.4.4)代入式(6.4.3)，可以得到温度 T 与相位 φ 之间关系，即

$$\frac{1}{T}-\frac{1}{T_0}=\frac{R'\lambda}{2\pi lpC_{\text{gd}}\mu}(\varphi-\varphi_0) \tag{6.4.5}$$

式中，$\varphi_0=2\pi l/\lambda$ 是没有点燃蜡烛时的初始相位；φ 是点燃蜡烛后的相位。通过被测空气区域的相位变化，就可以反映点燃蜡烛前后该区域温度变化的情况。

6.4.3 粒子场测量

数字全息可用于透明介质中粒子场的分析，实现对粒子三维位置、粒径、形貌、速度等多参数的同时测量，目前已应用于喷雾、雾滴、聚合物粒子生长、微小粒子跟踪等领域，成为三维粒子场测量的主要方法。

乙醇喷雾燃烧高速数字同轴全息测量系统如图 6.4.6 所示，该系统主要包含两个子系统，即喷雾燃烧子系统和数字全息子系统。在乙醇喷雾燃烧子系统中，乙醇液体由注射泵供给，通过超声波喷头产生乙醇喷雾。在数字全息子系统中，半导体激光器 LD 产生的连续激光经由显微物镜 MO 和针孔光阑 PH 组成的空间滤波器 SF 后被球面透镜 OL 准直，形成直径约为 5cm 的平行光照射待测喷雾场。有乙醇液滴散射的光为物光波，其与未散射的参考光波产生干涉形成全息图，并由高速相机 CCD(帧率：10000 帧/秒)记录。获得乙醇喷雾燃烧液滴三维空间分布，结合高速相机 CCD 测得液滴在乙醇喷雾火焰中的停留时间，就可以实现液滴三维运动速度的测量。

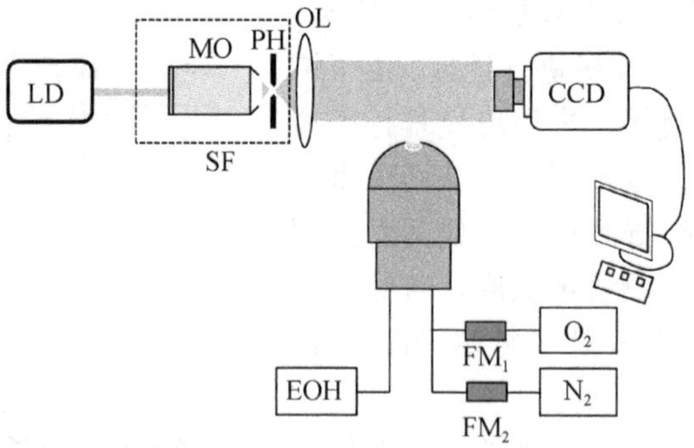

图 6.4.6 乙醇喷雾燃烧高速数字同轴全息测量系统

LD：半导体激光器；MO：显微物镜；PH：针孔光阑；OL：透镜；SF：空间滤波器；EOH：乙醇；FM：流量计；CCD：相机

6.4.4 生物组织动态监测

数字全息显微技术是一种无标记干涉成像技术，可以提供与细胞形态有关的定量相位信息，该技术已被用于对细胞生长过程及生理活动进行动态监测，如细胞分裂、细胞迁移、细胞在外界刺激下的形态变化等。

一种癌细胞离轴数字全息显微成像系统如图 6.4.7 所示，从激光器 LS 发出的 532nm 激光束通过单模光纤耦合输出，由透镜 OL_1 准直后变为近似平面光波，并由偏振分光棱镜 PBS 分为两束光，透射光和反射光分别作为物光和参考光。物光波经由反射镜 M_2 反射后，通过汇聚透镜 FL 照射被测样品(细胞)SP，由 20 倍显微物镜 MO 和透镜 OL_2 构成的显微成像部件对被测样品 SP 进行放大成像，物光波透过分光镜 BS 与参考光波汇合产生干涉，并由 CCD 相机记录下细胞干涉图。半波片 HWP_1 用于调节两光束之间的强度比，调节半波片 HPW_2 可使参考光波与物光波偏振方向一致。FL 与 MO 组成共焦系统，并使待测样品 SP 位于 MO 焦点处。同时，参考光路中的反射镜 M_4、M_5 用于在多个方向上调节参考光与物光之间的夹角，使记录的全息图像的零级像、+1 级像和−1 级像相互分离，实现离轴全息成像。被测样品 SP 为上皮性卵巢癌细胞 A2780，加入化疗药物顺铂后，记录 9h 癌细胞变化情况。

为了分析单个细胞在死亡过程中形态随时间的变化规律，采用阈值分割方法将单个细胞从背景相位中分割出来。由全息记录重建的细胞相位图像，实际上是由于细胞与培养液之间的折射率不同，照明光波在经过不同区域时产生的相位差，即

$$\Delta\varphi(x,y)=\varphi_{\mathrm{m}}(x,y)-\varphi_{\mathrm{c}}(x,y)=\frac{2\pi}{\lambda}h'(x,y)\left[n_{xy}(x,y)-n_{\mathrm{c}}\right] \tag{6.4.6}$$

式中，n_c 为细胞周围培养液的折射率；n_{xy} 和 h' 分别为细胞在位置 (x,y) 处的折射率及厚度。

图 6.4.8(a)和图 6.4.8(b)分别为加入药物前及加入药物 9h 后的相位图像，可以明显看出，大部分细胞已经破裂死亡，图中箭头所指向的是 8 个已经明显破裂死亡的细胞，而其他没有破裂的细胞也产生了明显的收缩，细胞相位值明显增大。可以看出，细胞在破裂死亡前，细胞面积减小，相位值变大，细胞产生向内收缩现象。

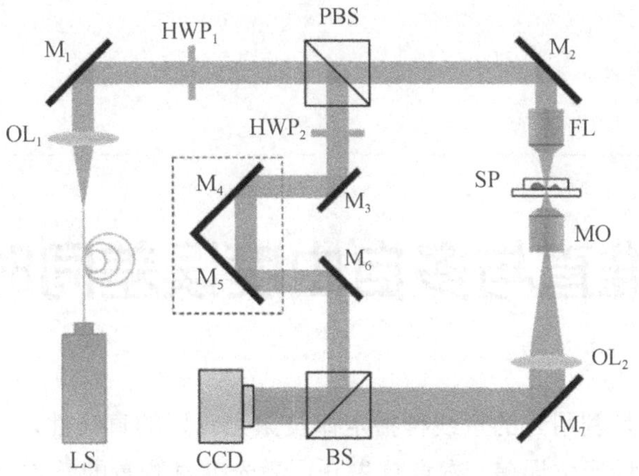

图 6.4.7 癌细胞离轴数字全息显微成像系统

LS：激光器；OL：透镜；M：反射镜；HWP：半波片；PBS：偏振分光棱镜；FL：汇聚透镜；SP：被测样品；MO：显微物镜；BS：分光镜；CCD：相机

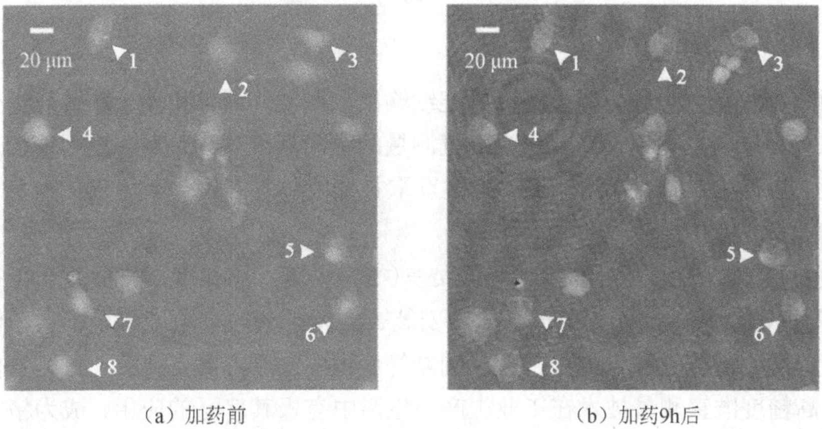

（a）加药前 （b）加药9h后

图 6.4.8 A2780 细胞加药前后的相位图像

习题与思考题

1. 激光数字全息术包括哪两个过程？其作用各是什么？
2. 离轴全息记录光路满足的条件是什么？
3. 数字全息再现方法有哪几种？各有什么优缺点？
4. 激光数字全息再现像质量优化有哪些方法？其基本原理是什么？
5. 结合激光数字全息测量应用实例，比较同轴全息光路和离轴全息光路的优缺点，并给出各自应用场合。
6. 试设计一种激光数字全息干涉应变测量系统，并简述其测量原理。
7. 试设计一种激光数字全息干涉折射率测量系统，并简述其测量原理。

第 7 章

激光准直与多自由度误差同时测量

激光准直测量就是利用光的直线传播定律及激光良好的直线性，以激光束作为直线基准来获取被测物体的各种形位误差。本章首先介绍激光准直测量的基本原理和系统组成，然后介绍激光直线度测量，最后介绍激光多自由度误差同时测量系统和激光跟踪测量。

7.1 概　　述

激光具有极好的方向性，经过准直的连续输出的激光光线，其激光光线能量分布中心的连线可以认为是一条几何直线，并作为准直测量的空间基准线。激光准直测量就是利用激光束的直线性，以激光束作为基准直线，通过获取被测物体与基准光束之间的偏离量，从而得到被测几何量的偏差。

准直测量技术是大型几何参数与形位误差(如直线度、同轴度、平面度、平行度、垂直度等)几何量的测量基础，如在电梯导轨的安装、大型平台的平面度测量、大型机械零部件轴孔同轴度、同心度测量和大坝外部变形测量等应用中，都需要高精度准直测量作为技术保障。因此，高精度准直测量技术在工业生产和生活中有极其广泛的应用，成为精密计量测试领域的有力保障。

7.1.1　激光准直测量基本原理

1. 准直与自准直的基本原理

传统的平行光管又称为准直仪，它的作用是提供无限远的目标或给出一束平行光。平行光管主要由一个望远物镜和一个安置在物镜焦平面的分划板组成。平行光管常与平面反射镜组合，通过读数目镜构成自准直仪。自准直法是利用光学自准直原理，用于小角度测量或可以转换为小角度测量的一种常用计量测试仪器，在直线度等测量领域有着广泛的应用。早期的自准直仪以光学机械式为主，通过人眼观察进行测量，目前国内外均有多种型号的光电自准直仪产品，采用高分辨率的 CCD，测量灵敏度可以达到 0.005″，其基本组成及测量原理如图 7.1.1 所示。

光源 1 发出的光束经过聚光镜 2 均匀照明到位于物镜 5 的焦平面上的十字分划板 3 上，

十字形刻线经分光镜 4、物镜 5、反射镜 6 后，光线返回经物镜 5 和分光镜 4，十字形刻线成像在置于物镜 5 的焦平面中的面阵 CCD 器件上，十字刻线图像经图像采集卡后输入计算机，经计算机分析处理后给出测量结果。

如图 7.1.1(b)所示，根据平面镜的反射特性，若平面镜绕垂直于入射面的轴转动θ角时，反射光线将转动 2θ，转动方向与平面反射镜的转动方向相同。因此，像 O' 相对反射镜面垂直于光轴时的像 O 有一个位移量 x，这一位移量 x 与反射镜偏角θ 的关系为：

$$x = F \cdot \tan(2\theta) \tag{7.1.1}$$

式中，F 为准直物镜的焦距。

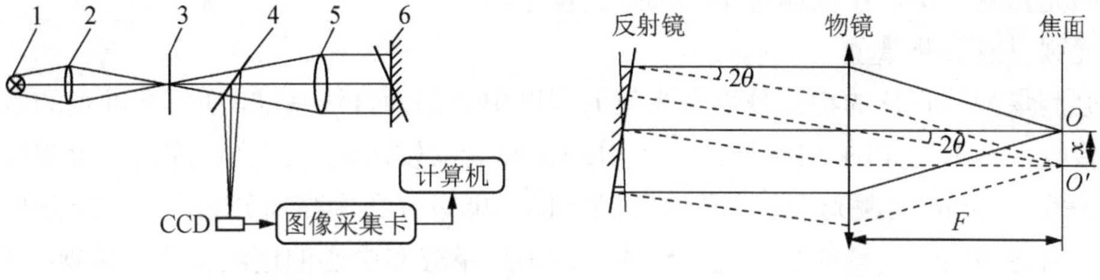

（a）自准直系统组成　　（b）测量原理

图 7.1.1 自准直系统组成及测量原理

2. 激光准直测量的基本原理

激光由于具有很好的方向性，容易得到平行光束，因而在准直测量得到了较为广泛的应用。利用图 7.1.1 所示的自准直原理，使用半导体激光器构成的二维激光自准直测量系统如图 7.1.2 所示。半导体激光器发射的激光，经过单模光纤和准直镜后成为平行光，经过偏振分光器分束，变为偏振光，射向移动头。线偏振光经过四分之一波片 QWP 变成了圆偏振光，经平面镜反射回来再次经过 QWP 又变成了线偏振光，但偏振方向已旋转 90°，返回偏振分光器时被反射，经过透镜聚焦后，汇聚到透镜像方焦点上的位置敏感探测器 PSD 上。

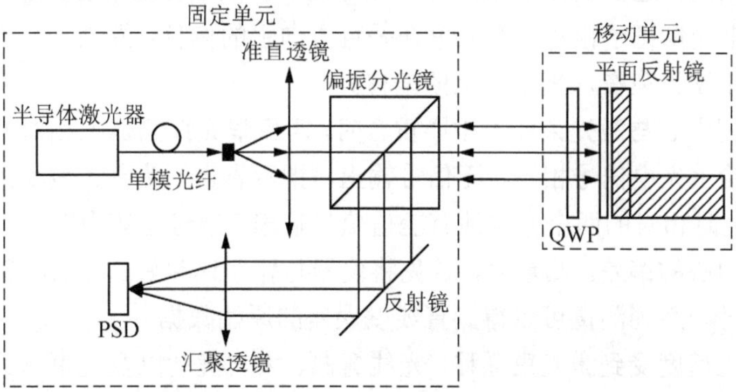

图 7.1.2 半导体激光自准直测量系统

若移动部分随工件移动，被测物体偏摆和俯仰角变化，必然引起移动部分的平面反射镜同样角度的变化，造成反射回来的光两倍角度的对应变化，经过透镜后在 PSD 得到的光点位置变化为

$$\theta_x = \frac{1}{2}\arctan\left(\frac{\Delta x}{F}\right)$$
$$\theta_y = \frac{1}{2}\arctan\left(\frac{\Delta y}{F}\right) \tag{7.1.2}$$

式中，θ_x、θ_y分别为俯仰角和偏摆角变化量；Δx、Δy分别为俯仰角和偏摆角变化造成的在PSD上光点位置的改变量；F为汇聚透镜的焦距。

在上述激光自准直原理中，主要利用了激光的方向性和平面镜的反射特性，而激光准直测量则主要利用激光的方向性。根据激光准直测量原理的不同，可将激光准直测量分为三种类型，即光强测量型、相位测量型和偏振测量型。

1) 光强(振幅)测量型

光强测量型准直仪的特征是以激光束的强度中心作为直线基准，在需要准直的点上用光探测器接收，其原理如图7.1.3所示。由He-Ne激光器发出的一束光，通过扩束望远镜后射出直径为6～10mm的激光束，该光束横截面的光能量分布为高斯分布。在一定条件下，相当长距离内各截面光能量的分布是一致的，这些能量分布中心的连线构成一条理想的直线，即为激光准直测量的基准直线。

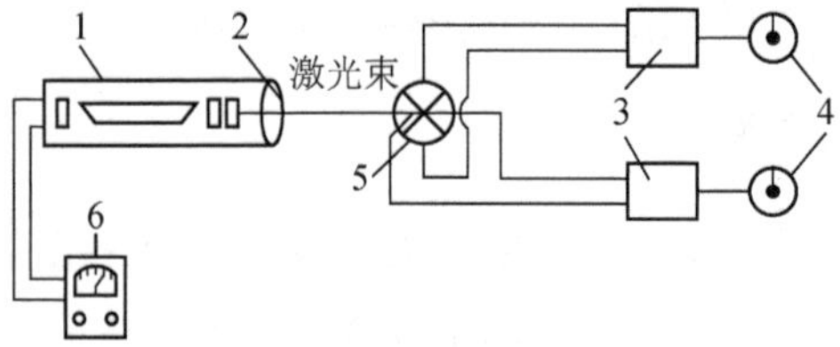

图7.1.3　激光准直原理图

1-激光器；2-扩束望远镜；3-运算放大器；4-指示表；5-接收靶；6-电源

激光准直仪的接收靶中心有一四象限光电接收器，两两相对的光电二极管接成差动式，其信号输入运算电路。这四块光电二极管中心与靶子的机械轴线重合。这样，上下一对光电二极管，可以用来测量靶子相对于激光束在垂直方向上的偏移；左右一对光电二极管，可用来测量靶子相对于激光束在水平方向上的偏移。

当光电接收靶中心与激光束能量中心重合时，四象限光探测器上相对的两个光电池接收能量相同，因此输出光电信号相等，无信号输出，指示表指示为零。例如，靶子中心偏离激光束能量中心，这时相对的两个光电池有差值信号输出，通过运算电路可以得到接收靶中心与激光光线能量中心的偏差。测量时，首先将仪器与靶子调整好，然后将靶子沿被测表面测量方向移动，通过一系列测量可以得到直线度误差的原始数据。

这种方法准直精度受到激光束漂移、光线弯曲、大气扰动以及光束横截面内光强分布不对称性的影响。为了有效地克服上述影响，出现了多种方法以提高激光准直的对准精度，主要包括如下所述的单模光纤法、菲涅耳波带片法和相位板法。

(1) 单模光纤法。图7.1.4所示为基于半导体激光光纤组件的激光准直仪的测量原理示意图。激光器发出的光经过单模光纤后，其单模光纤的出射端点相当于二次光源。理论上，激光光线的稳定性只取决于光纤出射端点在空间的稳定性，激光器输出的激光发生平行漂移和角度漂移只能影响耦合效率，仅引起输出端光功率的变化，但不引起输出端的光强分布的变化，这就起到了稳定准直基线的作用。采用半导体激光光纤组件主要是将激光器本身的漂移抑制到最小的程度，可提高其发射的激光光线的时间和空间稳定性。

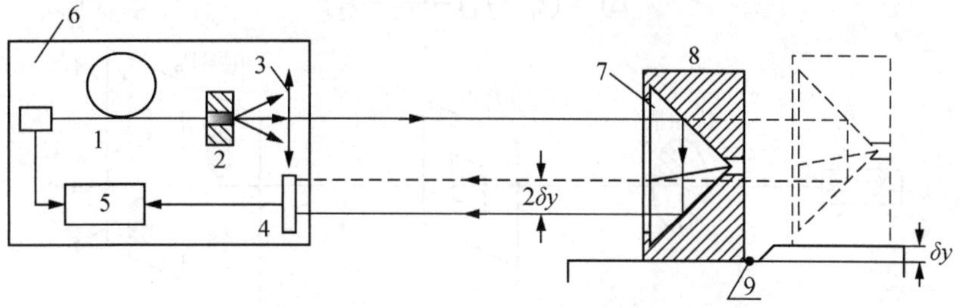

图 7.1.4　半导体激光光纤组件测量直线度原理图

1-半导体激光光纤组件；2-光纤固定器；3-准直透镜；4-四象限光电接收器；
5-信号处理器；6-测量头；7-角锥棱镜；8-活动头；9-被测工件

由图 7.1.4 可知，当活动测量头随被测工件表面沿出射光线方向移动时，若被测表面在 y 轴方向(即垂直于光线方向)存在一个位置改变 δy，入射光线保持不变，则出射光线的位置变化为 $2\delta y$，光探测器可以得到此偏差，连续多点测量，就可以得到直线度误差。因此，使用角锥棱镜，可以将测量的灵敏度提高 2 倍，同时实现移动测量头的无电缆连接，给现场测量带来了方便。

(2) 菲涅耳波带片法。利用激光的相干性，采用方形菲涅耳波带片来获得准直基线，如图 7.1.5 所示。当激光束通过望远系统后，均匀照射在波带片上，并使其充满整个波带片，则在光轴的某一位置出现一个很细的十字亮线，当将一观察屏放在该位置处时，可以清晰地看到它。调节望远系统的焦距，则十字亮线会出现在光轴的不同位置上，这些十字亮线中心点的连线为一直线，这条线可作为基准来进行准直测量。由于十字亮线是衍射与干涉的结果，所以具有良好的抗干扰性，同时还可以克服光强分布不对称的影响。

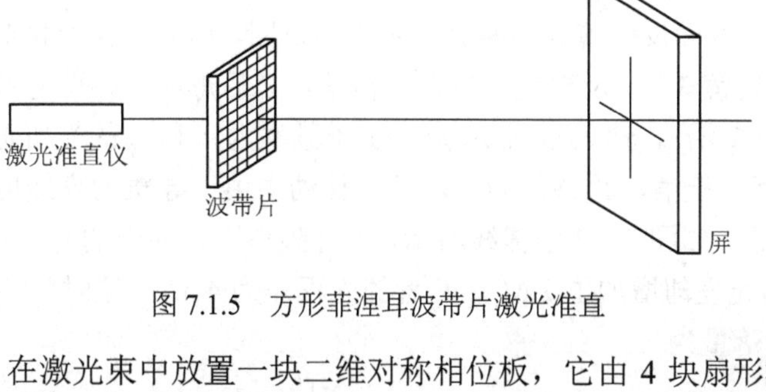

图 7.1.5　方形菲涅耳波带片激光准直

(3) 相位板法。在激光束中放置一块二维对称相位板，它由 4 块扇形涂层组成，相邻涂层光程差为 $\lambda/2$(即相位差为 π)。在相位板后面的光束任何截面上都出现暗十字条纹。暗十字线的中心连线是一条直线，利用这条直线作为基准可直接进行准直测量。若在暗十字中心处插入一方孔 P_A，在孔后的屏幕 P_B 上可观察到一定的衍射分布，如图 7.1.6 所示。如果方孔中心与光轴有偏移，那么在 P_B 上的衍射图像就不对称。这些亮点强度的不对称随着孔的偏移而增加。因此，这个偏移的大小和方向可以通过测量 P_B 上的 4 个亮点的强度来获得。在

P_B处放一四象限光电池来探测，若 I_1、I_2、I_3、I_4分别表示 4 个象限上 4 块光电池探测到的信号，则靶标的位移为

$$\begin{aligned}\Delta x=(I_1+I_2)-(I_3+I_4)\\ \Delta y=(I_1+I_4)-(I_2+I_3)\end{aligned} \tag{7.1.3}$$

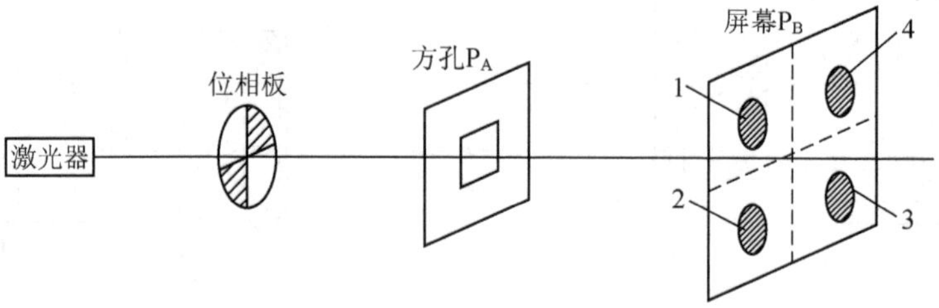

图 7.1.6　相位板激光准直测量原理

菲涅耳波带片和相位板准直都采用三点准直方法，即连接光源、菲涅耳波带片的焦点(或方孔中心)和像点，从而降低了对激光束方向稳定性的要求。这里任何中间光学元件(如波带片或方孔)的偏移都将引起像的位移，为消除像移的影响，可以将中间光学元件装在被准直的工件上，而把靶标装在固定不动的位置上。

2)相位测量型

相位测量法是在以激光束作为基准直线的基础上，又以光的干涉、衍射等原理将待测物理量的变化转变为光的相位变化进行测量。常用的相位测量型的准直方案有双频激光干涉法、光栅衍射干涉法等。相位测量型大部分设计成干涉仪两臂测量光束与参考光束在传播方向上呈对称分布。因此，其准直基线不是激光束本身，而是测量光束与参考光束的对称轴，这在克服激光漂移的影响方面有较好的效果。当两束光靠得很近时，能减小大气扰动的影响。

(1)双频激光干涉法。干涉测量法是在以激光束作为直线基准的基础上，又以光的干涉原理进行读数来进行直线度测量。图 7.1.7 是双频激光干涉仪测量直线度的原理图，从激光器 1 发出的左旋和右旋圆偏振双频激光，通过四分之一波片 2 后变成频率为ν_1和ν_2的正交线偏振双频激光，经半透半反镜 3 后射至渥拉斯顿偏振分光器 4 上，被分开成夹角为θ 的两束线偏振光，分别射向双面反射镜 5 的两翼并由原路返回，返回光在渥拉斯顿偏振分光器 4 上重新汇合，经半反射镜 3、全反射镜 6 反射到检偏器 7 后形成光拍信号并被光探测器 8 所接收。若双面反射镜 5 沿 x 轴平移到 A 点，由于频率为ν_1和ν_2的光所走的光程相等，所以$\Delta\nu_1=\Delta\nu_2$，拍频互相抵消，频移值为零。若在移动中由于导轨的直线度偏差而使反射镜沿 y 轴方向下落至 B 点，如图 7.1.7 中虚线所示，于是频率为ν_1的光的光程较原来减少了 $2\Delta L$，而频率为ν_2的光的光程却增加了 $2\Delta L$，两者的光程差为 $4\Delta L$，这时频移值$\Delta\nu=\Delta\nu_1-\Delta\nu_2$，据此可以计算出下落量为

$$AB=\frac{\Delta L}{\sin\dfrac{\theta}{2}}=\frac{\lambda\int_0^t\Delta\nu\mathrm{d}t}{4\sin\dfrac{\theta}{2}} \tag{7.1.4}$$

AB 反映了被测表面的起伏情况，即直线度变化情况。双频激光直线度测量方法是最常用的一种相位型准直测量方法，其测量原理参见 4.3.1 节。

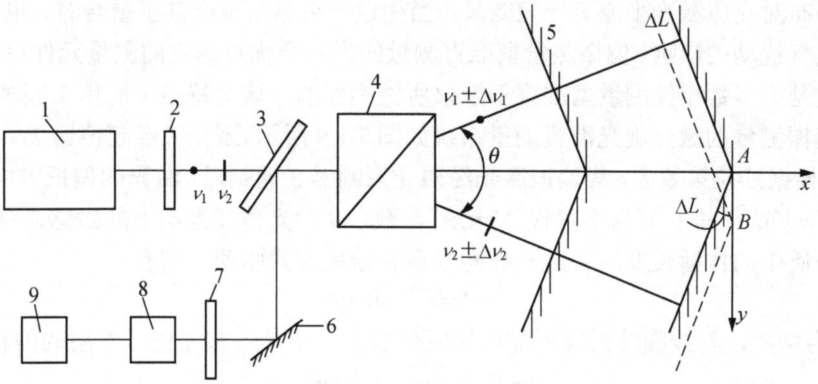

图 7.1.7 双频激光干涉仪测量直线度原理图

1-激光器；2-四分之一波片；3-半透半反镜；4-偏振分光器；5-双面反射镜；6-全反射镜；7-检偏器；8-光探测器；9-计算机

(2) 光栅衍射干涉法。图 7.1.8 所示为光栅衍射干涉法准直测量系统。该系统以光栅作为敏感元件，以双面反射镜组两反射面夹角的中分线为直线基准。经过扩束的激光束通过分光镜射向光栅，光栅刻度方向垂直于纸面、平行于托板的底面。入射光经光栅调制，产生各级衍射光，其中±1 级衍射光分别垂直投射到两面反射镜组的两个反射面上(双面反射镜组的两个反射面之间的夹角设计成与±1 级衍射光之间的夹角互补)。这样，±l 级衍射光经双面反射镜组两反射面反射后沿原路返回到光栅，再次经光栅衍射，+1 级衍射光与−1 级衍射光沿原入射光方向反向射出并产生干涉。干涉光线照射到石英晶体上，由于石英晶体的双折射效应，产生偏振方向相互垂直的两路偏振光，并使两路偏振光发生移相，两路相干光经分光镜反射后投射到偏振分光镜上，由分光镜将偏振方向相互垂直且相位移为 90° 的两路相干光束分开，分别由两个光探测器接收。测量时，将光栅固定在托板上，托板下面的滑板匀速地从导轨一端移动到另一端，导轨在垂直平面内的直线度误差使滑板及光栅随之有垂直于栅线方向的上下位移，于是干涉光强信号发生变化。通过计算光强信号变化的周期，计算出导轨的直线度变化。

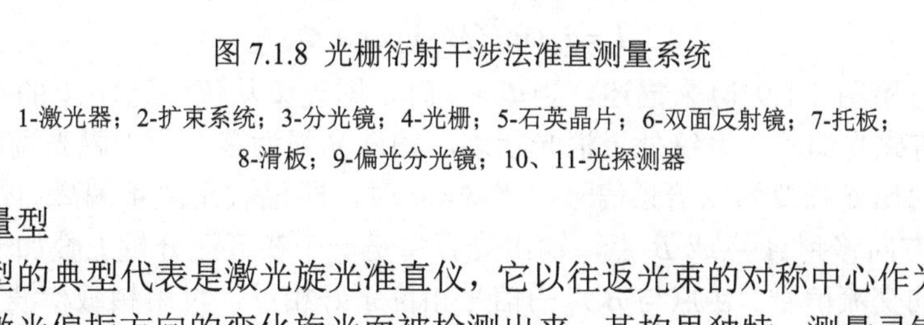

图 7.1.8 光栅衍射干涉法准直测量系统

1-激光器；2-扩束系统；3-分光镜；4-光栅；5-石英晶片；6-双面反射镜；7-托板；
8-滑板；9-偏光分光镜；10、11-光探测器

3) 偏振测量型

偏振测量型的典型代表是激光旋光准直仪，它以往返光束的对称中心作为准直基线，让直线误差变成激光偏振方向的变化旋光而被检测出来，其构思独特、测量灵敏度高，往返光

束的对称分布对克服激光平漂有一定效果。当往返光束靠得很近甚至重合时，也能在某种程度上减轻大气扰动的影响。偏振测量型准直测量的另一个优点是它的测量元件可在光路中移进移出，这是大多数相位测量型准直干涉仪所做不到的，这个特点可应用于同轴度测量。

基于偏振测量的激光旋光准直测量系统如图 7.1.9 所示。激光束经起偏器 2 得到优于 10^{-5} 的偏振度，根据法拉第效应，线偏振激光经磁光调制器 3 调制后，激光的偏振方向发生旋转，旋转角度 $\theta = VBl$，其中 V 为韦尔代(Verdet)常数，B 为光传播方向上的磁感应强度，l 为光波在磁光介质中的传播长度。若磁光线圈以串联谐振方式驱动，则有

$$B = C_0' \cdot \sin \omega t \tag{7.1.5}$$

式中，C_0' 为常数，与线圈结构及所加电压幅值有关。于是，激光偏振方向的偏转角度为

$$\theta = VC_0' l \sin \omega t = M \sin \omega t \tag{7.1.6}$$

式中，$M = VC_0' l$ 称为调制度。

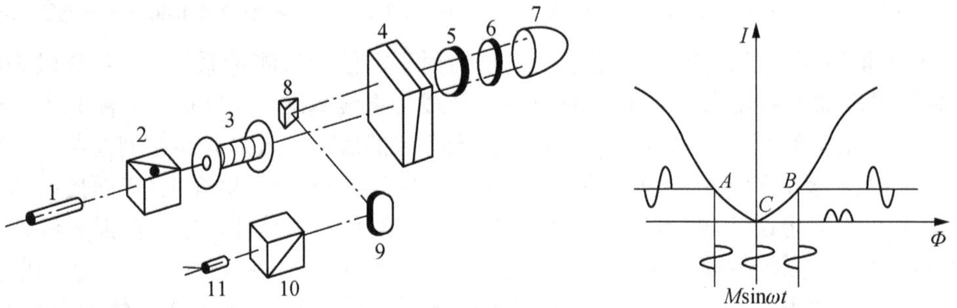

（a）光路图　　（b）输出光强

图 7.1.9　激光旋光准直测量系统

1-扩束器；2-起偏器；3-磁光调制器；4-位敏元件；5-四分之一波片；6、7-猫眼；8、9-反射镜；10-检偏器；11-光探测器

经过磁光调制的激光束经位敏元件 4、四分之一波片 5 及由透镜 6 与球面反射镜 7 组成的“猫眼”逆向反射系统后由原路返回，被反射镜 8 和 9 反射经检偏器 10 后由光探测器 11 接收。位敏元件 4 由两个角度均为 β 的左旋和右旋石英光楔组成，光楔的光轴和通光表面垂直。光束从光楔组的正中央穿过时，由于左旋和右旋石英的厚度相同，不产生附加的旋光量。当位敏元件 4 在纸面内垂直于光轴方向(横向)发生位移时，即光束移开了中性面，于是出射光的偏振矢量方向产生偏转，其偏转角 $\varPhi$ 可表示为

$$\varPhi = 4AS \tan \beta \tag{7.1.7}$$

式中，A 是石英的旋光系数；S 是位敏元件的横向移动量。系数 4 是考虑了左、右两块光楔及光束往返的成倍效果。当入射光强为 I_0 时，光探测器 11 上接收到的光强信号为

$$I = I_0 \sin^2 (M \sin \omega t + \varPhi) \tag{7.1.8}$$

式(7.1.8)可用图 7.1.9(b)来描述。当 $\varPhi = 0$ 时，即光束从位敏元件 4 的中间通过，工作点为 C，若没有磁光调制，系统处于消光状态，输出光强为零。由于磁光调制信号 $M \sin \omega t$ 的存在，引起输出光强变为二倍频信号。当 $\varPhi \neq 0$ 时，即位敏元件 4 偏离中性面，工作点将根据 4 的偏移方向移到 A 点或 B 点，输出光强将是一个在直流分量上叠加一个频率与调制信号基频相同的交流信号。A 点与 B 点的信号相位正好相反，可用相敏检波方法予以识别。由图 7.1.9(b)可以看出，根据光探测器输出的信号是基频还是二倍频，可以判断准直光束是

否从位敏元件 4 的中性面通过，并根据基频信号的相位可以判断偏移的方向。

旋光准直仪采用往返光束的双端结构，准直基线是往返光束的对称中心线，这种设计对光束的平行漂移有明显的抑制能力。

7.1.2　激光准直测量系统组成

根据激光准直测量原理不同，组成激光准直测量系统的具体结构也有所不同。简单的激光准直系统可以直接用目测来对准。为了便于控制和提高对准精度，一般的激光准直系统都采用光探测器来对准，因此激光准直系统的基本组成包括激光器、准直光学系统、光电目标靶、指示及控制系统等，如图 7.1.10 所示。指示及控制系统可以根据光电靶标输出的电信号，指示靶标的对准情况，并自动控制靶标的对准。

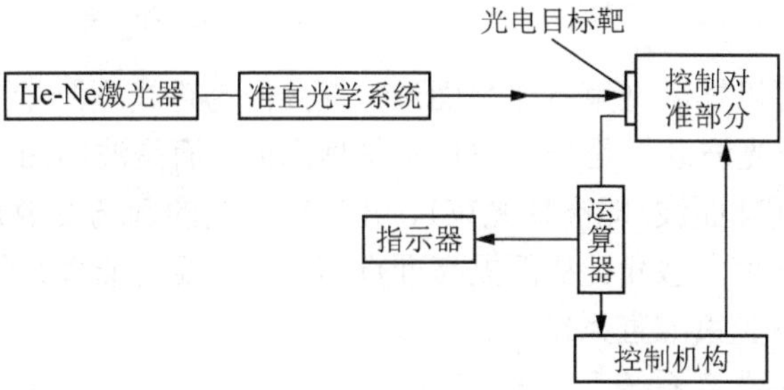

图 7.1.10　激光准直仪的基本组成方框图

1. 激光器

在激光准直系统中主要采用 He-Ne 激光器和半导体激光器等，下面简要加以说明。

1) He-Ne 激光器

激光准直需要利用激光束的能量中心照射在光探测器上，要求光场能量分布均匀，因此通常具有连续输出基横模（TEM_{00}）He-Ne 激光器最适用于激光准直，尤其是远距离的激光准直。

激光束横截面上的光强分布是高斯分布，激光光线中心上光强最大，其分布中心的连线可以构成一条理想的准直基准线。由于衍射效应，光束略有发散，光斑半径随着传播距离的增加而增加，但其分布中心的连线总是直线。对光束腰部截面半径为 0.4mm 的激光光线来说，其远场发散角为 1～2mrad，在距离光腰为 50m 的截面上，光斑半径只有大约 25mm。

对于准直用的激光器，要求光束方向的漂移尽可能小。光束方向漂移的大小取决于组成谐振腔的两块反射镜的稳定性。对于普通的 He-Ne 激光器，其光束方向稳定性为 10^{-6}～10^{-4}rad。对于性能良好的外腔式激光器，光束方向稳定性为 2.5×10^{-7}rad，这样的激光器对于 1m 长的测量光程，其光束漂移量为 0.1μm 至数微米。因此，为了提高准直精度，一般采取热稳定装置、光束补偿装置、在激光管周围对称地放置自动温控加热器等措施，以减小激光器输出光束的漂移。

除了激光器光束方向漂移会影响激光准直仪的准直精度之外，激光器输出功率的不稳定及激光器的噪声也会影响准直精度。

2) 半导体激光器

随着半导体技术的快速发展，各种新型半导体激光器也不断出现，目前可制成单模或多模、单管或列阵的多种类型半导体激光器，其波长可为0.4～1.61μm，输出功率可从毫瓦(mW)量级到瓦量级。关于半导体激光器较为详细的介绍，参见 2.7 节。

半导体激光器具有体积小、重量轻、寿命长、效率高、可调制等优点，目前也广泛应用于激光准直测量领域，在激光准直系统中也占有重要地位，尤其是采用单模光纤组件的半导体激光器，由于从单模光纤激光器输出的激光光斑质量好、激光器本身的光线漂移小，因此被广泛应用于激光准直测量中，图 7.1.2 和图 7.1.4 所示分别为使用单模光纤半导体激光器组件测量微小角度和直线度的应用。

3)其他类型的激光器

除 He-Ne 激光器和半导体激光器常用于作为准直激光器之外，还可采用其他类型的激光器，如光纤激光器等，参见第 2 章有关内容。

2. 准直光学系统

在普通应用中，可以把激光束看作平面波，直接作为直线度测量的基准。但在高精确度应用中，必须考虑激光光波既不是平面波也不是球面波，而是波面曲率中心和曲率半径随传播距离发生变化的高斯球面波(即高斯光束)，并具有一定的远场发散角。激光准直光学系统的作用就是压缩高斯光束发散角，从而提高准直精度。主要的准直系统包括倒置望远镜扩束准直系统、零阶贝塞尔光束准直系统等。

1)倒置望远镜扩束准直系统

倒置望远镜扩束准直系统的工作原理参见 1.6.3 节，此处不再赘述。

2)零阶贝塞尔光束准直系统

高斯光束经过任何线性光学系统的变换仍然是高斯光束，随着光束的传播，高斯光束截面上光强迅速衰减。但是激光器发出的光，经过特殊的汇聚元件而形成的零阶贝塞尔光束的光强几乎不随传播距离而衰减，是一条亮而细的光束。

根据波动方程理论，在无限三维空间 xyz 中，亥姆霍兹方程存在一个近似的特殊解，即

$$E = \mathrm{e}^{\mathrm{j}\beta_0 z}\mathrm{J}_0(\alpha_0 r) \tag{7.1.9}$$

式中，E 为电场强度；$\alpha_0^2+\beta_0^2=k^2$，k 为波数；r 为位置矢量的模，光束沿 z 轴传播，$x^2+y^2=r^2$；$\mathrm{J}_0(\alpha_0 r)$ 为零阶贝塞尔函数。可以看出，这是一个在垂直于传播方向 z 轴的横截面上具有相同光强分布 $\mathrm{J}_0(\alpha_0 r)$ 的光束，即在某一范围内，光强分布不随 z 变化而变化，因此光束具有无发散角的性质。

产生贝塞尔光束的准直系统如图 7.1.11 所示。一个带有环形狭缝的屏置于一透镜(焦距为 F、口径为 D)的前焦面上，缝上每一点发出的光经透镜变换为平行光束，所有点产生的平行光的波矢位于一个锥面上。当照明狭缝的光波长为λ时，得到参数 $\alpha_0=2\pi\sin\theta/\lambda$ 的贝塞尔光束，其中 $\theta=\arctan\left[d/(2F)\right]$。当缝宽 $\Delta d \ll 2\lambda F/D$ 时，可以忽略衍射的调制效应。零阶贝塞尔光束无发散传输的最长距离为

$$Z_{\max}=\frac{D}{2\tan\theta}=\frac{DF}{d}\approx\frac{\pi D}{\alpha_0\lambda} \tag{7.1.10}$$

此外，还可以应用圆锥透镜生成零阶贝塞尔光束，或者应用计算机产生的全息图生成无衍射光束。

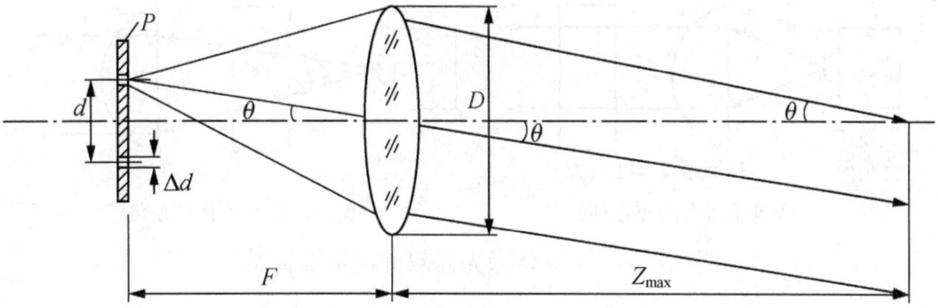

图 7.1.11　零阶贝塞尔光束准直系统

3) 半导体激光准直系统

半导体激光器的非对称激活通道，使得它发出的光束在垂直于结平面方向上远场发散角和平行于结平面方向的远场发散角相差较大，一般地，在垂直和平行于结平面方向上的发散角分别在 30°～60° 及 10°～30° 范围内，并且有像散。由图 7.1.12 可以看出，单横模半导体激光器发出的光束是椭圆高斯光束，这种光束必须予以校正，才能在对光束准直度及消像散均有较高要求的精密测量等领域中使用。

国内外已报道的一些消像散准直方法，主要有单透镜法、组合透镜法、衍射法、渐变折射率透镜法、反射法、液体透镜法等。下面仅简要介绍单透镜法、组合透镜法和衍射法。

(1) 单透镜准直法。实验装置如图 7.1.13 所示，在透镜的左边，高斯光束的光腰 ω_{10} 可以近似认为位于半导体激光器的管芯处，高斯光束由管芯处出发，经过空气空间长度 l_1 和 l_3 及窗口玻璃长度 l_2 入射于单透镜上。通光长度为 l_2 的玻璃平板对光束的变换作用相当于长度为 l_2/n'（n' 为玻璃折射率）的空气空间，所以光腰到透镜端面的距离为

$$l = l_1 + l_3 + l_2 / n'$$

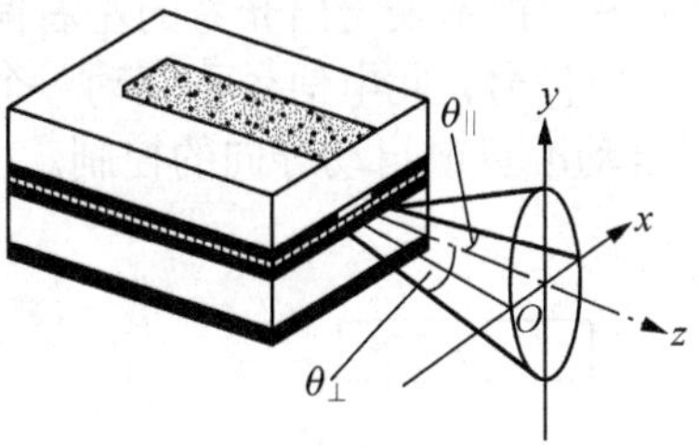

图 7.1.12　半导体激光器辐射光斑示意图

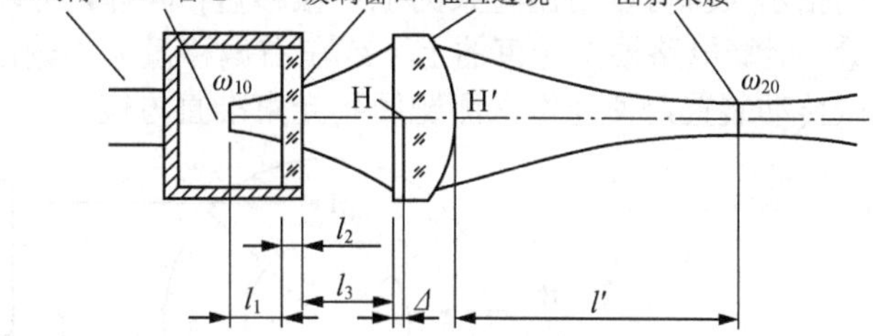

图 7.1.13　半导体激光器单透镜准直系统

只要准直透镜的相对孔径 D/F 选择合适，并将透镜和半导体激光器调整到合适的相对位置，那么采用该方法可以获得较为满意的准直效果。值得注意的是，单透镜准直对于半导体激光器两个方向的发散角有较大差别。

(2) 组合透镜准直法。单透镜准直只能对半导体激光器一个方向的发散角进行压缩，为克服这一缺点，可以采用相互垂直的椭圆截面柱透镜组分别对两个方向发散角进行压缩，从而获得良好的准直效果。如图 7.1.14(a) 所示，垂直于结平面方向上的光束经第一个柱透镜后变成平行光，第二个柱透镜在此方向上可看作平行玻璃板，不会改变光束的发散角。图 7.1.14(b) 表示平行于结平面方向上的光束经第一个柱透镜后，光束仅发生偏移，而发散角不会改变，通过第二个柱透镜后，平行于结平面方向发散角得到很大压缩。此种方法对透镜的装调有较高的要求。

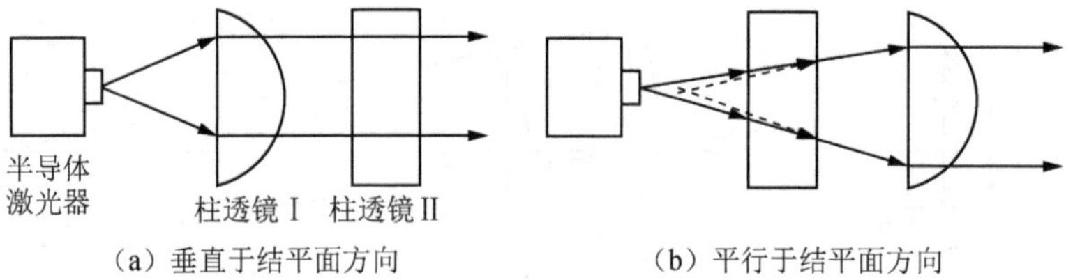

图 7.1.14　半导体激光器双柱透镜准直系统

(3) 衍射准直法。衍射准直法是利用光波场的衍射理论和二元光学理论制成二元消像散准直器件，改善半导体激光器的光束质量。由光波近场衍射理论可知，在理想光束情况下，菲涅耳波带板可以起到接近理想透镜的作用，将绝大部分能量集中到一个主焦点上。为此，根据半导体激光器发射光束的特点，利用二元光学设计原理，制成在 x 轴、y 轴方向有不同焦距并且可以校正像散的二元光学波带透镜或相位型菲涅耳透镜，实现对光束的准直。

除上述三种准直方法以外，随着加工工艺的不断提高，非球面透镜准直法也可用于半导体激光器的准直，在提高光束质量的同时也减轻了系统重量。

3. 光探测器

在激光准直测量系统中，采用的位置探测器件主要包括四象限光探测器、位置敏感探测器(PSD)和电荷耦合器件(charge-coupled device, CCD)。

1) 四象限光探测器

四象限光探测器一般由四个扇形硅光电池组成，也有的是一整个的硅光电池，正交切开 N 或 P 层形成具有公共基底的四象限，如图 7.1.15 所示。当激光束照射到光电池 1、2、3、4 区域时，分别产生电压 V_1、V_2、V_3 和 V_4。若光束正好居中，则有 $V_1=V_2=V_3=V_4$。若光束向上偏，则 $V_1>V_2$；反之，若光束向下偏，则 $V_2>V_1$。把 V_1、V_2 输入运算电路，经差分放大后，由指示表就可以给出光束的上下偏移量；同理，可以得到由另一指示表给出光束的左右偏移量。运算电路根据光束的上下或左右偏移量大小输出一定的电信号，此电信号再驱动一个机械传动装置，使光电探测靶回到光束准直方向，从而实现自动准直或自动导向的控制。

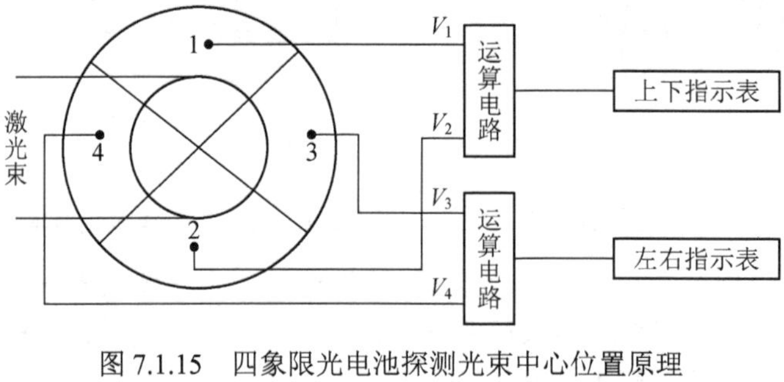

图 7.1.15　四象限光电池探测光束中心位置原理

光电池对称性对光位置探测精度有很大影响。在四象限光探测器中，要求每片光电池的灵敏度必须严格一致，其相对位置也应准确。实际上这很难做到，因为两片光电池的转换效率往往相差很远，即使是将同一片分成四块，每块的转换效率也依然会不一致。要解决光电池的对称问题，通常应在光电池电路中串接可调节的平衡电阻，通过调节平衡电阻，就可以补偿由两块光电池的不对称所引起的不平衡。

2) 位置敏感探测器

PSD 是一种具有特殊结构的大光敏面的光电二极管，又称为 PN 结光电传感器，主要有横向式和象限式两种结构形式。PSD 可将目标发射在光敏面上的位置转换为电信号。

图 7.1.16(a)是一维 PSD 原理图。在高阻半导体硅的两面形成均匀的电阻层，即 P 型和 N 型半导体层，并在电阻层的两端制作电极引出电信号，图中 C 点决定了均匀扩散层(P-Si)中 AC 段和 BC 段电阻的比例。当有光照时，在无外加偏压时，面电极 A、B 与衬底公共电极相当于短路，可检测出短路电流。设 AC 段电阻值为 R_1，BC 段电阻值为 R_2，R 为 R_1 和 R_2 的并联值。光电流 I_0 分经 R_1 和 R_2 并由 A 和 B 流出，其值分别为

$$I_1 = \frac{I_0 R}{R_1}$$
$$I_2 = \frac{I_0 R}{R_2} \tag{7.1.11}$$

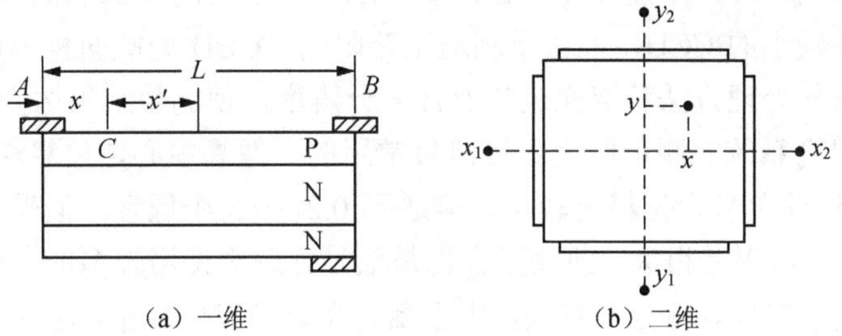

图 7.1.16　横向结构 PSD

假设 PSD 光敏面的表面电阻层具有理想的均匀特性，那么表面电阻层的阻值和长度成正比关系，即

$$\frac{I_1}{I_0} = \frac{R}{R_1} = \frac{L-x}{L}$$
$$\frac{I_2}{I_0} = \frac{R}{R_2} = \frac{x}{L} \tag{7.1.12}$$

由式(7.1.12)可得

$$x = \frac{L}{2}\left(1 - \frac{I_1 - I_2}{I_1 + I_2}\right) \tag{7.1.13}$$

一般地，以 AB 的中点为坐标原点，于是有

$$x' = \frac{L}{2} \cdot \frac{I_1 - I_2}{I_1 + I_2} \tag{7.1.14}$$

式中，$I_1 - I_2$ 与 $I_1 + I_2$ 的比值线性地表达了与光点位置的关系，它与光强无关，只取决于器件的结构及入射光点的位置，从而抑制了光点强度变化对检测结果的影响。

对二维 PSD 来说，如图 7.1.16(b)所示，其有四个电极，一对为 x 轴方向，另一对为 y 轴方向。光敏面的几何中心设为坐标原点。当光点入射到 PSD 任一位置时，在 x 轴和 y 轴方向各有一个唯一的信号与其对应。与一维 PSD 的分析过程一样，光点坐标为

$$x = k_x \frac{I_1 - I_2}{I_1 + I_2}$$
$$y = k_y \frac{I_3 - I_4}{I_3 + I_4} \tag{7.1.15}$$

式中，k_x 和 k_y 均为常数。

3) 电荷耦合器件

自美国贝尔实验室 Boyle 和 Smith 在 1970 年发明了 CCD 以来，随着半导体微电子技术的迅猛发展，其技术研究取得了惊人的进展。CCD 由于具有光电转换、信息存储等功能，以及体积小、重量轻、空间分辨率较高等优点，因此在图像传感、信号处理、数字存储三大领域内得到了广泛应用。CCD 一般分为线阵 CCD 像传感器、面阵 CCD 像传感器，因此 CCD 可以在激光准直测量中作为光探测器使用。

大多数的精密测量系统采用激光器作为光源，因此在测量过程中对投射到 CCD 上的激光光斑中心进行精确定位是保证测量精度的一个重要前提。由于 CCD 器件本身的分辨率只能达到像素级别(几微米)，不能满足准直测量要求。为了提高 CCD 器件的分辨率，一种办法是采用光敏元件较小的 CCD，但由于制造工艺限制，CCD 光敏面积不可能做得很小；另一种办法是利用信号处理方法获取光斑的亚像素分辨率，使测量结果达到 1μm 乃至零点几微米，从而大大提高系统的测量精度。目前最常用的亚像素中心定位算法是质心法(也常称为重心法)，其算法简单且定位精度较高，能达到 0.2～0.5 个像素。但受噪声干扰较大，当信号信噪比低时，定位误差很大。曲线拟合也是信号处理中使用较多的一种亚像素中心定位算法，其定位精度与信号具体分布有关，由于激光光斑呈高斯分布，因此在以激光器为光源的测量系统中，也常采用曲线拟合法对光斑中心进行定位。

(1) 质心法。质心法对灰度对称分布的光斑有很高的定位精度。对于一维线阵 CCD，质心算法可以表示为

$$x_{\mathrm{c}}=\frac{\sum_{i=1}^{n}x_i\cdot I(x_i)}{\sum_{i=1}^{n}I(x_i)} \tag{7.1.16}$$

式中，x_{c} 为光斑中心(质心)位置；$I(x)$ 为光斑的强度分布；x_i 为像元 i 的位置；$I(x_i)$ 为像元 i 的灰度值。

(2) 曲线拟合法。曲线拟合法是利用最小二乘法进行曲线拟合，将 CCD 输出的离散数据转换为连续的函数关系，在此基础上确定出拟合函数的极值位置，以此极值位置作为光斑中心。CCD 采集到的激光光斑近似符合高斯分布，高斯曲线的表达式可表示如下：

$$y=\frac{1}{\sqrt{2\pi\sigma}}\exp\left[\frac{-(x-\mu)^2}{2\sigma^2}\right] \tag{7.1.17}$$

由于高斯曲线的积分表达式求解非常困难，因此不直接对式(7.1.17)进行拟合。对式(7.1.17)两边取对数，有

$$\ln y=-\frac{(x-\mu)^2}{2\sigma^2}+\ln\frac{1}{\sqrt{2\pi\sigma}} \tag{7.1.18}$$

可以看出，式(7.1.18)是关于 x 的二次曲线，因此只需要对目标进行抛物线拟合即可，从而可以大大简化计算。

7.2　激光直线度测量

7.2.1　直线度测量概述

直线度测量主要是测量圆柱体和圆锥体的素线直线度误差、机床和其他机器的导轨面以及工件直线导向面的直线度误差等。直线度测量是平面度、平行度、垂直度等形状和位置误差测量的基础，是长度计量技术的重要内容之一。

1. 直线度定义

按中华人民共和国国家标准《直线度误差检测》(GB/T 11336—2004)的规定，直线度误差是被测的实际直线对其理想直线的变动量，而理想直线的位置应符合最小条件。最小条件是指实际被测量对其理想直线的最大变动量为最小。测量原理是选择测量基准线作为理想直线，与被测实际直线相比较确定其变动量。实际测量过程中，由于测量基准和评定基准往往不一致，因此常采用两端点连线法、最佳平方逼近法(最小二乘法)和最小区域法的数据处理方法，使测量基准与评定基准一致。

2. 直线度测量方法

直线度测量方法的分类很多，按照测量方式一般分为角差法和线差法，以下简要加以说明。

1)角差法

角差法是用自然水平面或光线作为测量基准，将被表面等距离分为若干段，每段的长度为 l，用水平仪或自准直仪等小角度测量仪器，采用节距法逐段地测出每段前后两点连线与测量基准之间的角度 $\theta_i(i=1,2,\cdots,n)$，如图 7.2.1 所示，前后两点的高度差可表示为

$$\Delta y_i = l\tan\theta_i \tag{7.2.1}$$

被测直线上各点到测量基准的高度为

$$y_i = \sum_{i=1}^{n}\Delta y_i = \sum_{i=1}^{n} l\tan\theta_i = l\sum_{i=1}^{n}\tan\theta_i \tag{7.2.2}$$

最后通过数据处理，求出直线度误差。

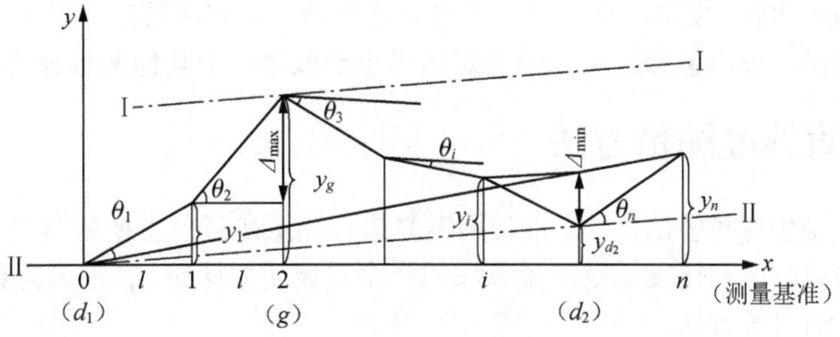

图 7.2.1　角差法直线度测量原理

2）线差法

线差法的实质是用模拟法建立理想直线，然后把被测实际线上各被测点与理想直线上对应的点相比较，以确定实际线上各点的偏差值，最后通过数据处理求出直线度误差。理想直线可用实物、光线或水平面来体现。实物基准法是用高精度的实物作为理想直线，如用刀口尺、标准平尺、拉紧的钢丝等。目前，主要采用光线作为基准来进行直线度测量。

利用细钢丝或激光束等作为直线基准测量直线度，如图 7.2.2 所示。长距离直线度的测量较早是采用拉钢丝法，它的优点是简单和直观，到目前为止，许多大型设备的安装和测量还在用这种方法，但由于钢丝下垂、钢丝扭结或风吹引起钢丝偏摆等，会产生测量误差。20 世纪 60 年代激光出现后，随着大型机械设备安装和测量的精度要求越来越高，又由于激光具有能量集中、方向性和相干性好等优点，目前广泛利用激光束测量直线度误差。这种直线度测量工具称为激光准直仪，它具有拉钢丝法的直观性、简单性和普通光学准直的精度，并可实现自动控制。

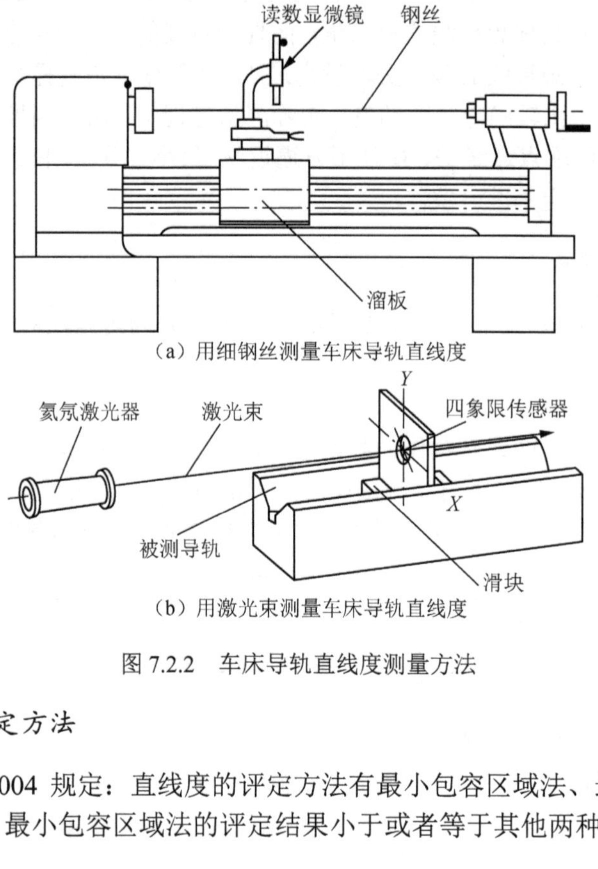

图 7.2.2　车床导轨直线度测量方法

3. 直线度的评定方法

GB/T 11336—2004 规定：直线度的评定方法有最小包容区域法、最小二乘法和两端点连线法。一般来说，最小包容区域法的评定结果小于或者等于其他两种评定方法。

7.2.2　激光直线度测量方法

虽然直线度测量有较多的方法，但使用激光进行测量是目前主要的测量方法，如何提高激光准直测量的灵敏度和精度也是测量领域的一个重要研究课题。目前激光直线度测量主要包括激光干涉、衍射等方法。

1. 双频激光直线度测量

若使用渥拉斯顿偏振分束器以及双面反射镜，则可以利用双频激光外差干涉进行直线度的测量。图 7.2.3 为双频激光干涉仪测量导轨直线度的原理图，实际测量导轨时也可使用渥拉斯顿棱镜作为直线度测量的敏感器件，其优点在于：渥拉斯顿棱镜体积小、动态测量误差小；避免使用双平面镜时造成的误差串扰问题。

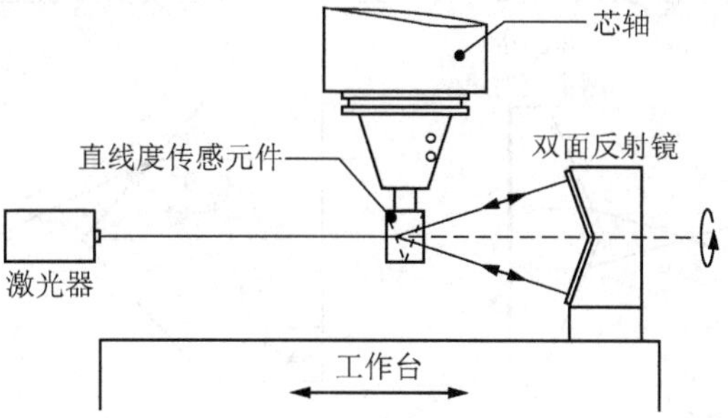

图 7.2.3　双频激光干涉仪测量导轨直线度

双频激光测量直线度的主要不足如下。①测量系统中的渥拉斯顿棱镜为非对称器件，每个渥拉斯顿棱镜的特性受材料、形状等参数的影响较大。②检测距离受渥拉斯顿棱镜分束角θ的影响。一方面，若θ角较大，则随着检测距离的增大，尾端双面反射镜结构尺寸也要增大，因此θ角不能太大；另一方面，θ角也不能太小，因为当θ角很小时，开始一段距离两束光分不开，形成一段测量死区，所以目前市场上的双频激光干涉仪只能采用不同的附件分段测量直线度；除此以外，当检测距离较大时，由于该测量仪器两束光完全分开，易受大气扰动的影响。③采用双频激光器，由于频率与偏振的混合效应，会带来非线性周期误差。

为解决以上问题，可采取如图 7.2.4 所示的测量光路图。稳频激光器输出的单频激光经过含有两个声光调制器的频移单元 FSU 后，产生频差为 60kHz 的两平行光，两光束的偏振方向相互垂直，其中频率为ν_1的光束为测量光，频率为ν_2的光束为参考光。这两束光又被两个光束分束器 BD_1 和 BD_2 分为四路光，其中测量光束经偏振分光棱镜 PBS 和四分之一波片 QWP 后，到达由图 7.2.5(a)所示的一对对称的直线度测量棱镜，反射后与参考光产生干涉，并由两个光探测器 PD_1 和 PD_2 接收，得到直线度误差信号。

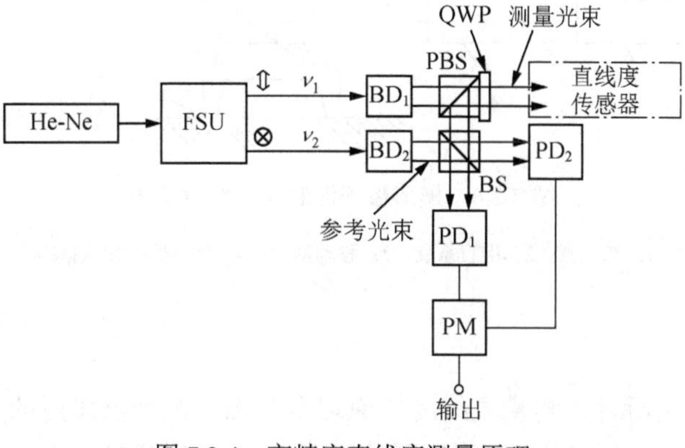

图 7.2.4　高精度直线度测量原理

FSU：频移单元；BD：光束分束器；BS：分光镜；PBS：偏振分光棱镜；QWP：四分之一波片；PD：光探测器；PM：相位计

如图 7.2.5(b)所示，若被测工件存直线度误差Δx，测量用的棱镜下移Δx，造成上下两条光线的光程变化，其单路光的增益为

$$G_0 = \frac{n_2 b - n_1 d}{\Delta x} = \tan(n_2 - n_1 \cos\alpha) \tag{7.2.3}$$

若$\theta = 18.3°, n_1 = 1, n_2 = 1.51059$，则单路光的增益为 0.174。实际上，上下光路的总增益为 0.348，高于双频激光干涉仪的增益，也克服了双频激光干涉测量直线度存在的不足。

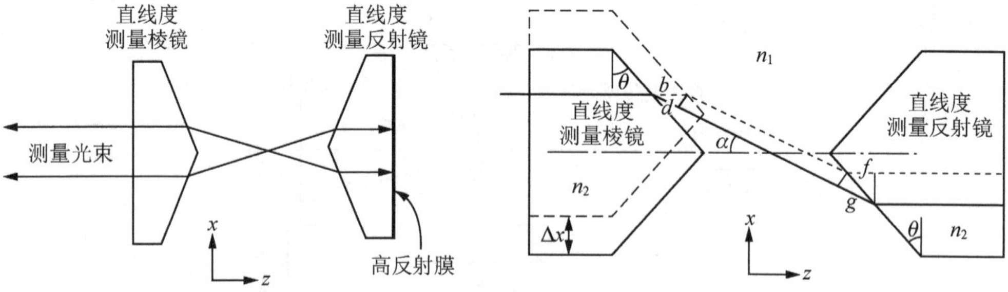

（a）直线度敏感棱镜组　　（b）测量原理

图 7.2.5　直线度误差测量原理

2. 楔形板干涉法

图 7.2.6 所示为使用楔形板干涉测量直线度的原理图。由激光器发射的光束经过准直后形成平行光束，投射到置于被测导轨上作为测量直线度敏感器件的楔形板上，依次在楔形板上下表面上反射，形成等厚干涉条纹。当移动基座沿被测导轨移动时，若存在直线度误差，则引起基座在导轨上微小角度的变化，造成楔形板与入射光线的角度变化，使得干涉条纹的间距发生变化，实现对直线度的测量。显然，这是通过对微小角度的测量来计算得到直线度误差，因此要求移动基座每次移动相同的距离。

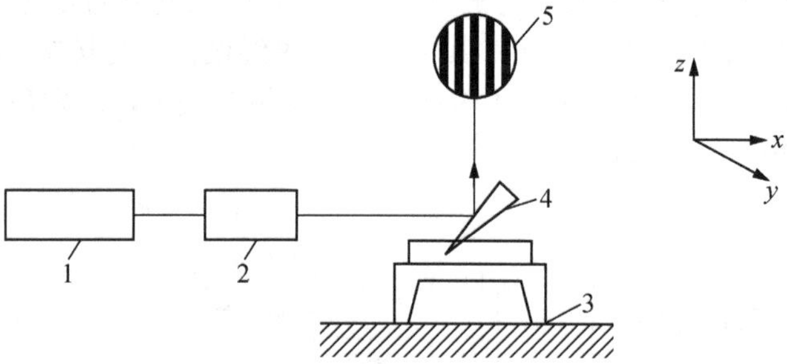

图 7.2.6　楔形板干涉测量直线度原理

1：激光器；2：准直系统；3：移动基座；4：楔形板；5：观察屏

3. 无衍射光法

图 7.2.7 所示为无衍射光测量直线度的原理示意图。激光器发射的光束经过扩束光学系统 BE 后照射到一个圆锥透镜上，该圆锥透镜锥角为θ，由圆锥透镜出射的光束具有$(n-1)\theta$，并产生衍射图样。在沿出射轴方向 0～$D/[2(n-1)\theta]$（D为圆锥透镜的通光口径）范围内的任一

截面内，均可观察到一系列等距圆环衍射条纹和中心亮斑。利用中心亮斑空间位置不变的特性，按照如图 7.2.7 所示的原理，即可实现对直线度误差测量。

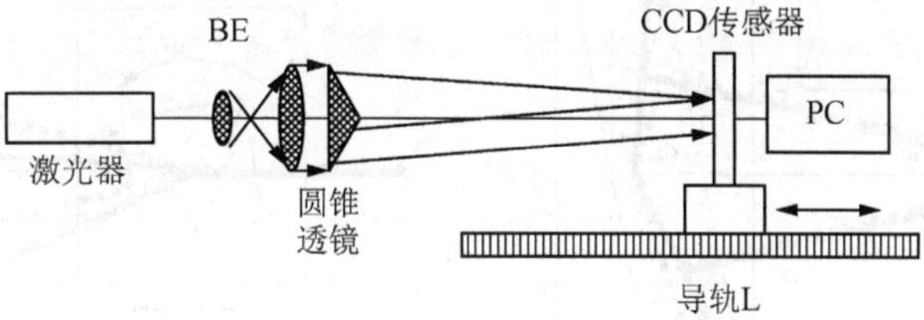

图 7.2.7 无衍射光测量直线度原理

7.2.3 直线度测量误差分析

影响直线度测量精度的因素大致可分为环境因素、光学系统因素和激光光线稳定性。

1. 环境因素

在直线度测量过程中，环境参数(如空气的温度、湿度、压力等)的变化会改变空气的折射率，使激光束传播过程中偏离直线，进而影响测量结果，产生测量误差。在实际测量中，可以通过测出工作环境的压力、湿度和温度，然后根据 Edlen 经验公式计算出空气折射率，进行相应补偿；如果条件允许，应尽量选择恒定环境进行直线度测量，以提高测量精度。由空气折射率变化造成的激光光线漂移将在下面介绍。

2. 光学系统因素

不同的直线度测量系统采用不同的光学元件实现激光的准直和光斑中心位置的测量。不同直线度测量系统中的不同光学元器件对其影响也不相同，应结合具体系统加以分析。例如，在双频激光直线度测量系统中，渥拉斯顿棱镜和双面反射镜在移动过程的倾角会对直线度测量带有误差，或者说导轨的俯仰角或偏摆角与直线度测量之间存在串扰问题。如图 7.2.8 所示，假如在渥拉斯顿棱镜或双面反射镜移动过程中，由于导轨存在俯仰角误差，不可避免地会产生倾角，经计算可以得到，当渥拉斯顿棱镜倾角小于 10″时，其引起测量误差的数量相当于激光束有 10″角漂移的数量，极其微小，事实上可略去不计，但双面反射镜倾角引起的测量误差很大，不容忽视。

此外，角锥棱镜的面形加工误差也是影响测量精度的一个很重要的因素。角锥棱镜的制造角差、面形误差和测量过程中角锥棱镜的偏摆、俯仰、滚转对直线度测量均有影响。同时，由于四象限光探测器和微弱电信号放大电路的噪声难以消除，对探测器来说，总是存在一个受限于噪声的最小相对检测量 $\Delta x/R$，其中 Δx 是绝对位置检测量，R 是光斑尺寸或探测器尺寸，因此要提高测量灵敏度就必须减少 Δx。但是，若要进行较长距离的直线度误差测量，则光束直径就不能太小，光束直径越小，空气折射率变化对测量结果的影响越大。因此，光束直径和测量灵敏度是一对矛盾。

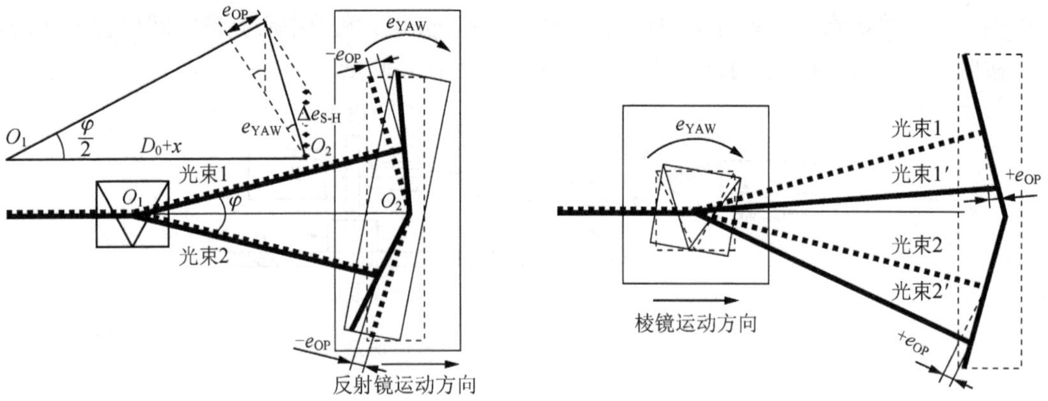

（a）角锥棱镜转动　　（b）渥拉斯顿棱镜转动

图 7.2.8　角锥棱镜和渥拉斯顿棱镜转动所引起的倾角

3. 激光光线稳定性

激光准直测量的基准就是激光光线，即要求激光的能量中心连线为直线，且这一直线不随时间和空间位置变化。但是由于各种因素的影响，激光光线的位置随时间变化，发生了光线漂移，使得激光能量中心的连线并非直线，这将严重影响激光准直测量的精度。

1) 激光器本身引起激光光线漂移

激光光线的漂移主要有平行漂移和角度漂移两种，主要是由激光器本身的不稳定性决定的，高精度的测量必须设法减小或补偿光束漂移。当激光管点亮后，激光器放电管内及其表面存在着温度梯度分布，且温度场还产生随机变化，另外，激光管材料的不均匀性等因素引起激光器谐振腔发生变形，使两反射镜相对位置产生变化，特别是两反射镜之间夹角的变化会直接给激光器输出激光光线带来平行漂移和角度漂移。

由于激光器本身的光束漂移，直接利用激光本身作为准直基线，其相对稳定性最好也只能达到 10^{-5} 数量级。为了消除或减小光束漂移对激光准直的影响，人们设计了多种方案，如菲涅耳波带法、零级条纹干涉法、零级衍射同心圆法、相位板法、海定格非定位干涉条纹法、对称双光束法、单模光纤法等，在一定程度上抑制了光线漂移对直线度测量的影响。如图 7.1.4 所示的单模光纤激光准直方法就能很好消除激光器本身存在的各种漂移。

2) 大气扰动对激光光线传输的影响

光在真空中或各向同性介质中才能沿直线传播。而实际的准直技术是在大气环境中应用的，大气空间不满足各向同性的条件，热流、风速、密度变化等会引起大气折射率的变化，使激光束传播过程中偏离直线。假设在垂直方向上空气折射率梯度保持常量，则沿水平方向传播的光束的弯曲量与传播距离的平方成比例，即

$$h=\frac{L^2}{2}\cdot\frac{\mathrm{d}n}{\mathrm{d}r} \tag{7.2.4}$$

式中，h 为弯曲量；L 为传播距离；$\mathrm{d}n/\mathrm{d}r$ 为折射率梯度。这是一个静态模型，而实际情况下要复杂得多。

大气扰动的折射率变化可以用结构函数描述为

$$D_n(\rho)=\left\langle[n(r_2)-n(r_1)]^2\right\rangle \tag{7.2.5}$$

式中，r_2、r_1表示空间位置；$n(r_2)$、$n(r_1)$分别为相应位置的空气折射率；$\rho=r_2-r_1$表示距离；$\langle\cdot\rangle$表示时间平均。从理论和实验得知，折射率的变化与距离的 3/2 次方成正比，即

$$D_n(\rho)=C_n^2\rho^{3/2},\quad l_0\leqslant\rho\leqslant L_0 \tag{7.2.6}$$

式中，C_n为$l_0\sim L_0$区间的结构参数，是折射率起伏变化的描述，它和大气参数如热流、风速、高度有关；l_0为最小非均匀旋涡的尺寸，典型值为 1～10mm；L_0为最大非均匀尺度，它与距离地面的高度有关，近地表面处的干扰要大一些。

以上分析表明，光线弯曲与距离的平方成正比，折射率的变化与距离的 3/2 次方成正比，随着准直距离的增大，提高准直精度更为困难。而且，对于大气湍流效应产生的影响，没有更有效的方法消除，目前多采取以下几种措施。

(1) 选择空气扰动最小的时间工作，如在早晨太阳升起之前。另外，控制外界环境也能起到一定作用，如在光束传输路程上避免有热源和温度梯度及气流等的影响。

(2) 将光束用套管屏蔽，甚至将管子内抽成真空。

(3) 沿着激光束前进的方向以适当流速的空气流喷射。因为空气流提高空气扰动的频率，可用时间常数比较小的低通滤波器，消除输出信号的交变成分。

(4) 对频率为 50～60Hz 的扰动可采取积分电路消除。

此外，还可采用光学方法予以补偿，例如，在测量光路中固定几个点，实时测量激光的漂移量，并加以补偿；采用足够靠近的相邻光束，一束用于测量，另一束用于采集噪声。由于两束光很靠近，大气扰动引起的光线漂移在二路信号中是相关的，通过一定的算法来消除或减少激光的漂移；采用多波长激光，不同波长的激光在空气中的折射率不同，通过计算得到漂移量，并进行补偿。

7.3　激光多自由度误差同时测量

数控机床和加工中心精度的检测是机床工具行业和机械加工行业的关键环节，也是保证加工精度及产品质量的重要手段。目前测量数控机床与加工中心导轨几何位置误差的主要手段是采用激光干涉仪。这些激光干涉仪采用先进的光学技术，简化了安装过程，加强了数据采集和处理等功能，使得测量较为简单，但每次只能测量单个参数，测量其他参数时需要重新安装附件，重新调整光路和重新测量。一般三轴（即三根导轨）数控类加工设备总共需要检测 21 项误差分量，安装一次仅测量一项误差分量，其检测过程烦琐、费时。利用激光多自由度同时测量系统的几个几何位置误差不仅可大大减少检测时间，还可减小人为调整误差。

任何一个物体在空间都具有六个自由度，即三个方向的平动和绕三个方向轴的转动。被加工工件的定位、精密零部件的安装及目标物体在空间的运动位置和姿态，都需要多至六个自由度的测量、调整或控制。由于生产加工技术自动化程度的提高，因此对多自由度的检测提出了更高要求，希望能同时检测到目标物体在空间的多个自由度误差。

机床通过工作台在导轨上移动来改变工件相对于切削刀具的相对位置，与一般物体一样，工作台也具有六个自由度，但常常只允许它们沿导轨方向这一个自由度运动，不允许在其他五个自由度方向运动。如图 7.3.1 所示，工作台移动时存在六个方向的位置误差，统称

为几何位置误差，包括三个平动误差Δz、Δx、Δy和三个转角误差θ_x、θ_y、θ_z。其中，Δz称为位置误差，Δx、Δy称为直线度误差，θ_x、θ_y、θ_z分别称为俯仰、偏摆及滚转误差，这几个几何位置误差直接影响机床的加工精度。

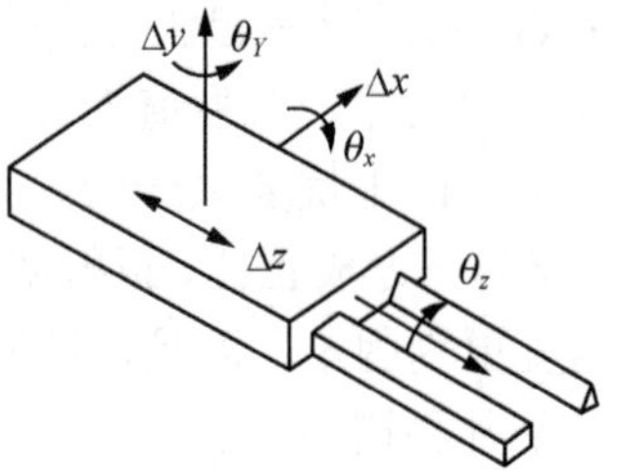

图 7.3.1　机床工作台的六维几何位置误差

前面讲述了利用激光准直、激光干涉和无衍射光等方法可以实现对导轨的直线度测量，利用图 7.1.1 和图 7.1.2 所示的原理可以实现对导轨俯仰及偏转角的测量，利用激光干涉的原理可以实现对导轨位置误差的测量。图 7.3.2 为目前最常用的双频激光干涉仪分别测量导轨位置误差、单个方向导轨直线度、导轨俯仰角的测量系统示意图，可以看出，双频激光干涉仪是单参数测量，每次安装调整只能测量一种误差分量，而每个测量过程又需要使用不同类型的测量附件并重新调整干涉仪，检测一台设备所需的时间比较长，检测精度难以保证，一定程度上影响了正常的生产过程和加工质量。解决这些问题的有效手段是采用激光多自由度误差同时测量方法，本节首先介绍滚转角的测量方法，在此基础上依次介绍四自由度、五自由度和六自由度准直测量方法。

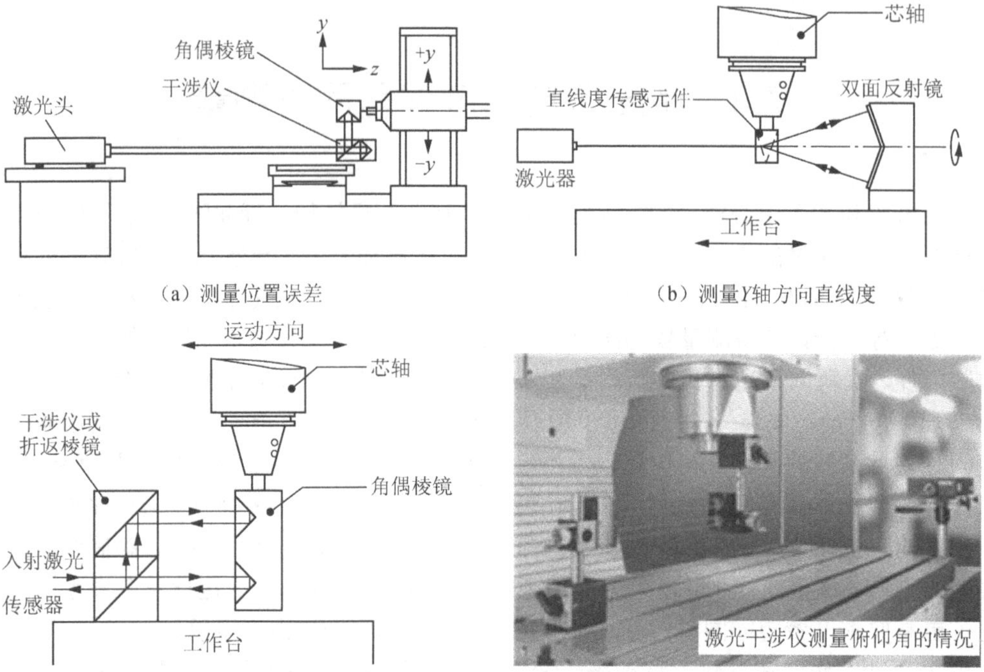

（a）测量位置误差　（b）测量Y轴方向直线度

（c）测量俯仰角误差　（d）实际测量系统

图 7.3.2　双频激光干涉仪测量导轨

7.3.1　滚转角测量

在机床导轨三种角运动误差中，滚转角的测量是最困难的，主要有三种方法，即准直测量法、偏振测量法和外差干涉测量法。

1. 准直测量法

以激光光线为基准，通过探测运动部件两个不同位置的直线度误差，计算得到滚转角误差。测量原理如图 7.3.3 所示，通过对两个四象限探测器 QD_1、QD_2 的读数可以得到两束光线所在位置的直线度误差，进行处理可以得到滚转角误差 α_r 为

$$\alpha_r = (H_2 - H_1)/L \tag{7.3.1}$$

式中，H_2、H_1 分别为四象限光探测器 QD_2、QD_1 得到的垂直于纸面的直线度误差分量；L 为两个光探测器中心之间的距离。如何保证两光线的平行性是获得高精度测量滚转角的关键。

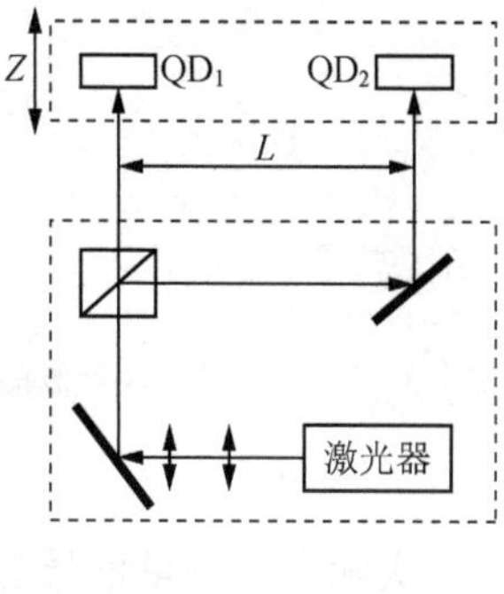

图 7.3.3　激光准直测量滚转角

2. 偏振测量法

使用偏振器件测量滚转角是最早进行滚转角测量的方法之一，图 7.3.4 为测量原理示意图。激光器出射的激光经过起偏器得到线偏振光，再经偏振分光棱镜得到两束偏振方向相互垂直的线偏振光，分别射到两个光探测器 PD_1 和 PD_2。偏振分光棱镜作为滚转角敏感器件，当其随被测物体一起移动时，滚转角的变化引起其出射的两个线偏振光能量的变化，通过处理可得其滚转角大小。

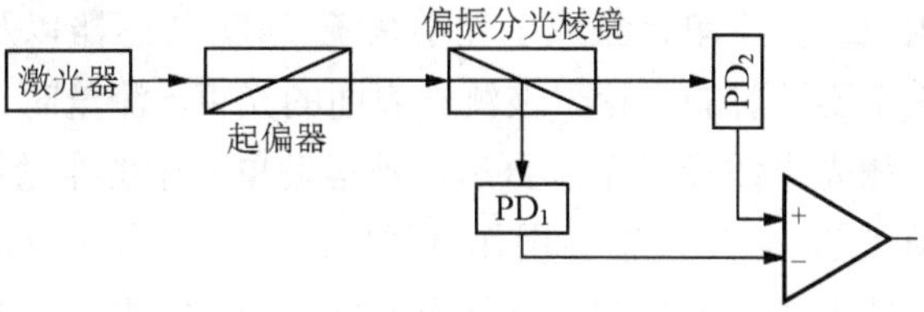

图 7.3.4　偏振能量法测量滚转角

3. 外差干涉测量法

一种外差干涉测量滚转角的测量原理如图 7.3.5 所示。双频激光器发射两种频率的线偏振光，其偏振方向相互垂直，一部分光被分光器 2 反射后并经过检偏器 7 在光探测器 8 上产生干涉，作为参考信号。经分光器 2 透射的测量光经过四分之一波片 3 后变为椭圆偏振光，经过置于被测工件表面的半波片 4 后，被直角棱镜 5 反射再次通过半波片 4 后，经反射镜 6 和检偏器 9 后，其干涉信号由光探测器 10 接收。分析可得，光探测器 10 输出的信号可以表示为

$$I_m \propto k_1^2 + k_2^2 + 2k_1k_2\cos[(\omega_1 - \omega_2)t + \varphi_1 - \varphi_2 + \Delta\Psi] \tag{7.3.2}$$

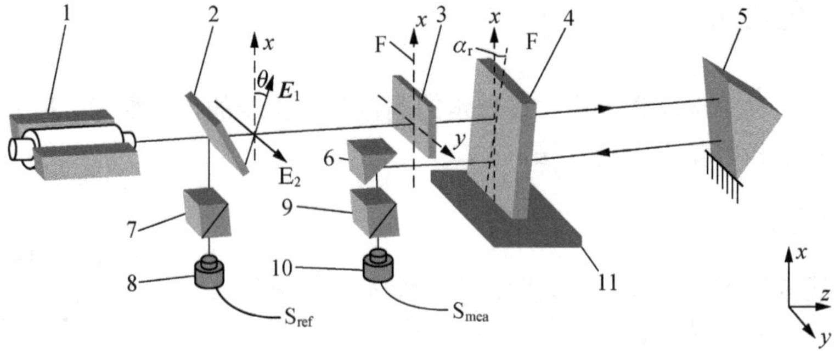

图 7.3.5　外差干涉测量滚转角

1-双频激光器；2-分光器；3-四分之一波片；4-半波片；5-直角棱镜；6-反射镜；
7、9-检偏器；8、10-光探测器；11-工作台；F-快轴

实际上，测量信号与参考信号之间的相位差 $\Delta\varPsi$ 是角度 θ 以及滚转角 α_r 的函数，可表示为

$$\Delta\varPsi = -[\arctan(\tan\theta\cdot\tan 4\alpha_r) + \arctan(\cot\theta\cdot\tan 4\alpha_r)] \tag{7.3.3}$$

式中，θ 为光矢量 $\boldsymbol{E}_1$ 与 x 轴之间的夹角。求得 $\Delta\varPsi$ 后，就可以得到滚转角 α_r。

7.3.2　四自由度误差同时测量

利用激光准直进行四自由度误差同时测量系统如图 7.3.6 所示。系统主要由固定单元和运动单元(即测量头)组成。固定单元集成了光学系统、4D 传感器以及激光器驱动、信号处理电路。测量基准为激光器发射的平行于被测件表面的光束。测量时，运动单元沿被测表面移动，从激光器发出的激光光线经扩束准直后，被运动单元中的半透半反镜 BS_3 分成两束，一束光经角锥反射棱镜 CCP 后向反射，用作直线度测量的参考光束，传感器与参考光束之间的相对位移由装在传感器内的四象限光探测器 QD 测得；如果运动单元沿 z 轴的移动是直线性的，光束将保持在探测器的中心不动，而 x、y 轴方向上的任何对直线性的偏离，都将导致光束偏离探测器中心位置，由此引起传感器输出信号的变化。经过信号处理并计算可得到两个方向上的直线度误差；另一束光由半透半反镜 BS_3 反射回固定单元，用作角度误差测量的参考光束，由传感器内的位置敏感探测器 PSD_2 接收，角度变化将导致探测器上光点的偏移，可得到俯仰角和偏摆角。探测器输出信号经电路处理后进行模数转换，并由单片机通过串口发送到计算机中进行计算并显示。直线度误差、角度误差的分辨率分别为 0.1μm 和 0.5″。该测量系统具有结构简单、实时性强、移动单元没有连接电缆等优点，能够满足长距离移动测量的需求。下面分别介绍其测量原理。

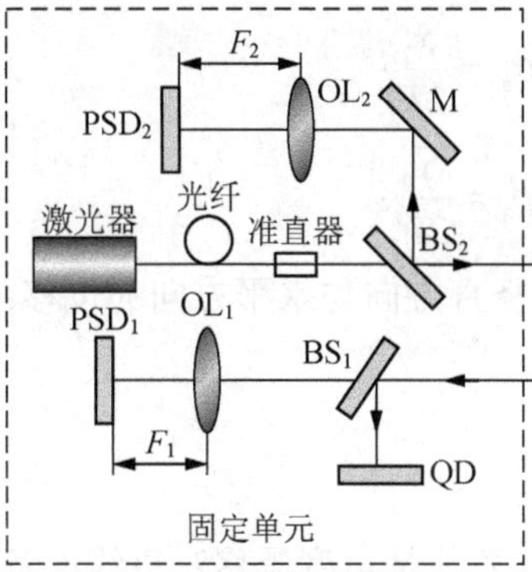

图 7.3.6　共路光线漂移补偿四自由度误差同时测量

1. 直线度测量

在图 7.3.6 所示的直线度测量系统中，实际采用的测量原理如图 7.3.7 所示。测量时，角锥棱镜 CCP 沿被测表面移动，被测表面的直线度误差使 CCP 与激光光线之间产生相对移动，如果在横向或纵向有 δ_0 位移偏差，光线经过角锥棱镜反射后有 $2\delta_0$ 的偏移，从而使后向反射的光束照射到接收装置(四象限光探测器)的位置发生变化。探测器测量得到的光线偏离探测器中心位置的变化值就是直线度误差的变化值，即

$$\Delta x = \frac{x_1}{2} \qquad (7.3.4)$$
$$\Delta y = \frac{y_1}{2}$$

式中，x_1 和 y_1 分别为四象限光探测器 QD 得到的光点在竖直方向和水平方向的位移；Δx 和 Δy 分别为对应方向的直线度误差。

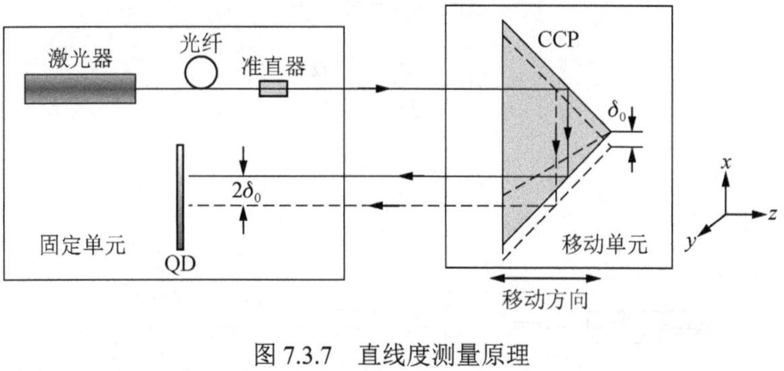

图 7.3.7　直线度测量原理

2. 角度测量

在图 7.3.6 所示的测量系统中，俯仰角与偏摆角的测量原理与图 7.1.2 所示的原理完全相同。当分光镜 BS_3 随靶镜沿着直线导轨运动时，反射光线对导轨运动副的平移和滚转不敏感，而只对俯仰和偏摆敏感，实现了误差分离。当分光镜 BS_3 有一个转角 α_a 时，反射光线则转动 $2\alpha_a$，经过透镜 OL_2 成像在位置敏感探测器 PSD_2 上，得到一个偏移量，根据成像关系，在角度很小的情况下，可以求出俯仰角和偏摆角的大小为

$$\alpha_a = \frac{x_2}{2F_2}$$
$$\beta_a = \frac{y_2}{2F_2} \tag{7.3.5}$$

式中，x_2 和 y_2 分别为探测器得到的光点在竖直方向与水平方向的位移；α_a 和 β_a 分别为俯仰角与偏摆角误差；F_2 为透镜 OL_2 的焦距。

3. 激光光线漂移角测量与补偿

在激光准直测量中，激光光线的漂移，尤其是角度漂移对直线度及偏转、俯仰角测量带来很大的测量误差，为此在图 7.3.6 所示的四自由度误差同时测量系统中采用了共路光线测量与补偿来提高测量精度。由图 7.3.6 可以看出，激光器发射的光经 CCP 反射后，一部分经 BS_1 反射到达四象限光探测器 QD 用于直线度误差测量，透过 BS_1 的光线经透镜 OL_1 汇集到位置敏感探测器 PSD_1 上，按照图 7.3.8 所示的原理，可以直接测得激光光线在两个方向的漂移角，即

$$\Delta\alpha = \arctan\left(\frac{\Delta x}{F_1}\right) \approx \frac{\Delta x}{F_1}$$
$$\Delta\beta = \arctan\left(\frac{\Delta y}{F_1}\right) \approx \frac{\Delta y}{F_1} \tag{7.3.6}$$

得到光线的漂移角后，就可以对计算直线度误差的式(7.3.4)和计算俯仰角与偏摆角的式(7.3.5)进行修正，得到

$$\Delta x = \frac{x_1}{2} \pm F_1 \cdot \Delta\alpha$$
$$\Delta y = \frac{y_1}{2} \pm F_1 \cdot \Delta\beta$$
$$\alpha_a = \frac{x_2}{2F_2} \pm \frac{\Delta\alpha}{2} \tag{7.3.7}$$
$$\beta_a = \frac{y_2}{2F_2} \pm \frac{\Delta\beta}{2}$$

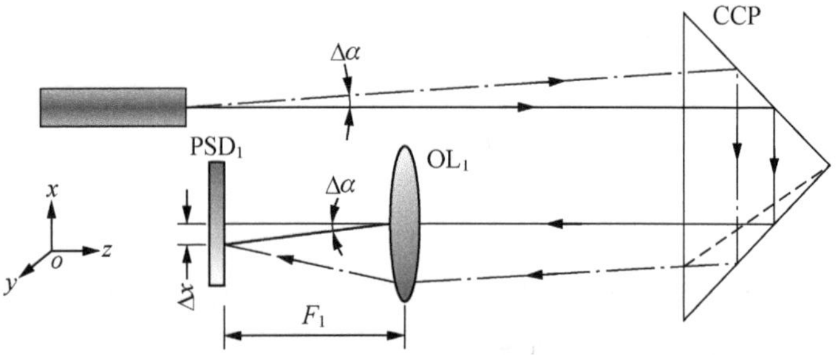

图 7.3.8　激光光线漂移测量原理

由于测量直线度的光线与测量光线漂移角的光线共路，可以大大减小激光器本身漂移对直线度及俯仰角、偏摆角测量的影响，提高测量精度。

7.3.3　五自由度误差同时测量

图 7.3.9 为美国 API 公司生产的激光五自由度误差同时测量系统的原理示意图。激光器发出的光束在测量单元内被分光镜 BS 分为反射光束和透射光束，其中反射光束达到测量角锥棱镜 CCP 构成激光干涉仪的测量信号，得到位置误差信息；透射光束由四象限光探测器 QD 接收，得到测量头两个方向上的直线度误差信息；经测量角锥棱镜 CCP 反射回来的测量光束透过 BS，依次经反射镜 M_1、M_2、M_3 反射后，并由透镜 OL 汇聚到位置敏感探测器 PSD 上，得到偏摆角和俯仰角信息。

图 7.3.10 为另外一种基于衍射光栅的五自由度误差同时测量系统的原理示意图。线偏振激光器发出的光经反射镜 RF 反射后入射到作为敏感器件的一维光栅上，一维光栅沿 x 轴方向运动，其±1 级衍射光分别被分光镜 BS_1 和 BS_2 透射和反射，其中透射光分别被四象限光探测器 QPD_{+1} 和 QPD_{-1} 接收，形成四自由度同时测量单元，得到绕三个轴的角度误差(即俯仰、偏摆与滚转角)，以及沿 Z 轴的直线度误差。被 BS_1 和 BS_2 反射的光进入圆偏振干涉仪，得到由于沿 x 轴运动产生的多普勒频移产生的位移信息，因此该方案能测量除沿 y 轴直线度误差以外的其他五个自由度误差。

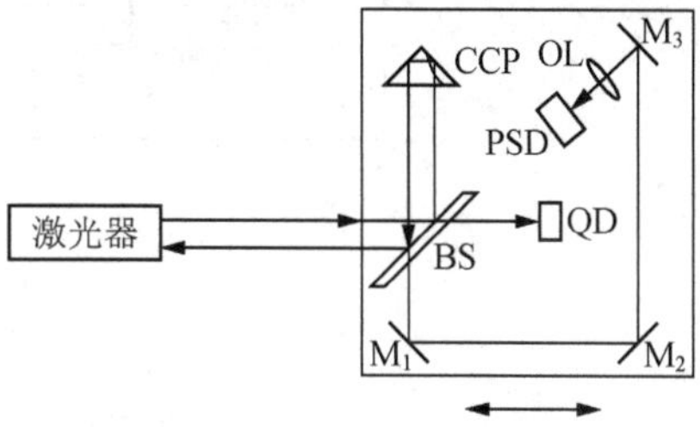

图 7.3.9　激光五自由度误差同时测量系统

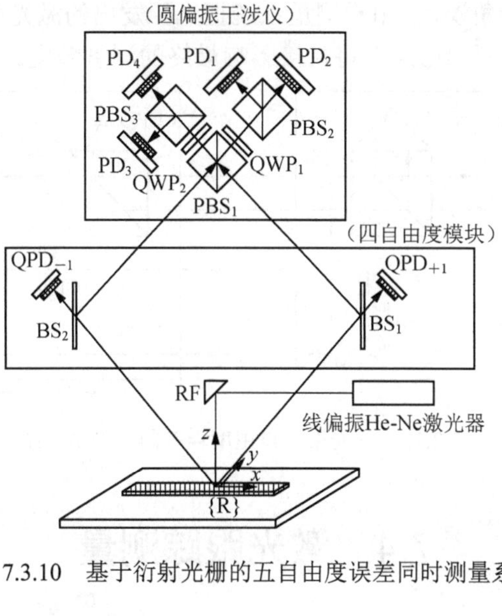

图 7.3.10　基于衍射光栅的五自由度误差同时测量系统

7.3.4　六自由度误差同时测量

美国 API 公司研究并开发了一种单光束基准六自由度误差同时测量系统，其测量原理如图 7.3.11 所示。由四象限光探测器 QD 得到二维直线度，角锥棱镜 CCP 反射回来的光线透

过分光镜 BS_2，通过透镜 OL 聚焦在二维 PSD 上得到俯仰角和偏摆角；干涉测长系统测得定位误差；滚转角的测量是利用一个格兰-汤普森偏振棱镜作为起偏器 P，然后利用一个偏振分光棱镜 PBS 进行分光，再采用光探测器 PD_1、PD_2 探测不同偏振光强，从而实现滚转角测量。整个系统设计巧妙，适合长导轨测量，但是滚转角的测量精度较低，且测量头有电缆连接，给长位移测量带来了不便。

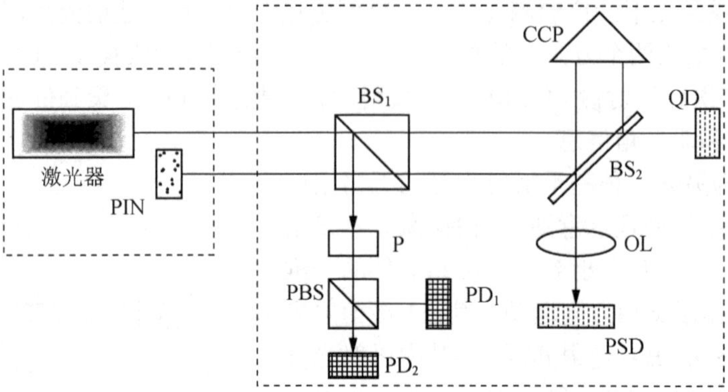

图 7.3.11　单光束六自由度误差同时测量系统

图 7.3.12 所示为三光束激光同时测量数控机床或三坐标测量机六自由度误差的系统组成示意图，激光器采用线偏振 He-Ne 激光器或激光二极管。通过两个角锥棱镜 CCP_1 和 CCP_2 得到位置误差，通过四象限光探测器 QD_1 和 QD_2 可以得到入射到该探测器上光线位置处的直线度误差，比较这两个直线度误差可以得到滚转角误差，通过透镜 OL 和位置敏感探测器 PSD 可得到俯仰角和偏转角误差。由于测量系统把光源发出的激光束作为测量基准来测量角度误差和直线度误差，光源的稳定性将直接影响最终的测量精度。

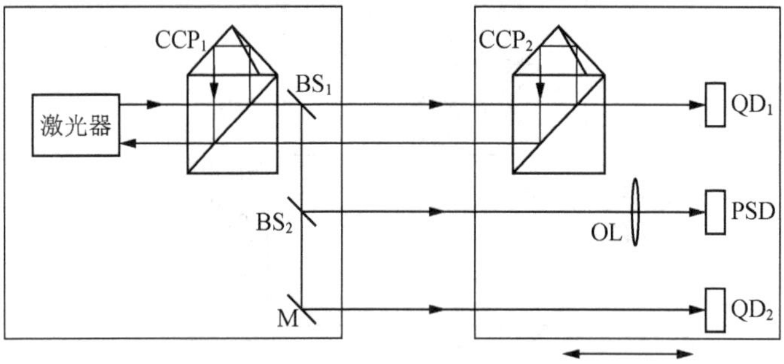

图 7.3.12　三光束六自由度误差同时测量系统

7.4　激光跟踪测量

7.4.1　概述

激光跟踪测量技术最初是在机器人计量领域发展起来的，当时主要用来解决机器人的标定问题，之后发展至目标空间位姿及多自由度误差测量。

激光跟踪干涉仪是在传统激光干涉仪的基础上加入了跟踪转镜机构，可以跟踪空间运动目标并实时测量目标到跟踪转镜中心的距离变化量，跟踪转镜机构由位置伺服系统控制，可以对空间目标点进行实时动态跟踪，实现了由静态测量到动态跟踪测量的转变。跟踪转镜可以把激光光束投向空间任意一点，从而使测量光路由固定方向的单一直线变成可以投向空间任意点的无数条光路，实现了从一维直线测量到空间三维坐标测量的转变，也实现了三维动态跟踪测量。

7.4.2　激光跟踪干涉测量系统

单路激光跟踪干涉测量系统如图 7.4.1 所示，激光器发出的光经偏振分光棱镜 PBS 分成反射光(s 偏振)和透射光(p 偏振)，反射光束光经参考平面镜 M_1 反射后返回到 PBS，因两次经过四分之一波片 QWP_1，成为透射光射出；另一束光经四分之一波片 QWP_2、BS 和双轴跟踪转镜射向目标靶镜猫眼 CER，光束经反射后沿原路返回，两束光在 PBS 分光面处汇合，并从 PBS 同一侧出射，经角锥棱镜 CCP 和平面镜 M_2、M_3、M_4 反射回干涉测量单元，该单元进行干涉计数。计数器可以显示出由目标靶镜移动而引起的距离变化数值，从而实现激光干涉测距；BS 分出部分光返回光束，照射在四象限光探测器 QD 上，目标靶镜的移动引起返回光线在 QD 上的移动，从而形成跟踪误差信号；跟踪控制系统驱动双轴转镜转动，使得跟踪误差最小，从而实现对目标靶镜的动态跟踪；利用安装在双轴跟踪转镜上的两个精密测角传感器得到目标靶镜所在位置的方向角；利用激光干涉得到靶镜的距离，这样空间靶镜的位置就以极坐标的形式表现出来，实现了物体空间位置的测量与跟踪。

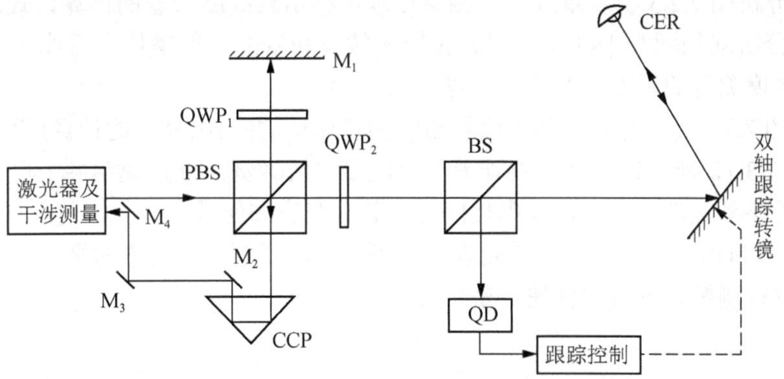

图 7.4.1　单路激光跟踪干涉测量系统

当采用三路上述激光跟踪干涉仪共同瞄准并跟踪三维空间某一运动目标时，每一路都可以测出目标点到跟踪转镜中心的距离，那么只要三路激光跟踪干涉仪的位置关系已知，空间运动目标的位置也就确定了，这就是三边法测量的工作原理。由三路激光跟踪干涉仪组成的系统在实际测量前必须对各个跟踪测量点的相互位置进行标定，这是一个相当困难的工作；另外一个问题是，基于激光干涉技术的距离测量对测量过程中的挡光引起的跟踪中断非常敏感，测量过程中一旦跟踪中断，测量就无法继续，整个测量工作就必须重新开始。解决这两个问题比较理想的方法是在三路激光跟踪测量系统的基础上再增加一路跟踪干涉仪，构成冗余系统，这样不仅可以完成系统自标定以提高测量精度，还可以实现系统的挡光自恢复，解决了系统标定困难和跟踪容易中断的问题，使系统具有实用价值。

由于激光干涉仪是目前世界上大范围位移测量精度最高的实用工具，以多路激光跟踪干涉仪为基础的柔性坐标测量系统摆脱了传统坐标测量机精密导轨的限制，它被认为是最有潜力、高精度、大范围、非接触、动态以及现场测量的工具，目前其应用已经延伸到各个工业领域，如航空、航天、造船、重型机械、大型机组装等领域，既可完成大型零部件、组装件的外形几何参数和形位误差测量以及加工现场的在线测量，也适用于运动目标(如机器人手臂等)空间运动轨迹、姿态的监测和标定。

目前比较典型的激光跟踪仪，如徕卡 AT960 型绝对激光跟踪仪，其动态锁定精度为 10μm，测距精度为 0.5μm/m，典型测角精度为 0.01°，位置测量精度为 15μm+6μm/m，最大跟踪距离可达 160m。

习题与思考题

1. 简述激光准直测量原理及系统组成。

2. 为了提高激光准直测试技术准确度，应注意哪些问题？可以采取哪些措施以减小测试误差？

3. 常用的半导体激光器准直方法有哪些？各有什么特点？

4. 线阵 CCD 光斑中心的提取有哪些方法？描述其提取算法。

5. 什么是直线度？直线度测量方法有哪些？

6. 详细分析图 7.2.3 所示直线度的测量原理，给出直线度误差的计算公式。

7. 详细分析双频激光干涉仪使用渥拉斯顿棱镜和双面反射镜作为直线度敏感器件时，俯仰角对直线度测量的影响，并给出计算公式。

8. 分析图 7.3.5 所示外差法测量滚转角的测量原理，并给出具体的计算过程和计算公式。

9. 以图 7.3.12 所示的六自由度误差同时测量系统为例，分别说明各个自由度误差的测量原理，分析该系统是否存在误差串扰问题。若存在应如何减少？

10. 对于多自由度误差中的滚转角误差的测量，除了利用准直方法之外，还有哪些方法及系统可以进行测量？各自的优缺点是什么？

第 8 章

激光雷达大气探测

8.1 概　　述

激光雷达(LiDAR)作为一种主动遥感探测工具，已有几十年的发展历史，广泛应用于激光大气传输、全球气候预测、气溶胶辐射效应以及大气环境监测等领域。激光雷达在探测高度、空间分辨率、时间上的连续探测和测量精度等方面具有独到的优势，是其他探测手段所无法比拟的。历史上，自从 1960 年第一台激光器问世之后，1963 年就发明了大气探测激光雷达，迄今为止已经成功研制出用于探测大气气溶胶的米散射(Mie scattering)激光雷达、用于监测污染的差分吸收(differential absorption)激光雷达、用于测量大气温度的拉曼散射(Raman scattering)激光雷达和瑞利散射(Rayleigh scattering)激光雷达以及多普勒测风激光雷达等。

8.1.1 激光雷达大气探测的物理基础

激光雷达大气探测的基础是光辐射与大气中的原子、分子以及气溶胶粒子之间相互作用所产生的各种物理过程。在各种散射机理中，米散射是一种散射谱的中心波长与入射激光波长相同，散射谱的谱宽近似于入射激光谱宽的弹性散射，它是由粒径相当或大于激光波长的云雾滴和气溶胶粒子引起的散射，主要用于大气气溶胶的探测；瑞利散射也是一种中心波长与入射激光波长相同，而谱宽依存于大气温度变化的弹性散射，它是由散射体粒径比激光波长小的大气分子或原子引起的散射现象，主要用于大气温度、大气分子密度等参数的测量；拉曼散射可分为转动拉曼散射和振动拉曼散射两种，是一种由大气分子或原子引起的非弹性散射，散射谱分布于入射激光谱线的两侧，其散射截面是各种散射机理中较小的一种，需要高效率的分光及检测系统才能检测出来，但由于其特殊的散射机理，很适用于探测大气温度、水蒸气密度和大气成分。几种常用的散射特性归纳如下(设激励波长为λ_0)。

1. 米散射

散射体：半径 $r \geqslant \lambda_0/(2\pi)$ 的粒子。

散射过程：弹性散射，后向散射光的波长$\lambda = \lambda_0$。

散射强度：$\beta \propto \lambda_0^{-(1\sim2)}$(对近红外域光的散射强度大)。

散射谱宽：与激励波长的谱宽相同。

应用范围：散射强度可以用于测量粒子密度、粒子形状以及云和气溶胶的观测。

2. 瑞利散射

散射体：半径 $r \leqslant \lambda_0/(2\pi)$ 的原子和分子。

散射过程：弹性散射，后向散射光的波长 $\lambda = \lambda_0$。

散射强度：$\beta \propto \lambda_0^{-4}$(对紫外域光的散射强度大)。

散射谱宽：按多普勒效应增宽，其宽度依存于大气温度变化。

应用范围：由于瑞利散射与大气分子密度成比例，因而可以用于测量大气分子的密度，进而利用气体状态方程测定大气温度。

3. 拉曼散射

散射体：大气的物质(氮分子、氧分子、水蒸气等)。

散射过程：非弹性散射，后向散射光的波长 $\lambda \neq \lambda_0$。

散射强度：比米散射和瑞利散射的散射强度小 3 或 4 个数量级。

中心波长：$\lambda = \lambda_0 + \Delta\lambda$($\Delta\lambda$为大气物质的固有频移)。

应用范围：用于测定气体分子的浓度，但由于其散射截面很小，只能用于测量大气主要成分的氮分子、氧分子、二氧化碳分子和水蒸气等，还可测量大气温度。

另外，还有荧光散射(fluorescence scattering)、共振散射(resonant scattering)等。荧光是指当入射辐射的频率处于原子或分子的某一特定的吸收带内时所产生的自发发射，它比瑞利散射截面要大，因此在适当的频率上测量荧光强度，可以识别原子或分子的种类，并监测其浓度。当入射辐射频率与原子和分子的固有共振频率很接近或重合时，拉曼散射将大大增强，散射截面可以提高几个数量级，其入射辐射频率靠近散射体固有频率的共振拉曼散射可以用来测量分子或原子的浓度。

8.1.2 大气探测激光雷达的分类

根据激光辐射与目标物质的相互作用以及不同的应用要求，大气探测激光雷达主要分为以下几类。

(1)差分吸收激光雷达。利用分子吸收辐射，通过测量辐射强度，进而测定气体成分(如污染气体、臭氧等)。

(2)荧光激光雷达。利用荧光散射光，通过测量波长和散射强度，进而测定气体成分。

(3)偏振激光雷达。利用后向散射光，通过测量发射辐射与散射辐射的偏振光的强度，获得气溶胶粒子的形状信息。

(4)米散射激光雷达。利用米散射光，通过测量散射光的强度，获得气溶胶的特性。

(5)瑞利散射激光雷达。利用瑞利散射光，通过测量散射光的强度，获得大气密度和平流层温度。

(6)拉曼散射激光雷达。利用振动拉曼散射光，通过测量波长及强度，获得大气湿度；利用转动拉曼散射光，通过测量波长及强度，获得对流层温度。

8.2　激光雷达大气探测原理及方法

8.2.1　激光雷达的基本原理

激光雷达最基本的工作原理与普通雷达类似，即由发射系统发送一个信号，与目标作用产生的返回信号被接收系统收集并处理，以获得所需信息。不同的是激光雷达的发射信号为激光光束，与普通无线电雷达发送的毫米波相比，波长要短得多。无线电雷达由于波长长，无法探测小型或微粒型目标，而用于激光雷达系统的激光波长一般在微米和纳米量级，因而能用于探测极细小的微粒和分子。

激光雷达系统组成如图 8.2.1 所示，由激光器发出一束脉冲光，经准直扩束后垂直射入大气，光脉冲在通过大气时受到散射和衰减，其后向散射光被望远镜系统所接收，经信号探测与处理后即可得到大气探测的回波信号。接收到的回波信号如图 8.2.2 所示，横坐标表示探测高度，纵坐标表示接收到的回波信号强度。在 0-A 段，发射光束还没进入接收视场，接收不到后向散射信号，探测到的信号强度 $U=0$；在 A-B 段，发射光束逐渐进入视场，光发射器与接收器的重叠系数逐渐增大，接收到的后向散射信号也逐渐增强，至 B 点时重叠系数 $Y(z)=1$，接收到的信号最强；在 B-C 段，尽管视场内继续充满了发射光束，但由于光速在大气中传输时按 z^{-2} 规律发散，因此回波信号也将按此规律衰减，直至遇到气溶胶密集的介质；在 C-D 段，当光束遇到气溶胶密集的介质时，回波信号增强，并在某一距离点 D 处达到最大，随后又会逐渐衰减至系统无法探测为止。如果在某一探测高度上有云雾等气溶胶粒子，回波信号就会显著增强，如图 8.2.2 中的 D 点。探测高度可以通过测量激光脉冲从发射到接收的延时时间Δt 计算得到，即探测高度 $z=\Delta t\times c/2$，其中 c 为光速。探测到的大气回波信号经过相应的参数反演计算，就可以得到大气参数的空间分布数据。

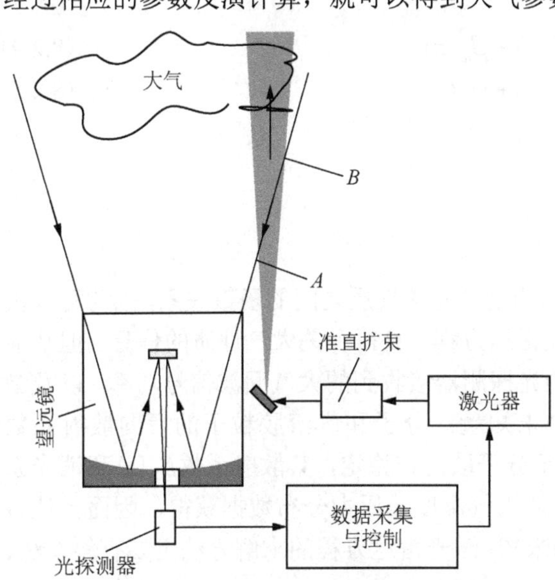

图 8.2.1　激光雷达系统组成

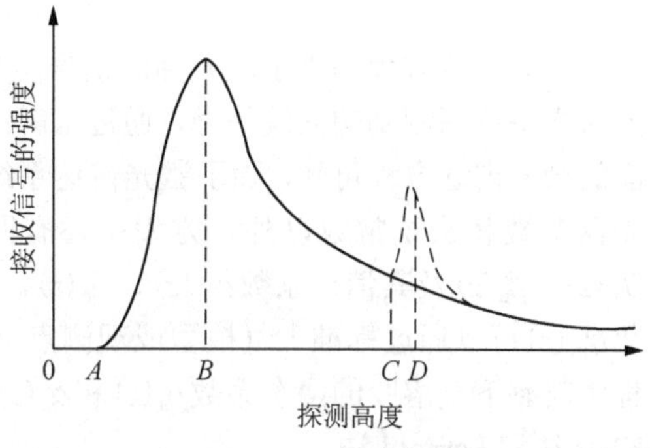

图 8.2.2　激光雷达接收的信号

8.2.2 激光雷达方程

若脉冲激光器的波长为λ_0，脉冲宽度为t_p，则在高度z处的后向散射信号功率可用雷达方程表示为

$$P(\lambda,z)=P_0Y(z)\frac{ct_p}{2}\cdot\frac{A_0}{z^2}\beta(\lambda,z)T^2(\lambda,z) \tag{8.2.1}$$

式中，λ为接收到的散射光的波长；P_0为发射的激光脉冲峰值功率；$Y(z)$为发射器与接收器光路的几何重叠系数；A_0为望远镜的接收面积；c为光速；$\beta(\lambda,z)$为大气体积后向散射系数；$T(\lambda,z)$为大气的透过率，由朗伯定律可知：

$$T(\lambda,z)=\exp[-\int_0^z\alpha(\lambda,z)\mathrm{d}z] \tag{8.2.2}$$

式中，$\alpha(\lambda,z)$为大气的消光系数。理论上，$\beta(\lambda,z)$为大气密度$N(z)$与散射截面$\mathrm{d}\sigma/\mathrm{d}\Omega$的乘积，即

$$\beta(\lambda,z)=N(z)\cdot\frac{\mathrm{d}\sigma}{\mathrm{d}\Omega} \tag{8.2.3}$$

如前所述，大气中与激光雷达脉冲相互作用产生的后向散射信号成分包括了大气分子和气溶胶粒子，由于分子尺寸小，所产生的散射光相对较弱，瑞利散射截面与激发波长的四次方成反比，大气气溶胶粒子对激光的散射为米散射。对于某一激光雷达的特定波长，分子散射直接随着大气分子的浓度而发生变化，但气溶胶散射却很复杂，取决于粒径分布以及气溶胶粒子的折射率。这些气溶胶粒子随地域、时间变化明显，所以无法对其准确估算与预测。而分子散射可以相对较准确地估计出，只要通过标准大气信息或观测点上空的大气温度、压力分布数据即可获得。

因此，实际大气体积后向散射系数和大气消光系数就包含了两个部分：分子散射部分和气溶胶散射部分，即

$$\beta(z)=\beta_a(z)+\beta_m(z) \tag{8.2.4}$$

$$\alpha(z)=\alpha_a(z)+\alpha_m(z) \tag{8.2.5}$$

式中，下标 a 表示气溶胶；下标 m 表示大气分子。

8.2.3 激光雷达方程的解

激光雷达方程提供了激光回波信号与被探测物的光学性质之间的函数关系，因此可以根据激光雷达探测到的回波信号，通过求解激光雷达方程，获得有关大气性质的信息。但从前面的激光雷达方程可知，除了激光雷达系统的光探测器接收到的大气回波信号功率，以及激光器参数和系统常数以外，方程中还有四个未知量：分子和气溶胶粒子的后向散射系数$\beta_m(z)$、$\beta_a(z)$及其消光系数$\alpha_m(z)$、$\alpha_a(z)$。由于分子散射较稳定，其散射系数$\beta_m(z)$和消光系数$\alpha_m(z)$可以通过标准大气模型或观测点上空的大气温度、压力分布数据获得，因而雷达方程中就剩下气溶胶的两个系数$\beta_a(z)$和$\alpha_a(z)$为未知。激光雷达方程的求解方法主要有斜率法、Klett 法和 Fernald 法。

1. 斜率法

在均匀的大气层中，整个后向散射系数$\beta(z)$和消光系数$\alpha(z)$在该范围内是常数，在这种情况下，$\alpha(z)$可以用简单的斜率法求得。将雷达方程式(8.2.1)简化为

$$P(z)=C'\cdot z^{-2}\beta(z)\exp\left[-2\int_0^z \alpha(z)\mathrm{d}z\right] \tag{8.2.6}$$

将$P(z)$乘以z^2，再取自然对数，可得

$$D(z)=\ln P(z)\cdot z^2=\ln C'\cdot\beta(z)-2\int_0^z \alpha(z)\mathrm{d}z \tag{8.2.7}$$

对$D(z)$求导数，得到

$$\frac{\mathrm{d}D(z)}{\mathrm{d}z}=\frac{1}{\beta(z)}\cdot\frac{\mathrm{d}\beta(z)}{\mathrm{d}z}-2\alpha(z) \tag{8.2.8}$$

如果大气是均匀的，那么$\beta(z)$和$\alpha(z)$均为常数，$\mathrm{d}\beta(z)/\mathrm{d}z=0$，$\alpha(z)$由式(8.2.9)给出：

$$\alpha(z)=-\frac{1}{2}\cdot\frac{\mathrm{d}D(z)}{\mathrm{d}z} \tag{8.2.9}$$

即对曲线$D(z)$进行最小二乘法拟合，求出曲线的斜率，即可得到均匀大气的消光系数。

应用斜率法的前提条件为大气是均匀的，这实际上是很难做到的，因为$\beta(z)$和$\alpha(z)$在某一高度上通常并不是常数，因而难以达到很高的精度，但这种方法适合水平探测。

2. Klett 法

为了精确求解雷达方程，必须知道$\beta(z)$与$\alpha(z)$之间的关系。对于弹性散射，假定两者之间满足如下关系：

$$\beta=B\cdot\alpha^{k'} \tag{8.2.10}$$

式中，B和k'是与激光雷达波长和气溶胶的折射率以及粒径分布有关的系数。根据经验值，k'的取值范围为$0.67\leqslant k'\leqslant 1.3$，一般情况下，取$k'=1$。将其代入式(8.2.8)，可得

$$\frac{\mathrm{d}D(z)}{\mathrm{d}z}=\frac{1}{\alpha(z)}\cdot\frac{\mathrm{d}\alpha(z)}{\mathrm{d}z}-2\alpha(z) \tag{8.2.11}$$

取远方某一边界值高度z_c，对应的边界值为$D(z_c)$、$\beta(z_c)$、$\alpha(z_c)$，Klett 求得了该方程的稳定解为

$$\alpha(z)=\frac{D(z)}{\dfrac{D(z_c)}{\alpha(z_c)}+2\displaystyle\int_z^{z_c} D(z)\mathrm{d}z} \tag{8.2.12}$$

$$\beta(z)=\frac{D(z)}{\dfrac{D(z_c)}{\beta(z_c)}+\dfrac{2}{B}\displaystyle\int_z^{z_c} D(z)\mathrm{d}z} \tag{8.2.13}$$

在式(8.2.12)和式(8.2.13)中，由于分母中积分项的符号为正，随着积分数值的增加，边界值和噪声等影响会减小，因此方程的解很容易保持稳定。

这种解法的优点在于只要在边界值高度附近，大气透过率$T(z_c)$较小，对于较粗略估算出的$\alpha(z_c)$也可反演出相对较精确的$\alpha(z)$。一般情况下，$\alpha(z_c)$必须以较精确的方法估算出，才能得到精确的$\alpha(z)$值，通常边界值的灵敏度会随大气浑浊度和边界值取值位置的改变而发生很大变化。

3. Fernald 法

当激光在大气中传输时，要受到大气分子和气溶胶粒子的共同作用，因而雷达方程中的 $\beta(z)$ 和 $\alpha(z)$ 实际应包括两部分，即分子散射部分和气溶胶散射部分。

Klett 法求解得出的是大气总的消光系数，由于米散射信号的强度与辐射波长的-(1～2)次方成比例，瑞利散射信号的强度与辐射波长的-4 次方成比例，在波长较长或有云或气溶胶浓度较大的情况下，大气回波信号中米散射信号占据主要成分，而瑞利散射信号相对很弱，可以忽略，在这种只需考虑单一成分的情况下，使用 Klett 法求解最有效。

然而，在波长较短、对流层中气溶胶浓度不大或观测高层卷云和气溶胶时，瑞利散射信号的影响就不能忽略了。Fernald 法在雷达方程中将分子散射和气溶胶散射分开来考虑，即

$$\beta(z)=\beta_{\mathrm{m}}(z)+\beta_{\mathrm{a}}(z) \tag{8.2.14}$$

$$\alpha(z)=\alpha_{\mathrm{m}}(z)+\alpha_{\mathrm{a}}(z) \tag{8.2.15}$$

将式(8.2.14)、式(8.2.15)代入激光雷达方程，可得

$$P(z)=P_0Y(z)\frac{ct_{\mathrm{p}}}{2}\cdot\frac{A_0}{z^2}[\beta_{\mathrm{m}}(z)+\beta_{\mathrm{a}}(z)]\exp\left\{-2\int_0^z[\alpha_{\mathrm{m}}(z)+\alpha_a(z)]\mathrm{d}z\right\} \tag{8.2.16}$$

对于气溶胶引起的米散射，其消光系数与后向散射系数的比设为 $S_1=\alpha_{\mathrm{a}}(z)/\beta_{\mathrm{a}}(z)$；对于分子引起的瑞利散射，其消光系数与后向散射系数之比满足如下关系：

$$S_2=\frac{\alpha_{\mathrm{m}}(z)}{\beta_{\mathrm{m}}(z)}=\frac{8\pi}{3} \tag{8.2.17}$$

代入雷达方程式(8.2.16)，并将方程两边同乘以 z^2，得到

$$\begin{aligned}z^2P(z)&=P_0Y(z)\frac{ct_{\mathrm{p}}}{2}A_0\beta(z)\exp\left(-2\left\{\int_0^z[S_2\beta_m(z)+S_1\beta_a(z)]\mathrm{d}z\right\}\right)\\&=P_0Y(z)\frac{ct_{\mathrm{p}}}{2}A_0\beta(z)\exp\left[-2S_1\int_0^z\beta(z)\mathrm{d}z-2(S_2-S_1)\int_0^z\beta_{\mathrm{m}}(z)\mathrm{d}z\right]\end{aligned} \tag{8.2.18}$$

进一步变换，可得

$$\begin{aligned}&z^2P(z)\exp\left[2(S_2-S_1)\int_0^z\beta_{\mathrm{m}}(z)\mathrm{d}z\right]\\&=P_0Y(z)\frac{ct_{\mathrm{p}}}{2}A_0\beta(z)\exp\left[-2S_1\int_0^z\beta(z)\mathrm{d}z)\right]\\&=P_0Y(z)\frac{ct_{\mathrm{p}}}{2}A_0\left(-\frac{1}{2S_1}\right)\frac{\mathrm{d}\left\{\exp\left[-2S_1\int_0^z\beta(z)\mathrm{d}z\right]\right\}}{\mathrm{d}z}\end{aligned} \tag{8.2.19}$$

将式(8.2.19)两边积分，有

$$\begin{aligned}&(-2S_1)\int_0^z\left\{z^2P(z)\exp[2(S_2-S_1)\int_0^z\beta_m(z')\mathrm{d}z']\right\}\mathrm{d}z\\&=P_0Y(z)\frac{ct_{\mathrm{p}}}{2}A_0\int_0^z\frac{\mathrm{d}\left\{\exp\left[-2S_1\int_0^z\beta(z)\mathrm{d}z\right]\right\}}{\mathrm{d}z}\mathrm{d}z\\&=P_0Y(z)\frac{ct_{\mathrm{p}}}{2}A_0\left\{\exp\left[-2S_1\int_0^z\beta(z)\mathrm{d}z\right]-1\right\}\end{aligned} \tag{8.2.20}$$

对式(8.2.20)两边取对数，可得

$$\begin{aligned}&\ln\left\langle P_0Y(z)\frac{ct_\mathrm{p}}{2}A_0(-2S_1)\int_0^z\left\{z^2P(z)\exp\left[2(S_2-S_1)\int_0^z\beta_m(z')\mathrm{d}z'\right]\right\}\mathrm{d}z\right\rangle\\&=\ln\left[P_0Y(z)\frac{ct_\mathrm{p}}{2}A_0\right]+\ln\left\{\exp\left[-2S_1\int_0^z\beta(z)\mathrm{d}z\right]\right\}\\&=\ln\left[P_0Y(z)\frac{ct_\mathrm{p}}{2}A_0\right]+\ln\left\{\exp\left[-2S_1\int_0^z\beta(z)\mathrm{d}z\right]\right\}\end{aligned}\tag{8.2.21}$$

式(8.2.21)两边对 z 求导，可得

$$\beta(z)=\frac{P(z)z^2\exp[2(S_2-S_1)\int_0^z\beta_m(z)\mathrm{d}z]}{P_0Y(z)\frac{ct_\mathrm{p}}{2}A_0-2S_1\int_0^z\left\{P(z)z^2\exp\left[2(S_2-S_1)\int_0^z\beta_m(z')\mathrm{d}z'\right]\right\}\mathrm{d}z}\tag{8.2.22}$$

选取边界点高度 z_c，假设 z_c 处的后向散射系数 $\beta(z_\mathrm{c})$ 和消光系数 $\alpha(z_\mathrm{c})$ 是已知的，将其代入式(8.2.22)，并设 $D(z)=P(z)\times z^2$，$D_0(z_\mathrm{c})=P(z_\mathrm{c})\times z_\mathrm{c}^2$，得到

$$\beta(z)=\frac{D(z)\exp\left[2(S_2-S_1)\int_0^z\beta_\mathrm{m}(z)\mathrm{d}z\right]}{\dfrac{D_0(z)}{\beta(z_\mathrm{c})}-2S_1\int_{z_\mathrm{c}}^z\left\{D(z)\exp\left[2(S_2-S_1)\int_{z_\mathrm{c}}^z\beta_\mathrm{m}(z')\mathrm{d}z'\right]\right\}\mathrm{d}z}\tag{8.2.23}$$

气溶胶的后向散射系数为

$$\beta_\mathrm{a}(z)=-\beta_\mathrm{m}(z)+\frac{D(z)\exp\left[2(S_2-S_1)\int_0^z\beta_\mathrm{m}(z)\mathrm{d}z\right]}{\dfrac{D_0(z)}{\beta(z_\mathrm{c})}-2S_1\int_{z_\mathrm{c}}^z\left\{D(z)\exp\left[2(S_2-S_1)\int_{z_\mathrm{c}}^z\beta_\mathrm{m}(z')\mathrm{d}z'\right]\right\}\mathrm{d}z}\tag{8.2.24}$$

根据气溶胶消光系数与后向散射系数的关系，即可求出气溶胶消光系数。

(1)边界点 z_c 以下高度的气溶胶消光系数为(后向积分)

$$\alpha_\mathrm{a}(z)=\frac{D(z)\exp\left[2\left(\dfrac{S_1}{S_2}-1\right)\int_z^{z_\mathrm{c}}\alpha_\mathrm{m}(z)\mathrm{d}z\right]}{\dfrac{D_0(z_\mathrm{c})}{\alpha_\mathrm{a}(z_\mathrm{c})+\dfrac{S_1}{S_2}\alpha_\mathrm{m}(z_\mathrm{c})}+2\int_z^{z_\mathrm{c}}D(z)\exp\left[2\left(\dfrac{S_1}{S_2}-1\right)\int_z^{z_\mathrm{c}}\alpha_\mathrm{m}(z')\mathrm{d}z'\right]\mathrm{d}z}-\frac{S_1}{S_2}\alpha_\mathrm{m}(z)\tag{8.2.25}$$

(2)边界点 z_c 以上高度的气溶胶消光系数为(前向积分)

$$\alpha_\mathrm{a}(z)=\frac{D(z)\exp\left[-2\left(\dfrac{S_1}{S_2}-1\right)\int_{z_\mathrm{c}}^z\alpha_\mathrm{m}(z)\mathrm{d}z\right]}{\dfrac{D_0(z_\mathrm{c})}{\alpha_\mathrm{a}(z_\mathrm{c})+\dfrac{S_1}{S_2}\alpha_\mathrm{m}(z_\mathrm{c})}-2\int_{z_\mathrm{c}}^z D(z)\exp\left[-2\left(\dfrac{S_1}{S_2}-1\right)\int_{z_\mathrm{c}}^z\alpha_\mathrm{m}(z')\mathrm{d}z'\right]\mathrm{d}z}-\frac{S_1}{S_2}\alpha_\mathrm{m}(z)\tag{8.2.26}$$

若雷达信号中气溶胶信号可以忽略，式(8.2.25)和式(8.2.26)的边界值(分母第一项)则由瑞利散射信号和大气密度决定。对于瑞利散射信号，S_2 是常数；对于米散射信号，S_1 与气溶胶或云的折射率、粒径分布和形状等有关，取值范围一般在 10～100sr 之间。大气分子的消光系数可以根据美国标准大气模型确定。

8.3 米散射激光雷达大气气溶胶探测

8.3.1 大气气溶胶

大气气溶胶是指悬浮在大气中的固体或液体微粒，如地面的扬尘、烟粒、微生物、植物的孢子和花粉，以及水和冰组成的云雾滴、冰晶和雨雪等粒子，都属于气溶胶。气溶胶对气候会产生直接和间接的影响，大气中除了自然界排放的气溶胶粒子外，那些人为排放到大气中的污染气体最终也会形成气溶胶粒子。气溶胶粒子通过吸收和散射太阳辐射以及地球的长波辐射而影响着地球和大气的辐射收支，从而影响到天气和气候的变化。

近年来，随着工业化的飞速发展，大气质量日益下降，表现为地球气候变暖、城市热岛现象、土地酸化、城市空气污染指数增加和沙尘暴等，这些都属于气溶胶引起的气候和环境变化现象，大气气溶胶的浓度变化直接影响到人们的健康和生存环境。因此，对气溶胶的探测与研究已成为气候学、大气科学和环境监测等领域的研究重点。

研究气溶胶，主要是研究气溶胶的质量浓度、尺度谱、消光系数的垂直分布以及气溶胶的光学厚度等。

8.3.2 米散射激光雷达系统组成及气溶胶探测

米散射激光雷达是一种用于探测 30km 以下低空大气中的尘埃和云雾等气溶胶粒子的激光雷达。米散射是由大气中的粒径较大的悬浮物、气溶胶粒子引起的一种激光波长不产生变化的弹性散射。由于气溶胶粒子对激光的散射遵循米散射机理，因此把利用米散射信号测量气溶胶的雷达称为米散射激光雷达。与其他散射方式相比，米散射有较大的散射截面，因而米散射激光雷达的回波信号较强，信号探测比较容易实现，系统组成比较简单。

米散射激光雷达系统的基本组成如图 8.3.1 所示，激光器发出的脉冲激光经准直扩束后射向大气，由望远镜接收的大气后向散射信号经窄带干涉滤光片 IF 后，由光电倍增管 PMT 接收，再经信号放大与数据采集，进入计算机进行处理。

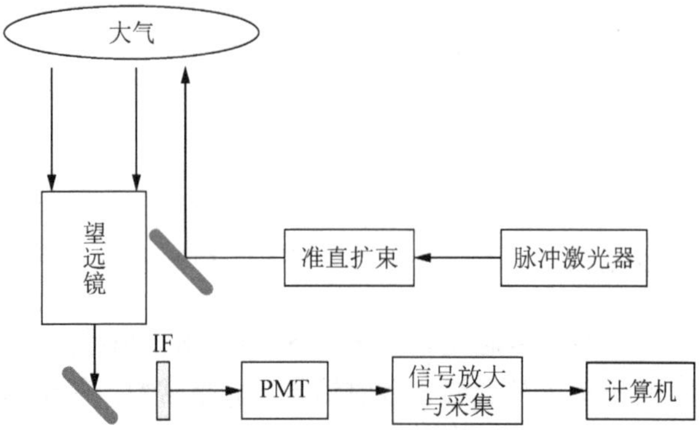

图 8.3.1　米散射激光雷达系统组成

系统中选取窄带干涉滤光片的中心波长与发射激光的波长相同，这样 PMT 接收到的信号就主要由气溶胶引起的米散射信号和由分子引起的瑞利散射信号构成。将采集到的大气回波信号强度代入激光雷达方程式(8.2.1)，再利用 Klett 法或 Fernald 法通过求解激光雷达方程，就可以反演出气溶胶粒子的消光系数$\alpha(z)$ 以及后向散射系数$\beta(z)$ 等光学参数。

表 8.3.1 列出了一种米散射激光雷达系统的参数，利用该系统对大气气溶胶进行探测，测量数据经距离平方修正后如图 8.3.2 所示，可以看出，回波信号的强度随高度的增加而逐渐减弱，2km 后的信号呈现明显噪声。将测量数据代入雷达方程，用 Klett 法求解得到气溶胶消光系数随高度分布曲线如图 8.3.3 所示。

表 8.3.1 米散射激光雷达系统参数

参量	数值
Nd:YAG 激光波长	355nm
激光脉冲能量	30mJ
激光脉冲重复频率	20Hz
望远镜有效孔径	250mm
望远镜视场角	0.1mrad
光电倍增管量子效率	23%(355nm)

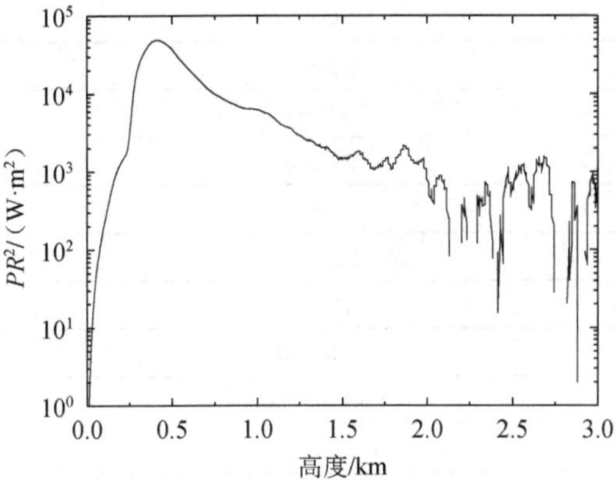

图 8.3.2 米散射激光雷达观测数据

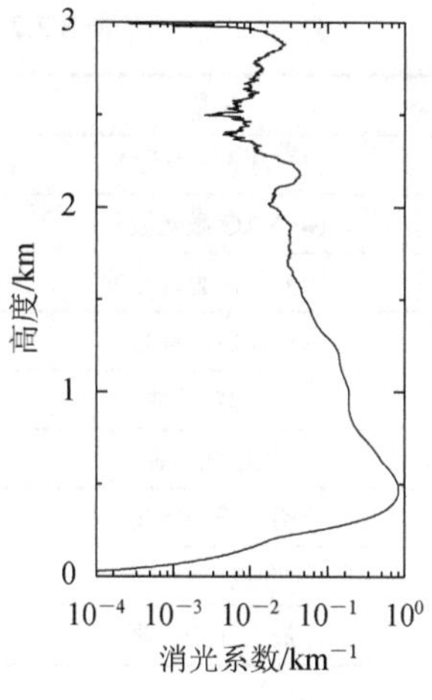

图 8.3.3 气溶胶消光系数随高度分布曲线

20 世纪 90 年代初，开始出现微脉冲激光雷达(micro pulse LiDAR，MPL)，与传统雷达相比，MPL 的最显著特点是采用较低的发射脉冲能量和高的脉冲重复频率，能量都在 mJ 量级，是传统米散射激光雷达的能量的几十分之一。低脉冲能量可以保证对人眼安全，而高重复频率能够使系统在短时间内平均更多的脉冲能量，以提高系统的信噪比。美国 NASA Goddard 空间飞行中心开发的 MPL-4B 型微脉冲激光雷达已广泛应用于全球环境监测，NASA 建有称为 MPLNET 的全球范围内的 MPL 仪器网络，能够进行自动、连续的大气气溶胶和云的监测，并可共享数据。MPL-4B 型微脉冲激光雷达的外形结构如图 8.3.4 所示，它由组装于一体的光学收发器单元和信号处理计算机两部分组成，收发器装有 532nm 激光器，望远镜接收的信号由光探测器与光子计数器进行检测，再送到计算机系统进行数据处理，MPL-4B型微脉冲激光雷达的主要参数列于表 8.3.2。

图 8.3.4　米散射激光雷达系统照片

表 8.3.2　MPL-4B 型微脉冲激光雷达主要参数

参量	数值
Nd:YLF 激光波长	527nm
Nd:YAG 激光波长	532nm
激光脉冲重复频率	2500Hz
激光脉冲能量	8mJ
望远镜焦距	2400mm
望远镜口径	178mm
望远镜视场角	100mrad
距离分辨率	15m/30m/75m
最大探测距离	25km

8.4　激光多普勒雷达大气风场探测

随着科技的飞速发展和社会的不断进步，人们对于气象环境的认知度要求越来越高，大气风场的探测也就越来越重要，尤其是在航空、航天气象保障应用中更具有重要的意义。目前，大气风场探测手段主要有超声风速仪、微波雷达、多普勒声雷达和激光多普勒雷达等。与其他探测方法相比，激光多普勒雷达具有测量速度快、空间分辨率高、测量精度高的特点，可以实时测量三维风场。

8.4.1　激光多普勒测风雷达原理及分类

激光多普勒测风雷达的基本原理是粒子的多普勒效应，如图 8.4.1 所示。当运动中的粒子受到频率为ν_t的入射光照射时，由于多普勒效应，散射光频率ν_d将偏离ν_t而产生多普勒频移$\Delta\nu$，并可表示为

$$\Delta\nu = \frac{2\upsilon}{\lambda}\cos\phi \tag{8.4.1}$$

式中，υ为垂直于发射光束和接收的散射光束两单位矢量之间夹角的平分线方向上的速度分量；ϕ为散射角，对于激光雷达系统，通常$\phi = 0°$。因此，只要能测出从发射光束到接收到的粒子后向散射光的频移，就可以计算出径向风速值。

按照多普勒频移测量方法的不同，激光多普勒测风雷达分为两种，即相干(外差探测式)多普勒测风激光雷达和非相干(直接探测式)多普勒测风激光雷达。

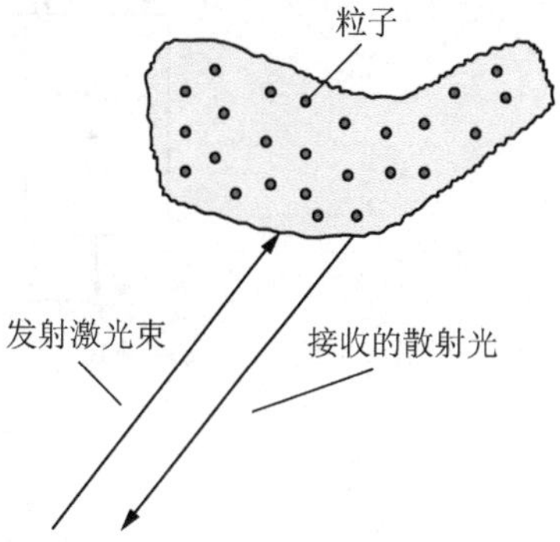

图 8.4.1　激光多普勒测风原理

8.4.2　相干多普勒测风激光雷达

相干多普勒激光雷达是利用了无线电外差接收的原理，让发射的激光参考光束与接收的散射光回波信号同时投射到光探测器的感光表面上产生相干叠加(即混频)，所产生的拍频信号的频率即为多普勒频移。也就是说，相干多普勒激光雷达是利用光外差探测原理获得激光多普勒频移信息，从而得到大气径向速度分量。

假设有一定频差的两束光波同时照射到光探测器的感光面上，这两束光的光场分别表示为

$$E_1 = A_1 \cdot \cos(2\pi\nu_1 t + \varphi_1) \tag{8.4.2}$$

$$E_2 = A_2 \cdot \cos(2\pi\nu_2 t + \varphi_2) \tag{8.4.3}$$

式中，A_1、ν_1和φ_1依次为第一束光的振幅、频率和相位；A_2、ν_2和φ_2依次为第二束光的振幅、频率和相位。光探测器的输出电流I_b正比于两束光的光场之和的平方，即

$$I_b = K_b[A_1\cos(2\pi\nu_1 t + \varphi_1) + A_2\cos(2\pi\nu_2 t + \varphi_2)]^2 \tag{8.4.4}$$

式中，K_b为比例系数。将式(8.4.4)展开，并略去光探测器无法响应的高频信号，则有

$$I_b = K_b\left[\frac{1}{2}A_1^2 + \frac{1}{2}A_2^2 + A_1A_2\cos(2\pi\nu_b t + \Delta\varphi)\right] \tag{8.4.5}$$

式中，$\nu_b = \nu_1 - \nu_2$；$\Delta\varphi = \varphi_1 - \varphi_2$。若在电路上滤去直流分量，则光探测器输出外差干涉信号的频率就是两束入射光的频差，由于频差信号为中频信号，因此便于信号处理电路的设计。

相干多普勒测风激光雷达系统组成如图 8.4.2 所示，激光器发出的频率为ν_0的光波被分光镜 BS 分为两束，其中一束光经准直扩束后射向大气，另一束光通过声光调制器产生移频(频移量为ν_e)，使其频率变成$\nu_0 + \nu_e$，然后照射到光探测器的感光面上。光束照射到大气中的粒子，由于粒子的运动，散射信号产生多普勒频移$\Delta\nu$，大气回波信号经望远镜接收后也

由同一个光探测器接收，使两束光发生混频，混频后的中频信号再进行放大与信号处理，得到多普勒频移 $\Delta\nu$，进而求得风速。

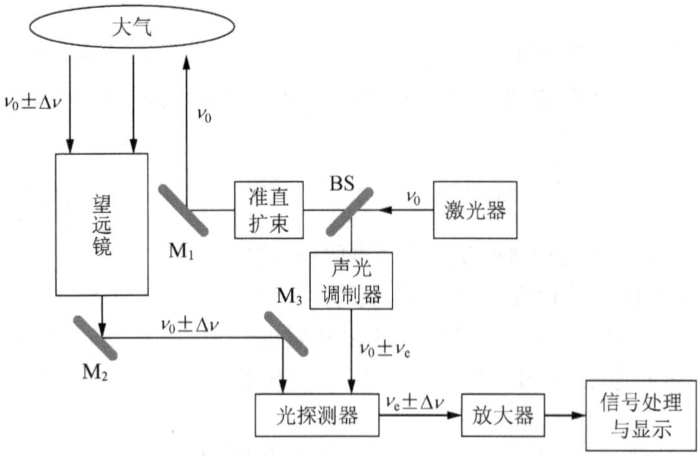

图 8.4.2 相干多普勒测风激光雷达系统

早期的相干多普勒激光雷达大多采用 CO_2 激光器，其工作波长为 10.6μm（位于大气窗口），连续波 CO_2 相干激光雷达测量高度很低，一般在数百米范围内。随着脉冲 CO_2 激光器的问世，出现了脉冲 CO_2 相干激光雷达，1998 年美国 NASA 研制的 MACAWS（Multi-center Airborne Coherent Atmospheric Wind Sensor）雷达系统，其探测高度接近 30km，速度分辨率达到 1m/s。但是，由于使用了 CO_2 激光器，这种雷达的突出缺点是体积大、寿命短、性能不太稳定，限制了 CO_2 相干激光雷达的应用。20 世纪 80 年代后期到 90 年代初期，随着固体激光器技术的发展与成熟，以固体激光器为基础的相干激光雷达得到迅速发展，美国 CTI 公司的 2μm 波长相干激光雷达 TODWL 系统、GWOLF 系统以及 VALDAR 系统就是典型代表，有机载和地基两种形式，主要用于机场和军事领域。

相干探测需要利用气溶胶或大粒子的散射信号，因此在气溶胶浓度很低的清洁大气或高空大气中，由于受到分子散射光谱展宽的影响，很难进行风速探测，目前主要用于近地层的大气风场探测，而非相干探测方法可以同时利用大气气溶胶散射和分子散射的信号。

8.4.3 非相干多普勒测风激光雷达

非相干多普勒测风激光雷达主要采用直接探测技术检测多普勒频移，利用各种频率检测方法，将多普勒频移信息转化为光能量的变化，通过探测光能量变化值获得多普勒频移量，进而得到径向风速。非相干探测实际上是利用了光谱分析法，最常用的技术包括原子或分子滤波器（如碘滤波器、钠滤波器等）、Fabry-Perot（简称 F-P）标准具或 Fizeau 干涉仪的单边缘或双边缘检测技术和干涉条纹图像检测技术。边缘检测技术是指采用窄带鉴频方法，将频率的变化转变成能量的变化，通过测量能量相对变化量，得到多普勒频移值；条纹图像检测技术是指采用干涉形成的条纹移动测量频率的变化量。

1. 单边缘检测技术

边缘检测的原理如图 8.4.3 所示，图中实线为光学滤波器的透过率函数曲线，将激光器的频率锁定在光学滤波器透射函数曲线的陡峭边缘上，这里曲线的斜率最大。设 ν_0 为发射激光的频率，当后向散射光的频率发生微小频移时，透过滤波器的光强会发生明显变化，通过检测透射光强的变化，就可以测量多普勒频移。

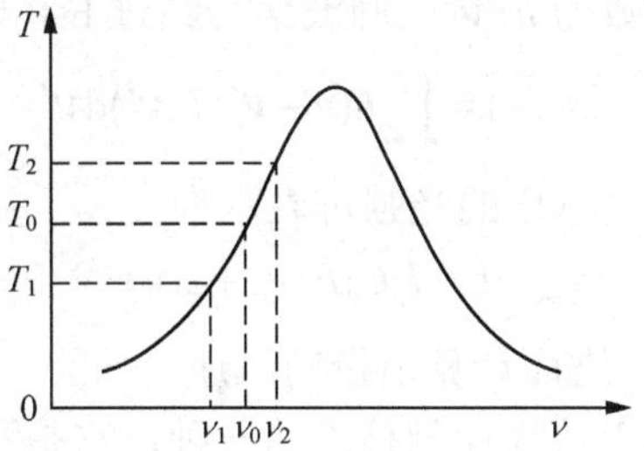

图 8.4.3　滤波器边缘检测法测量频移原理

非相干多普勒测风激光雷达系统组成如图 8.4.4 所示，由激光器发出的频率为 ν_0 的脉冲光，经分光器 BS_1 分光后，一路光直接由光探测器 PD_1 接收，另一路光经准直扩束后射向大气，大气的回波信号频率就带有多普勒频移信息 $\Delta\nu$，经望远镜接收后，由分光器 BS_2 分为两路，其中透射光通过光学滤波器，再由光探测器 PD_2 接收，光学滤波器常采用碘分子滤波器、F-P 标准具或 Fizeau 干涉仪等；被 BS_2 反射的回波信号直接由光探测器 PD_3 接收。激光器的频率 ν_0 通常被锁定在光学滤波器透射率曲线的上升沿或下降沿中间，通过检测接收信号光强的变化，就可以得到多普勒频移值。

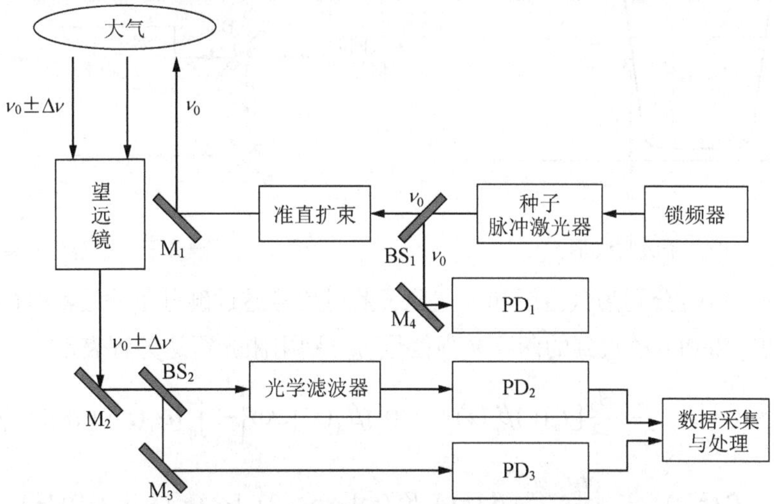

图 8.4.4　非相干多普勒测风激光雷达系统

大气分子的瑞利散射是由大气分子的热运动引起的，在利用单个 F-P 标准具鉴频的测风激光雷达系统中，入射到 F-P 标准具的大气分子多普勒展宽信号光谱可表示为

$$f(\nu)=\sqrt{\frac{4\ln 2}{\pi\Delta\nu^2}}\cdot\exp\left[-\frac{4\ln 2(\nu-\nu_0)^2}{\Delta\nu^2}\right] \tag{8.4.6}$$

式中，ν为散射光的频率；ν_0为发射激光的频率；$\Delta\nu$为分子散射光谱的半高全宽度(FWHM)，可表示为

$$\Delta\nu=\frac{2}{\lambda}\sqrt{\frac{8k_bT\ln 2}{m}} \tag{8.4.7}$$

式中，k_b为玻尔兹曼常数，$k_b=1.38062\times10^{-23}$J/K；$\lambda$为激光波长；$T$为大气温度；$m$为分子质量。设 F-P 标准具的透过率函数为$h(\nu)$，回波信号经过 F-P 标准具后，其谱函数为

$$F(\nu)=\int_{-\infty}^{\infty}h(\nu-\nu')f(\nu')\mathrm{d}\nu' \tag{8.4.8}$$

光探测器接收到的经 F-P 标准具输出的光强可表示为

$$I=I_0C_0F(\nu_0+\Delta\nu) \tag{8.4.9}$$

由此可以得到多普勒频移$\Delta\nu$，进而计算出径向风速。

碘分子吸收滤波器技术属于边缘检测技术的一种，它是利用碘分子 1109 吸收线的线形边缘来检测多普勒频移。碘分子吸收线形如图 8.4.5 所示，1109 吸收线刚好处于激光器的谐振频率处，若将激光器谐振频率锁定在 1109 吸收线形的边缘线中心，则接收到的大气回波信号在通过碘分子滤波器时，多普勒频移量的变化就会转化为碘分子滤波器透过率的变化。碘分子滤波器分光系统如图 8.4.6 所示，测风激光雷达系统接收到的大气回波信号，由分光镜分为两路，一路透过碘分子滤波器后由光探测器 PD_1 接收，另一路直接由光探测器 PD_2 接收。

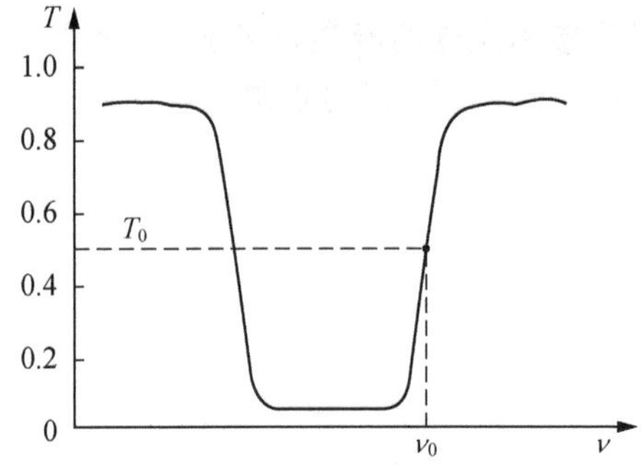

图 8.4.5 碘分子吸收线形

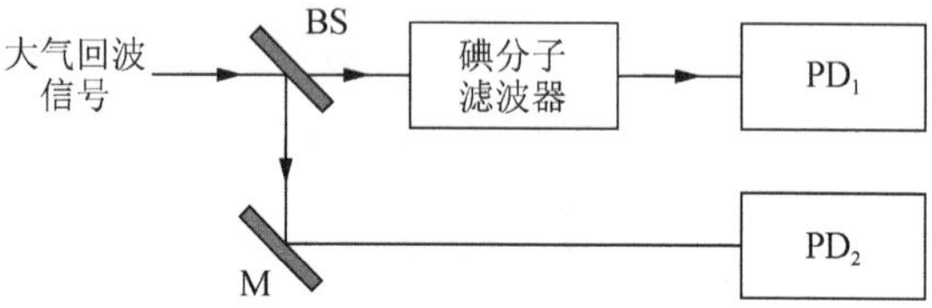

图 8.4.6 碘分子滤波器分光系统

设$f_a(\nu)$和$f_m(\nu)$分别为气溶胶和大气分子散射信号透过碘分子滤波器时的透过率函数，两光探测器 PD_1 和 PD_2 接收到的两路光强信号可分别用激光雷达方程表示为

$$P_1(z,\nu)=K_1\frac{ct_p}{2}\cdot\frac{A_0}{z^2}[f_a(\nu)\beta_a(z)+f_m(\nu)\beta_m(z)]\exp\left\{-2\int_0^z[\alpha_a(z')+\alpha_m(z')]\mathrm{d}z'\right\} \tag{8.4.10}$$

$$P_2(z,\nu)=K_2\frac{ct_p}{2}\cdot\frac{A_0}{z^2}[\beta_a(z)+\beta_m(z)]\exp\left\{-2\int_0^z[\alpha_a(z')+\alpha_m(z')]\mathrm{d}z'\right\} \tag{8.4.11}$$

式中，K_1和K_2分别为两个通道的系统常数；$\nu=\nu_0+\Delta\nu$。这两个通道接收的光强度之比为

$$R(z,\nu)=\frac{P_1(z,\nu)}{P_2(z,\nu)}=\frac{K_1}{K_2}\cdot\frac{f_a(\nu)[\beta_a(z)/\beta_m(z)]+f_m(\nu)}{[\beta_a(z)/\beta_m(z)]+1} \tag{8.4.12}$$

由式(8.4.12)可以计算出多普勒频移$\Delta\nu$，进而反演出径向风速。

2. 双边缘检测技术

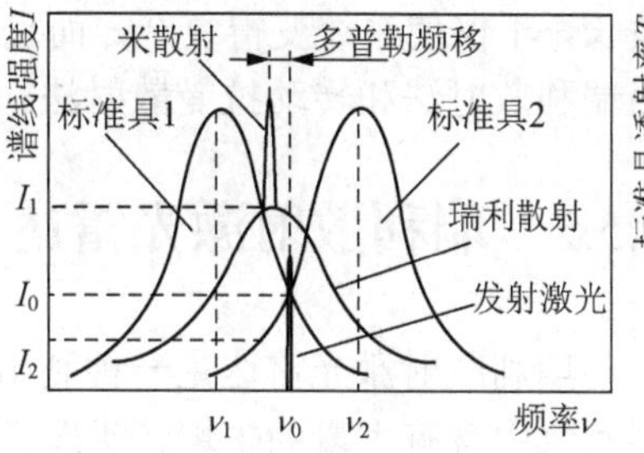

图 8.4.7　双 F-P 标准具双边缘检测原理

双 F-P 标准具双边缘检测原理如图 8.4.7 所示，选取两个中心频率不同而透射率曲线相同的 F-P 标准具(标准具 1 和标准具 2)，使其透射率曲线在散射谱线半宽处相交，并将发射激光的频率 ν_0 锁定在交点对应频率处。在系统中，由望远镜接收到的气溶胶与分子散射信号分别透过这两个 F-P 标准具，再由两个光探测器接收。

双 F-P 标准具分光系统如图 8.4.8 所示，接收到的大气回波信号经分光镜 BS_1 分为两束，其中强度较小的一束光经反射镜 M_1 反射后由光探测器 PD_3 接收，作为能量监测信号；另一束光经分光镜 BS_2 再分为两束，其中透射光束进入 F-P 标准具的通道 1，由光探测器 PD_1 接收，反射光束进入通道 2，并由光探测器 PD_2 接收。此时，由于风速的影响，返回的大气回波信号会产生多普勒频移，从图 8.4.7 可以看出，接收到的气溶胶信号频率已经偏离了发射激光脉冲的频率，这时两个通道接收的光强就不相同，标准具通道 1 的信号增强，通道 2 的信号减弱，根据两个通道光强的比值，可以求出多普勒频移，进而得到风速值。

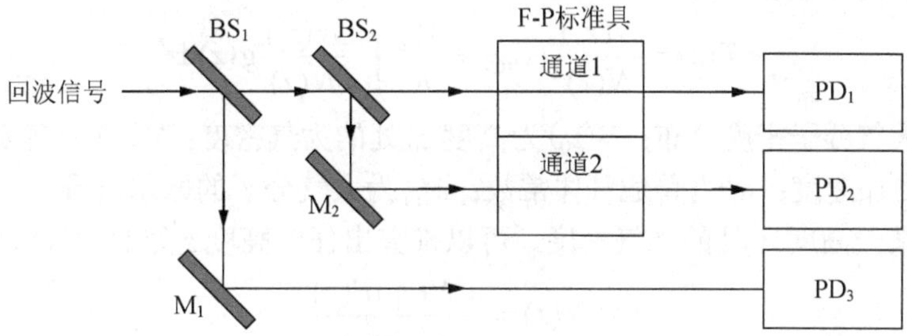

图 8.4.8　双 F-P 标准具分光系统

8.5　激光雷达大气温度探测

在进行大气物理特性分析、天气预报相关大气参数的获取以及环境监测等领域中，大气温度是至关重要的一个参数。准确获取大气温度及其分布的相关信息，对正确评估大气物性及其变化趋势，研究大气循环、能量传递活动、云层状态等一系列构成大气复杂系统的参量具有重要的意义。

8.5.1　大气温度探测方法概述

激光雷达探测大气温度的方法主要有差分吸收法、高光谱分辨率瑞利散射法和转动拉曼散射法等。差分吸收法探测大气温度是利用某些气体分子的吸收谱线强度对温度的依存性，只要测出这些含量稳定的气体对辐射的吸收，即可反演出大气温度。但差分吸收法对激光波长的单色性要求很高，辐射波长的精度与谱线宽度直接影响到温度测量的精度，还由于需要稳定的待测气体浓度，实际上一般很难达到，所以测量精度不高，并且要求至少有两个探测波长，不仅使系统变得复杂，而且也提高了系统成本。目前，激光雷达大气温度探测主要采用瑞利散射法和转动拉曼散射法。

8.5.2 瑞利散射激光雷达大气温度探测

瑞利散射激光雷达是一种利用大气中原子分子的瑞利散射机制工作的激光雷达，由于低层大气中含有大量的尘埃、烟雾和云等气溶胶粒子，使气溶胶粒子产生的米散射信号要比由大气分子产生的瑞利散射信号强得多，从而造成瑞利散射信号在低层大气中难以探测到。中层以上的大气(30km 以上)中已经不含有气溶胶的成分，对激光的散射信号就只含有瑞利散射的成分，因此瑞利散射激光雷达很适合探测中层以上的大气温度探测。

利用瑞利散射激光雷达探测大气温度分布的方法主要有两种，即气体密度法和高光谱分辨率法。

1. 气体密度法

气体密度法是利用瑞利后向散射信号测量气体密度，再通过气体状态方程反演出大气温度。高度 z 处的大气温度 $T(z)$ 可表示为

$$T(z)=\frac{N(z_0)}{N(z)}T(z_0)+\frac{M_{\mathrm{m}}}{R'}\int_z^{z_0}\frac{N(z')}{N(z)}g(z)\mathrm{d}z' \tag{8.5.1}$$

式中，$N(z)$ 为大气分子密度分布；$N(z_0)$ 为高度 z_0 处的大气密度；$T(z_0)$ 为高度 z_0 处的大气温度；$g(z)$ 为重力加速度；R' 为普适气体常数；M_{m} 为大气分子的摩尔质量。

假定已知某一高度 z_0 处的大气密度，可以推算出任一高度 z 处的大气密度为

$$N(z)=\frac{z^2N(z_0)P(z)}{z_0^{\ 2}P(z_0)} \tag{8.5.2}$$

式中，$P(z)$ 和 $P(z_0)$ 分别为探测到的高度 z 和 z_0 处的大气回波信号强度。将式(8.5.2)代入式(8.5.1)中，就可反演出大气温度廓线。

气体密度法主要用来探测 30km 以上的大气温度，对流层内的探测由于受米散射信号的影响较大，致使气体密度的探测误差较大，对温度测量的影响很大，所以不适合探测对流层内的大气温度分布。

2. 高光谱分辨率法

高光谱分辨率法是利用瑞利散射线宽与温度的依存性测量大气温度，这种方法需要借助高性能的分光器才能检测出光谱信息，以实现测量。大气分子的散射辐射由分子的热运动引起，分子热运动产生多普勒频移，而且跃迁速度分布与由麦克斯韦-玻尔兹曼关系决定的温度有关，因此大气分子的温度决定了瑞利散射的谱线宽度。多普勒谱线宽度$\Delta\nu_{\mathrm{T}}$与温度 T 的关系为

$$\Delta\nu_{\mathrm{T}}=\sqrt{\frac{32k_{\mathrm{b}}T\ln 2}{m\lambda_0^2}} \tag{8.5.3}$$

式中，k_{b} 为玻尔兹曼常数；m 为分子质量；λ_0 为发射的激光波长。

米-瑞利散射信号谱如图 8.5.1 所示，图中实线表示温度为 T_1 时的米-瑞利散射信号谱，虚线表示温度为 T_2 时的米-瑞利散射信号谱。从图 8.5.1 可以看出，当大气温度发生变化时，瑞利散射信号的谱线宽度也发生变化；另外，米散射信号谱宽较小，信号较强，而瑞利散射信号谱宽较大，信号较弱。因此，为了检测出瑞利散射信号的谱宽变化，需要借助高性能的分光器检测出光谱信息。在图 8.5.1 中，在瑞利散射谱线的同侧频率段设置了两个瑞利信号滤光片，其中心频率分别选在瑞利散射谱线强度的负温度系数和正温度系数处。这样，通过探测透过这两个滤光片的瑞利散射信号强度变化，就可以得到瑞利散射信号谱宽的变化，进而反演出大气温度。

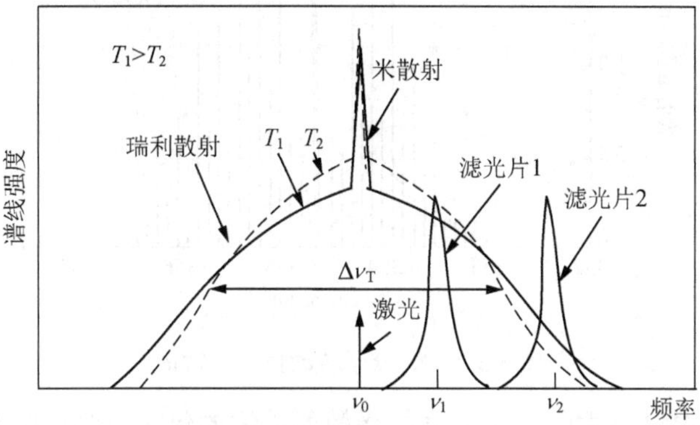

图 8.5.1　米-瑞利散射信号谱

在这种方法中，由于米散射信号和瑞利散射信号的中心波长相同，存在谱线混叠现象，在探测瑞利信号的强度时，米散射信号成分会直接影响到温度探测的精度，必须予以剔除，因此，在探测系统中必须采用高光谱分辨率的滤光器进行分光。目前，主要的分光方法有 F-P 标准具法、原子和分子吸收滤光器法等。

8.5.3　转动拉曼散射激光雷达大气温度探测

转动拉曼散射激光雷达利用大气中 N_2 分子或 O_2 分子的转动拉曼谱线强度与大气温度的依存性进行大气温度探测。低量子数和高量子数谱线的强度会随温度的升高而分别减少和增强，转动拉曼散射激光雷达正是利用这个效应，通过探测不同温度下这两个谱线区域内大气后向散射信号来确定大气温度的。

N_2 分子是大气中的最主要成分，现以 N_2 分子为例介绍激光雷达的拉曼散射光谱特性。

N_2 分子是一种同核的二原子分子，分子中除了电子的运动外，两个原子之间还有相对位置的振动，整个分子还有在空间的转动，因而存在许多不同的振动能级，以 $V=0,1,2,\cdots$ 表示，而在同一个振动能级中，又包含着许多转动能级，以 $J=0,1,2,\cdots$ 表示。由于 N_2 分子的振动能级间距较大，使绝大多数 N_2 分子都处在最低能级（即 $V=0$）上，而在最低振动能级上的各个转动能级上，聚集着许多遵循玻尔兹曼分布规律的分子。

对于 N_2 分子，由于散射前分子均处于 $V=0$ 的能级上，散射后若分子仍然能回到 $V=0$ 的能级上，则散射只有转动能级的改变，称为转动拉曼散射。理论上的 N_2 分子转动拉曼散射谱如图 8.5.2 所示，可以看出，拉曼散射谱的频率与入射激光频率相比变化不大，且对称地分布在入射激光频率的两侧。$\Delta J=0$ 的散射谱线对应着散射前后 V 和 J 都没有变化的过程，因此其频率与入射激光频率相同，相当于米-瑞利散射的情况；$\Delta J=2$ 的散射谱线对应着散射后转动量子数增加 2 的过程，其频率较入射激光频率有所降低，分布在入射激光频率的右侧，称为 S 支拉曼谱，也称为斯托克斯(Stokes)谱；同样地，$\Delta J=-2$ 的散射谱分布在入射激光频率的左侧，称为 O 支拉曼谱，也称为拉曼反斯托克斯(anti-Stokes)谱。

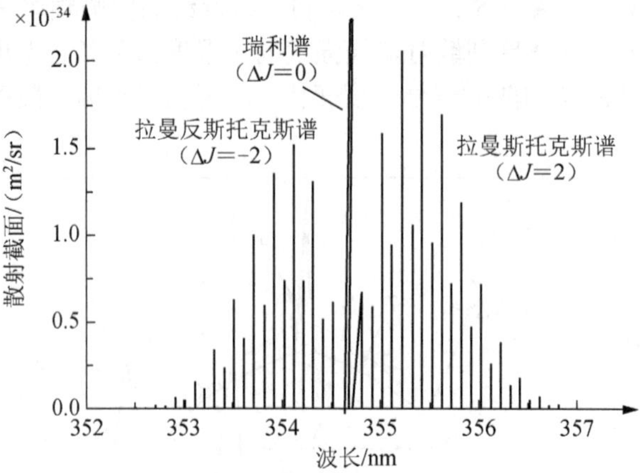

图 8.5.2 N_2 分子转动拉曼散射谱

图 8.5.3 是不同温度下大气分子转动拉曼散射谱线的包络线强度随频率的变化曲线，图中 I 为谱线强度，ν 为频率，大气温度 $T_1<T_2<T_3$。可以看出，当温度升高时，在 ν_1 谱线域纯转动拉曼谱的强度降低，而在 ν_2 谱线域纯转动拉曼谱的强度增大。在拉曼系统中设置两个滤光片，其中心频率分别选在拉曼谱线的负温度系数和正温度系数处，如图 8.5.3 中的 ν_1 和 ν_2 处，只要探测到这两个具有不同温度依赖性的拉曼信号强度，就可从信号强度的比值得到大气温度数值，即

$$\frac{P_1(z)}{P_2(z)}=f(T)=K_{\mathrm{t}} \tag{8.5.4}$$

在激光雷达系统中，将大气回波信号分为两路，并分别经过这两个窄带干涉滤光片，再分别由两个光电倍增管 PMT_1 和 PMT_2 接收，$P_1(z)$ 和 $P_2(z)$ 分别为 PMT_1 和 PMT_2 接收到的信号强度，K_{t} 为比率系数。只要能得到该系统 K_{t} 与 T 之间的函数关系，就可以测得大气温度。

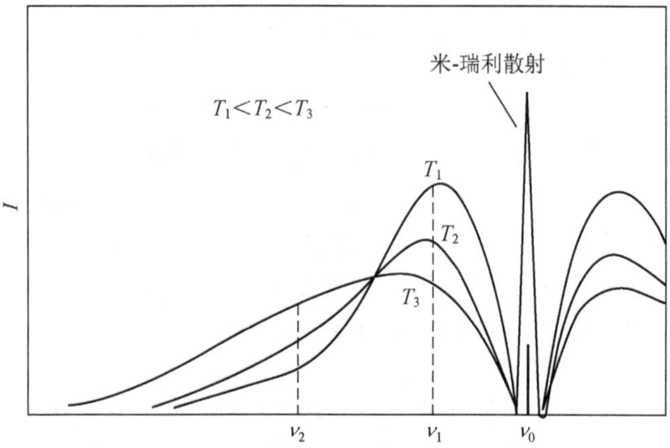

图 8.5.3 不同温度下大气分子转动拉曼散射谱线的包络线强度随频率的变化曲线

采用这种方法探测大气温度，对激光器的频率特性要求相对不高，分光系统也不复杂，易于实用化。但是，由于拉曼散射的截面比米-瑞利散射的截面小 3 或 4 个数量级，拉曼散射信号比米-瑞利散射信号弱得多，所以对米-瑞利散射信号的高效抑制就成为该雷达系统的关键技术之一。同时，由于转动拉曼散射谱线位于强的米-瑞利散射光附近，要检测出微弱的拉曼散射谱线，还需具有高的光谱分辨能力。目前主要采用高分辨率光栅与多个窄带干涉滤光片相结合的分光方法，以提高系统的信噪比。

习题与思考题

1. 什么是米散射、瑞利散射和拉曼散射？相应的激光雷达适合进行什么探测？
2. 简述激光雷达的基本原理，写出激光雷达方程，并说明方程中各参数的含义。
3. 什么是大气气溶胶？
4. 简述米散射激光雷达系统原理及应用。
5. 试述相干多普勒测风激光雷达的系统组成及原理。
6. 试述单边缘法非相干多普勒测风激光雷达系统组成及原理。
7. 简述双 F-P 标准具非相干多普勒测风激光雷达原理。
8. 利用激光雷达探测大气温度时，瑞利散射激光雷达与拉曼散射激光雷达在原理上有何不同？

参考文献

陈本永，穆瑞珍，周砚江，等, 2008. 激光合成波长纳米测量干涉仪的非线性误差分析[J]. 中国激光, 35(2): 240-244.
陈家壁，彭润玲, 2008. 激光原理及应用[M]. 2 版. 北京：电子工业出版社.
迟如利，封素敏，钟志庆，等, 2006. 基于双 F-P 干涉仪的多普勒测风激光雷达的性能分析[J]. 强激光与粒子束, 18(1): 36-40.
冯其波, 2023. 光学测量原理、技术与应用[M]. 北京：清华大学出版社.
郭玉彬，霍佳雨, 2008. 光纤激光器及其应用[M]. 北京：科学出版社.
韩道福，俞进，马力，等, 2010. 环形掺铒光纤激光器自混合散斑及动态目标距离测量[J]. 激光与光电子学进展, 47(2): 76-80.
胡鹏程，陆振刚，邹丽敏，等, 2015. 精密激光测量技术与系统[M]. 北京：科学出版社.
贾晋超，莫卫东，李照祥，等, 2012. 数字全息技术在温度场测量中的应用[J]. 激光与光电子学进展, 49(3): 91-94.
焦明星, 2008. LD 抽运共增益双腔双频 Nd:YAG 激光器：中国. ZL200610104476.5[P]. 2008-07-30.
焦明星，江飞，苏娟，等, 2023. 大频差双腔双频 Nd:YAG 激光器合成波绝对距离干涉测量系统设计[J]. 激光与光电子学进展, 60(3): 342-350.
焦明星，邢俊红，刘芸，等, 2010. 双腔大频差双频全固态激光器设计与实验研究[J]. 中国激光, 37(11): 2784-2789.
焦明星，邢俊红，同聪维，等, 2013. 双波长单纵模掺铒光纤环形激光器设计及实验研究[J]. 中国激光, 40(6): 103-108.
焦明星，张书练，梁晋文, 1999. 腔内石英晶片产生的 Nd:YAG 激光纵模分裂现象[J]. 清华大学学报(自然科学版), 39(2): 62-64.
焦明星，张书练，梁晋文, 2001. 大频差双折射双频 Nd:YAG 激光器[J]. 中国激光, 28(2): 100-102.
蓝信钜, 2009. 激光技术[M]. 3 版. 北京：科学出版社.
李铎，万新军，张书练, 2007. 具有位移和绝对距离测量能力的回馈干涉系统[J]. 应用光学, 28(4): 496-500.
李伟霞，黄素娟，闫成, 2021. 基于数字全息的玻璃微加工形貌测量[J]. 光子学报, 50(9): 32-43.
李岩, 2017. 光频梳在精密测量中的应用[J]. 仪器仪表学报, 38(8): 1841-1858.
林小丹，姚龙超，吴迎春，等, 2020. 高速数字全息测量乙醇喷雾火焰中液滴三维位置、粒径及蒸发率[J]. 工程热物理学报, 41(3): 734-739.
刘君，华灯鑫，李言, 2007. 大气边界层白天温度测量用转动拉曼激光雷达[J]. 光学学报, 27(5): 755-759.
刘君，华灯鑫，李言, 2007. 紫外域激光雷达探测西安城区上空大气气溶胶时空剖面[J]. 光子学报, 36(8): 1534-1537.
刘芸，刘雨萌，卜佩华，等, 2023. 旋转双散射片散斑抑制方法[J]. 光学学报, 43(4): 96-103.
陆敏，王鸣，郝辉, 2005. 半导体激光器的自混合散斑干涉测量流体速度[J]. 光学学报, 25(2): 190-194.
山杜娟, 2018. 双腔双频 Nd:YAG 激光器频差调谐技术研究[D]. 陕西：西安理工大学.
盛裴轩，毛节泰，李建国，等, 2003. 大气物理学[M]. 北京：北京大学出版社.
苏娟，焦明星, 2016. 无移相器 Pound-Drever-Hall 激光稳频系统：中国, ZL201310545605.4[P]. 2016-06-29.
苏娟，焦明星，江飞，等, 2018. 正交解调 Pound-Drever-Hall 激光稳频技术研究[J]. 激光与光电子学进展, 55(8): 349-355.
苏娟，焦明星，马源源，等, 2016. 正交解调 Pound-Drever-Hall 激光稳频系统设计[J]. 中国激光, 43(3): 250-255.
苏觉，洪蕾，钱景仁, 2009. 可调双频光纤环形腔激光器[J]. 中国激光, 36(3): 643-646.
孙长库，何明霞，王鹏, 2008. 激光测量技术[M]. 天津：天津大学出版社.
谈宜东，张书练, 2007. 调频微片 Nd:YAG 激光器光回馈特性的研究[J]. 物理学报, 56(11): 6408-6412.
王天枢, 2017. 多波长光纤激光技术[M]. 北京：科学出版社.
王雯, 2022. 双腔双波长单纵模掺镱光纤激光器频差调谐技术研究[D]. 陕西：西安理工大学.
西尔瓦诺・多纳特, 2006. 光电仪器:激光传感与测量[M]. 赵宏，王昭，杨玉孝，等，译. 西安：西安交通大学出版社.
辛露，肖文，刘雅坤，等, 2022. 数字全息成像定量监测癌细胞凋亡过程形态变化(特邀)[J]. 光子学报, 51(10): 421-428.
邢俊红，焦明星，郑玲玲, 2013. 双腔双频固体激光器 Pound-Drever-Hall 稳频系统：中国, ZL201210405860.4[P]. 2013-02-06.
阎吉祥，龚顺生，刘智深, 2001. 环境监测激光雷达[M]. 北京：科学出版社.
禹延光，闫艳霞, 2005. 仿真分析测量参数对光反馈自混合信号的影响[J]. 光学与光电技术, 3(5): 33-35.
曾朝阳，张晓永，贾鑫, 2011. 线性调频连续波激光雷达测量方法研究[J]. 激光与光电子学进展, 48(2): 84-90.
张鹏，张书练，曾召利, 2012. 基于双频微片激光器回馈效应的多普勒测速技术研究[J]. 计测技术, 32(3): 12-16.
张书练，丁迎春，谈宜东, 2020. 激光器和激光束[M]. 北京：清华大学出版社.
周炳琨，高以智，陈倜嵘，等, 2014. 激光原理[M]. 7 版. 北京：国防工业出版社.
周思宇，顾营迎，杨越棠，等, 2024. 双光梳测距技术的空间应用与试验设计[J]. 中国空间科学技术, 44(3): 127-135.